高速数字接口与光电测试

李凯 著

清华大学出版社

北京

内 容 简 介

本书结合笔者多年从业经验,从产业技术发展的角度对高速数字信号与光电互联的基本概念、关键技术进行了生动讲解,同时结合现代计算机、移动终端、AI计算、数据中心、电信网络中前沿的接口技术,对其标准演变、测试方法等做了详细介绍,以便读者理解和掌握其中的基本原理、实现技术、测试理念及其发展趋势。

本书可供从事服务器、交换机、移动终端、光模块、光通信设备、高速数字芯片、高速光电器件的研发和测试人员了解学习高速数字、光电互联的相关技术及测试方法,也可供高校工科电子信息类、光通信专业的师生作为数字电路、信号完整性、光通信技术、光电器件方面的教学参考。

图书在版编目(CIP)数据

高速数字接口与光电测试/李凯著.—北京:清华大学出版社,2022.1
ISBN 978-7-302-59040-8

Ⅰ. ①高⋯ Ⅱ. ①李⋯ Ⅲ. ①数字接口－接口技术 ②光电检测－测试技术 Ⅳ. ①TN919.5 ②TN206

中国版本图书馆 CIP 数据核字(2021)第 178834 号

责任编辑:文　怡
封面设计:王昭红
责任校对:李建庄
责任印制:刘海龙

出版发行:清华大学出版社
　　　　网　　　址:http://www.tup.com.cn,http://www.wqbook.com
　　　　地　　　址:北京清华大学学研大厦 A 座　　　邮　　编:100084
　　　　社 总 机:010-62770175　　　　　　　邮　　购:010-83470235
　　　　投稿与读者服务:010-62776969,c-service@tup.tsinghua.edu.cn
　　　　质量反馈:010-62772015,zhiliang@tup.tsinghua.edu.cn
　　　　课件下载:http://www.tup.com.cn,010-83470236
印 装 者:三河市铭诚印务有限公司
经　　销:全国新华书店
开　　本:185mm×260mm　　印　张:27.25　　　　　字　　数:665 千字
版　　次:2022 年 1 月第 1 版　　　　　　　　印　　次:2022 年 1 月第 1 次印刷
印　　数:1～4000
定　　价:178.00 元

产品编号:089171-01

数字化正以不可逆转的趋势重构我们的生活。

当珠峰被第一缕金光照耀时,8848 米的风景被数字化后经 5G 网络和二氧化硅的单模光纤传送到千里之外;当开启一天工作进行新产品设计时,创意思想在 DDR 内存和 CPU 纳米级别的原子迷宫里曲折往返;当宅家玩高清游戏时,虚拟世界通过 PCIe 总线在 GPU 的乘加阵列里做快速的矩阵旋转;当开启 GPS 自驾旅行时,从卫星接收和计算的位置信息在数字化地图上被精确标注和指引。

随着互联网上数据流量的爆发和 AI 应用的落地,高性能服务器、大规模数据中心、5G 基站、高速光网络等已经成为新基建的核心基础设施。为了应对计算和带宽的压力,数字接口和光互联技术正以每 3～5 年一代的速度快速升级迭代。

本书前一版本《高速数字接口原理与测试指南》成书于 2014 年,汇集了当时比较流行的一些高速数字接口技术和测试方法,也得到了读者的大力支持。但随着技术的快速迭代,原书有些关于主流接口的内容逐渐过时。而且随着电连接技术不断被推向极限,光互联技术也从阳春白雪开始走入千家万户,有必要对其做专门的剖析。因此这本《高速数字接口与光电测试》在保留原书架构的基础上做了大的更新和增删,其中约有一半和高速光电互联有关的章节为全新内容,希望能够帮助读者构架起高速数字总线、高速光电互联的基础概念,了解相关行业的前沿进展及测试技术。但因篇幅所限,很多技术内容没有充分展开,关注具体技术细节的读者可以进一步阅读相关的专业文献,本书就作为对当前高速数字连接技术发展的一个记录吧。

本书第 1、2 章先介绍了高速数字信号的上升时间、带宽、建立/保持时间、并行总线/串行总线、单端与差分信号、时钟分配、编码方式、传输线的影响、预加重和均衡、抖动和扩频时钟、链路均衡、PAM-4 调制等基本概念,随后详细解释了数字信号的波形、眼图、模板、抖动、相位噪声、传输线影响以及测试分析方法等。

第 3～9 章针对一些典型高速接口如 USB3.0、USB4.0、PCIe4.0、PCIe5.0、DDR4/5、LPDDR4/5、HDMI1.4、HDMI2.1、DP2.0、千兆/10G 以太网、SFP＋、车载以太网、100G 背板、GDDR/HBM、CCIX、CXL、NVLink、GenZ、InfiniBand 等的标准发展、技术演变、测试方法等做了详细介绍。

第 9～13 章主要介绍了光纤原理、多模光纤、单模光纤、保偏光纤、光纤连接器种类、模场直径、光信号调制、TOSA/ROSA 组件、VCSEL/FB/DFB 光源、DML/EML/MZM 调制技术、PIN/APD 探测器、光模块封装类型、硅光技术、Co-package、光纤链路预算、FEC、I/Q 调制等技术,并详细解读了光接口速率发展、并行单模、并行多模、粗波分复用、细波分复用、密集波分复用、多模波分复用、Mux/DeMux、单纤双向、偏振复用等基本概念,以及中心波长、平均光功率、消光比、光调制幅度、眼图模板、J2/J9、VECP、TDP、TDECQ、光压力眼、EVM 等参数的概念和测试方法。

第 14～20 章介绍了数据中心的光互联技术、数据中心内部 25G/100G/400G 网络结构与发展、数据中心间的 DCI 网络、5G 光承载网的关键光互联技术、100G/400G 光模块类型与光电接口测试、800G 光互联的挑战与关键技术、CEI-28G-VSR 电接口测试、112G 电口测试、224G 光口测试,以及高速光电器件的发展、光无源器件测试、有源器件测试、硅光晶圆测试、相干通信技术发展与测试方法等。

本书在写作过程中,借鉴了一些 Keysight 公司的公开产品及方案资料,一些实际测试波形由笔者借助 Keysight 公司的测试设备完成,特此声明。

笔 者

2021 年 9 月

CONTENTS 目 录

第1章

数字信号基础

什么是数字信号（Digital Signal）

典型的数字设备是由很多电路组成来实现一定的功能的,系统中的各个部分主要通过数字信号的传输来进行信息和数据的交互。

数字信号通过其 0、1 的逻辑状态的变化来代表一定的含义,典型的数字信号用两个不同的信号电平来分别代表逻辑 0 和逻辑 1 的状态(有些更复杂的数字电路会采用多个信号电平实现更多信息的传输)。真实的世界中并不存在理想的逻辑 0、1 状态,所以真实情况下只是用一定的信号电平的电压范围来代表相应的逻辑状态。比如图 1.1 中,当信号的电压低于判决阈值(中间的虚线部分)的下限时代表逻辑 0 状态,当信号的电压高于判决阈值的上限时代表逻辑 1 状态。

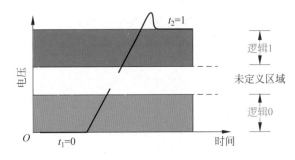

图 1.1 数字信号电平范围代表的逻辑状态

对于典型的 3.3V 的低电压 TTL(LVTTL)信号来说,判决阈值的下限是 0.8V,判决阈值的上限是 2.0V。正是由于判决阈值的存在,使得数字信号相对于模拟信号来说有更高的可靠性和抗噪声的能力。比如对于 3.3V 的 LVTTL 信号来说,当信号输出电压为 0V 时,只要噪声或者干扰的幅度不超过 0.8V,就不会把逻辑状态由 0 误判为 1;同样,当信号输出电压为 3.3V 时,只要噪声或者干扰的幅度不会使信号电压低于 2.0V,就不会把逻辑状态由 1 误判为 0。

从上面的例子可以看到,数字信号抗噪声和干扰的能力是比较强的。但也需要注意,这个"强"是相对的,如果噪声或干扰的影响使得信号的电压超出了其正常逻辑的判决区间,数字信号也仍然有可能产生错误的数据传输。在许多场合,我们对数字信号质量进行分析和测试的基本目的就是要保证其信号电平在进行采样时满足基本的逻辑判决条件。

需要特别注意,当数字信号的电压介于判决阈值的上限和下限之间时,其逻辑状态是不确定的状态。所谓的"不确定"是指如果数字信号的电压介于判决阈值的上限和下限之间,接收端的判决电路有可能把这个状态判决为逻辑 0,也有可能判决为逻辑 1。这种不确定是我们不期望的,因此很多数字电路会尽量避免用这种不确定状态进行信号传输,比如会用一个同步时钟只在信号电平稳定以后再进行采样。

数字信号的上升时间(Rising Time)

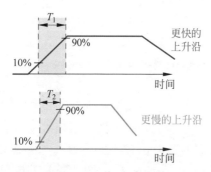

图 1.2　两种不同上升时间的数字信号

任何一个真实的数字信号在由一个逻辑电平状态跳转到另一个逻辑电平状态时(比如信号从低电平跳转到高电平),其中间的过渡时间都不会是无限短的。信号电平跳变的过渡时间越短,说明信号边沿越陡。我们通常使用上升时间(Rising Time)这个参数来衡量信号边沿的陡缓程度,通常上升时间是指数字信号由幅度的 10% 增加到幅度的 90% 所花的时间(也有些场合会使用 20%~80% 的上升时间或其他标准)。上升时间越短,说明信号越陡峭。大部分数字信号的下降时间(信号从幅度的 90% 下降到幅度的 10% 所花的时间)和上升时间差不多(也有例外)。图 1.2 比较了两种不同上升时间的数字信号。

上升时间可以客观反映信号边沿的陡缓程度,而且由于计算和测量简单,所以得到广泛的应用。对有些非常高速的串行数字信号,如 PCIe、USB3.0、100G 以太网等信号,由于信号速率很高,传输线对信号的损耗很大,信号波形中很难找到稳定的幅度 10% 和 90% 的位置,所以有时也会用幅度 20%~80% 的上升时间来衡量信号的陡缓程度。通常速率越高的信号其上升时间也会更陡一些(但不一定速率低的信号上升时间一定就缓),上升时间是数字信号分析中的一个非常重要的概念,后面我们会反复提及和用到这个概念。

数字信号的带宽(Bandwidth)

在进行数字信号的分析和测试时,了解我们要分析的数字信号的带宽是很重要的一点,它决定了我们进行电路设计时对 PCB 走线和传输介质传输带宽的要求,也决定了测试对仪表的要求。

数字信号的带宽可以大概理解为数字信号的能量在频域的一个分布范围,由于数字信号不是正弦波,有很多高次谐波成分,所以其在频域的能量分布是一个比较复杂的问题。

传统上做数字电路设计的工程师习惯根据信号的 5 次谐波来估算带宽,比如如果信号的数据速率是 100Mbps,其最快的 0101 的跳变波形相当于 50MHz 的方波时钟,这个方波时钟的 5 次谐波成分是 250MHz,因此信号的带宽大概就在 250MHz 以内。

这种方法看起来很合理,因为 5 次谐波对于重建信号的基本波形形状是非常重要的,但这种方法对于需要进行精确波形参数测量的场合来说就不太准确了。比如同样是50MHz的信号，如果上升沿很陡接近理想方波，其高次谐波能量就比较大；而如果上升沿很缓接近正弦波，其高次谐波能量就很小。

下面来看一些例子。对于一个理想的方波信号，其上升沿是无限陡的，从频域上看它是由无限多的奇数次谐波构成的，因此一个理想方波可以认为是无限多奇次正弦谐波的叠加。

$$\text{Square Wave}(t) = V_{pp} \sum_{\text{odd } n} \frac{4}{n\pi} \sin(n\pi f_d t)$$

但是对于真实的数字信号来说，其上升沿不是无限陡的，因此其高次谐波的能量会受到限制。比如图1.3是用同一个时钟芯片分别产生的50MHz和250MHz的时钟信号的频谱，我们可以看到虽然两种情况下输出时钟频率不一样，但是信号的主要频谱能量都集中在5GHz以内，并不见得250MHz时钟的频谱分布就一定比50MHz时钟的大5倍。

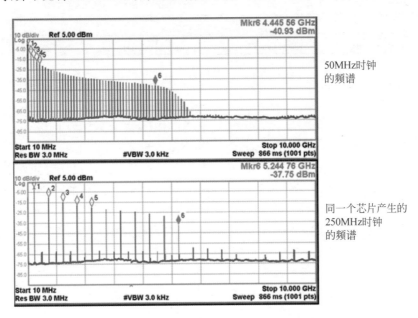

50MHz时钟
的频谱

同一个芯片产生的
250MHz时钟
的频谱

图1.3　同一芯片产生的50MHz和250MHz的时钟信号频谱

对于真实的数据信号来说，其频谱会更加复杂一些。比如伪随机序列(PRBS)码流的频谱的包络类似一个sinc函数。图1.4是用同一个发送芯片分别产生的800Mbps和2.5Gbps的PRBS信号的频谱，可以看到虽然输出数据速率不一样，但是信号的主要频谱能量集中在4GHz以内，也并不见得2.5Gbps信号的高频能量就比800Mbps的高很多。

频谱仪是对信号能量的频率分布进行分析的最准确的工具，数字工程师可以借助频谱分析仪对被测数字信号的频谱分布进行分析。当没有频谱仪可用时，我们通常根据数字信号的上升时间估算被测信号的频谱能量：

信号的最高频率成分＝0.5/信号上升时间(10%～90%)

或者当使用20%～80%的上升时间标准时，计算公式如下：

信号的最高频率成分＝0.4/信号上升时间(20%～80%)

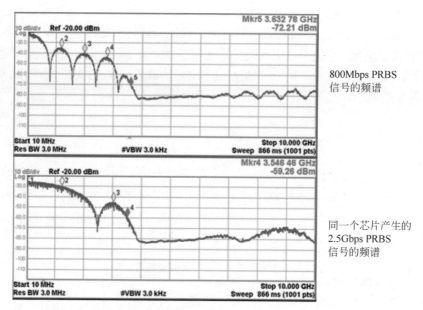

800Mbps PRBS
信号的频谱

同一个芯片产生的
2.5Gbps PRBS
信号的频谱

图 1.4　同一芯片产生的 800Mbps 和 2.5Gbps 的 PRBS 信号频谱

数字信号的建立/保持时间(Setup/Hold Time)

　　不论数字信号的上升沿是陡还是缓,在信号跳变时总会有一段过渡时间处于逻辑判决阈值的上限和下限之间,从而造成逻辑的不确定状态。更糟糕的是,通常的数字信号都不只一路,可能是多路信号一起传输来代表一些逻辑和功能状态。这些多路信号之间由于电气特性的不完全一致以及 PCB 走线路径长短的不同,在到达其接收端时会存在不同的时延,时延的不同会进一步增加逻辑状态的不确定性。

　　由于我们感兴趣的逻辑状态通常是信号电平稳定以后的状态而不是跳变时所代表的状态,所以现在大部分数字电路采用同步电路,即系统中有一个统一的工作时钟对信号进行采样。如图 1.5 所示,虽然信号在跳变过程中可能会有不确定的逻辑状态,但是若我们只在时钟 CLK 的上升沿对信号进行判决采样,则得到的就是稳定的逻辑状态。

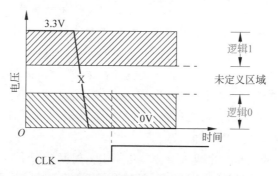

图 1.5　同步电路可以避免信号跳变过程中
不确定的逻辑状态

　　采用同步时钟的电路减少了出现逻辑不确定状态的可能性,而且可以减小电路和信号布线时延的累积效应,所以在现代的数字系统和设备中广泛采用。采用同步电路以后,数字电路就以一定的时钟节拍工作,我们把数字信号每秒钟跳变的最大速率称为信号的数据速率(Bit Rate),单位通常是 bps(bits per second)或者 bit/s。大部分并行总线的数据速率和系统中时钟的工作频率一致,比如某 51 系列单片机工作在 11.0592MHz 时钟下,其数据线上的数据速率就是 11.0592Mbps;也有些特殊的场合采用 DDR 方式(Double Data Rate)采样,数据速率是其时钟工作频率的 2 倍,比如某 DDR4 内存芯片,其工作时钟是 1333MHz,其数据速率是 2666Mbps。还有些高速传输的情况,比如 PCIe、USB3.0、SATA、RapidIO、100G 以太网等总线,时钟信息是通过编码嵌入在数据流中,这种情况下虽然在外部看不到有专门的时钟传输通道,但是其工作起来仍然有特定的数据速率。

　　值得注意的是,在同步电路中,如果要得到稳定的逻辑状态,对于采样时钟和信号间的时序关系是有要求的。比如,如果时钟的有效边沿正好对应到数据的跳变区域附近,可能会采样到不可靠的逻辑状态。数字电路要得到稳定的逻辑状态,通常都要求在采样时钟有效边沿到来时被采信号已经提前建立一个新的逻辑状态,这个提前的时间通常称为建立时间(Setup Time);同样,在采样时钟的有效边沿到来后,被采信号还需要保持这个逻辑状态一定时间以保证采样数据的稳定,这个时间通常称为保持时间(Hold Time)。如图 1.6 所示是一个典型的 D 触发器对建立和保持时间的要求。Data 信号在 CLK 信号的有效边沿到来 t_s 前必须建立稳定的逻辑状态,在 CLK 有效边沿到来后还要保持当前逻辑状态至少 t_h 这么久,否则有可能造成数据采样的错误。

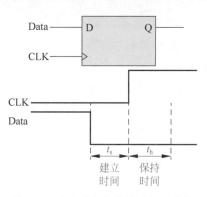

图 1.6　建立时间和保持时间的定义

　　建立时间和保持时间加起来的时间称为建立/保持时间窗口,是接收端对于信号保持在同一个逻辑状态的最小的时间要求。数字信号的比特宽度如果窄于这个时间窗口就肯定无法同时满足建立时间和保持时间的要求,所以接收端对于建立/保持时间窗口大小的要求实际上决定了这个电路能够工作的最高的数据速率。通常工作速率高一些的芯片,很短的建立时间、保持时间就可以保证电路可靠工作,而工作速率低一些的芯片则会要求比较长的建立时间和保持时间。

　　另外要注意的是,一个数字电路能够可靠工作的最高数据速率不仅取决于接收端对于建立/保持时间的要求,输出端的上升时间过缓、输出幅度偏小、信号和时钟中有抖动、信号有畸变等很多因素都会消耗信号建立/保持时间的裕量。因此一个数字电路能够达到的最高数据传输速率与发送芯片、接收芯片以及传输路径都有关系。

　　建立时间和保持时间是数字电路非常重要的概念,是接收端可靠信号接收的最基本要求,也是数字电路可靠工作的基础。可以说,大部分数字信号的测量项目如数据速率、信号幅度、眼图、抖动等的测量都是为了间接保证信号满足接收端对建立时间和保持时间的要求,在以后章节的论述中我们可以慢慢体会。

并行总线与串行总线（Parallel and Serial Bus）

虽然随着技术的发展,现代的数字芯片已经集成了越来越多的功能,但是对于稍微复杂一点的系统来说,很多时候单独一个芯片很难完成所有的工作,这就需要和其他芯片配合起来工作。比如现在的 CPU 的处理能力越来越强,很多 CPU 内部甚至集成了显示处理的功能,但是仍然需要配合外部的内存芯片来存储临时的数据,需要配合桥接芯片扩展硬盘、USB 等外围接口;现代的 FPGA 内部也可以集成 CPU、DSP、RAM、高速收发器等,但有些场合可能还需要配合专用的 DSP 来进一步提高浮点处理效率,配合额外的内存芯片来扩展存储空间,配合专用的物理层芯片来扩展网口、USB 等,或者需要多片 FPGA 互连来提高处理能力。所有这一切,都需要用到相应的总线来实现多个数字芯片间的互连。如果我们把各个功能芯片想象成人体的各个功能器官,总线就是血脉和经络,通过这些路径,各个功能模块间才能进行有效的数据交换和协同工作。

我们经常使用到的总线根据数据传输方式的不同,可以分为并行总线和串行总线。

并行总线是数字电路中最早也是最普遍采用的总线结构。在这种总线上,数据线、地址线、控制线等都是并行传输,比如要传输 8 位的数据宽度,就需要 8 根数据信号线同时传输;如果要传输 32 位的数据宽度,就需要 32 根数据信号线同时传输。除了数据线以外,如果要寻址比较大的地址空间,还需要很多根地址线的组合来代表不同的地址空间。图 1.7 是一个典型的微处理器的并行总线的工作时序,其中包含了 1 根时钟线、16 根数据线、16 根地址线以及一些读写控制信号。

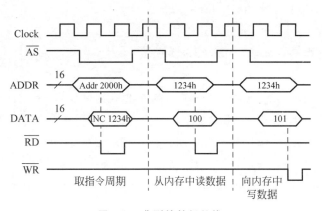

图 1.7　典型的并行总线

很多经典的处理器采用了并行的总线架构。比如大家熟知的 51 单片机就采用了 8 根并行数据线和 16 根地址线;CPU 的鼻祖——Intel 公司的 8086 微处理器——最初推出时具有 16 根并行数据线和 16 根地址线;现在很多嵌入式系统中广泛使用的 ARM 处理器则大部分使用 32 根数据线以及若干根地址线。

并行总线的最大好处是总线的逻辑时序比较简单,电路实现起来比较容易;但是缺点也是非常明显的,比如并行总线的信号线数量非常多,会占用大量的引脚和布线空间,因此芯片和 PCB 的尺寸很难实现小型化,特别是如果要用电缆进行远距离传输时,由于信号线的数量非常多,使得电缆变得非常昂贵和笨重。

采用并行总线的另外一个问题在于总线的吞吐量很难持续提升。对于并行总线来说,其总线吞吐量＝数据线位数×数据速率。我们可以通过提升数据线的位数来提高总线吞吐量,也可以通过提升数据速率来提高总线吞吐量。以个人计算机中曾经非常流行的 PCI 总线为例,其最早推出时总线是 32 位的数据线,工作时钟频率是 33MHz,其总线吞吐量＝32bit×33MHz;后来为了提升其总线吞吐量推出的 PCI-X 总线,把总线宽度扩展到 64 位,工作时钟频率最高提升到 133MHz,其总线吞吐量＝64bit×133MHz。图 1.8 是 PCI 插槽和 PCI-X 插槽的一个对比,可以看到 PCI-X 由于使用了更多的数据线,其插槽更长。

图 1.8　PCI 总线和 PCI-X 总线插槽的对比(来源:网络图片)

但是随着人们对于总线吞吐量要求的不断提高,这种提升总线带宽的方式遇到了瓶颈。首先由于芯片尺寸和布线空间的限制,64 位数据宽度已经几乎是极限了。另外,这 64 根数据线共用一个采样时钟,为了保证所有的信号都满足其建立保持时间的要求,在 PCB 上布线、换层、拐弯时需要保证精确等长。而总线工作速率越高,对于各条线的等长要求就越高,对于这么多根信号要实现等长的布线是很难做到的。

图 1.9 是用逻辑分析仪采集到的一个实际的 8 位总线的工作时序,可以看到在数据从 0x00 跳变到 0xFF 状态过程中,这 8 根线实际并不是精确一起跳变的。

Bus/Signal	-60 ns	-58 ns	-56 ns	-54 ns	-52 ns	-50 ns	-48 ns	-46 ns	-44 ns	-42 ns	-40 ns	-38 ns	-36 ns
Sample Number													
⊟ DATA	00			E4			FF						
DATA[0]	0						1						
DATA[1]	0						1						
DATA[2]	0					1							
DATA[3]	0						1						
DATA[4]	0						1						
DATA[5]	0					1							
DATA[6]	0					1				Marker Measurements			
DATA[7]	0					1				M1 to M2 = 4 ns			

图 1.9　逻辑分析仪采集到的 8 位并行总线的工作时序

对于并行总线来说,更致命的是这种总线上通常挂有多个设备,且读写共用,各种信号分叉造成的反射问题使得信号质量进一步恶化。

为了解决并行总线占用尺寸过大且对布线等长要求过于苛刻的问题,随着芯片技术的发展和速度的提升,越来越多的数字接口开始采用串行总线。所谓串行总线,就是并行的数据在总线上不再是并行地传输,而是时分复用在一根或几根线上传输。比如在并行总线上传输 1Byte 的数据宽度需要 8 根线,而如果把这 8 根线上的信号时分复用在一根线上就可以大大减少需要的走线数量,同时也不需要再考虑 8 根线之间的等长关系。

采用串行总线以后,就单根线来说,由于上面要传输原来多根线传输的数据,所以其工作速率一般要比相应的并行总线高很多。比如以前计算机上的扩展槽上广泛使用的 PCI 总线采用并行 32 位的数据线,每根数据线上的数据传输速率是 33Mbps,演变到 PCIe(PCI-express)的串行版本后每根线上的数据速率至少是 2.5Gbps(PCIe1.0 代标准),现在 PCIe 的数据速率已经达到了 16Gbps(PCIe4.0 代标准)或 32Gbps(PCIe5.0 代标准)。采用串行总线的另一个好处是在提高数据传输速率的同时节省了布线空间,芯片的功耗也降低了,所以在现代的电子设备中,当需要进行高速数据传输时,使用串行总线的越来越多。

数据速率提高以后,对于阻抗匹配、线路损耗和抖动的要求就更高,稍不注意就很容易产生信号质量的问题。图 1.10 是一个典型的 1Gbps 的信号从发送端经过芯片封装、PCB、连接器、背板传输到接收端的信号路径,可以看到在发送端的接近理想的 0、1 跳变的数字信号到达接收端后由于高频损耗、反射等的影响,信号波形已经变得非常恶劣,所以串行总线的设计对于数字电路工程师来说是一个很大的挑战。

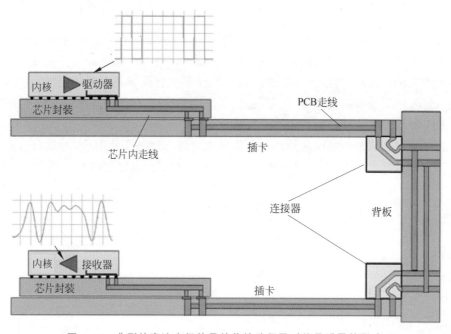

图 1.10　典型的高速串行信号的传输路径及对信号质量的影响

使用串行总线的设备的体积、功耗和数据传输速率都比使用并行接口的设备更有优势,因此得到了广泛的应用。比如以前在计算机上广泛使用的连接打印机的 DB25 的并口已经被 USB 和网口取代,以前连接硬盘的 40pin 的 PATA 接口已经被串行的 SATA 接口取代,以前计算机上的 PCI 扩展槽已经被 PCIe 取代。但是如前所述,采用串行总线以后信号的数据速率一般都会有几倍甚至几百倍的提升,对于电路的设计和测试都提出了很高的要求,因此需要设计和测试工程师掌握大量的高速设计的相关知识和技能。

单端信号与差分信号（Single-end and Differential Signals）

早期的数字总线大部分使用单端信号做信号传输，如 TTL/CMOS 信号都是单端信号。所谓单端信号，是指用一根信号线的高低电平的变化来进行 0、1 信息的传输，这个电平的高低变化是相对于其公共的参考地平面的。单端信号由于结构简单，可以用简单的晶体管电路实现，而且集成度高、功耗低，因此在数字电路中得到最广泛的应用。图 1.11 是一个单端信号的传输模型。

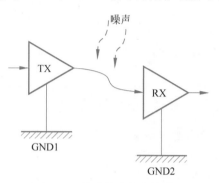

图 1.11　单端信号的传输模型

当信号传输速率更高时，为了减小信号的跳变时间和功耗，信号的幅度一般都会相应减小。比如以前大量使用的 5V 的 TTL 信号现在使用越来越少，更多使用的是 3.3V/2.5V/1.8V/1.5V/1.2V 的 LVTTL 电平，但是信号幅度减小带来的问题是对噪声的容忍能力会变差一些。进一步，很多数字总线现在需要传输更长的距离，从原来芯片间的互连变成板卡间的互连甚至设备间的互连，信号穿过不同的设备时会受到更多噪声的干扰。更极端的情况是收发端的参考地平面可能也不是等电位的。因此，当信号速率变高、传输距离变长后仍然使用单端的方式进行信号传输会带来很大的问题。图 1.12 是一个受到严重共模噪声干扰的单端信号，对于这种信号，无论接收端的电平判决阈值设置在哪里都可能造成信号的误判。

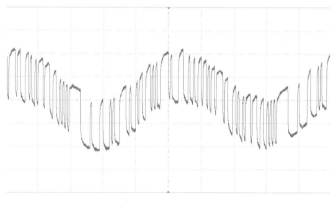

图 1.12　受到严重共模噪声干扰的单端信号

为了提高信号在高速率、长距离情况下传输的可靠性，大部分高速的数字串行总线都会采用差分信号进行信号传输。差分信号是用一对反相的差分线进行信号传输，发送端采用差分的发送器，接收端相应采用差分的接收器。图 1.13 是一个差分线的传输模型及真实的差分 PCB 走线。

采用差分传输方式后，由于差分线对中正负信号的走线是紧密耦合在一起的，所以外界噪声对于两根信号线的影响是一样的。而在接收端，由于其接收器是把正负信号相减的结果作为逻辑判决的依据，因此即使信号线上有严重的共模噪声或者地电平的波动，对于最后

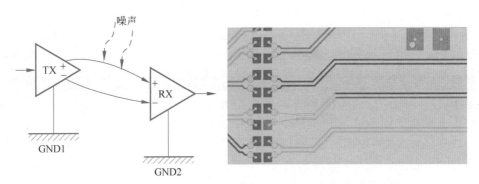

图 1.13　差分线的传输模型及真实的差分 PCB 走线

的逻辑电平判决影响很小。相对于单端传输方式,差分传输方式的抗干扰、抗共模噪声能力大大提高。图 1.14 是一个差分传输对共模噪声抑制的例子。

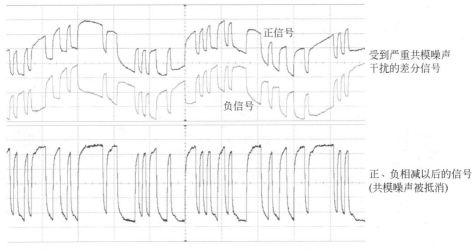

图 1.14　差分传输方式对共模噪声的抑制

　　采用差分方式进行信号传输会使收发端的电路变得复杂,系统的功耗也随之上升,但是由于其优异的抗干扰能力以及可靠的传输特性,使得差分传输方式在需要进行高速数字信号的传输或者恶劣工作环境的领域得到了广泛的应用,如 LVDS、PCIe、SATA、USB、1394、CAN 等总线都是采用差分的信号传输方式。

数字信号的时钟分配(Clock Distribution)

　　前面讲过,对于数字电路来说,目前绝大部分的场合都是采用同步逻辑电路,而同步逻辑电路中必不可少的就是时钟。数字信号的可靠传输依赖于准确的时钟采样,一般情况下发送端和接收端都需要使用相同频率的工作时钟才可以保证数据不会丢失(有些特殊的应用中收发端可以采用大致相同频率工作时钟,但需要在数据格式或协议层面做些特殊处理)。为了把发送端的时钟信息传递到接收端以进行正确的信号采样,数字总线采用的时钟分配方式大体上可以分为 3 类,即并行时钟、嵌入式时钟、前向时钟,各有各的应用领域。

传统的并行总线使用一路时钟和多路信号线进行数据传输,如 PCI 总线、大部分 CPU、DSP 的本地总线等。这些总线工作时有一个系统时钟,数据的发出和接收都是在时钟的有效沿进行。图 1.15 是一个并行总线的时钟传输例子。

为了保证接收端在时钟有效沿时采集到正确的数据,通常都有建立/保持时间的要求,以避免采到数据线上跳变时不稳定的状态,因此这种总线对于时钟和数据线间走线长度的差异都有严格要求。这种并行总线在使用中最大的挑战是当总线时钟速率超过几百MHz 后就很难再提高了,因为其很多根并行线很难满足此时苛刻的走线等长的要求,特别是当总线上同时挂有多个设备时。

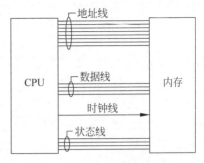

图 1.15 并行总线的时钟传输

为了解决并行总线工作时钟频率很难提高的问题,一些系统和芯片的设计厂商提出了嵌入式时钟的概念。其思路首先是把原来很多根的并行线用一对或多对高速差分线来代替,节省了布线空间;然后把系统的时钟信息通过数据编码的方式嵌在数据流里,省去了专门的时钟走线。信号到了接收端,接收端采用相应的 CDR(clock-data recovery)电路把数据流中内嵌的时钟信息提取出来再对数据采样。图 1.16 是一个采用嵌入式时钟的总线例子。

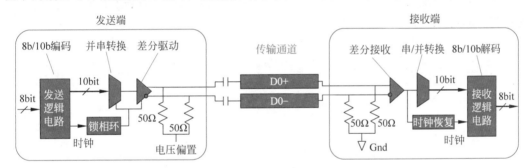

图 1.16 嵌入式时钟的时钟传输方式

这种方法由于不需要单独的时钟走线,各对差分线可以采用各自独立的 CDR 电路,所以对各对线的等长要求不太严格(即使要求严格也很容易实现,因为走线数量大大减少,而且信号都是点对点传输)。为了把时钟信息嵌在数据流里,需要对数据进行编码,比较常用的编码方式有 ANSI 的 8b/10b 编码、64b/66b 编码、曼彻斯特编码、特殊的数据编码以及对数据进行加扰等。

嵌入式时钟结构的关键在于 CDR 电路,CDR 的工作原理如图 1.17 所示。CDR 通常用一个 PLL 电路实现,可以从数据中提取时钟。PLL 电路通过鉴相器(Phase Detector)比较输入信号和本地 VCO(压控振荡器)间的相差,并把相差信息通过环路滤波器(Filter)滤波后转换成低频的对 VCO 的控制电压信号,通过不断的比较和调整最终实现本地 VCO 对输入信号的时钟锁定。

采用这种时钟恢复方式后,由于 CDR 能跟踪数据中的一部分低频抖动,所以数据传输中增加的低频抖动对于接收端采样影响不大,因此更适于长距离传输。(不过由于受到环路滤波器带宽的限制,数据线上的高频抖动仍然会对接收端采样产生比较大的影响。)

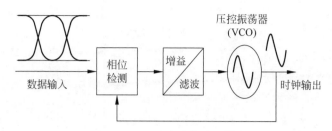

图 1.17　CDR 电路的工作原理

采用嵌入式时钟的缺点在于电路的复杂度增加，而且由于数据编码需要一些额外开销，降低了总线效率。

随着技术的发展，一些对总线效率要求更高的应用中开始采用另一种时钟分配方式，即前向时钟（Forward Clocking）。前向时钟的实现得益于 DLL（Delay Locked Loop）电路的成熟。DLL 电路最大的好处是可以很方便地用成熟的 CMOS 工艺大量集成，而且不会增加抖动。

图 1.18 是一个前向时钟的典型应用，总线仍然有单独的时钟传输通路，而与传统并行总线所不同的是接收端每条信号路径上都有一个 DLL 电路。电路开始工作时可以有一个训练的过程，接收端的 DLL 在训练过程中可以根据每条链路的时延情况调整时延，从而保证每条数据线都有充足的建立/保持时间。

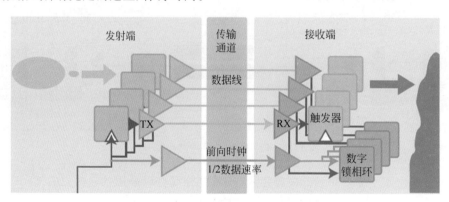

图 1.18　前向时钟的时钟传输方式

采用前向时钟的总线因为有专门的时钟通路，不需要再对数据进行编解码，所以总线效率一般都比较高。还有一个优点是线路噪声和抖动对于时钟和数据线的影响基本是一样的（因为走线通常都在一起），所以对系统的影响可以消除到最小。

嵌入式时钟的电路对于线路上的高频抖动非常敏感，而采用前向时钟的电路对高频抖动的敏感度就相对小得多。前向时钟总线典型的数据速率在 500Mbps～12Gbps。

在前向时钟的拓扑总线中，时钟速率通常是数据速率的一半（也有采用 1/4 速率、1/10 或其他速率的），数据在上下边沿都采样，也就是通常所说的 DDR 方式。使用 DDR 采样的好处是时钟线和数据线在设计上需要的带宽是一样的，任何设计上的局限性（比如传输线的衰减特性）对于时钟和数据线的影响是一样的。

前向时钟在一些关注效率、实时性，同时需要高吞吐量的总线上应用比较广泛，比如 DDR 总线、GDDR 总线、HDMI 总线、Intel 公司 CPU 互连的 QPI/UPI 总线等。

串行总线的 8b/10b 编码(8b/10b Encoding)

前面我们介绍过,使用串行比并行总线可以节省更多的布线空间,芯片、电缆等的尺寸可以做得更小,同时传输速率更高。但是我们知道,在很多数字系统如 CPU、DSP、FPGA等内部,进行数据处理的最小单位都是 Byte,即 8bit,把一个或多个 Byte 的数据通过串行总线可靠地传输出去是需要对数据做些特殊处理的。

将并行数据转换成串行信号传输的最简单的方法如图 1.19 所示。比如发送端的数据宽度是 8bit,时钟速率是 100MHz,我们可以通过 Mux(复用器)芯片把 8bit 的数据时分复用到 1bit 的数据线上,相应的数据速率提高到 800Mbps(在有些 LVDS 的视频信号传输中比较常用的是把并行的 7bit 数据时分复用到 1bit 数据线上)。信号到达接收端以后,再通过 Demux(解复用器)芯片把串行的信号分成 8 路低速的数据。

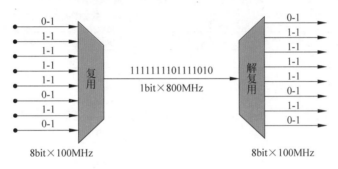

图 1.19 并/串转换和串/并转换

这种并/串转换方法由于不涉及信号的编解码,结构简单,效率较高,但是需要收发端进行精确的时钟同步以控制信号的复用和解复用操作,因此需要专门的时钟传输通道,而且串行信号上一旦出现比较大的抖动就会造成串/并转换的错误。

因此,这种简单的并/串转换方式一般用于比较关注传输效率的芯片间的短距离互连或者一些光端机信号的传输中。另外,由于信号没有经过任何编码,信号中可能会出现比较长的连续的 0 或者连续的 1,因此信号必须采用直流耦合方式,收发端一旦存在比较大的共模或地噪声,会严重影响信号质量,因此这种并/串转换方式用于电信号传输时或者传输速率不太高(通常<1Gbps),或者传输距离不太远(通常<50cm)的场合。

为了提高串行数据传输的可靠性,现在很多更高速率的数字接口采用对数据进行编码后再做并/串转换的方式。编码的方式有很多,如 8b/9b 编码、8b/10b 编码、64b/66b 编码、128b/130b 编码等,下面以最流行的 ANSI 8b/10b 编码为例进行介绍。

在 ANSI 8b/10b 编码方式中,8bit 的数据先通过相应的编码规则转换成 10bit 的数据,再进行并/串转换;接收端收到信号后先把串行数据进行串/并转换得到 10bit 的数据,再通过 10bit 到 8bit 的解码得到原始传输的 8bit 数据。因此,如果发送端并行侧的数据速率是8bit×100Mbps,通过 8b/10b 编码和并/串转换后的串行侧的数据速率就是 1bit×1Gbps。8b/10b 编码方法最早由 IBM 发明,后来成为 ANSI 标准的一部分(ANSI X3.230-1994,clause 11),并在通信和计算机总线上广泛应用。表 1.1 是 ANSI 8b/10b 编码表的一部分,以数据 0x00 为例,其原始的 8bit 数据是 0b00000000,经过编码后就变成了 0b1001110100 或者 0b0110001011。

表 1.1   ANSI 8b/10b 编码表的一部分

数据符号名称	数据十六进制值	数据二进制值	编码后的 10bit 数据(负编码)	编码后的 10bit 数据(正编码)
D0.0	00	000 00000	100111 0100	011000 1011
D1.0	01	000 00001	011101 0100	100010 1011
D2.0	02	000 00010	101101 0100	010010 1011
D3.0	03	000 00011	110001 1011	110001 0100
D4.0	04	000 00100	110101 0100	001010 1011
D5.0	05	000 00101	101001 1011	101001 0100
D6.0	06	000 00110	011001 1011	011001 0100
D7.0	07	000 00111	111000 1011	000111 0100
D8.0	08	000 01000	111001 0100	000110 1011
D9.0	09	000 01001	100101 1011	100101 0100
D10.0	0A	000 01010	010101 1011	010101 0100

数据经过 8b/10b 编码后有以下优点:

(1) 有足够多的跳变沿,可以从数据中进行时钟恢复。正常传输的数据中可能会有比较长的连续的 0 或者连续的 1,而进行完 8b/10b 编码后,其编码规则保证了编码后的数据流中不会出现超过 5 个连续的 0 或 1,信号中会出现足够多的跳变沿,因此可以采用嵌入式的时钟方式,即接收端可以从数据流中通过 PLL 电路直接恢复时钟,不需要专门的时钟传输通道。

(2) 直流平衡,可以采用 AC 耦合方式。经过编码后数据中不会出现连续的 0 或者 1,但还是有可能在某个时间段内 0 或者 1 的数量偏多一些。从上面的编码表中我们可以看到,同一个 Byte 对应有正、负两组 10bit 的编码,一个编码中 1 的数量多一些,另一个编码中 0 的数量多一些。数据在对当前的 Byte 进行 8b/10b 编码传输时,会根据前面历史传输的数据中正负 bit 的数量来选择使用哪一组编码,从而可以保证总线上正负 bit 的数量在任何时刻基本都是平衡的,也就是直流点不会发生大的变化。直流点平衡以后,在信号传输的路径上我们就可以采用 AC 耦合方式(最常用的方法是在发送端或接收端串接隔直电容),这样信号对于收发端的地电平变化和共模噪声的抵抗能力进一步增强,可以传输更远的距离。采用 AC 耦合方式的另一个好处是收发端在做互连时不用太考虑直流偏置点的互相影响,互连变得非常简单,对于热插拔的支持能力也更好。

(3) 有利于信号校验。很多高速信号在进行传输时为了保证传输的可靠性,要对接收到的信号进行检查以确认收到的信号是否正确。在 8b/10bit 编码表中,原始的 8bit 数据总共有 256 个组合,即使考虑到每个 Byte 有正负两个 10bit 编码,也只需要用到 512 个 10bit 的组合。而 10bit 的数据总共可以有 1024 个组合,因此有大约一半的 10bit 组合是无效的数据,接收端一旦收到这样的无效组合就可以判决数据无效。另外,前面介绍过数据在传输过程中要保证直流平衡,一旦接收端收到的数据中发现违反直流平衡的规则,也可以判决数据无效。因此采用 8b/10b 编码以后数据本身就可以提供一定的信号校验功能。需要注意的是,这种校验不是足够可靠,因为理论上还是可能会有几个 bit 在传输中发生了错误,但是结果仍然符合 8b/10b 编码规则和直流平衡原则。因此,很多使用 8b/10b 编码的总线还会在上层协议上再做相应的 CRC 校验(循环冗余校验)。

(4) 可以插入控制字符。在 10bit 数据可以表示的 1024 个组合中,除了 512 个组合用于对应原始的 8bit 数据以及一些不太好的组合(比如 0b1100000000 这样信号里有太长的连续 0 或者 1,而且明显 0、1 的数量不平衡)以外,还有一些很特殊的组合。这些特殊的组合可以用来在数据传输过程中作为控制字符插入(表 1.2)。这些控制字符不对应特定的 8bit 数据,但是在有些总线应用里可以代表一些特殊的含义。比如 K28.5 码型,其特殊的码型组合可以帮助接收端更容易判别接收到的连续的 10bit 数据流的符号边界,所以在一些总线的初始化阶段或数据包的包头都会进行发送。还有一些特殊的符号用于进行链路训练、标记不同的数据包类型、进行收发端的时钟速率匹配等。

表 1.2 ANSI 8b/10b 编码表中的控制符

数据符号名称	数据十六进制值	数据二进制值	编码后的 10bit 数据(负编码)	编码后的 10bit 数据(正编码)
K28.0	1C	000 11100	001111 0100	110000 1011
K28.1	3C	001 11100	001111 1001	110000 0110
K28.2	5C	010 11100	001111 0101	110000 1010
K28.3	7C	011 11100	001111 0011	110000 1100
K28.4	9C	100 11100	001111 0010	110000 1101
K28.5	BC	101 11100	001111 1010	110000 0101
K28.6	DC	110 11100	001111 0110	110000 1001
K28.7	FC	111 11100	001111 1000	110000 0111
K23.7	F7	111 10111	111010 1000	000101 0111
K27.7	FB	111 11011	110110 1000	001001 0111
K29.7	FD	111 11101	101110 1000	010001 0111
K30.7	FE	111 11110	011110 1000	100001 0111

综上所述,要把并行的信号通过串行总线传输,一般需要对数据进行并/串转换。为了进一步减少传输线的数量和提高传输距离,很多高速数据总线采用嵌入式时钟和 8b/10b 的数据编码方式。8b/10b 编码由于直流平衡、支持 AC 耦合、可嵌入时钟信息、抗共模干扰能力强、编解码结构相对简单等优点,在很多高速的数字总线如 FiberChannel、PCIe、SATA、USB3.0、DisplayPort、XAUI、RapidIO 等接口上得到广泛应用。图 1.20 是一路串行的 2.5Gbps 的 8b/10b 编码后的数据流以及相应的解码结果,从中可以明显看到解出的 K28.5 等控制码以及相应的数据信息。

需要注意的是,采用 8b/10b 编码方式也是有缺点的,最大的缺点就是 8bit 到 10bit 的编码会造成额外的 20% 的编码开销,所以很多 10Gbps 左右或更高速率的总线不再使用 8b/10b 编码方式。比如 PCIe1.0 和 PCIe2.0 的总线速率分别为 2.5Gbps 和 5Gbps,都是采用 8b/10b 编码,而 PCIe3.0、PCIe4.0、PCIe5.0 的总线速率分别达到 8Gbps、16Gbps 和 32Gbps,并通过效率更高的 128b/130b 的编码结合扰码的方法来实现直流平衡和嵌入式时钟。另一个例子是 FibreChannel 总线,1xFC、2xFC、4xFC、8xFC 的数据速率分别为 1.0625Gbps、

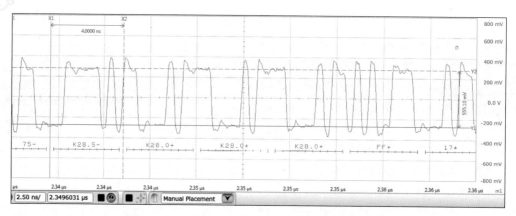

图 1.20 ANSI 8b/10b 编码后的数据波形及解码结果

2.125Gbps、4.25Gbps、8.5Gbps,都是采用 8b/10b 编码,而 16xFC、32xFC 的数据速率分别为 14.025Gbps 和 28.05Gbps,采用的是效率更高的 64b/66b 编码方式。64b/66b 编码在 10G 和 100G 以太网中也有广泛应用。

伪随机码型(PRBS)

在进行数字接口的测试时,有时会用到一些特定的测试码型。比如我们在进行信号质量测试时,如果被测件发送的只是一些规律跳变的码型,可能代表不了真实通信时的最恶劣情况,所以测试时我们会希望被测件发出的数据尽可能地随机以代表最恶劣的情况。同时,因为这种数据流很多时候只是为了测试使用的,用户的被测件在正常工作时还是要根据特定的协议发送真实的数据流,因此产生这种随机数据码流的电路最好尽可能简单,不要额外占用太多的硬件资源。

那么怎么用简单的方法产生尽可能随机一些的数据流输出呢? 首先,因为真正随机的码流是很难用简单的电路实现的,所以我们只需要生成尽可能随机的码流就可以了,其中最常用的一种数据码流是 PRBS(Pseudo Random Binary Sequence,伪随机码)码流。

PRBS 码的产生非常简单,图 1.21 是 PRBS7 的产生原理,只需要用到 7 个移位寄存器和简单的异或门就可以实现。

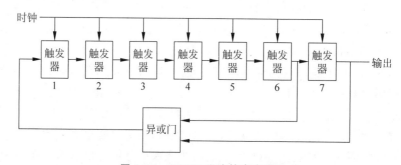

图 1.21 PRBS7 码流的产生原理

所谓 PRBS7,是指码流的重复周期为 2^7-1 个比特,即这个电路产生的 0、1 的码流序列是每 127 个比特为周期重复一次。下面是上述电路产生的 PRBS7 的数据码流：1111111000000100000110000101000111100100010110011101010011111010000111000100100110110101101111011000110100101011011100110010101010

如果我们把移位寄存器的数量增加到 9 个，就可以产生 PRBS9 的码流，即以 511bit 为周期重复发送的数据码流。下面是 PRBS9 码流中 511bit 周期的内容：

111111111000001111011111000101110011001000001001010011101101010001111001111100110110001010100100011100011011010101011100010011000100010000000010000100011000001001110010101011000011011110100011011100100010100001010110100111111011001001001011011111100011010100110011000000011000110010001011111110100001011000111010110010110011110001111101000001111101111000000101101011111010101011111000000100010001111101011010101000100010000110011100001011110110110011010000111011110000

从以上的数据流中我们可以看到，在每个大的重复周期内的 0、1 数据流看起来是随机的，满足了我们对于数据随机性的要求。但是同时其数据流中有大的重复周期，比如 PRBS7 码流的重复周期是 127bit，PRBS9 码流的重复周期是 511bit，并不是真正的随机码流，所以这种码流称为伪随机码。

从上面的描述可以看出，即使要产生 PRBS31 的非常长大的数据码流，也只需要用到 31 个移位寄存器和简单的异或电路，不需要占用太多的硬件资源。除此以外，伪随机码在实际的应用中还有一系列非常优异的特性，比如数据具有随机性但又充分可预测，下面将分别介绍。

对于一个理想的 PRBS 码流(假设信号的上升沿无限陡的情况)，如果我们用频谱仪观察其频谱，会发现其频谱的包络是一个 $\sin(x)/X$ 的 sinc 函数，功率接近为 0 的点都发生在频率为数据速率整数倍的频点，而各条谱线间的间隔＝(数据速率/PRBS 码型长度)。

比如对于 10Gbps 的 PRBS15 的码流来说，其频谱在 10GHz、20GHz、30GHz 等频点会出现功率接近为 0 的情况，而各条谱线的间隔＝(10G/32767)≈305kHz；如果数据速率不变，把码型的长度增加到 PRBS31，则功率包络不变，但是各条谱线间的间隔＝(10G/2147483647)≈4.7Hz，看起来更像一个均匀的 sinc 函数的包络。图 1.22 是理想 PRBS 码流的信号频谱。

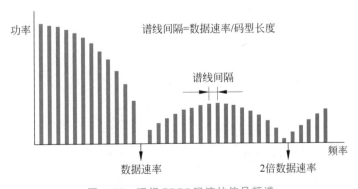

图 1.22　理想 PRBS 码流的信号频谱

即使从时域来看，PRBS 码流中的数据也好像是完全随机的，可以代表真实通信时信号的最恶劣情况，伪随机码的周期越长，随机性越好。实际应用中比较常见的伪随机码有

PRBS7(重复周期为127bit)、PRBS9(重复周期为511bit)、PRBS11(重复周期为2047bit)、PRBS15(重复周期为32767bit)、PRBS23(重复周期为8388607bit)、PRBS31(重复周期为2147483647bit)等。

　　PRBS码还有一个特点,就是码流越长,码流中连续的1或连续的0的数量越多。比如对于PRBS7码来说,其码流中最多有7个连续的1和6个连续的0;而对于PRBS31码流来说,其码流中最多有31个连续的1和30个连续的0。这种特性用在测量中可以很方便地找到码流的起始点。表1.3是不同PRBS码的周期长度和码流中最多的连续的1或0的数量的一个比较。

表1.3　不同PRBS码的周期长度及连续的1和0的长度

多项式抽头数	周期长度/bit	最长连续"1"的数量	最长连续"0"的数量
7	127	7	6
10	1023	10	9
11	2047	11	10
15	32 767	15	14
20	1 048 575	20	19
23	8 388 607	23	22
31	2 147 483 647	31	30

　　PRBS码流看起来是随机的,但并不是真正的随机码,其有精确的重复周期,而且每一个后续比特都是可以预计的。只要收发双方约定好了要使用的PRBS码长度,接收端只要正确接收到很少的数据比特就可以据此精确预测后面到来的每个比特。

　　比如对于PRBS7来说,接收端只要连续正确接收到7bit的数据并填充到7个移位寄存器,就可以用和发送端一样的电路精确生成后面到来的每个比特,如果把其后续生成的比特和实际接收到的比特做比较,就可以统计接收的数据的误码率。即使对于PRBS31码来说,也只需要连续正确接收到31bit就可以完成同步过程。PRBS码的这种自同步特性大大方便了误码率的测试,因此大部分高速总线的误码率测试场合都会使用PRBS码。

　　PRBS码有一个非常有趣的特性,即不受分频电路的影响。比如我们把PRBS7码流中的奇数比特单独提取出来,其仍然是PRBS7的码流;同样,如果把其偶数比特提取出来,也仍然是PRBS7的码流。对于PRBS码,只要进行的是2^N的整数分频,得到的码流仍然是一样的PRBS码流。这种特性可以很方便地用在一些复用器和解复用器的测试中。图1.23是用PRBS码进行复用器/解复用器传输误码率测试的一个例子。

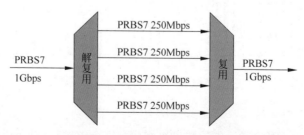

图1.23　用PRBS码进行复用器/解复用器传输误码率测试

正是由于 PRBS 码的伪随机性、自同步特性、电路简单等一系列优异的特性,很多高速数字总线的信号质量或者系统传输误码率等测量场合都会用到 PRBS 码,PRBS 码是高速信号测试中最常用的一种码型。

传输线的影响(Transmission Line Effects)

通过前面的介绍我们知道数字信号的频谱是分布很宽的,其最高的频率分量范围主要取决于信号的上升时间而不仅仅是数据速率。这样高带宽的数字信号在传输时,所面临的第一个挑战就是传输通道对其的影响。

真正的传输通道如 PCB、电缆、背板、连接器等的带宽都是有限的,当信号的边沿比较缓时,这些带宽的限制对于信号形状的影响不太明显;但是当信号速率提高同时信号的边沿变得更陡时,这些带宽的限制对信号的影响就开始体现出来。带宽限制最直观的表现就是会把原始信号里的高频成分削弱或完全滤掉,在波形上的表现就是信号的边沿变缓、信号上出现过冲或者振荡等。

另外,根据法拉第定律,变化的信号跳变会在导体内产生涡流以抵消电流的变化。电流的变化速率越快(对数字信号来说相当于信号的上升或下降时间越短),导体内的涡流越强烈。当数据速率达到约 1Gbps 以上时,导体内信号的电流和感应的电流基本完全抵消,净电流仅被限制在导体的表面上流动,这就是趋肤效应。趋肤效应会减小传输线的有效截面积,从而增大损耗并改变电路阻抗,阻抗的改变会造成信号的反射,从而造成信号的失真。

除此以外,最常用来制造电路板的 FR-4 介质是由玻璃纤维编织成的,其均匀性和对称性都比较差;同时,FR-4 材料的介电常数还和信号频率有关,所以信号中不同频率分量的传输速度也不一样。传输速度的不同会进一步改变信号中各个谐波成分的相位关系,从而使信号更加恶化。

因此,当高速的数字信号在 PCB 上传输时,信号的高频分量由于损耗会被削弱,各个不同的频率成分会以不同的速度传输并在接收端再叠加在一起,同时又有一部分能量在阻抗不连续点如过孔、连接器或线宽变化的地方产生多次反射,这些效应的组合都会严重改变波形的形状。要对这么复杂的问题进行分析是一个很大的挑战。

值得注意的一点是,信号的幅度衰减、上升/下降时间的改变、传输时延的改变等很多因素都与频率分量有关,不同频率分量受到的影响是不一样的。而对数字信号来说,其频率分量又与信号中传输的数字符号有关(比如 0101 的码流和 0011 的码流所代表的频率分量就不一样),所以不同的数字码流在传输中受到的影响都不一样,这就是码间干扰(Inter-Symbol Interference,ISI)。图 1.24 是一个受到严重码间干扰的高速数字信号的波形。

为了对这么复杂的传输通道进行分析,我们可以通过传输通道的冲激响应来研究其对信号的影响。电路的冲激响应可以通过传输一个窄脉冲得到。理想的窄脉冲应该是一个宽度无限窄、幅度非常高的窄脉冲,当这个窄脉冲沿着传输线传输时,脉冲会被展宽,展宽后的形状与线路的响应有关。从数学上来说,我们可以把通道的冲激响应和输入信号卷积得到经通道传输以后信号的波形。冲激响应还可以通过通道的阶跃响应得到,由于阶跃响应的微分就是冲激响应,所以两者是等价的。

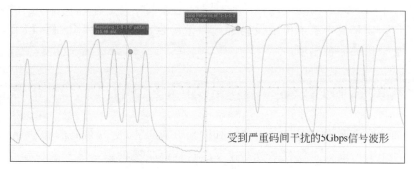

受到严重码间干扰的5Gbps信号波形

图 1.24　受到严重码间干扰的高速数字信号的波形

　　看起来我们好像找到了解决问题的方法,但是,在真实情况下,理想窄的脉冲或者无限陡的阶跃信号是不存在的,不仅难以产生而且精度不好控制,所以在实际测试中更多使用正弦波进行测试得到频域响应,并通过相应的物理层测试系统软件进行频域到时域的转换以得到时域响应。相比其他信号,正弦波更容易产生,同时其频率和幅度精度更容易控制。矢量网络分析仪(Vector Network Analyzer,VNA)可以在高达几十 GHz 的频率范围内通过正弦波扫频的方式精确测量传输通道对不同频率的反射和传输特性,动态范围可以达到100dB 以上,所以在现代高速数字信号质量的分析中,会借助高性能的矢量网络分析仪对高速传输通道的特性进行测量。图 1.25 是矢量网络分析仪测到的一段差分传输线的通道损耗及根据这个测量结果分析出的信号眼图。

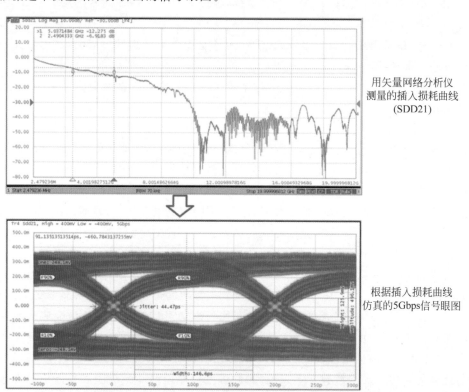

用矢量网络分析仪
测量的插入损耗曲线
(SDD21)

根据插入损耗曲线
仿真的5Gbps信号眼图

图 1.25　传输线的损耗及仿真出的信号眼图

用矢量网络分析仪对数字信号的传输通道进行测量,一方面借鉴了射频微波的分析手段,可以在几十 GHz 的频率范围内得到非常精确的传输通道的特性;另一方面,通过对测量结果进行一些简单的数学变换,就可以分析出通道上的阻抗变化以及对真实信号传输的影响等,从而帮助数字工程师在前期阶段就可以判断出背板、电缆、连接器、PCB 等的好坏,而不必等到最后信号出问题时再匆忙应对。

数字信号的预加重(Pre-emphasis)

如前所述,很多常用的电路板材料或者电缆在高频时都会呈现出高损耗的特性。目前的高速串行总线速度不断提升,使得流行的电路板材料达到极限从而对信号有较大的损耗,这可能导致接收端的信号极其恶劣以至于无法正确还原和解码信号,从而出现传输误码。

如果我们观察高速的数字信号经过长的传输通道传输后到达接收端的眼图,它可能是闭合的或者接近闭合的。因此工程师可以有两种选择:一种是在设计中使用较为昂贵的电路板材料;另一种是仍然沿用现有材料,但采用某种技术来补偿传输通道的损耗影响。考虑到在高速率的情况下低损耗的电路板材料和电缆的成本过高,我们通常会优先尝试相应的信号补偿技术,预加重(Pre-emphasis)和均衡就是高速数字电路中最常用的两种信号补偿技术。

通常情况下预加重技术使用在信号的发送端,通过预先对信号的高频分量进行增强来补偿传输通道的损耗。预加重技术由于实现起来相对简单,所以在很多数据速率超过1Gbps 的总线中广泛使用,比如 PCIe、SATA、USB3.0、Displayport 等总线中都有使用。当信号速率进一步提高以后,传输通道的高频损耗更加严重,仅仅靠发送端的预加重已经不太够用,所以很多高速总线除了对预加重的阶数进一步提高以外,还会在接收端采用复杂的均衡技术,比如 PCIe3.0、SATA Gen3、USB3.0、Displayport HBR2、10GBase-KR 等总线中都在接收端采用了均衡技术。采用了这些技术后,FR-4 等传统廉价的电路板材料也可以应用于高速的数字信号传输中,从而节约了系统实现的成本。

预加重是一种在发送端事先对发送信号的高频分量进行补偿的方法,这种方法的实现是通过增大信号跳变边沿后第一个比特(跳变比特)的幅度(预加重)来完成的。比如对于一个 00111 的比特序列来说,做完预加重后序列里第一个 1 的幅度会比第二个和第三个 1 的幅度大。由于跳变比特代表了信号里的高频分量,所以这种方法实际上提高了发送信号中高频信号的能量。在实际实现时,有时并不是增加跳变比特的幅度,而是相应减小非跳变比特的幅度,减小非跳变比特幅度的这种方法有时又叫去加重(De-emphasis)。图 1.26 反映的是预加重后信号波形的变化。

对于预加重技术来说,其对信号改善的效果取决于其预加重的幅度的大小,预加重的幅度是指经过预加重后跳变比特相对于非跳变比特幅度的变化。预加重幅度的计算公式如图 1.27 所示。数字总线中经常使用的预加重有 3.5dB、6dB、9.5dB 等。对于 6dB 的预加重来说,相当于从发送端看,跳变比特的电压幅度是非跳变比特电压幅度的 2 倍。

简单的预加重对信号的频谱改善并不是完美的,比如其频率响应曲线并不一定与实际的传输通道的损耗曲线相匹配,所以高速率总线会采用阶数更高、更复杂的预加重技术。图 1.28 所示是一个 3 阶的预加重,其除了对跳变沿后面的第 1 个比特进行预加重处理外,跳变沿之后的第 2 个比特的幅度也有变化。跳变沿后第 1 个比特的幅度变化有时也叫 Post Cursor1,

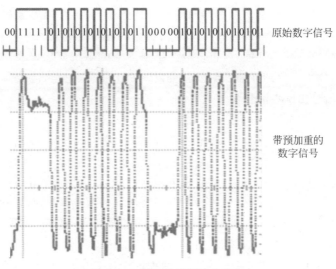

00 11 11 10 10 10 10 10 10 10 11 000 00 10 10 10 10 10 10 1　原始数字信号

带预加重的
数字信号

图 1.26　预加重后的信号波形

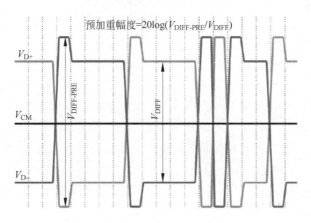

预加重幅度=20log($V_{\text{DIFF-PRE}}/V_{\text{DIFF}}$)

$V_{\text{D}+}$

V_{CM}

$V_{\text{D}-}$

$V_{\text{DIFF-PRE}}$　V_{DIFF}

图 1.27　预加重幅度的定义

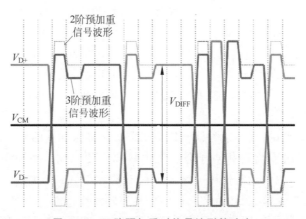

2阶预加重
信号波形

$V_{\text{D}+}$

3阶预加重
信号波形

V_{CM}

V_{DIFF}

$V_{\text{D}-}$

图 1.28　三阶预加重对信号波形的改变

跳变沿后的第 2 个比特的幅度变化有时也叫 Post Cursor2。有些总线如 PCIe3.0,会对跳变沿前面的 1 个比特的幅度也进行调整,叫作 Pre Cursor1,有时也称为 PreShoot。

　　由于真正的预加重电路在实现时需要有相应的放大电路来增加跳变比特的幅度,电路比较复杂而且增加系统功耗,所以在实际应用时更多采用去加重的方式。去加重技术不是增大跳变比特的幅度,而是减小非跳变比特的幅度,从而得到和预加重类似的信号波形。图1.29是对一个10Gbps的信号进行−3.5dB的去加重后对频谱的影响。可以看到,去加重主要是通过压缩信号的直流和低频分量(长0或者长1的比特流),从而改善其在传输过程中可能造成的对短0或者短1比特的影响。

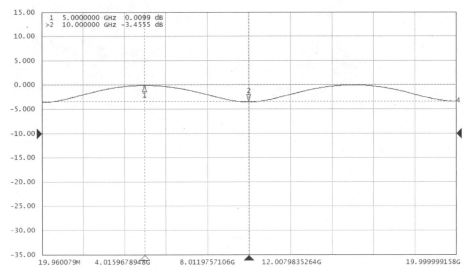

图1.29　去加重对信号频谱能量的影响

　　最简单的去加重实现方法是把输出信号延时一个或多个比特后乘以一个加权系数并和原信号相加。图1.30是一个实现4阶去加重的简单原理图。

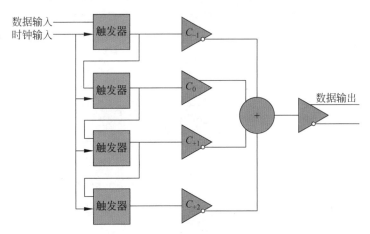

图1.30　四阶去加重的实现方法

　　去加重方法实际上压缩了信号直流电平的幅度,去加重的比例越大,信号直流电平被压缩得越厉害,因此去加重的幅度在实际应用中一般很少超过−9.5dB。

　　做完预加重或者去加重的信号,如果在信号的发送端(TX)直接观察,并不是理想的眼图。图1.31所示是在发送端看到的一个带−3.5dB预加重的10Gbps的信号眼图,从中可以看到有明显的"双眼皮"现象。

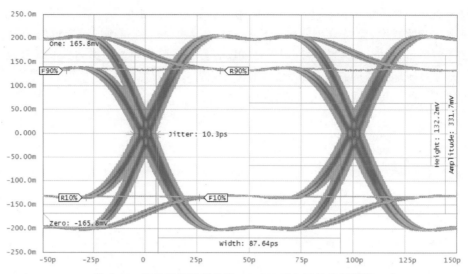

图 1.31　在发送端看到的带-3.5dB 预加重的信号眼图

　　如果预加重的设置和传输通道造成的损耗近似匹配,这样的信号虽然在发送端看起来眼图质量不理想,但是经过传输通道传输到达接收端后,看到的信号眼图还是不错的。这是由于信号经过 PCB 或电缆传输以后,高频分量会衰减,跳变比特的幅度衰减会比非跳变比特大很多。因此通常在信号的接收端(RX)是看不到前面图中明显的预加重或去加重效果的,而是改善后的眼图。因此从本质上说,预加重或去加重也属于一种信号的预失真技术。

　　另外需要注意的是,预加重或者去加重的参数设置需要与该信号传输通道的损耗特性相匹配才能得到比较好的信号改善效果。下面的几张图反映的是一个 10Gbps 的信号通过一根普通的 5m 长的 SMA 电缆传输以后的眼图。图 1.32 是在发送端没有进行任何信号处理时在接收端看到的信号眼图,可以看出信号经传输后已经有比较大的恶化;图 1.33 是在发送端进行了-3.5dB 的去加重后在接收端看到的眼图,可以看到通过去加重虽然眼图的

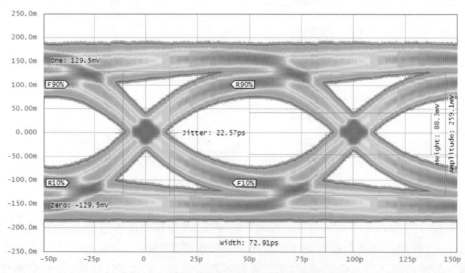

图 1.32　无去加重时在接收端看到的信号眼图

幅度减小了（低频分量被压缩），但是整体的眼图张开程度反而更大了（眼高增加），这是个合适的去加重设置；图 1.34 是在发送端进行了−6dB 的去加重后在接收端看到的眼图，由于去加重补偿有点过头，眼图中出现明显的过冲，眼图张开度的改善情况反而不如使用−3.5dB 去加重。在这种情况下如果继续增加去加重的幅度，得到的眼图甚至可能会比不使用去加重技术时更加恶劣。

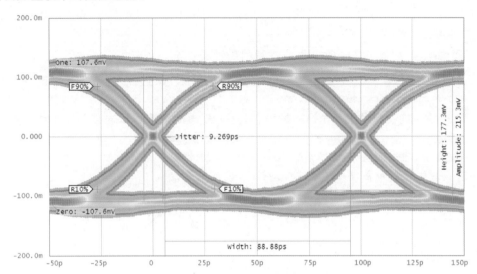

图 1.33　在发送端进行−3.5dB 去加重后在接收端看到的眼图
（合适的去加重设置可以改善眼图质量）

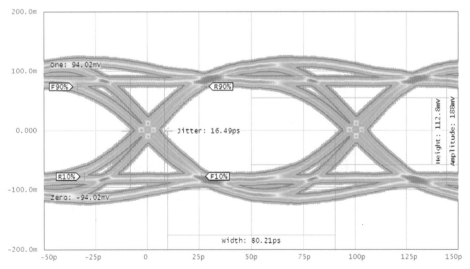

图 1.34　在发送端进行−6dB 去加重后在接收端看到的眼图
（不合适的预加重或去加重设置有可能使眼图恶化）

因此，任何去加重或者预加重系数的设置都需要与传输通道的损耗特性相匹配。在实际应用中，很多高速的数字电路会根据实际走线的长短调整预加重或去加重的幅度，从而在接收端得到最好的眼图效果。

数字信号的均衡（Equalization）

前面介绍了预加重或者去加重技术对于克服传输通道损耗、改善高速数字信号接收端信号质量的作用，但是当信号速率进一步提高或者传输距离更长时，仅仅在发送端已不能充分补偿传输通道带来的损耗，这时就需要在接收端同时使用均衡技术来进一步改善信号质量。

所谓均衡，是在数字信号的接收端进行的一种补偿高频损耗的技术。常见的信号均衡技术有 3 种：CTLE(Continuous Time Linear Equalization)、FFE(Feed Forward Equalization)和DFE(Decision Feedback Equalization)。

CTLE 是在接收端提供一个高通滤波器，这个高通滤波器可以对信号中的主要高频分量进行放大，这一点和发送端的预加重技术带来的效果是类似的。有些速率比较高的总线，为了适应不同链路长度损耗的影响，还支持多挡不同增益的 CTLE 均衡器。图 1.35 是PCIe5.0 总线在接收端使用的 CTLE 均衡器的频响曲线的例子。

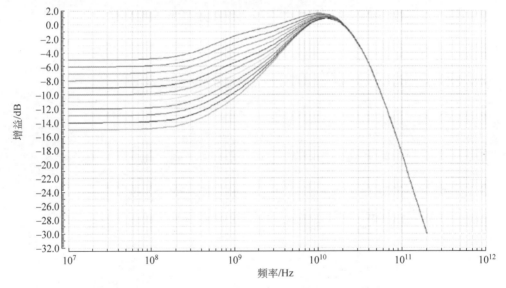

图 1.35　PCIe5.0 总线接收端使用的 CTLE 均衡器

（资料来源：www.pci-sig.com）

图 1.36 反映的是一个 5Gbps 的信号经过 35 英寸的 FR-4 板材传输后的眼图，以及经过 CTLE 均衡后对眼图的改善。

FFE 均衡的作用基本上类似于 FIR(有限脉冲响应)滤波器，其方法是根据相邻比特的电压幅度的加权值进行当前比特幅度的修正，每个相邻比特的加权系数直接和通道的冲激响应有关。下面是一个三阶 FFE 的数学描述：

$$e(t) = c_0 r(t - (0T_D)) + c_1 r(t - (1T_D)) + c_2 r(t - (2T_D))$$

式中，$e(t)$ 为时间 t 时的电压波形，是经校正(或均衡)后的电压波形；T_D 为时间延迟(抽头的时间延迟)；$r(t - nT_D)$ 为距离当前时间 n 个抽头延迟之前的波形，是未经校正(或均衡)的波形；c_n 为校正系数(抽头系数)。

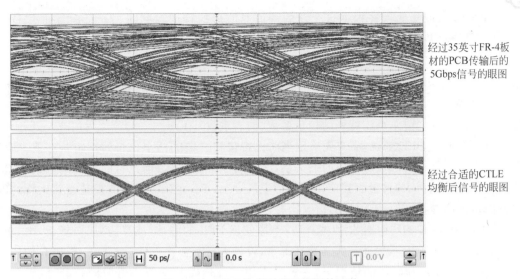

经过35英寸FR-4板材的PCB传输后的5Gbps信号的眼图

经过合适的CTLE均衡后信号的眼图

图 1.36　CTLE 均衡对信号眼图的改善

　　在上面的三抽头 FFE 例子中,FFE 对当前比特位置和其前面两个比特位置的电压进行加权校正,然后累加,获得了波形中当前比特位置处的校正(或均衡)后的电压电平。一旦当前比特位置处的电压电平经过校正,算法会进入下一个感兴趣的比特位置并重复上述过程,这种情况将一直持续到整个波形都经过校正。图 1.37 反映的是 FFE 均衡对信号改善的影响。

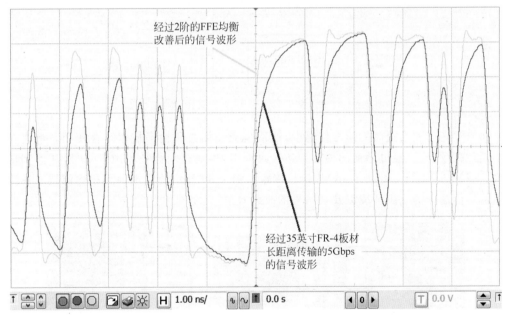

经过2阶的FFE均衡改善后的信号波形

经过35英寸FR-4板材长距离传输的5Gbps的信号波形

图 1.37　FFE 均衡对信号改善的影响

　　CTLE 和 FFE 都是线性均衡技术,而 DFE 则是非线性均衡技术。设计合理的 DFE 可以有效补偿码间干扰及串扰对信号造成的影响。通常,DFE 会根据前面比特的电平高低计算出一个校正值,然后将其添加到当前比特的逻辑判决阈值中(超过该阈值的电压被视为逻辑高或逻辑 1,低于该阈值的电压被视为逻辑低或逻辑 0)。因此,DFE 会改变当前比特的

判决阈值(增大或降低),并根据这个新的阈值对波形执行逻辑判断。下面是两抽头 DFE 算法的数学模型:

$$y(k) = d_1 y^*(k-1) + d_2 y^*(k-2)$$

式中,$y(k)$ 为校正后的电压阈值,用于判决比特位置 k 的逻辑状态是 1 还是 0;$y^*(k-n)$ 为位于比特位置 k 之前 n 个比特处经过判决电路判决后的逻辑值(逻辑状态);d_n 为位于感兴趣比特位置之前 n 个比特处的校正系数(抽头系数)。

对于两抽头 DFE 来说,需要先确定当前比特位置之前的两个比特的逻辑状态值,随后算法将用其比特逻辑值乘以相应的抽头系数,最后累加,得出当前比特的判决阈值偏移量。许多 DFE 算法将该偏移量直接应用到阈值电压上。DFE 正确工作的前提是相邻比特的电平判决是正确的,所以对于信号的信噪比有一定要求。

CTLE 和 FFE 的均衡器芯片(或算法)不像使用 DFE 的芯片(或算法)那样复杂,比 DFE 芯片需要的门电路也少,因此在大多数情况下,设计人员都会优先选择 CTLE 或 FFE 的均衡方法。而在更复杂和高速的情况下,一般是先用 CTLE 或 FFE 把信号眼图打开,然后再用 DFE 进一步优化。图 1.38 展示了用 CTLE 均衡器结合 DFE 均衡器进行信号均衡的例子。

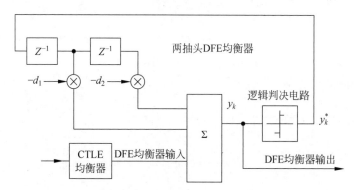

图 1.38　CTLE 均衡器结合 DFE 均衡器做信号均衡

在非常高速和长距离的信号传输中,通常是把预加重和均衡技术结合使用。首先在发送端提升高频分量,经过通道的损耗到达接收端后,再通过均衡技术改善信号,从而实现长距离(>50cm)、高速(>10Gbps)的信号传输。图 1.39 显示的是预加重和均衡技术在高速数字信号传输中的应用环境以及对信号的改善效果。

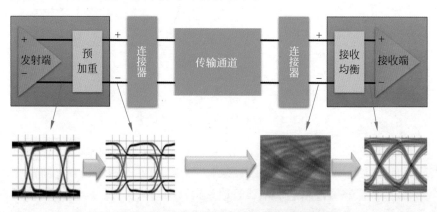

图 1.39　预加重和均衡技术在高速数字信号传输中的应用

数字信号的抖动(Jitter)

抖动(Jitter)是数字信号,尤其是高速数字信号的一个非常关键的概念。如图 1.40 所示,抖动反映的是数字信号偏离其理想位置的时间偏差。

图 1.40　抖动的概念

高频数字信号的比特周期都非常短,一般为几百 ps 甚至几十 ps,很小的抖动都会造成信号采样位置的变化从而造成数据误判,所以高频数字信号对于抖动都有严格的要求。

抖动这个概念说起来简单,但实际上仔细研究起来是非常复杂的,关于其概念的理解有以下几个需要注意的方面:

(1) 抖动的频率范围。抖动实际上是时间上的噪声,其时间偏差的变化频率可能比较快也可能比较慢。通常把变化频率超过 10 Hz 以上的抖动成分称为 jitter,而变化频率低于 10 Hz 的抖动成分称为 wander(漂移)。wander 主要反映的是时钟源随着时间、温度等的缓慢变化,影响的是时钟或定时信号的绝对精度。在通信或者信号传输中,由于收发双方都会采用一定的时钟架构来进行时钟的分配和同步,缓慢的时钟漂移很容易被跟踪上或补偿掉,因此 wander 对于数字电路传输的误码率影响不大,高速数字电路测量中关心的主要是高频的 jitter。

(2) 理想的跳变位置。抖动是个相对的时间量,怎么确定信号的理想的跳变位置对于抖动的测量结果有很关键的影响。对于时钟信号的测量,我们通常关心的是时钟信号是否精确地等间隔,因此这个理想位置通常是从被测信号中提取的一个等周期分布时钟的跳变沿;而对于数据信号的测量,我们关心的是这个信号相对于其时钟的位置跳变,因此这个理想跳变位置就是其时钟有效沿的跳变位置。对于很多采用嵌入式时钟的高速数字电路来说,由于没有专门的时钟传输通道,情况要更复杂一些,这时的理想跳变位置通常是指用一个特定的时钟恢复电路(可能是硬件的也可能是软件的)从数据中恢复出的时钟的有效跳变沿。

(3) 时间偏差的衡量方法。由于信号边沿的时间偏差可能是由于各种因素造成的,有随机的噪声,还有确定性的干扰。所以这个时间偏差通常不是一个恒定值,而是有一定的统计分布,在不同的应用场合这个测量的结果可能是用有效值(RMS)衡量,也可能是用峰-峰值(peak-peak)衡量,更复杂的场合还会对这个时间偏差的各个成分进行分解和估计。因此抖动的精确测量需要大量的样本以及复杂的算法。

对抖动进行衡量和测量时,需要特别注意的是,即使对于同一个信号,如果用不同的方法进行衡量,得到的抖动测量结果也可能不一样,下面是几种常用的抖动测量项目。

(1) 周期抖动(Period jitter)。对于时钟信号,我们最关心的是其周期是否是等间隔的。理想的时钟应该每个周期长度都是一样的,但如果信号有抖动,其周期就可能会有变化。因此通过直接对时钟信号的多个周期进行测量和统计,就可以得到信号周期的平均值、峰-峰值、RMS 值等。图 1.41 是对一个带抖动的 50MHz 的时钟信号进行周期抖动测量的结果,虽然从原始的时域波形上人眼很难观察到信号中细微的抖动,但是借助相应的抖动分析软件,我们可以观察到信号周期随时间的变化曲线,以及信号周期的最大值、最小值、周期变化的峰-峰值、周期变化的方差等。

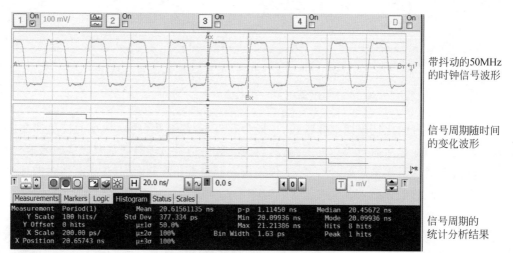

图 1.41　周期抖动的测量结果

(2) 周期到周期抖动(Cycle to Cycle jitter,简称 Cy-Cy 抖动)。前面所述的周期抖动可以反映出时钟信号周期的变化范围,但反映不出时钟信号周期变化的快慢。对于很多同步的数字逻辑电路,如果时钟信号的周期变化是非常缓慢的,即使周期的变化范围非常大,也不会产生故障;但是如果周期的变化是很快的,就有可能造成电路的故障。为了衡量时钟信号相邻周期的变化快慢,有时会用"周期到周期抖动"进行衡量。"周期到周期抖动"是对时钟信号相邻的两个周期相减。如果一段波形捕获了 1000 个周期,就可以得到 999 个"周期到周期抖动"的测量结果。对这些测量结果进行统计也可以得到其平均值、峰-峰值、RMS 值等。有些特殊的应用(比如针对 DDR2/3 的时钟信号)还定义了 N-cycle jitter,即相邻 N 个时钟周期的抖动变化。图 1.42 是对同一个 50MHz 的时钟波形进行 Cy-Cy 抖动测量和统计的结果。

(3) 时间间隔误差抖动(Time Interval Error jitter,简称 TIE 抖动)。所谓时间间隔误差,是指被测信号边沿相对于其参考时钟有效边沿的抖动。这个参考时钟可以是一个特定的时钟信号,也可以是从信号中恢复出的时钟。对于很多高速串行数字信号来说,由于不像时钟信号那样有固定的周期,无法进行周期抖动的测量,因此大量使用的就是 TIE 抖动的测量方法。但是要注意的是,时间间隔误差是一个相对的测量,怎么选择参考时钟以及如何进行时钟恢复都会影响到 TIE 抖动的测量结果。图 1.43 是对同一个 50MHz 的时钟信号进行 TIE 抖动的分析和统计结果,使用的是用最小方差法从信号中提取的一个恒定时钟作为参考时钟。

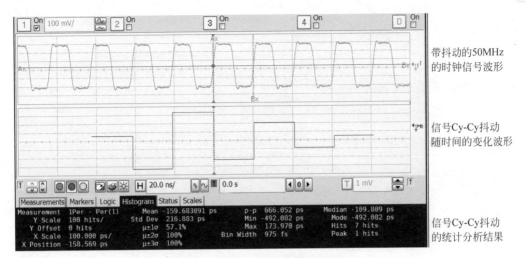

带抖动的50MHz
的时钟信号波形

信号Cy-Cy抖动
随时间的变化波形

信号Cy-Cy抖动
的统计分析结果

图 1.42　Cy-Cy 抖动的测量结果

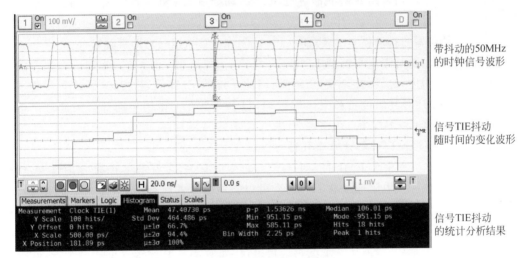

带抖动的50MHz
的时钟信号波形

信号TIE抖动
随时间的变化波形

信号TIE抖动
的统计分析结果

图 1.43　TIE 抖动的测量结果

从前面例子可以看到,对于同一个信号,用不同的方式进行测量和衡量,得到的结果可能是不一样的。图 1.44 是另一个例子,对于同一个带抖动的时钟信号,对其进行周期抖动测量、周期到周期抖动测量以及时间间隔误差抖动测量,得到的结果可能是不一样的。因此,对于一个信号进行抖动测量之前需要先明确关注的抖动类型,否则测量结果的物理含义是不明确的。

对于更复杂的数字信号来说,人们除了关心其抖动的 RMS 值以及峰-峰值以外,还会关心该抖动的不同组成成分,因为不同成分的抖动对于电路的影响是不一样的,相应的应对手段也不一样。比如很多高速总线都会对高速数字信号的随机抖动成分(Random Jitter)、周期性抖动(Periodic Jitter)、ISI 抖动(Inter-Symbol Interference jitter)等进行进一步的分解和研究。

抖动是数字信号,特别是高速数字信号的一个非常重要的概念。越是高速的信号,其比特周期越短,对于抖动的要求就越严格。后面我们会有专门的章节继续详细讲解抖动的概念和测量方法。

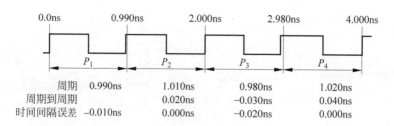

周期抖动=15.8ps RMS(0.990/1.010/0.980/1.020)
周期到周期抖动=29.4ps RMS(0.020/−0.030/0.040)
时间间隔误差抖动=8.3ps RMS(−0.010/0.000/−0.020/0.000)

图 1.44　用不同方法对同一个信号进行抖动分析的结果

扩频时钟(SSC)

数字电路的抖动通常是我们不希望的,因为抖动会造成采样位置的偏差,可能会引起数据传输错误。不过在有些场合,出于一些特殊的目的,人们可能会在数字总线上有意增加一些抖动,其中最典型的抖动就是 SSC(Spread Spectrum Clocking),即扩频时钟。

SSC 引入的目的是降低系统的 EMI(Electromagnetic Interference)辐射。在很多消费类电子产品的应用中,总线的速率越来越高,因此系统的 EMI 问题也越来越严重。为了控制电子设备的 EMI 对其他设备和人体的影响,很多产品在上市销售前都必须通过严格的 EMI 测试,比如 FCC/CE 等认证中都需要进行 EMI 相关的测量。

要减小系统的 EMI 问题,通常有几种方法:

(1) 滤波的方法。由于 EMI 的大小与信号跳变沿有关,边沿越陡 EMI 辐射越大,所以通过在总线上串联一些电阻或并联一些电容可以减缓信号的跳变沿,从而减小 EMI 辐射。很多数字总线如 USB、PCIe、HDMI、MIPI 等对于信号的最快上升时间都有一定的限制性要求,以在保证信号能够通过眼图测试的情况下尽可能减缓信号的跳变沿。但是由于现在数字总线速率越来越高,数据比特宽度越来越窄,比如对于一个 5Gbps 的信号来说,其数据比特宽度只有 200ps,因此信号的上升沿不可能太缓。

(2) 屏蔽的方法。如果电路板上的辐射太大,可以通过增加屏蔽措施的方法来控制对外界的 EMI 辐射,比如对于一些辐射比较大的电路部分额外增加屏蔽壳。但是额外的屏蔽措施对于系统的重量、体积、成本增加很多,同时对于很多消费类电子产品来说增加屏蔽壳会使接口连接变得非常不方便,因此一般只是对一些比较关键的电路(比如射频或者开关电源电路)进行特殊屏蔽。

(3) SSC 扩频时钟的方法。扩频时钟的方法是在数字系统的时钟源头进行轻微的调频,从而降低 EMI 辐射的峰值功率。扩频时钟的方法实现简单且成本较低,只要在时钟源上进行扩频则后级的所有数字信号上就都带上了扩频,因此这是在消费类的高速数字总线上普遍使用的一种控制 EMI 的方式。

SSC 技术本质上是对数字系统的时钟进行轻微的调频。图 1.45 是一个带扩频时钟的信号的例子,图中上面部分是一个原始的带 SSC 调制的 1GHz 的时钟波形,下面部分是借助相应的分析软件解析出的被测信号频率随时间的变化波形。从图中可以看到,被测信号的频率随着时间有明显周期性的变化。

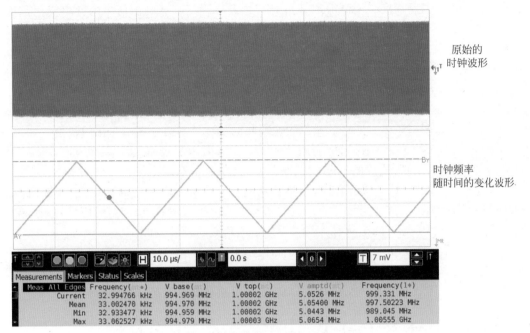

图 1.45　带 SSC 的时钟信号的时域分析

　　采用 SSC 技术可以大大减小系统 EMI 辐射的峰值。在做系统级的 EMI 测试时很多辐射的峰值出现在系统工作时钟的整数倍的频点上，采用 SSC 技术可以降低辐射的峰值。从图 1.46 的频谱中可以看到，对于同一个 1GHz 的时钟信号来说，采用扩频时钟技术后信号的辐射分布在更宽的一个频带内，信号辐射的峰值能量相对于没有采用扩频时钟技术时可以下降 10 多分贝。

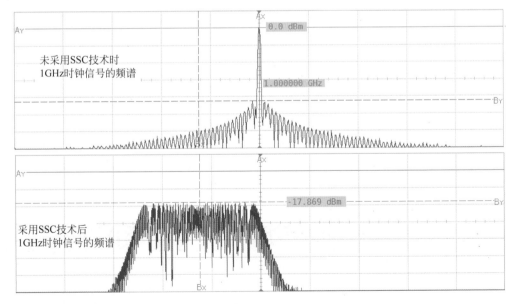

图 1.46　带 SSC 的时钟信号的频域分析

采用 SSC 技术时需要考虑以下几个因素对于数字系统的影响：

（1）SSC 的调制深度。调制深度是指对信号进行调频时被调制信号的频率变化范围。调制深度过浅，对于辐射的改善情况有限；调制深度过深，则时钟的频率被拉偏比较多，对于系统中晶振、PLL 的要求过高。一般 SSC 的调制深度为工作频率的 $0.1\%\sim1\%$，PCIe、DP、SATA、USB3.0 等很多总线采用的都是下展频的方式，允许的最大调制深度是 -0.5%。采用下展频的好处是打开 SSC 调制后系统实际的工作频率永远在标称频率之下，图 1.46 就是一个下展频的例子。

（2）SSC 的调制频率。SSC 的调制频率反映的是被调制信号频率变化的快慢。如果调制频率太快，后级的 PLL 电路可能会跟踪不上；而如果调制频率太慢，则可能会产生一些额外的音频噪声。通常使用的 SSC 的调制频率为 $30\sim33$kHz。

（3）SSC 的调制波形。调制波形是指被调制信号的频率随时间的变化波形，调制波形可以是正弦波、锯齿波或三角波。三角波的调制方式由于实现简单，调制后信号的频谱接近均匀分布，因此很多总线的扩频时钟都采用的是三角波的调制波形。

一般情况下滤波、屏蔽以及 SSC 等几种控制 EMI 的技术结合起来可以实现更好的 EMI 控制，比如用 SSC 方法控制数字电路的辐射，用屏蔽的方法控制射频电路、电源电路以及整机的辐射，用滤波的方法控制对外的输入/输出接口的辐射等。

链路均衡协商（Link Equalization Negotiation）

随着数字信号速率的提升，为了克服传输通道的损耗，在信号的发射端会采用越来越复杂的预加重技术，而在信号的接收端也会采用甚至严重依赖于更有效的信号均衡技术。很多数字总线在提升数据速率时会优先在发送端采用预加重技术（成本和功耗较低），在链路造成的影响靠发送端的补偿已经不足够时，才会在接收端逐渐采用均衡技术。数据速率越高，均衡技术也会变得越来越复杂。

表 1.4 是以 PCIe 总线为例，观察高速总线物理层技术发展的趋势。在 PCIe1.0 时代，数据速率只有 2.5Gbps，发送端进行简单的 -3.5dB 的预加重补偿就可以了。在 PCIe2.0 时代，数据速率提升到 5Gbps，发送端会有 -3.5dB 和 -6dB 两种不同的预加重选择以应对不同长度的链路。在 PCIe3.0 时代，数据速率提升到 8Gbps，并且采用了更有效的 128b/130b 的编码方式，这时发送端采用了更复杂的 3 抽头（Tap）的预加重滤波器，可以有 11 种不同的预设模式（Preset）；而接收端则开始采用 CTLE+DFE 的均衡方式，CTLE 的均衡强度和 DFE 的均衡系数都是可调的。到了 PCIe4.0 和 PCIe5.0 时代，数据速率分别提升到 16Gbps 和 32Gbps，这时发送端的预加重方式没有再做提升；而接收端的均衡器却变得越来越复杂，为了精确匹配链路损耗、串扰和阻抗不匹配造成的反射的影响，其阶数进一步提升，并且接收均衡器对于链路可靠工作的贡献也越来越重要。

表 1.4　PCIe 总线物理层技术的发展

性能特点	PCIe1.0	PCIe2.0	PCIe3.0	PCIe4.0	PCIe5.0
Base 规范发布时间	2003 年	2006 年	2010 年	2017 年	2019 年
Lane 数据速率	2.5Gbps	5Gbps	8Gbps	16Gbps	32Gbps
编码方式	8b/10b	8b/10b	128b/130b	128b/130b	128b/130b

续表

性能特点	PCIe1.0	PCIe2.0	PCIe3.0	PCIe4.0	PCIe5.0
最大 Lane 数量(x16，双向)	32	32	32	32	32
理论总线带宽(x16，双向)	8GBps	16GBps	32GBps	64GBps	128GBps
发送端预加重技术	−3.5dB	−3.5dB，−6dB	3 抽头 FIR(11 种预设模式)	3 抽头 FIR(11 种预设模式)	3 抽头 FIR(11 种预设模式)
接收端均衡技术	无	无	CTLE+1 Tap DFE	CTLE+2 Tap DFE	2nd orde CTLE+3 抽头 DFE
典型链路(无中继)	20 英寸+2 连接器	20 英寸+2 连接器	20 英寸+2 连接器	12 英寸+1 连接器	12 英寸+1 SMT 连接器
链路动态协商	不支持	不支持	部分芯片支持	支持	支持
要求进行的物理层验证项目	TX	TX+RX	TX+RX(动态协商)	TX+RX(动态协商)	TX+RX(动态协商)

当链路速率不断提升时，给接收端留的信号裕量会越来越小。比如 PCIe4.0 的规范中定义，信号经过物理链路传输到达接收端，并经均衡器调整以后的最小眼高为 15mV，最小眼宽为 18.75ps，而 PCIe5.0 规范中允许的接收端最小眼宽更是不到 10ps。在这么小的链路裕量下，必须仔细调整预加重和均衡器的设置，才能得到最优的误码率结果。另一方面，预加重和均衡器的组合也越来越多。比如 PCIe4.0 中发送端有 11 种 preset(预加重的预设模式)，而接收端的均衡器允许 CTLE 在 −6～−12dB 以 1dB 的分辨率调整，并且允许 2 阶 DFE 分别在 ±30mV 和 ±20mV 范围内变化。综合考虑以上因素，实际情况下的预加重和均衡器参数的组合可以达几千种。这么多的组合不可能完全通过人工设置和调整来达到期望的最优信号裕量结果，必须有一定的机制能够根据实际链路的损耗、串扰、反射差异以及温度和环境变化进行自动的参数设置和调整，这就是链路均衡的协商。

目前，链路均衡的协商在很多 10Gbps 以上的总线中都有使用，但可能具体的名称不太一样，比如有些称为 Link Equalization，有些称为 Transmitter Equalization Feedback，还有些就是包含在链路训练(Link Training)或者自协商(Auto-Negotiation)过程中。链路均衡的协商过程通常在设备上电初始化阶段完成，也可能会在软件控制或大的链路误码情况下进行重新协商。其典型的协商机制如图 1.47 所示，大概步骤如下：

(1) 设备上电后，发射机根据预设值设置预加重参数。

(2) 接收机通过传输通道接收到信号以及发送端的预加重设置信息，并对接收信号质量或者误码率用算法进行评估。如果通过自身的均衡器优化就可以实现很好的信号接收，则不需要发送端再做调整；如果需要发送端进行调整，则通过反馈链路通知发射机调整预加重参数。

(3) 发射机按照接收机的反馈信息调整预加重，接收机重复上一步的判决和调整算法，直到收发端协商出一个满意的预加重和均衡参数的组合。如果上述过程在一定时间内反复进行仍无法协商出一个合适的参数组合，则链路均衡的协商失败，链路可能无法工作在期望的速率。

(4) 如有必要，反向的传输链路也按上述步骤进行链路参数协商。

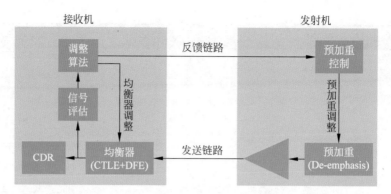

图 1.47　链路均衡的协商

在链路均衡的协商过程中,收发端需要通过一定的机制来进行信息的沟通和传递。不同的总线采用的信息传递方式也不一样,有些总线的协商信息是直接在正常的数据收发链路上传输(比如 PCIe);有些总线会通过另外的低速辅助通道沟通协商信息(比如 Displayport);还有些总线是通过专门的管理接口读写寄存器来传递信息。在链路的协商过程中,收发端的均衡能力及调整精度、对于请求的响应速度、信号质量评估及调整算法等,对于协商出一个可以正常工作的参数组合都至关重要,也是很多高速串行芯片厂商的核心竞争力之一。

PAM 信号(Pulse Amplitude Modulation)

PAM(Pulse Amplitude Modulation,脉冲幅度调制)是超过 32Gbps 的高速数字或光信号互连的一种热门信号传输技术,目前 4 电平的 PAM-4 信号已经广泛应用于 200G/400G 以太网的电信号或光信号传输,PCIe6.0 中也会采用 PAM-4 的信号调制。

传统的数字信号多采用 NRZ(Non-Return-to-Zero)信号,即采用高、低两种信号电平来表示要传输的数字逻辑信号的 1、0 信息,每个信号符号周期可以传输 1bit 的逻辑信息;而 PAM 信号则可以采用更多的信号电平,从而每个信号符号周期可以传输更多比特的逻辑信息。比如以 PAM-4 信号来说,其采用 4 个不同的信号电平来进行信号传输,每个符号可以表示 2bit 的逻辑信息(0、1、2、3)。因此,要实现同样的信号传输速率,PAM-4 信号的符号速率只需要达到 NRZ 信号的一半即可,这样对于传输通道带宽的要求可以大大减小。图 1.48 是典型的 NRZ 信号的波形、眼图与 PAM-4 信号的对比。

其实 PAM-4 信号的概念并不新鲜,比如在最普遍使用的 100MBase-T 以太网中,就使用 3 种电平进行信号传输;而在无线通信领域中普遍使用的 16QAM 调制、32QAM 调制、64QAM 调制等,也都是采用多电平的基带信号对载波信号进行调制。IEEE 协会在制定 100G 以太网标准时重新提出了这种用多电平进行数字信号传输的概念。在前一代 40G 以太网标准中,普遍使用 4 组 10Gbps 的链路进行信号传输,信号采用 NRZ 形式;而在制定 100G 以太网标准时,需要用 4 组 25Gbps 的链路进行信号传输(也有标准采用 10 组 10Gbps 的信号传输方式),由于不确定 25Gbps 的 NRZ 信号长距离传输的可行性,所以也同时定义了 PAM-4 的信号标准作为备选。比如,在 IEEE 协会于 2014 年颁布的针对 100G 背板的

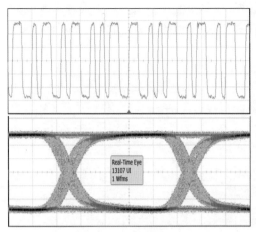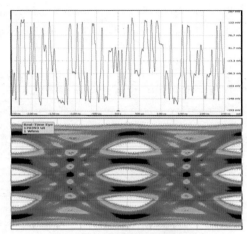

NRZ信号波形及眼图   PAM-4信号波形及眼图

图 1.48　NRZ 与 PAM-4 信号对比

802.3bj 标准中,就同时定义了两种信号传输方式:4 组 25.78G 波特率的 NRZ 信号,或者 4 组 13.6G 波特率的 PAM-4 信号。只不过后来随着芯片技术以及 PCB 板材和连接器技术 的发展,25G 波特率的 NRZ 技术很快实现商用应用,而 PAM-4 由于技术成熟度和成本的 原因,并没有在 100G 以太网的技术中被真正应用。在新一代的 200G/400G 接口标准的制 定过程中,普遍的诉求是每对差分线上的数据速率要提高到 50Gbps 以上。如果仍然采用 NRZ 技术,由于每个符号周期只有不到 20ps,对于收发芯片以及传输链路的时间裕量要求 更加苛刻,所以 PAM-4 技术的采用几乎成为了必然趋势,特别是在电信号传输距离超过 20cm 以上的场合。比如在 IEEE 协会制定的 802.3bs 规范中,以及 OIF 组织的 CEI4.0 规 范中,都对 PAM-4 信号的特性及参数测试进行了深入的研究和定义。同时,64G Fiber Channel 以及 InfiniBand 600G HDR 的标准中,也借鉴了 IEEE 协会及 OIF 组织的 PAM-4 标准。随着未来技术的发展,也不排除采用更多电平的 PAM-8 甚至 PAM-16 信号进行信 息传输的可能性。图 1.49 是用 PAM-4 信号进行高速互联的几种典型应用场合。

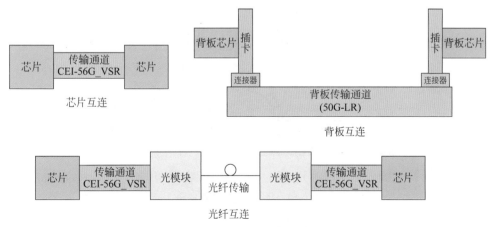

图 1.49　PAM-4 信号典型应用场合

很多人会简单地把 PAM-4 信号理解为只是把信号电平由传统 2 电平变成了 4 电平,这对于概念理解没有任何问题,但是对于工程应用来说则远远不够,因为 PAM-4 的实现技术、信号参数、测量方法都要被重新定义。

要产生 PAM-4 信号,最简单的方法是使用两个传统的 NRZ 信号产生电路,然后把其中一路信号进行 6dB 衰减后再和另一路信号合路,从而产生 PAM-4 的信号(图 1.50)。这种方法的最大好处是可以借鉴已有技术,快速切入 PAM-4 的研究。

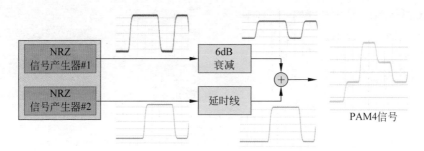

图 1.50　NRZ 合路的 PAM-4 信号产生方式

但在实际应用中,这种方法的缺点也是很明显的,最大的缺点是需要在几十 Gbps 的数据速率范围内保证两路信号在的时延、上升时间甚至抖动等参数精确一致,并且保证两路信号的幅度差异正好是 2 倍关系(6dB)。只要有一项在调整过程中产生差异,就会产生比较大的信号畸变,因而实际调整起来会非常复杂。比如图 1.51 分别展示了当两路 NRZ 信号的时延、带宽、幅度控制不理想时对 PAM-4 信号眼图的影响,不同的误差会使得眼图产生不同程度的畸变,比如影响上下眼图的眼宽、眼图位置、眼高等,都会造成接收端检测裕量的减小。为了解决这个问题,比较好的方法是直接采用基于高速 DAC(Digital-to-Analog Converter,数/模转换器)的技术来产生 PAM-4 信号,典型的有任意波发生器或者基于 DAC 技术的误码仪等。由于 DAC 芯片可以灵活控制各个电平的幅度进行放大器线性度的补偿,也可以根据需要产生适当程度的预加重,因此会比采用合路方式产生 PAM-4 信号的方法灵活很多。

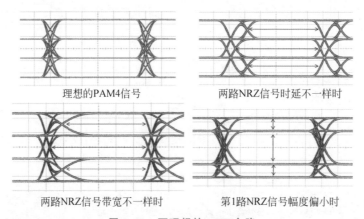

图 1.51　不理想的 NRZ 合路

在相同的最大信号摆幅情况下,PAM-4 信号会使用 4 个电平进行信号传输,每相邻两个电平间的幅度差异只有 NRZ 情况下的 1/3。为了保证接收端能够区分出信号电平的差异,在相同的眼高要求下,其对于噪声的容忍程度更差。比如在图 1.52 的例子中,NRZ 和 PAM-4 信号的数据速率都为 25GBaud,信号的摆幅都为 800mV。当信号上叠加有 25mV(rms) 的随机噪声时,NRZ 信号仍然可能有比较大的眼高,而 PAM-4 信号的眼图已经几乎张不开了。由于眼图张开可能不会太好,所以一些传统的信号质量测试项目(如眼图模板)可能无法进行,必须定义一些新的测试方法,同时也要更加关注串扰对于 PAM-4 系统性能的影响。

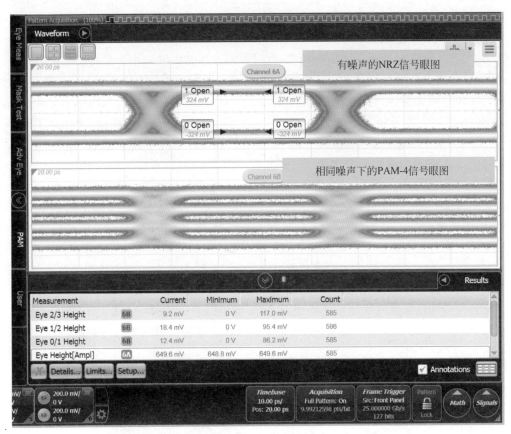

图 1.52 相同的幅度噪声对 NRZ 和 PAM-4 信号的影响

为了减小幅度噪声造成的误码的数量,PAM-4 的信号通常会采用格雷(Gray)编码技术。如果采用普通的二进制编码,则 PAM-4 信号 4 个电平从低到高对应的二进制比特分别是"0b00""0b01""0b10""0b11",这种编码方式最大的问题在于中间两个相邻电平的误判会造成 2bit 的错误。比如在采用普通二进制编码时,如果接收端由于噪声的影响把电平 "1"误判成了电平"2",则接收的数据就从"0b01"变成了"0b10",2bit 都接收错误。而在采用格雷编码时,所有相邻的电平误判只会造成 1bit 的接收错误,从而减少了一部分噪声带来的影响。图 1.53 是普通二进制编码和格雷编码的区别。

另外,在相同的信噪比环境下,PAM-4 信号的误码率会远远超过 NRZ 信号,很多场合无法保证 0 误码。为了保证数据传输的可靠性,PAM-4 的传输系统普遍采用了 FEC (Forward Error Correction,前向纠错)的纠错机制。FEC 是在数据传输时插入一些纠错码,然后接收端再根据收到的数据进行校验和纠错。FEC 方法的好处是只要数据传输错误

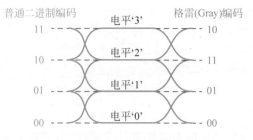

图 1.53　普通二进制编码和格雷编码

不是集中发生,且误码率小于一定的阈值,就可以通过纠错大大减小系统的实际误码率。但使用 FEC 的缺点是增加了冗余数据,因此传输的实际数据速率要打一定折扣;另外,在发送端需要进行 FEC 的编码,在接收端要进行 FEC 的纠错,增加了芯片设计和测试的复杂性。比如在 100G 以太网中,采用 4 组 25.78G 波特率的 NRZ 信号进行数据传输,而在 IEEE 针对 200G/400G 以太网制定的 802.3bs 规范中,采用 PAM-4 传输时的数据速率被定义为 26.56G Baud,之所以波特率增加很大一部分就是因为 FEC 的开销。使用 FEC 也会对误码率的定义造成影响,因为使用 FEC 和不使用 FEC 时,系统的误码率可能会有非常大的区别。

　　虽然 PAM-4 信号通过 4 电平调制降低了数据传输的波特率,但是由于相邻电平更加靠近,眼图裕量很小。因此,如果没有任何信号补偿技术,PAM-4 信号是不能进行实用距离的传输的。比如在 IEEE 802.3bs 中定义的交换机和光模块之间电通道损耗(参考资料: IEEE P802.3bs)在 13GHz 左右时也仍然超过了 10dB,如果没有任何信号补偿技术,PAM-4 信号的高频分量会很快损失,无法在 PCB 上传输更远的距离。因此,PAM-4 信号的发生器必须具备灵活的预加重或去加重产生能力,以补偿传输通道的损耗。图 1.54 展示了没有预加重的 PAM-4 信号以及带预加重的 PAM-4 经过传输通道传输后的信号眼图。

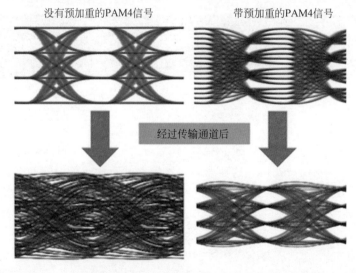

图 1.54　预加重对 PAM-4 信号的影响

　　传统的 NRZ 信号对于发射端的线性度要求不高,因为即使有非线性也一样可以输出 2 个电平,最多幅值受到一些影响;而对 PAM-4 信号来说,在同样的发射机幅度下,为了保证 4 个电平都能够被很好地区分,最优的选择就是 4 个电平等间隔分布。而一些器件,尤其是一些放大器或调制器在大信号输出时的线性度可能不会特别好,这就可能造成输出信号的 4 个电平的不等间隔分布。在图 1.55 的例子中,理想的线性度很好的 PAM-4 信号经过一个线性度不好的放大器后,由于幅度较大的信号进入放大器的非线性区而受到压缩,从而使得输出的 PAM-4 信号的线性度受到很大影响,上层的眼图高度明显小于下层的眼图高度。因此,在 PAM-4 信号的生成过程中,最好能够根据实际需要调整各个电平的幅度,以补偿后面非线性的影响。

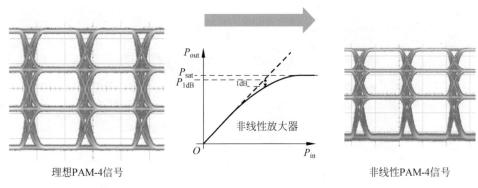

理想PAM-4信号   非线性PAM-4信号

图 1.55 非线性对 PAM-4 信号的影响

PAM-4 技术也广泛应用在 50G/200G/400G 以太网的光通信中,但在用 PAM-4 信号直接驱动激光器进行光信号传输时,由于激光器在大电流情况下开关速度更快,会使得大幅度的信号比小幅度的信号更早到达,从而造成各层眼图间的 skew(时延),如图 1.56 所示。对于这些影响都需要详细评估和控制。

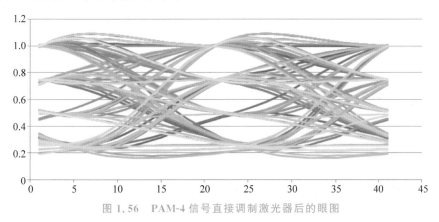

图 1.56 PAM-4 信号直接调制激光器后的眼图

另外,对于 NRZ 信号来说,只有 0→1 和 1→0 两种信号切换模式,无论信号上升沿的陡缓程度如何,理论上信号的交叉点都集中在一个点附近。而对于 PAM-4 信号来说,一共有 12 种信号切换模式(0→1,0→2,0→3,1→2,1→3,2→3,3→2,3→1,3→0,2→1,2→0,1→0),如果信号的上升时间不是无限陡的,这些信号切换的交叉点会有很多。而且信号的上升时间越缓,交叉点的离散程度越大,这就是 PAM-4 信号固有的信号切换抖动(Switching Jitter),这与传统的 NRZ 信号的随机抖动以及数据相关抖动的成因都不太一样。这种复杂的抖动分布会造成抖动分析的复杂度提高，以及接收端做时钟提取时 CDR（Clock Data Recovery）电路设计的难度增加。图 1.57 是分别用 40GHz 带宽和 20GHz 带宽的发射机产生的 25G 波特率的 PAM-4 信号，可以看出，信号带宽越低、上升时间越缓，其固有的信号切换抖动越大。对于 PAM-4 信号的抖动测试和抖动分解，与传统的 NRZ 方法也不太一样。早期标准中曾采用特殊的时钟码型（如 JP03A 和 JP03B 码型）进行抖动测试，但很难评估码间干扰的影响。后来随着算法的改进，示波器中的抖动分解软件已经可以对 PAM-4 的 12 种切换边沿进行区分和识别，并基于此信息再进行抖动的分解和计算。

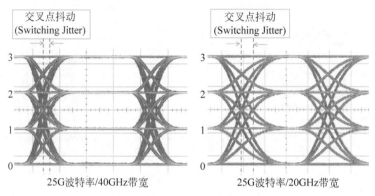

图 1.57　带宽对 PAM-4 信号的影响

综上可见，PAM-4 信号的产生和接收是一个比较复杂的问题。从技术层面上，PAM-4 信号对链路上器件的线性度要求更高，可能需要采用新的 DAC 技术来产生多电平信号，需要 DSP 模块配合进行 FEC 的编码纠错，同时还要应对 4 电平切换时的边沿抖动以及时钟恢复问题，这些都是与使用 NRZ 信号完全不一样的地方，因此其内部结构和信号产生机制也更加复杂。图 1.58 是一个典型的 PAM-4 信号发射机的内部结构框图。

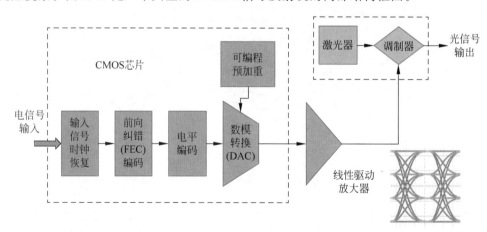

图 1.58　典型 PAM-4 信号发射机

第2章

数字测试基础

数字信号的波形分析（Waveform Analysis）

对于一个数字信号，要进行可靠的 0、1 信息传输，就必须满足一定的电平、幅度、时序等标准的要求。为了验证这个数字信号是否符合要求，就要对该信号进行测试。测试的最常用方法是借助于示波器捕获到该信号的时域波形，并对这些波形的时域参数进行测量。下面我们来了解一些数字信号测试中常用的波形测试参数。

幅度（Amplitude）测量：幅度测量是数字信号最常用的测量，也是很多其他参数测量的基础。对于一个如图 2.1 所示的典型的数字信号来说，其最大值是 Max，最小值是 Min，Max 和 Min 值相减的结果称为峰-峰值，但这不是该数字信号的幅度（Amplitude）。按照 IEEE 的定义，我们需要对该数字信号进行幅度分布的直方图（Histogram）统计，典型的数字信号会在直方图的上半部分和下半部分会各出现一个分布最大的峰，分别反映了信号高电平和低电平出现概率最大的情况。我们把直方图上半部分的峰对应的电压值称为该信号的高电平（Top），下半部分的峰对应的电压值称为低电平（Base），高电平和低电平相减的结果就是该信号的幅度（Amplitude）。

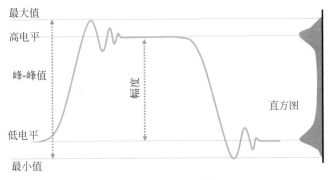

图 2.1　数字信号幅度的定义

从上面的描述可以看到，数字信号的幅度计算其实是一个很复杂的过程，不过好在现在的数字示波器都提供了丰富的自动测量功能，可以帮助用户自动完成相关测试。图 2.2 是数字示波器中实际进行数字信号幅度测试的例子，图中上面的横线光标和下面的横线光标分别指示了示波器统计出的波形的高电平和低电平的位置，最下面的测量窗口里显示了测量出的幅度的结果。

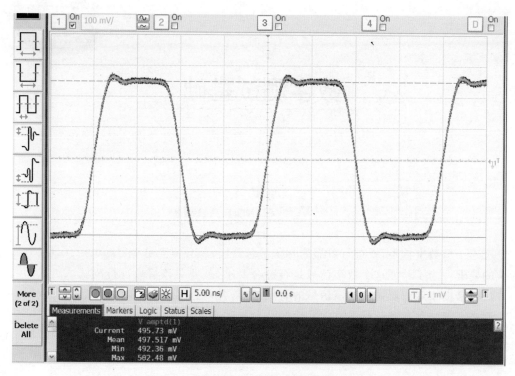

图 2.2   用示波器进行数字信号的幅度测试

上升时间（Rise Time）和下降时间（Fall Time）测量：上升时间是数字信号另一个非常关键的参数，它反映了一个数字信号在电平切换时边沿变化的快慢。如图 2.3 所示，通常上升时间定义为信号从幅度的 10%上升到幅度的 90%所花的时间，下降时间定义为信号从幅度的 90%下降到幅度的 10%所花的时间。上升/下降时间越短，说明信号变化越快，信号的高频成分越多。

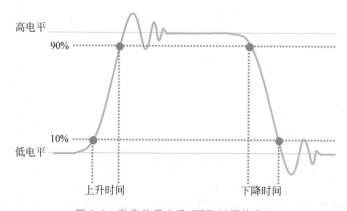

图 2.3   数字信号上升/下降时间的定义

图 2.4 是一个在示波器中进行上升时间测量的例子,图中光标的交叉点指示了上升时间测量的起始点和结束点的位置。

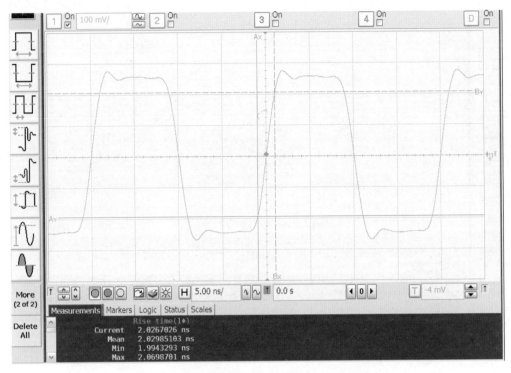

图 2.4 用示波器进行数字信号的上升时间测试

需要注意的是,很多时间参数的测量是和幅度的准确测量相关的。比如,上升时间测量的是信号从幅度的 10% 变化到 90% 的时间,因此准确地确定信号的高电平幅度(Top)和低电平幅度(Base)对于准确地确定 10% 和 90% 的电平幅度是至关重要的,其结果会进一步影响上升时间测量时选择的起始点和终止点的位置。图 2.5 显示的是对图 2.4 的波形在时间轴上过度展开,造成 Top 和 Base 值测量不准确,进而影响上升时间测量结果的例子(图 2.4 中上升时间的测量结果是 2ns 左右,而图 2.5 中测得的是 2.1ns 左右)。在一些高速率的数字总线中,由于信号受传输通道的损耗影响较大,很多信号中的比特幅度达不到 90% 的幅度。因此,有些高速总线会使用 20%~80% 甚至 30%~70% 的上升时间标准。

周期(Period)和频率(Frequency)测量:对于时钟信号来说,周期和频率是其最基本的测量参数。如图 2.6 所示,周期的定义是从信号一个上升沿 50% 幅度时刻到下一个上升沿 50% 幅度时刻的时间差。类似地,如果测量的是从信号一个上升沿 50% 幅度时刻到下一个下降沿 50% 幅度时刻的时间差,就可以得到这个信号的正脉冲宽度(+Pulse Width)。如果再把正脉冲宽度除以信号的周期,就可以得到这个时钟信号的占空比(Duty Cycle)。

对于频率的测量来说,准确的频率测量应该使用频率计,比如很多通用的频率计都可以提供 12 位的频率分辨率,其频率测量的精度可以达到 10^{-6}(百万分之一)量级甚至更高。但由于大部分示波器都没有硬件的频率计功能(现代有些示波器会内置硬件的频率计功能),因此其频率的测量是通过周期测量得到的,示波器中直接把周期测量的结果取倒数就

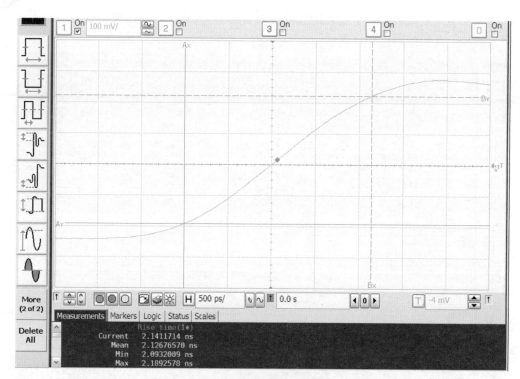

图 2.5　错误的上升时间测量

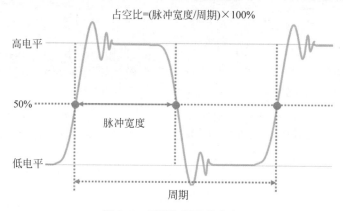

占空比=(脉冲宽度/周期)×100%

图 2.6　周期和频率的定义

得到频率测量结果。但是这种方法的测量精度受限于周期的测量精度,因此一般示波器进行频率测量的精度都不是特别高,典型的在 $0.1\% \sim 1\%$。图 2.7 是用示波器对时钟信号的幅度、周期、脉冲宽度、占空比、上升时间同时进行测量的例子。

　　时间差(Delta Time)测量:时间差也是常用的一个时间测量参数,用来测量两路信号间跳变沿的时间差。时间差通常的定义是一路信号的有效边沿的 50% 幅度时刻到另一路信号有效边沿的 50% 幅度时刻的时间差,图 2.8 是进行时间差测量的原理。从广义上说,周期、脉冲宽度等的测量也属于时间差的测量,只不过测量的是同一路信号不同边沿间的时间差。周期、脉冲宽度等的测量精度也可以参考相应的时间差测量精度指标。

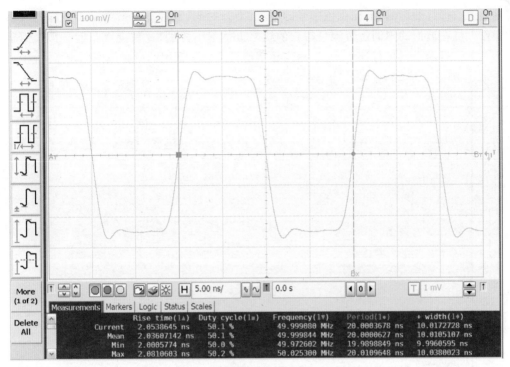

图 2.7　用示波器对数字信号多个参数进行测量

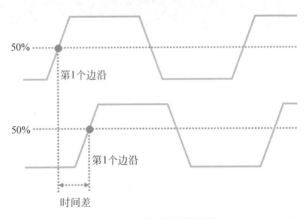

图 2.8　时间差测量原理

前面介绍了一些数字信号最常用的幅度或者时间的测量参数,在实际应用中可能还会涉及很多其他参数的测量,如信号的有效值、平均值、斜率、积分面积、脉冲个数等。虽然现代的示波器都提供了方便的自动测量和统计功能可以一键完成测试,但是这些参数都有严格定义,测试中需要真正理解其物理含义并了解其测量算法才能更好、更准确地完成测量工作。

数字信号的眼图分析(Eye Diagram Analysis)

波形参数测试是数字信号测试最常用的测量方法,但是随着数字信号速率的提高,波形参数的测量方法越来越不适用了。比如对图 2.9 所示的一个 5Gbps 的信号来说,由于受到传输通道的损耗的影响,不同位置信号的幅度、上升时间、脉冲宽度等都是不一样的。不同的操作人员在波形的不同位置测量得到的结果也是不一样的,这就使得我们必须采用别的方法对于信号的质量进行评估,对于高速数字信号来说最常用的就是眼图的测量方法。

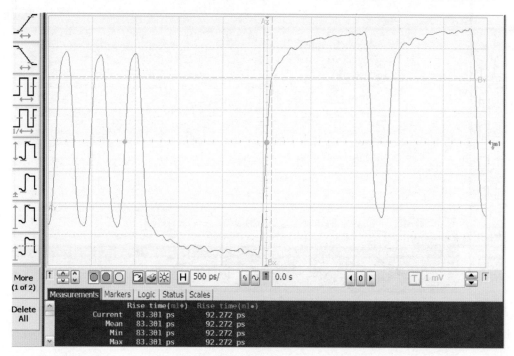

图 2.9　受到传输通道影响的 5Gbps 数字信号波形

所谓眼图,实际上就是高速数字信号不同位置的数据比特按照时钟的间隔叠加在一起自然形成的一个统计分布图。图 2.10～图 2.13 显示了眼图的形成过程。可以看到,随着叠加的波形数量的增加,数字信号逐渐形成了一个个类似眼睛的形状,我们就把这种图形叫作眼图。

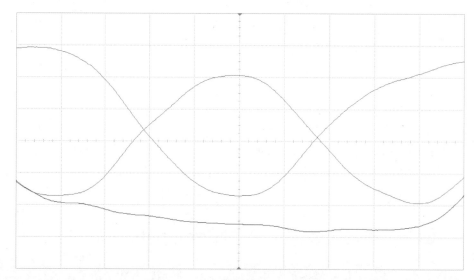

图 2.10　3 个波形叠加形成的图像

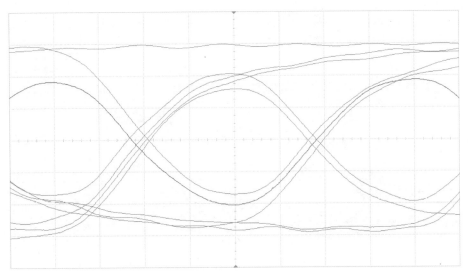

图 2.11　10 个波形叠加形成的图像

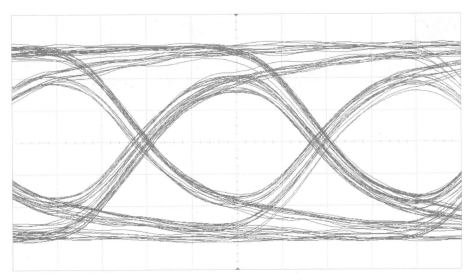

图 2.12　100 个波形叠加形成的图像

　　当数字信号叠加形成眼图以后,为了方便地区分信号在不同位置出现的概率大小,更多的时候会用彩色余晖的模式进行信号的观察。彩色余晖就是把信号在屏幕上不同位置出现的概率大小用相应的颜色表示出来,这样可以直观地看出信号的噪声、抖动等的分布情况。图 2.14 所示为用彩色余晖显示的眼图。

　　对于眼图的概念,有以下几点比较重要:

　　(1) 眼图是波形的叠加。眼图的测量方法不是对单一波形或特定比特位置的波形参数进行测量,而是把尽可能多的波形或比特叠加在一起,这样可以看到信号的统计分布情况。只有最差的信号都满足我们对于信号的最基本要求,才说明信号质量是可以接受的。

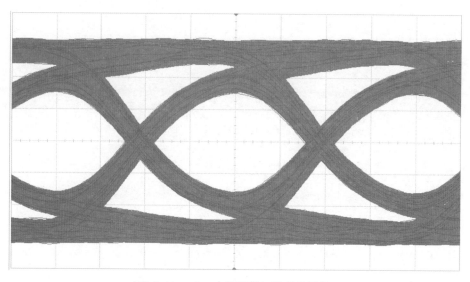

图 2.13　1000 个波形叠加形成的图像

图 2.14　用彩色余晖显示的眼图

　　(2) 波形需要以时钟为基准进行叠加。眼图是对多个波形或比特的叠加,但这个叠加不是任意的,通常要以时钟为基准。对于很多并行总线来说,由于大部分都有专门的时钟传输通道,所以通常会以时钟通道为触发,对数据信号的波形进行叠加形成眼图,一般的示波器都具备这个功能。而对于很多高速的串行总线信号来说,由于时钟信息嵌入在数据流中,所以需要测量设备有相应的时钟恢复功能(可能是硬件的也可能是软件的),能够先从数据流里提取出时钟,然后以这个时钟为基准对数据比特进行叠加才能形成眼图。因此,很多高速串行数字信号的眼图测试通常需要该示波器或测量设备有相应的时钟恢复功能。图 2.15 是一个对串行数据流进行软件时钟恢复的例子。

　　(3) 真正意义的眼图是以时钟为基准进行叠加的。眼图测量的根本目的是判断该数据信号相对于其时钟信号(可能是专门的时钟通道,也可能是内嵌的时钟信息)的建立/保持时

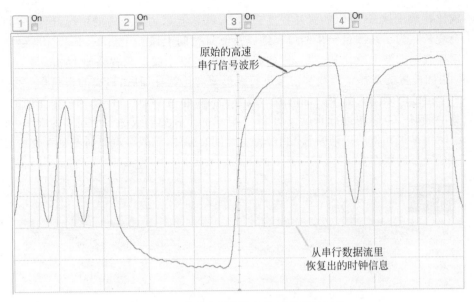

原始的高速
串行信号波形

从串行数据流里
恢复出的时钟信息

图 2.15　从串行数据流里恢复出来的时钟

间窗口、采样时的信号幅度等参数满足标准要求,所以眼图测量一定要以其参考时钟为基准进行信号叠加才有意义。有时用数据信号自身的边沿触发进行自然叠加也能形成类似眼图的形状,但这不是真正意义的眼图。

（4）低速信号的眼图。很多速率不太高的总线也可以做眼图测量,但由于数据比特较宽,上升时间相对于数据比特宽度占的比例很小,所以一些低速数字信号的眼图可能比较方正或者比较规整,看起来不太像眼睛,但从物理含义上说这仍然是一种眼图。图 2.16 是一个低速的数字信号叠加形成的眼图的例子。

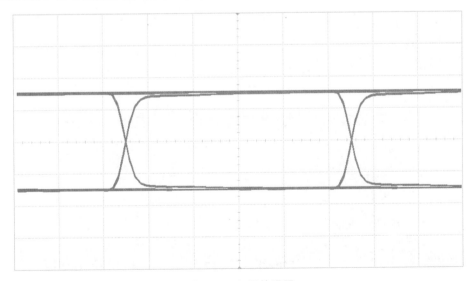

图 2.16　矩形的眼图

（5）眼图测量中需要叠加的波形或比特的数量。在眼图测量中,叠加的波形或比特的数量不一样,可能得到的眼图结果会有细微的差异。由于随机噪声和随机抖动的存在,叠加的波形或比特数量越多,则眼的张开程度会越小,就越能测到最恶劣的情况,但相应的测试时间也会变长。为了在测量结果的可靠性以及测量时间上做一个折中,有些标准会规定眼图测量需要叠加的波形或比特数量,比如需要叠加 1000 个波形或者叠加 1Mbit 等。

(6) 眼图位置的选择。当数字信号进行波形或者比特叠加后,形成的不只是一个眼图,而是一个个连续的眼图。如果叠加的波形或者比特数量足够,这些眼图都是很相似的,因此可以对其中任何一个眼图进行测量。图 2.17 显示的是叠加形成的多个连续的眼图,可以看到每个眼图都是很相似的。通常情况下,为了测量的方便,一般会调整时基刻度使得屏幕上只显示一个完整的眼图。

图 2.17　多个连续的眼图

另外要注意的是,在眼图测量时被测件只有发出尽可能随机的数据流才能形成真实的眼图,如果数据流中的数据是长 0、长 1、时钟码型或者其他一些规则的码型,有可能无法形成眼图或者形成的眼图不全。图 2.18 就是一个不完整的眼图,数据流中缺少了长 0 的码型。

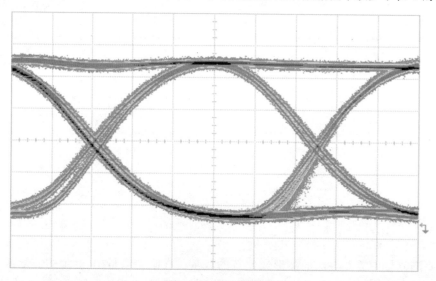

图 2.18　不完整的眼图

眼图的参数测量(Eye Diagram Measurement)

当眼图形成以后,我们已经可以根据眼图的张开程度大概了解信号质量的情况,但更进一步的分析就需要对眼图的参数进行精确测量。眼图的测量参数不同于波形的测量参数,更多情况下是一种统计意义的测量,最常用的测量参数有眼高(Eye Height)、眼宽(Eye Width)、眼的抖动(交叉点处的 Jitter)等。

眼高(Eye Height)的测量：眼高反映的是眼图在垂直方向张开的程度。其测量方法是先在眼图的中心位置对眼图的电平分布进行统计,根据直方图分布出现概率最大的位置得到高电平(One Level)和低电平(Zero Level)的位置;再根据高低电平上的噪声分布情况各向内推 3σ(噪声的 RMS 值),从而得到眼高的测量结果(图 2.19)。

眼宽(Eye Width)的测量：眼宽反映的是眼图在水平方向张开的程度。其测量方法是先在眼图的交叉点位置对眼图的水平分布进行统计,根据直方图分布出现概率最大的位置得到交叉点 1(cross1)和交叉点 2(cross2)的水平位置;再根据交叉点附近的抖动分布情况各向内推 3σ(抖动的 RMS 值),从而得到眼宽的测量结果(图 2.20)。

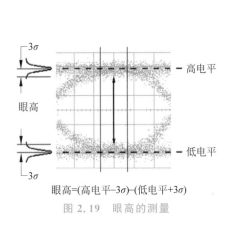

眼高=(高电平-3σ)-(低电平$+3\sigma$)

图 2.19　眼高的测量

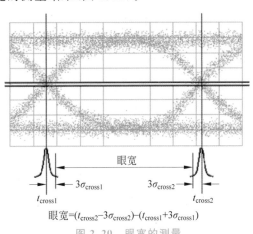

眼宽=($t_{cross2}-3\sigma_{cross2}$)-($t_{cross1}+3\sigma_{cross1}$)

图 2.20　眼宽的测量

眼图的抖动(Eye Jitter)测量：眼图的抖动反映的是信号的时间不确定性,抖动过大会减小信号的眼宽。眼图的抖动是指眼图交叉点附近的信号的水平抖动,可以用 RMS 或者峰-峰值来衡量(图 2.21)。

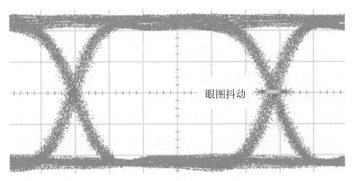

图 2.21　眼图抖动的测量

除此以外,还可以对眼图的上升时间、交叉点、幅度等进行测量,这些测量方法与前面所说过的波形参数测量差不多,只不过是针对眼图而不是单一波形进行的测量。图2.22是用示波器对一个10.3125Gbps信号眼图的各个参数同时进行测量的例子。

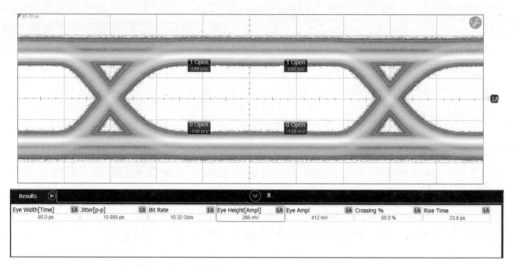

图2.22　用示波器对10Gbps信号眼图多个参数的测量

眼图的模板测试(Mask Test)

前面介绍过的眼图是一种快速对信号进行统计分析的测量方法,对于信号质量的定性分析和调试比较有用,但是在有些情况下,仅仅测量出信号的眼高、眼宽等参数还不够,我们还需要快速判决该被测信号是否满足相应的总线的规范要求,这时就会用到模板(Mask)测试。

所谓模板,就是把对于信号高电平的范围要求、低电平的范围要求、抖动的范围等指标事先定义好,然后把这些要求做成一个模板文件。典型的模板定义由3部分区域组成,最上面的区域定义了对信号的最大幅度要求,最下面的区域定义了对信号的最小幅度要求,中间的区域定义了对信号的眼图张开度的要求。除此以外,也有些模板是特殊的形状。图2.23分别展示了通过坐标和通过画图的方式进行模板不同区域定义的例子。

在进行眼图测试时直接把眼图套在这个模板上,如果长时间累积测量信号没有压在模板上,就说明信号满足了最基本的信号质量要求。图2.24是一个对10.3125Gbps的信号进行模板测试的例子,信号质量很好,所有点都没有压在模板上(图中的3块阴影区域)。

如果被测信号压在了测试模板上,就说明被测信号质量有明显的问题,图2.25～图2.27分别反映的是几种典型的模板测试失败的情况。

从上面的例子可以看出,通过模板测试,可以快速判决信号质量的问题,因此模板测试在很多高速总线的兼容性测试中都是必测的项目。

但是需要注意,虽然眼图和模板的测试可以反映高速数字信号质量的大部分问题,但并不是全部的。即使信号通过了模板测试,也有可能其他参数不满足要求,比如信号中各个抖动分量成分占的比例、预加重的幅度、共模噪声、SSC的调制速率和调制深度等,所以大部分高速数字总线除了进行眼图和模板测试外还会要求一些其他项目的测试。

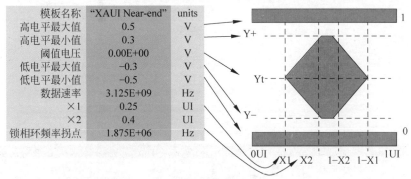

通过坐标进行模板定义

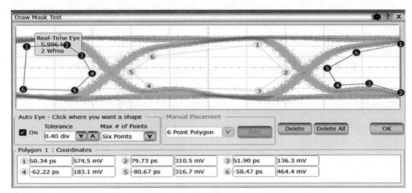

通过画图的方式进行模板定义

图 2.23 眼图模板坐标的定义

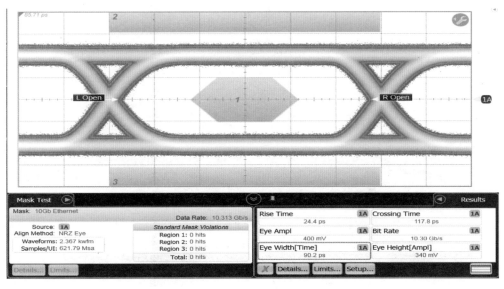

图 2.24 模板测试通过的例子

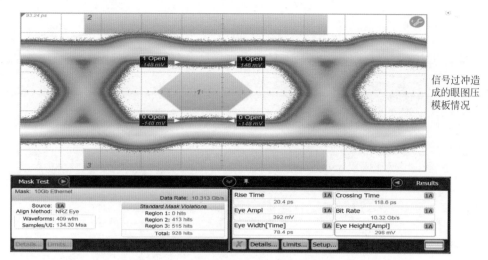

信号过冲造成的眼图压模板情况

图 2.25 信号过冲造成模板测试失败

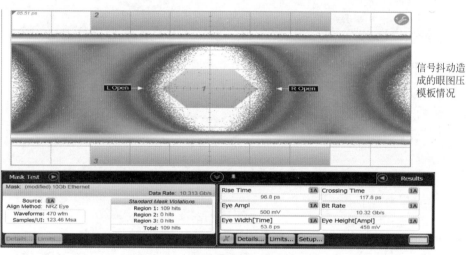

信号抖动造成的眼图压模板情况

图 2.26 信号抖动造成模板测试失败

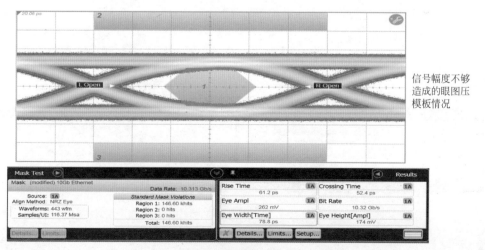

信号幅度不够造成的眼图压模板情况

图 2.27 信号幅度不够造成模板测试失败

数字信号的抖动分析(Jitter Analysis)

前面我们介绍过,抖动(Jitter)反映的是数字信号偏离其理想位置的时间偏差。高频数字信号的比特周期都非常短,很小的抖动都会造成信号采样位置电平的变化,所以高频数字信号对于抖动都有严格的要求。高速的串行数字信号对抖动的要求更加严格,同时由于其传输路径比较复杂,中间可能会受到各种因素的影响,所以其总体抖动也可能是由不同的抖动分量组成的,而且不同分量对于系统性能的影响也不一样。因此,在很多更高速率的串行信号(通常＞1Gbps)测试中,除了要知道抖动的均方根值或者峰-峰值以外,还会要求对抖动的各个成分进行分解和分析。下面对一些常见的引起信号抖动的原因进行简单介绍。

随机噪声抖动(Random Jitter):产生抖动的原因有很多,最常见的一种是由于噪声引起的。图 2.28 反映的是一个带噪声的数字信号及其判决阈值。一般我们把数字信号超过阈值的状态判决为"1",把低于阈值的状态判决为"0"。由于信号的上升沿不是无限陡的,所以噪声会引起信号过阈值点时刻的左右变化,这就是由于噪声引起的信号抖动。由于噪声是随机的、无界的,因此造成的随机抖动也是随机的、无界的,也就是说理论上随着样本数的增加,随机抖动的峰-峰值是无穷大的(实际测试中不可能累积到那么大的样本量,因此不会出现无穷大的情况),所以通常用随机抖动的 RMS 值(有效值)而不是峰-峰值来衡量随机抖动的大小。理想的随机抖动应该是一个高斯分布,所以有时也会根据系统误码率的要求,对随机抖动的 RMS 值乘以一个系数来和确定性抖动一起计算系统的总体抖动。随机抖动的大小取决于系统的噪声,与发送的码型无关,因此早期在没有专门的抖动分解软件时,是让被测件产生一个周期性的 0101 的码型(这时没有码间干扰抖动)来进行随机抖动的测试。

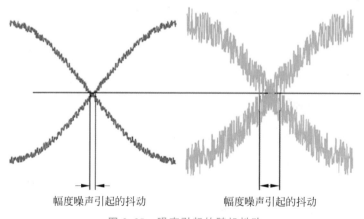

幅度噪声引起的抖动　　　　幅度噪声引起的抖动

图 2.28　噪声引起的随机抖动

占空比失真抖动(Duty Cycle Distortion Jitter):真实的信号在传输过程中,可能由于信号的失真、判决阈值的设置误差或者信号上升/下降时间不对称,造成输出信号的高电平比特和低电平比特的宽度不一样,这就是占空比失真抖动。图 2.29 所示就是一种典型的占空比失真抖动。由于边沿的抖动是靠前还是靠后直接与发送的码型是 0 或者 1 有关,所以占空比失真抖动属于一种数据相关抖动。早期在没有专门的抖动分解软件时,也是让被测件产生一个周期性的 0101 的码型(这时没有码间干扰抖动)来进行占空比失真抖动的测试。

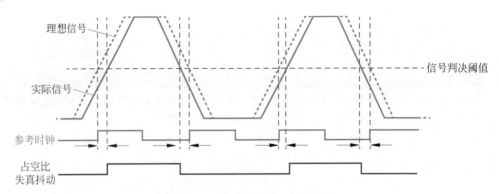

图 2.29 典型的占空比失真抖动

码间干扰抖动(ISI Jitter)：高速的数字信号经过传输线传输后,信号的高频分量会丢失,信号的边沿会变形。如果信号的变形比较严重,就会影响到后续信号边沿通过阈值点的时刻,这就是码间干扰造成的抖动。图 2.30 是一个码间干扰造成信号抖动的例子。在码间干扰比较严重的情况下,当前比特跳变沿过阈值点的时刻会与前几个比特有关,比如前面是连续的 5 个连 0 和只有 1 个 0 对于当前比特的影响是不一样的。

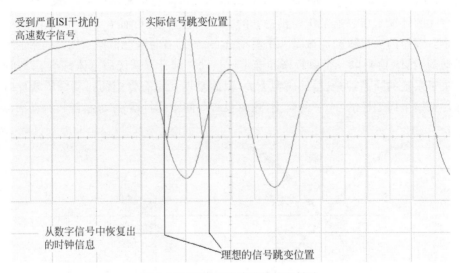

图 2.30 码间干扰造成的信号抖动

码间干扰抖动主要是由于阻抗不匹配或者传输线带宽不够等因素引起的。由于传输线对于信号中不同频率成分的损耗不一样,所以不同码型的变形程度可能不一样,因而造成的码间干扰抖动的大小也不一样。正因为码间干扰抖动的大小与发出的数据码型有关,所以码间干扰抖动属于一种数据相关的抖动(Data-Dependent Jitter)。图 2.31 显示的是对一个 5Gbps 的受到严重 ISI 影响的 PRBS7 信号进行数据相关抖动分析的结果,可以看到,每个比特对应的数据相关抖动的大小都是不一样的。因此在 ISI 抖动的测试中一般会使用尽可能随机的 PRBS 码型。

周期性干扰造成的抖动(Periodic Jitter)：数字电路的工作环境中存在很多周期性的干扰源,比如时钟、开关电源、射频电路等,如果没有做很好的屏蔽和隔离,这些周期性的干扰

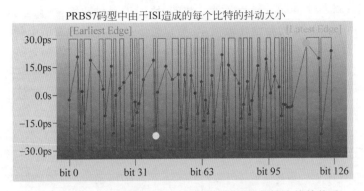

图 2.31　受到 ISI 影响的 PRBS 信号的抖动和数据比特的关系

耦合到信号上,会使得被测信号的跳变沿位置产生周期性的波动。图 2.32 显示的是对一个受到时钟干扰的数字信号进行抖动分析的例子。图中最上面是捕获的一段原始的信号波形,如果不借助抖动分析软件我们很难看出其中细微的抖动变化。从上往下的第二幅图显示的是抖动分析软件从信号中提取出的其抖动的直方图分布情况。正常的抖动分布应该是个高斯分布,从这个双峰的直方图分布我们可以判断出信号一定是受到了某种特定性的干扰。从上往下的第三幅图显示的是抖动随时间的变化波形,从这张图可以清楚看到其抖动变化有一定的周期性,而且接近正弦波的形状,抖动的变化周期大概是 40ns。最下面的图是抖动的频谱(注意不是原始信号的频谱),可以看到在频谱上有明显的一个峰值出现,这进一步说明信号受到了某种特定频率成分的干扰。通过对抖动的变化波形和抖动的频谱进行测量,我们可以得知这个特定干扰的频率大概是 25MHz(周期为 40ns),干扰可能来源于板上 25MHz 的时钟。

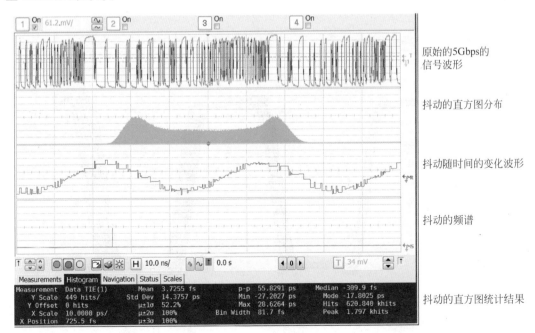

图 2.32　对受到时钟干扰的数字信号进行抖动分析的结果

　　实际情况下,周期性抖动可能是各种形状的,比如扩频时钟中常用的三角波、方波、正弦波、锯齿波等。由于正弦波的频谱比较简单,所以很多抖动容限的测试中最常注入的就是正弦波形状的周期性抖动。不同频率的周期性抖动对于数字系统的影响是不一样的。通常的串行总线系统能容忍的低频抖动的幅度比高频抖动要大一些,所以很多串行总线都规定了其接收电路的抖动容忍能力曲线,表 2.1 是 USB3.0 标准中关于接收端对不同频率的抖动容忍能力要求的曲线。

表 2.1　接收容限测试中的输入信号抖动参数

符　号	参　数	数　值	单　位
f_1	频率拐点	4.9	MHz
J_{Rj}	随机抖动(均方根值)	0.0121	UI RMS
$J_{Rj\_p\text{-}p}$	随机抖动(峰-峰值)	0.17	$UI_{p\text{-}p}$
J_{Pj_500kHz}	正弦抖动	2	$UI_{p\text{-}p}$
J_{Pj_1MHz}	正弦抖动	1	$UI_{p\text{-}p}$
J_{Pj_2MHz}	正弦抖动	0.5	$UI_{p\text{-}p}$
J_{Pj_f1}	正弦抖动	0.2	$UI_{p\text{-}p}$
J_{Pj_50MHz}	正弦抖动	0.2	$UI_{p\text{-}p}$

数字信号的抖动分解(Jitter Separation)

　　既然抖动这么重要和复杂,使用正确的方法对抖动进行测试就变得非常重要了。最简单的抖动测试方法是用示波器的余晖显示模式观察信号跳变边沿的分布情况(图 2.33),但是这种方法通常只能进行简单的周期抖动测量,对于周期到周期抖动、时间间隔误差抖动等的测量无能为力。

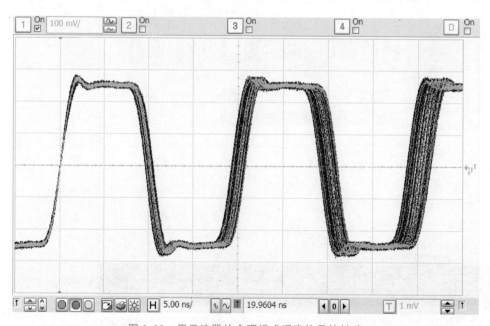

图 2.33　用示波器的余晖模式观察信号的抖动

对于更复杂一些的抖动分析我们会借助一些专门的抖动分析软件(有些是集成在示波器中的,有些是安装在独立的 PC 上),这些专门的抖动测量软件会对信号波形进行分析和计算,从而可以提供更多抖动参数的测量参数。很多软件还可以对测量结果进行统计和分析,从而显示出抖动随时间的变化趋势、抖动的直方图统计分布、抖动的频谱等。

前面章节我们举过一些做抖动测量的例子,接下来再看一下如何对抖动的各个成分进行分析和分解。为了对数字信号中抖动的各个成分进行分析,人们最常使用的是如图 2.34 所示的模型。即认为数据的总体抖动(TJ)主要由两大部分组成:随机抖动(RJ)和确定性抖动(DJ)。RJ 是随机的、无界的,主要由随机噪声引起;而 DJ 是确定性的、有界的,由一些特定的因素引起。对于 DJ,还可以根据其成分进一步分解成周期性抖动(PJ)、码间干扰(ISI)、占空比失真(DCD)等。

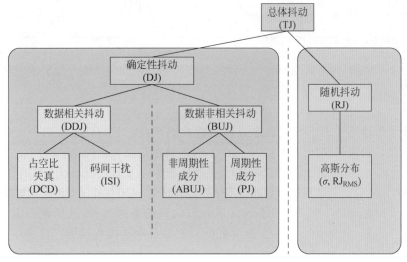

图 2.34 数字信号抖动的分解模型

其中各分量的含义如下。
- Total Jitter(TJ),总体抖动;
- Random Jitter(RJ),随机抖动;
- Deterministic Jitter(DJ),确定性抖动;
- Bounded Uncorrerated Jitter(BUJ),数据非相关抖动;
- Periodic Jitter(PJ),周期性抖动;
- Aperiodic Bounded Uncorrelated Jitter(ABUJ),非周期有界非相关抖动;
- Data-Dependent Jitter(DDJ),数据相关抖动;
- Duty Cycle Distortion(DCD),占空比失真;
- Inter-Symbol Interference(ISI),码间干扰。

在上述各种抖动成分中,确定性抖动 DJ 以及下面的各个分量是确定有界的,可以用峰-峰值衡量;而随机抖动 RJ 是随机无界的,对其的衡量只能用 RMS 值。正是由于 RJ 的无界性以及不可避免(但是不同系统的 RJ 的大小可能不一样),任何数字通信系统的理论误码率都不可能为 0,只能在特定的误码率要求下进行抖动的评估。

我们通常用如图 2.35 所示的双狄拉克模型(Dual-Dirac)公式来估算系统在特定误码率下的总体抖动 TJ。在双狄拉克模型中,对于系统的抖动有以下一些假设条件:

（1）系统的总体抖动 TJ 可以被分解为随机抖动 RJ 和确定性抖动 DJ 这两个主要成分；

（2）RJ 是随机无界的，其分布服从高斯分布，因此对 RJ 的大小的衡量可以用其 RMS 值 σ 来衡量；

（3）DJ 的分布是确定性的、有界的；

（4）系统的总体抖动是 RJ 和 DJ 的卷积；

（5）抖动是一个稳定的分布，因此只要测试的时间和样本数足够，得到的测试结果应该是一样的。

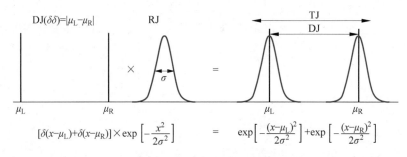

图 2.35 抖动的双狄拉克模型

一个数字传输系统真正的误码率只能通过误码仪（Bit Error Ratio Tester）测试得到，如果要测到很低的误码率比如到 1.0×10^{-12} 的误码率需要大量的测试时间。

在双狄拉克模型中，如果系统的抖动满足其假设条件，我们就可以通过有限的数据样本测量得到 RJ 的方差值，并根据其高斯分布的特点估算总体抖动，进而估算出对系统误码率的影响。

双狄拉克模型实际上就是用 RJ 的高斯分布估算远端的抖动，这样就不需要一定测试到非常大的样本数（比如 1.0×10^{12} 甚至更多），这就是双狄拉克模型广泛应用于抖动信号分析的原因。

为了进一步理解双狄拉克模型，可以研究一下图 2.36 所示的在眼图的交叉点附近的抖动的直方图分布。在交叉点附近的近端的抖动分布主要受 DJ 的影响，而远端的抖动分布主要受 RJ 的影响。

如果系统的抖动满足双狄拉克模型的条件，则系统的总体抖动 TJ 可以用以下公式计算：

$$TJ(BER) \approx 2Q_{BER} \times \sigma + DJ(\delta\delta)$$

式中，Q 是一个根据高斯分布计算出来的和系统误码率要求有关的系数：

Q_{BER}	BER
6.4	10^{-10}
6.7	10^{-11}
7.0	10^{-12}
7.3	10^{-13}
7.6	10^{-14}

很多通信系统都要求达到 1.0×10^{-12} 的误码率，所以在这种误码率情况下：

$$TJ \approx 14\sigma + DJ(\delta\delta)$$

这是最常用来进行系统抖动计算的公式。现代的很多数字示波器中的抖动测量软件都是采用双狄拉克模型进行抖动的计算和评估。

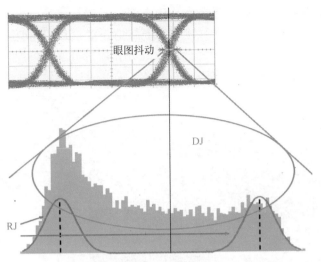

图 2.36 在眼图的交叉点附近的抖动的直方图分布

当然,很多时候仅仅知道 RJ 和 DJ 的大小仍然不够,有些场合还需要知道 DJ 中的不同成分从而评估对系统的影响以及如何改进,所以除了对 RJ、DJ 和 TJ 进行测量和统计外,有时还会要对 PJ、ISI、DCD 等各种抖动成分进行进一步的分解和计算。图 2.37 是借助示波器的抖动分解软件对一个带抖动信号的 TJ、RJ、DJ、DDJ、PJ、ISI、DCD 等各个抖动分量进行分解和测量的例子。

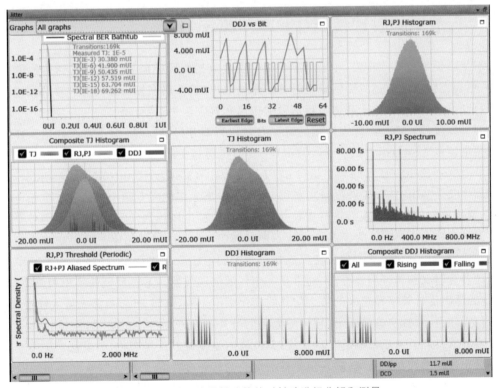

图 2.37 用示波器抖动软件对抖动进行分解和测量

除了抖动以外,现代的示波器还支持用类似的方式对信号中的噪声进行分析和分解,图 2.38 是对数字信号中的噪声进行建模和分解的一个模型,是把信号中总体的噪声干扰 (Total Interference)也分解为类似的确定性成分和随机成分,这样可以更细化地分析不同成分的噪声干扰对于被测信号的影响。

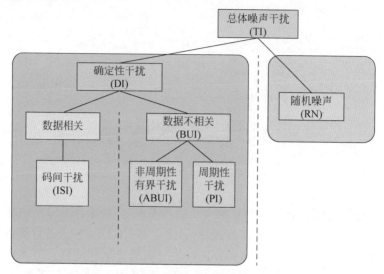

图 2.38 数字信号中噪声干扰的建模和分解

串行数据的时钟恢复(Clock Recovery)

对于高速串行总线来说,一般情况下都是通过数据编码把时钟信息嵌入到传输的数据流中,然后在接收端通过时钟恢复把时钟信息提取出来,并用恢复出来的时钟对数据进行采样,因此时钟恢复电路对于高速串行信号的传输和接收至关重要。

时钟恢复的目的是跟踪发送端的时钟漂移和一部分抖动,以确保正确的数据采样。时钟恢复电路(Clock Data Recovery,CDR)一般都是通过 PLL(Phase Lock Loop)的方式实现,如图 2.39 所示。输入的数字信号和 PLL 的 VCO(Voltage-Controlled Oscillator,压控振荡器)进行鉴相比较,如果数据速率和 VCO 的输出频率之间有频率差就会产生相位差的变化,鉴相器对这个相位误差进行比较并转换成相应的电压控制信号,电压控制信号经过滤波器滤波后产生对 VCO 的控制信号从而调整 VCO 的输出时钟频率。使用滤波器的目的是把快速的相位变化信息积分后转换成相对缓慢的电压变化以调整 VCO 的输出频率。这个滤波器有时又称为环路滤波器,通常是一个低通的滤波器。通过反复的鉴相和调整,最终 VCO 的输出信号频率和输入的数字信号的变化频率一致,这时 PLL 电路就进入锁定状态。

值得注意,在真实的情况下,输入的数字信号并不是一个纯净的信号,而是包含了不同频率成分的抖动。对于低频的抖动来说,其造成的是相位的缓慢变化,如果这个缓慢变化的频率低于环路滤波器的带宽,输入信号抖动造成的相位变化信息就可以通过环路滤波器从而产生对 VCO 输出频率的调整,这时 VCO 的输出时钟中就会跟踪上输入信号的抖动。而如果输入信号中抖动的频率比较高,其造成的相位变化信号不能通过环路滤波器,则 VCO

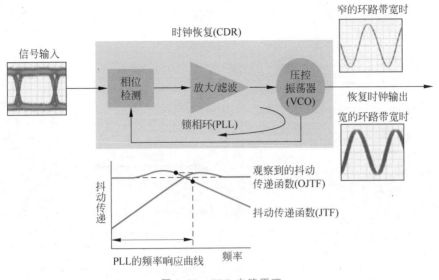

图 2.39 CDR 电路原理

输出的时钟中就不会有随输入信号一起变化的抖动成分,也就是说输入信号中的高频抖动成分被 PLL 电路过滤掉了。

我们通常会用 PLL 电路的 JTF(Jitter Transfer Function,抖动传递函数)曲线描述 PLL 电路对于不同频率抖动的传递能力。JTF 曲线通常具有低通的特性,反映了 PLL 电路对于低频抖动能很好跟踪而对高频抖动跟踪能力有限的特性。对于低频的抖动,PLL 电路能够很好地跟踪,恢复出来的时钟和被测信号一起抖动。如果接收端的芯片用这个恢复时钟为基准对输入信号进行采样,由于此时时钟和被测信号一起抖动,所以这种低频的抖动不会被观察到,对于数据采样的建立/保持时间也没有太大影响。相反,高频的抖动会被 PLL 电路过滤掉,因此输出的时钟里不包含这些高频的抖动成分。如果用这个时钟对数据信号进行采样,就会观察到输入信号中明显的抖动。接收端用恢复时钟进行采样时能够看到的抖动与抖动频率间的关系有时我们会用 OJTF(Observed Jitter Transfer Function,观察到的抖动传递函数)曲线来描述,其随频率的变化曲线正好与 JTF 曲线相反。

正因为时钟恢复电路对于低频抖动的跟踪特性,因此很多高速串行总线的接收芯片对于低频抖动的容忍能力会远远超过对高频抖动的容忍能力。图 2.40 是 USB3.0 总线对于接收端芯片对不同频率抖动容忍能力要求的一条曲线,可以看到其对低频的容忍能力非常大,甚至可以远超过 1 个 UI(数据比特宽度)。

时钟恢复电路的 PLL 的环路带宽设置不同,对于不同频率抖动的跟踪能力也不一样。一般情况下,PLL 的带宽设置越窄,恢复出来的时钟越纯净,但是对于抖动的跟踪能力越弱,用这个时钟为基准对数据做采样时看到的信号上的抖动会越多,看到的信号的眼图会越恶劣;相反,PLL 的带宽设置越宽,对于抖动的跟踪能力越强,恢复出来的时钟和信号的抖动越接近,用这个时钟为基准对数据做采样时看到的信号上的抖动会越少,看到的信号的眼图会越好。图 2.41 反映的就是不同的 PLL 带宽设置对于恢复时钟抖动和以这个恢复时钟为基准对信号进行采样时看到的眼图的情况。

通过前面的介绍可以看到,眼图和抖动都是相对量,对于同一个信号,以什么时钟为基

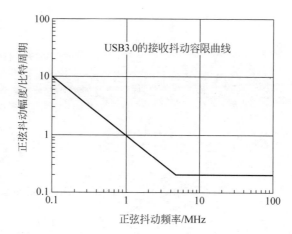

图 2.40　USB3.0 接收端对不同频率抖动容忍能力的曲线

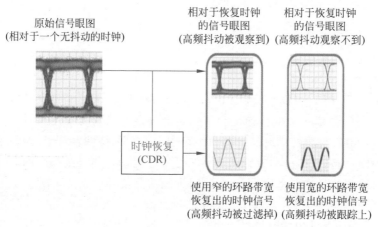

图 2.41　PLL 环路带宽对眼图和抖动测量的影响

准看到的效果是不一样的。那么对于一个高速串行信号的眼图或者抖动测量来说,应该以什么样的时钟为基准呢？或者说应该把时钟恢复的环路带宽设置为多少呢？答案就是尽量参考接收端芯片的时钟恢复情况。

即使对于一个从发送器直接发送出来的信号的眼图和抖动的测量,我们关心的也是这个信号进入接收芯片内部后经时钟恢复后看到的眼图是什么样的,所以在进行发送端的信号质量测试时也会尽量模拟接收端的时钟恢复方式,否则测量到的结果可能是不真实的。不同的总线对于接收端时钟恢复的环路带宽甚至滤波器的形状都有要求,比如光通信中常以数据速率的 1/1667 或者 1/2500 作为环路带宽,而 PCIe、USB3.0、SATA 等总线都有自己定义的环路带宽要求。

为了方便针对不同总线进行测试,测试仪表不但需要有时钟恢复能力,还需要能够根据不同总线的要求设置合适的环路带宽。很多实时示波器会用软件的方法进行时钟恢复,环路带宽的设置相对灵活一些;而采样示波器或者误码仪会用到专门的硬件时钟恢复电路,这时就需要时钟恢复电路最好能具备环路带宽的调整能力以适应不同的测试标准。图 2.42 是一个典型的用采样示波器配合专门的时钟恢复单元进行高速光信号测试的例子,图中的时钟恢复单元可以支持到最高 64G 波特率的 NRZ 或 PAM-4 信号的光信号或电信号时钟恢复,环路带宽根据用户需要也可以连续调整。

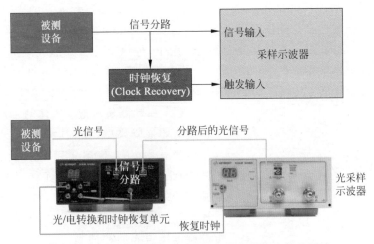

图 2.42 采样示波器配合时钟恢复单元做高速信号测试

抖动测量本底(Jitter Measurement Floor)

抖动是数字信号中不期望的相位调制,同时也是衡量高速数字信号质量的最重要的指标之一。现在各种通信标准都对设备的抖动指标有严格的要求,各种总线的一致性测试中也会对随机抖动、确定性抖动、时间间隔误差、总体抖动等有要求。

示波器是功能很强大的工具,目前很多 Windows 平台的示波器都提供了一些抖动分析的软件,可以提供直方图、时间图、抖动频谱、RJ/DJ 分解、浴盆曲线等一系列测试结果。但是很多用户在使用示波器进行抖动测量时却可能无法得到期望的结果,比如明明要求被测时钟的抖动小于 0.5ps RMS,实际测出来却是 5ps RMS,数量级的错误使得很多用户开始怀疑测量结果和测量方法的可信程度。

这些错误结果的出现除了部分是由于对抖动概念理解不够从而设置错误外,还有很大一部分原因是不了解所使用的示波器的抖动测量能力,也就是使用的这台示波器究竟能测量多小的抖动,以及误差和哪些因素有关。

衡量示波器实际能测量到的最小抖动能力的指标是抖动测量本底(Jitter Measurement Floor)。如果被测件的实际抖动小于示波器的抖动测量本底,这些抖动是不可能被该示波器测量到的。抖动测量本底这个指标与示波器的采样时钟抖动、本底噪声以及被测信号都有关系。由于不同示波器厂商用不同的方法定义抖动测量本底,这就要求购买或使用示波器的工程师深入理解不同指标的含义。

通常用来衡量示波器抖动测量能力的指标有 2 个:固有抖动(Intrinsic Jitter)和抖动测量本底(Jitter Measurement Floor)。这 2 个指标间有关系但又不完全一样,下面就来解释一下。

(1) 固有抖动:示波器的固有抖动,有时又叫采样时钟抖动,是指由于示波器内部采样时钟误差所造成的抖动。由于现在高带宽示波器的采样时钟频率都非常高,可高达 80Gbps

或者更高,因此要保证每一个实际的采样点都落在其应该在的理想位置是非常具有挑战性的工作。示波器中通常使用专门的芯片或时基系统来保证送给其 ADC 采样芯片的采样时钟间精确的时间关系。不同的示波器厂商会用不同的方式描述示波器的固有抖动,目前市面上顶尖性能的示波器自身的固有抖动已经可以做到 50fs(RMS 值)左右。但要注意的是,这个固有抖动意味着如果不考虑其他因素的情况下,理论上示波器能够测量到的最小的抖动值。有些厂商把这项指标称为示波器的抖动测量本底,但事实上理论上的固有抖动指标本身并不能准确地告诉工程师这台示波器会给抖动测量带来多大误差。

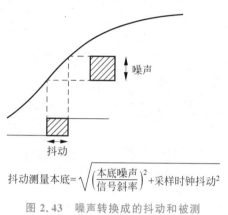

$$抖动测量本底=\sqrt{\left(\frac{本底噪声}{信号斜率}\right)^2+采样时钟抖动^2}$$

图 2.43　噪声转换成的抖动和被测
信号斜率间的关系

(2) 抖动测量本底:真实的示波器测量系统都是有本底噪声的(指幅度上的噪声),对于实时示波器来说由于普遍采用 8bit 的 ADC 采样芯片,由采样带来的量化噪声尤其不能忽略。同时,被测信号的斜率(指被测信号边沿单位时间内电压变化的速度)又不是无穷大的,因此示波器本身的幅度噪声叠加在被测信号上,会引起被测信号边沿过阈值时刻变化。图 2.43 反映了噪声转换成的抖动和被测信号斜率间的关系。示波器的本底噪声会转换为抖动测量的不确定性。示波器本底噪声越大,这个影响越大;同时,信号斜率越缓,噪声转换为抖动的比例系数越大。

在很多实际的抖动测量中,示波器本底噪声和信号斜率对抖动测量结果的影响占主要因素。有些用户在用示波器进行抖动测量时发现增加信号的驱动能力后抖动测量的结果会有改善,实际上是由于增加驱动能力后信号斜率变陡,示波器本底噪声对抖动测量的影响变小从而使测试结果看起来更好。

示波器的抖动测量本底才是真正衡量实际情况下示波器给抖动测量带来的误差的指标,这个指标综合考虑了示波器的采样时钟抖动以及被测信号斜率和示波器本底噪声的影响。从图 2.43 的公式可以看出,抖动测量本底指标考虑了 3 个因素:示波器采样时钟抖动、示波器在当前量程下的本底噪声和被测信号斜率。有些示波器厂商只给出了示波器的固有抖动指标(比如 200fs),这只是给出了示波器在最理想情况下(信号斜率非常陡)的采样时钟抖动,并不能真实衡量示波器真实的抖动测量能力。相反,抖动测量本底指标考虑了多方面的影响,从而能够更真实地衡量示波器的抖动测量能力。

下面我们来看一个真实的例子,图 2.44～图 2.46 是用一款 25GHz 带宽、80Gbps 采样率的实时示波器分别对 20GHz、5GHz、2GHz 的正弦波信号进行时间间隔误差抖动测量的结果,输入的正弦波来源于微波信号源,可以提供非常纯净的正弦信号,其实际抖动小于 50fs RMS。由于被测信号源的实际抖动小于示波器的固有抖动(图中使用的示波器其固有抖动指标是 150fs RMS),因此我们可以认为示波器实际测量到的抖动结果就是示波器本身的抖动测量本底,也就是示波器在这种情况下抖动测量能力的极限。

可以看到,对 20GHz 的正弦波信号测量时抖动测试结果是 100fs 左右,对 5GHz 的正弦波测量时抖动测试结果是 400fs 左右,对 2GHz 的正弦波测量时抖动测试结果是 1ps 左右。被测信号源的抖动在不同频率情况下变化很小(<100fs),测量结果的巨大差异是由于

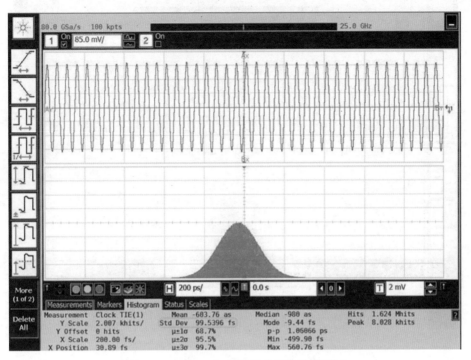

图 2.44　对 20GHz 正弦波的抖动测量结果

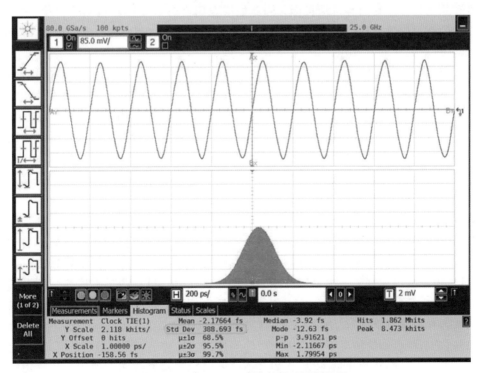

图 2.45　对 5GHz 正弦波的抖动测量结果

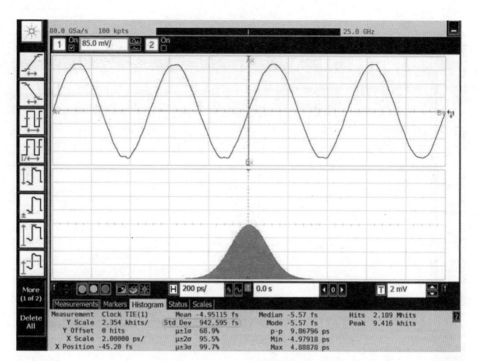

图 2.46　对 2GHz 正弦波的抖动测量结果

被测信号斜率不同引起的。实际上,只有在信号频率很高、信号斜率很陡时,示波器的抖动测量本底才会最接近其固有抖动指标。因此如果要用实时示波器做精确的抖动测量,首先需要使用的测量仪器有比较小的固有抖动,同时还需要考虑被测信号斜率的影响,被测信号斜率越陡,测量结果可能越好。

图 2.47 是另一个抖动测量的例子,这里被测信号是一个 100MHz 的方波时钟,不同的测试情况下其频率并没有变化,仅仅在信号上加滤波器改变信号的上升时间以及调整示波器的带宽观察到不同的测量结果。可以看出,当被测信号上升沿比较陡(15ps)时,只要测量用的示波器带宽没有小到严重影响信号的形状,在不同带宽下测量到的信号抖动一致性是比较好的;但是如果被测信号的上升沿比较缓(500ps),由于 2GHz 的示波器带宽已经可以比较好地保证信号的形状没有失真,再增加示波器带宽到 8GHz 或者 32GHz 只是增加了示波器自身的本底噪声,从而明显增大了抖动测量的结果。

通过前面的介绍,我们知道示波器的固有抖动指标反映的仅仅是示波器内部采样时钟抖动对测量的影响,是理想情况下示波器抖动测量的极限值。而抖动测量本底综合考虑了示波器采样时钟抖动、示波器当前量程下的本底噪声和被测信号斜率等示波器的抖动测量能力,可以更好地描述真实情况下示波器的抖动测量能力。抖动测量本底与示波器的固有抖动、当前量程下的本底噪声以及被测信号斜率都有关系。示波器的固有抖动越小,同样量程下示波器本底噪声越低、被测信号斜率越陡,测量结果越好。

但是,总有些极端的情况下可能用户需要测量到的抖动小于该示波器的抖动测量能力,这时就需要考虑一些其他测量手段,比如更高精度的采样示波器或者使用相位噪声的测量方法。

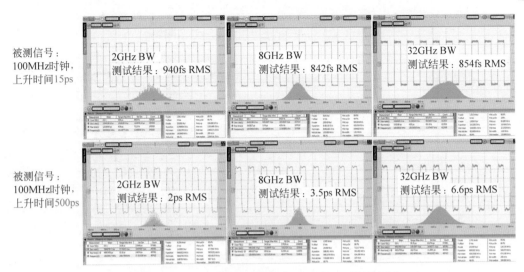

被测信号：
100MHz时钟，
上升时间15ps

2GHz BW
测试结果：940fs RMS

8GHz BW
测试结果：842fs RMS

32GHz BW
测试结果：854fs RMS

被测信号：
100MHz时钟，
上升时间500ps

2GHz BW
测试结果：2ps RMS

8GHz BW
测试结果：3.5ps RMS

32GHz BW
测试结果：6.6ps RMS

图 2.47　不同上升沿和示波器带宽对抖动测量的影响

相位噪声测量（Phase Noise Measurement）

前面我们介绍了，要进行信号抖动的分析，最常用的工具是宽带示波器配合相应的抖动分析软件。示波器中的抖动分析软件可以方便地对抖动的大小和各种成分进行分解，但是示波器由于噪声和测量方法的限制，很难对亚 ps 级的抖动进行精确测量。现在很多高速芯片对时钟的抖动要求都在 0.2ps 以下甚至更低，这就需要借助其他测量方法比如相位噪声（Phase Noise）的测量方法。

抖动是时间上的偏差，它也可以理解成时钟相位的变化，这就是相位噪声。对于时钟信号，我们可以通过频谱仪观察其基波的频谱分布。理想的时钟信号其基波的频谱应该是一根很窄的谱线，但实际上由于相位噪声的存在，其谱线是一个比较宽的包络，这个包络越窄，说明相位噪声（抖动）越小，信号越接近理想信号。图 2.48 是频谱仪上看到的一个真实时钟信号的频谱，信号的基波在 2.5GHz。我们观察 2.5GHz 附近 10MHz 带宽的频谱，从中可以看到信号的频谱并不是一根很窄的谱线，其谱线有展宽（随机噪声的影响），另外上面叠加的还有一些特定频率的干扰（确定性抖动的影响）。

为了更方便地观察低频的干扰，在相位噪声测量中通常会以信号的载波频率为起点，把横坐标用对数显示。其横坐标反映偏离信号载波频率的远近，纵坐标反映相应频点的能量和信号载波能量的比值。这个比值越小，说明除了载波以外其他频率成分的能量越小，信号越纯净。

由于用频谱仪进行相位噪声测量的精度会受到频谱仪自身本振的相位噪声的影响，所以要使时钟信号的相位噪声测量更精确，有时还会用到信号源分析仪。信号源分析仪内部有特殊的电路，通过两个独立本振的多次相关处理可以把自身本振的相位噪声压得非常低，从而可以进行精确的相位噪声测量。图 2.49 是用一台信号源分析仪测量到的一个 2.5GHz 的时钟信号的相位噪声。

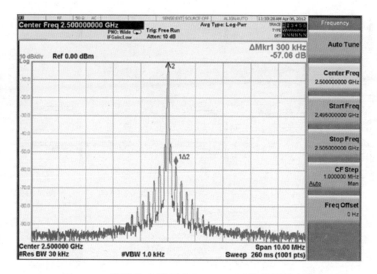

图 2.48　频谱仪上看到的 2.5GHz 时钟信号的频谱

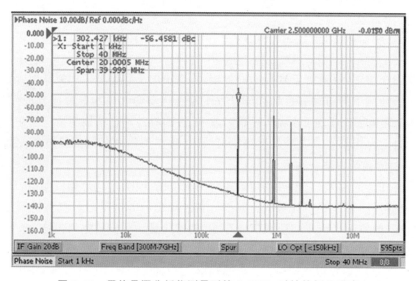

图 2.49　用信号源分析仪测量到的 2.5GHz 时钟的相位噪声

对于很多晶振产生的时钟来说,其抖动中的主要成分是随机抖动。如果我们把相位噪声测试结果中不同频率成分的相位噪声能量进行积分,就能够得到随机抖动。通过信号源分析仪对相位噪声测量然后对一定带宽内的能量进行积分,就可以得到精确的随机抖动测量结果。

典型的信号源分析仪在几 GHz 到几十 GHz 的频率上随机抖动的本底噪声可以做到只有几 fs 的量级,是非常精确的相位噪声测试仪器。信号源分析仪有一个非常纯净的内部参考时基,同时因为它对相位噪声的测试是在已经没有大载波信号的基带上进行的,因而可以保证很宽的动态范围。除了非常纯净的内部参考时基之外,信号源分析仪还可以进一步扩展抖动测试的极限,凭借其内部两个独立测量通道间的交叉相关技术,它可以把比其内部参考时基的残余抖动还要小的抖动测试出来。使用这种交叉相关技术,信号源分析仪的抖动测量本底噪声可以做到只有示波器的 1/1000～1/100。信号源分析仪以前广泛用于晶振的指标测试中,现在随着高速数字通信电路对时钟抖动要求的提高,在数字时钟的抖动测试中也开始崭露头角。图 2.50 是一款可以支持到 26.5GHz 的信号源分析仪,它能够精确测量晶振、时钟源的相位噪声,其能测量到的最小抖动可以到 fs 级,同时还可以对晶振、PLL 频率的瞬变过程进行分析。

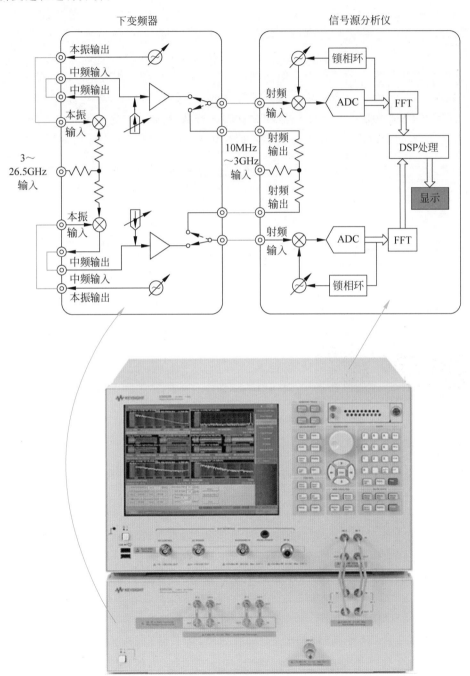

图 2.50 信号源分析仪

可能会有人有疑问,既然信号源分析仪进行抖动测量的精度这么高,还要示波器干什么?事实上,术业有专攻,信号源分析仪虽然测得准,但只能测时钟抖动,对于数据抖动的测量还需要用示波器。好在一般情况下对于数据抖动的要求不像时钟抖动那么严格,而且高速数字信号的边沿都比较陡,所以针对这种应用时,好的示波器还是能给出不错的测量结果的。

随着技术的发展,高性能示波器自身时钟的相位噪声越做越好,再加上强大的数字信号处理能力,现代的高性能示波器除了进行抖动测量,也开始具备与信号源分析仪类似的相位噪声测试功能,甚至也能像信号源分析仪那样通过双通道的相关运算来进一步降低自身的抖动本底。虽然在某些指标上,示波器进行相位噪声测试比起专门的信号源分析仪还略有不足(比如近端相位噪声测试能力),但是用示波器进行相位噪声测试还有额外的好处,比如有丰富的探头选择,而且可以对差分信号进行测试,这些都使得其非常适合高速数字电路系统测试。图 2.51 左边展示了用示波器探头直接进行差分焊接以及双通道相关测试时的典型连接,右边展示了一个对 100MHz 时钟的时域波形和相位噪声同时进行测试的例子。

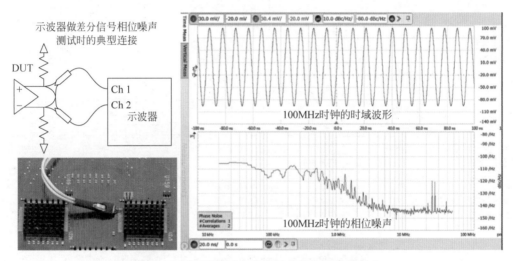

图 2.51   用示波器进行差分信号的相位噪声测试

PAM-4 信号测试(PAM-4 Signal Measurement)

由于 PAM-4 是一种不同于传统 NRZ 信号的全新的、复杂的信号类型,因此针对 PAM-4 信号的测试方法也需要重新定义。为了进行稳定的、可重复性的测试,在 IEEE 的 802.3bs 规范中,定义了 6 种不同的测试码型,分别用于不同参数的测试。这些码型主要有 JP03A、JP03B、PRBS13Q、PRBS31Q、SSPRQ 等。

(1) JP03A 码型:这是以序列 {0,3} 重复的码型,实际波形是类似于 2 电平的时钟波形。由于是重复性的时钟码型,码间干扰抖动最小,所以主要用于抖动特别是随机抖动的测试。

(2) JP03B 码型:这个码型与 JP03A 码型类似,只不过在 JP03A 码型的基础上增加了时钟相位的变化。每个重复周期为 62 个符号,包含 15 个 {0,3} 序列加上 16 个 {3,0} 的序列。其序列如下所示:

30303030303030303030303030303303030303030303030303030303030303030

（3）PRBS13Q 码型：这个码型由 8191 个符号重复组成，是由连续的 PRBS13 的 NRZ 码型序列每相邻 2bit 编码形成。PRBS13Q 中的信号波形有一定的随机性，同时重复周期不太长，可以适合采样示波器进行码型锁定和信号处理，因此是 PAM-4 信号参数测试中使用的主要码型。（需要注意的是，这个码型与之前 802.3bj 规范中定义的 QPRBS13 码型完全不一样，QPRBS13 码型是由 15548 个符号组成的。）

（4）PRBS31Q 码型：这个码型与 PRBS13Q 类似，只不过是由连续的 PRBS31 的 NRZ 码型序列每相邻 2bit 进行编码形成。PRBS31Q 由于码型重复周期非常长，接近随机码型，所以可以用于最恶劣情况下的眼图或抖动的测试。但是由于码型太长，不适合使用采样示波器进行码型锁定和信号处理，使用场合有一定限制。

（5）SSPRQ 码型：SSPRQ（Short Stress Pattern Random Quaternary）的重复周期为 65535 个符号，是从 PRBS31 的码流里抽取一些最恶劣的比特序列出来，再编码成 PAM-4 的信号。这种码型足够模拟最极端的信号变化情况，同时码型长度又不像 PRBS31Q 那么长，可以说是在 PRBS13Q 和 PRBS31Q 间的一个折中。

（6）Square 码型：由重复的{0,0,0,0,0,0,0,0,3,3,3,3,3,3,3,3}序列组成，其波形是一个频率为 1/16 波特率的方波时钟，可以用于预加重、信道传输质量等参数的分析。

由于 PAM-4 信号和 NRZ 信号完全不同，所以定义了很多全新的测试参数。还有一些测试参数的名称与 NRZ 信号的名称可能类似，但测试方法完全不一样。下面对一些典型的测试参数做一下介绍。

（1）上升时间测试：对于 PAM-4 信号来说，由于有 4 个电平，不同电平间转换时的变化时间是不一样的，所以在 802.3bs 规范中专门定义了上升时间（20%～80%）的测量方法为：找到 PRBS13Q 码型中连续的 3 个"0"到连续的 3 个"3"的跳变位置来进行上升时间的测量（图 2.52）。这样由于跳变沿前后都有稳定的数据符号，受到码间干扰的影响会小，所以测试结果的一致性和重复性会比较好。

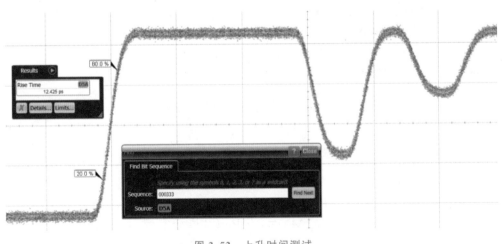

图 2.52　上升时间测试

（2）抖动测试：抖动（Jitter）是高速信号的关键指标。JP03A 是类时钟信号，可以用于随机抖动的测试；JP03B 码型中有奇数符号和偶数符号的数据位置的变化，可以用于奇偶抖动（Even-Odd Jitter，EOJ）的测试。图 2.53 分别是用 JP03A 码型进行随机抖动测试和用

JP03B 码型进行奇偶抖动测试的例子。可以看出，当信号中奇数位置符号和偶数位置符号的宽度不一样时，在 JP03B 码型的眼图测试中会出现明显的双线情况。

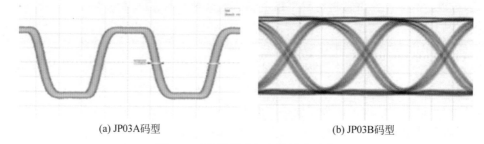

(a) JP03A码型　　　　　　　　　　　　　(b) JP03B码型

图 2.53　随机抖动和奇偶抖动测试

（3）电信号眼高、眼宽测试：眼高（Eye Height）和眼宽（Eye Width）是电信号眼图测试的重要参数（光信号主要测试 TDECQ 参数）。对于 PAM-4 信号的电眼图测试通常会使用 PRBS13Q 的码型，并且要对输出信号经过一个 CTLE（Continuous Time Linear Equalizer）参考均衡器后再进行眼图参数测试。由于 PAM-4 信号会形成 3 层眼图，所以对每层眼图要分别测量，通常会以中间层眼图的中心位置为参考点计算眼高和眼宽。在测试过程中要更换不同的均衡器的值，并对信号的噪声和抖动进行分解，同时以其概率分布来计算等效的眼高和眼宽。图 2.54 是在示波器中测试到的 PAM-4 信号的电平、噪声、眼高、眼宽的参数。

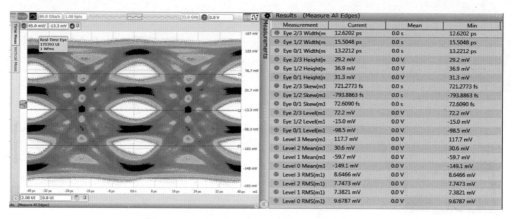

图 2.54　PAM-4 眼高、眼宽等参数测量结果

（4）线性度测试：PAM-4 信号的线性度（即 4 个电平尽量等间隔分布）非常重要，它可以充分利用发射机的动态范围。早期的 PAM-4 标准规范中会使用阶梯波形进行线性度测试，后来改为通过对 PRBS13Q 信号眼图中 4 个电平的统计来计算线性度。信号线性度采用幅度不匹配度（Level Separation Mismatch Ratio）指标衡量，其定义如图 2.55 所示：$RLM = \min((3 \times ES1), (3 \times ES2), (2 - 3 \times ES1), (2 - 3 \times ES2))$。（参考资料：IEEE 802.3bs 规范）

图 2.56 是在采样示波器中对原始信号的眼图、经过传输链路传输的眼图、用 CTLE 均衡后的眼图、用 FFE 方法均衡后的眼图进行分析的例子，同时还对 CTLE 后的各层眼图的眼高及眼图的线性度进行了测量。

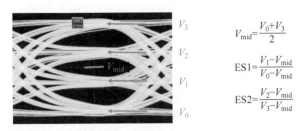

$$V_{\text{mid}} = \frac{V_0 + V_3}{2}$$

$$\text{ES1} = \frac{V_1 - V_{\text{mid}}}{V_0 - V_{\text{mid}}}$$

$$\text{ES2} = \frac{V_2 - V_{\text{mid}}}{V_3 - V_{\text{mid}}}$$

图 2.55　线性度定义

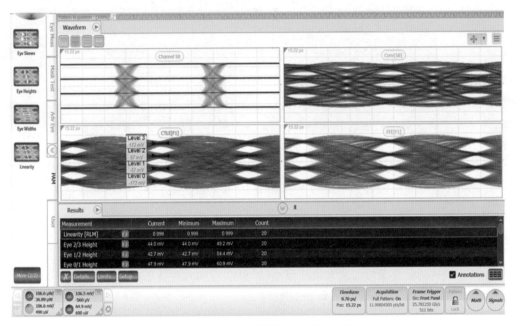

图 2.56　PAM-4 眼图线性度测量结果

特征阻抗（Characteristic Impedance）

传输线是把信号从一端传到另一端的导体，在数字电路中，用于电信号传输的传输线有带状线、微带线、同轴线、双绞线等。

在低频的情况下，通常信号的波长远远大于传输线的长度。比如对于一个 1MHz 的正弦波，其真空中的波长为 300m，如果传输线的长度只有 1m，则同一时刻信号在这段传输线上的不同位置相位和幅度基本一样，所以这段传输线可以作为一个简单的导体对待。

但是在高频情况下，比如对于 1GHz 的方波时钟来说，其基波在真空中的波长为 30cm（在介质中传播时波长更短），而其 3 次谐波在真空中的波长只有 10cm。此时即使对于一段 20cm 长的传输线来说，在同一时刻，在传输线的不同位置信号的形状和幅度也可能完全不一样。这样就不能简单地把这段传输线当作简单的导体，而需要用传输线或者电磁波的理论进行分析。

很多信号完整性分析的教材中都建议当传输线的时延超过信号波长的 1/10 或者 1/5 时就开始适用传输线理论,主要考虑的是由于此时在传输线的不同位置,信号的幅度和相位差异已经比较明显。

传输线的理论基于 19 世纪 Lord Kelvin 提出的传输线模型以及 Oliver Heaviside 的电报方程理论,其本质是用电磁场领域的麦克斯韦方程对传输线进行分析。在传输线理论中,一段理想的无限长度的均匀传输线可以认为是由很多无限小的单元组成的,如图 2.57 所示。

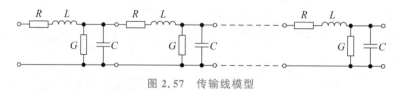

图 2.57　传输线模型

图中,R 为导体上单位长度的串联电阻(Ω);L 为导体上单位长度的串联电感(H);C 为导体和其参考平面上单位长度的并联电容(F);G 为导体和其参考平面上单位长度的并联电导(S)。

如果这段导体是无限长且均匀连续的,通过求解电报方程(具体求解步骤可以参考很多电磁场、微波理论以及信号完整性的书籍),可以得出这段导体从一端看进去的等效阻抗为

$$Z_0 = \sqrt{\frac{R + j\omega L}{G + j\omega C}}$$

如果这段传输线是无损的或者损耗很小(R 和 G 很小),并且是在高频的情况下(ω 很大),则 $R \ll j\omega L$ 且 $G \ll j\omega C$。上面公式可以近似为

$$Z_0 = \sqrt{\frac{L}{C}}$$

这就是我们通常所说的传输线的特征阻抗,比如一些 PCB 或同轴电缆的阻抗都控制在 50～75Ω,一些差分线的阻抗会控制在 85～120Ω 等。

关于这个特征阻抗的计算公式可以从以下几个方面来理解:

(1) 特征阻抗不同于电阻,对于一段 50Ω 的传输线,如果用万用表直接测量直流电阻,可能是一个很小的值。这是直流电阻,并不是高频情况下的特征阻抗。

(2) 特征阻抗是对一段均匀无损传输线在高频情况下的近似。如果对于一些带过孔或者拐角的传输线,其过孔或者连接器的局部区域不符合传输线的条件,可能会表现出局部的容性或感性,因而这个局部区域的阻抗可能是一个与频率有关的量。最典型的例子是在有些过孔或者连接器上,信号反射的幅度和信号上升沿的陡缓程度有关。

(3) 对于一段均匀的传输线,在频率足够高后,特征阻抗是一个与频率无关的量,只与其物理尺寸以及介质有关。比如对图 2.58 所示一段传输线来说,后半段线径变宽,因此 L 变小、C 变大,造成的结果是后半段部分的传输线阻抗会变大。对于更复杂的传输线,其阻抗变化情况也与结构尺寸的变化有关。

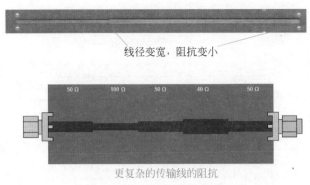

线径变宽，阻抗变小

50Ω 100Ω 50Ω 40Ω 50Ω

更复杂的传输线的阻抗

图 2.58 复杂传输线的阻抗变化

TDR 测试（Time Domain Reflectometer）

随着数字电路工作速度的提高，PCB 上信号的传输速率也越来越高，信号的上升时间也越来越快。当快上升沿的信号在电路板上遇到一个阻抗不连续点时就会产生更大的反射，这些信号的反射会改变信号的形状，因此线路阻抗是影响信号完整性的一个关键因素。对于高速电路板来说，很重要的一点就是要保证在信号传输路径上阻抗的连续性，从而避免产生大的反射。相应地，从事高速数字电路设计和测试的人员也需要能够测试信号传输路径上阻抗的变化情况，从而更好地定位问题。例如，PCIe 和 SATA 等标准都需要精确测量传输线路的阻抗。表 2.2 是 SATA 对于系统内连接的电缆和连接器的阻抗和衰减的要求。

表 2.2 SATA 电缆的阻抗和损耗要求

参 数	要 求
连接器差分阻抗	$100\Omega \pm 15\%$
电缆差分阻抗	$100\Omega \pm 15\%$
电缆阻抗匹配	$\pm 5\Omega$
共模阻抗	$20 \sim 40\Omega$
电缆最大插入损耗（10～4500MHz）	6dB
单线对的最大串扰（10～4500MHz）	26dB
多线对的最大串扰（10～4500MHz）	30dB
最大上升时间	85ps（20%～80%）
最大码间干扰	50ps
最大线对内的时延差	10ps

要进行阻抗测试，一个快捷有效的方法就是 TDR（Time-Domain Reflectometer，时域反射计）方法。TDR 的工作原理是基于传输线理论，工作方式有点像雷达。如图 2.59 所示，当有一个阶跃脉冲加到被测线路上，在阻抗不连续点就会产生反射，已知源阻抗 Z_0，则根据反射系数 ρ 就可以计算出被测点阻抗 Z_L 的大小。

最简单的 TDR 测量配置是在宽带采样示波器的模块中增加一个阶跃脉冲发生器。脉冲发生器发出一个快上升沿的阶跃脉冲，同时采集接收反射信号的时域波形。如果被测件的阻抗是连续的，则信号没有反射；如果有阻抗的变化，就会有信号反射回来，根据反射回

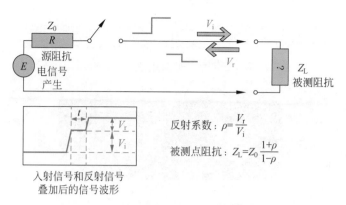

被测点阻抗：$Z_L = Z_0 \dfrac{1+\rho}{1-\rho}$

反射系数：$\rho = \dfrac{V_r}{V_i}$

图 2.59　TDR 工作原理

波的时间可以判断阻抗不连续点距接收端的距离，根据反射回来的幅度可以判断相应点的阻抗变化。图 2.60 是一款基于采样示波器的 TDR 测量系统，可以提供 50GHz 频率范围内的最多 16 个通道的 TDR 测量能力。

图 2.60　基于采样示波器的 TDR 测量系统

在 TDR 的测试中，由于波形反射回来的时间与离测试点的距离有关，而反射回来的电压幅度和相应点的阻抗大小有关，所以通过 TDR 的测试就可以得到一条被测的传输线上不同位置的阻抗变化曲线。图 2.61 是一段传输链路的真实的 TDR 测试结果。

在 TDR 的测试中，影响测试精度的主要因素有阶跃脉冲的上升时间、阶跃脉冲的平坦度、接收设备的带宽、本底噪声、是否对测试电缆夹具的误差进行修正等。

（1）阶跃脉冲的上升时间会影响对于过孔、连接器等阻抗不连续点的分辨能力，上升时间越短，距离分辨率越好，但是可能会引起额外的信号振荡，因此有些总线的阻抗测试中会规定测试中使用的阶跃脉冲上升沿的时间。另外，为了得到稳定的反射曲线区域以进行准确的阻抗测量，很多 PCB 测试中对于被测传输线至少保持一段均匀阻抗的长度也有一定的要求。一般来说，TDR 测试中，距离分辨率以及最小传输线长度和 TDR 系统上升时间（T_{sys}）的关系如下（其中 V_p 为信号的传输速度）：

$$最小距离分辨率 > (T_{sys}/2) \times V_p$$

$$最小传输线长度 > (T_{sys} \times 2) \times V_p$$

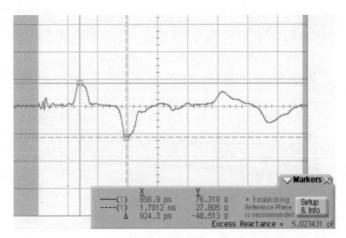

图 2.61　一段传输链路的 TDR 测试结果

表 2.3 是一个典型的 FR4 板材带状线测试时,距离分辨率及最小传输线长度与上升时间的关系。(参考资料:IPC-TM-650 2.5.5.11 Propagation Delay of Lines on Printed Boards by TDR)

表 2.3　TDR 分辨率和最小传输线长度与上升时间的关系

TDR 系统上升时间(T_{sys})	分　辨　率	最小传输线长度
10ps	5ps/1.0mm[0.04 英寸]	4.0mm[0.16 英寸]
20ps	10ps/2.0mm[0.08 英寸]	8.0mm[0.31 英寸]
30ps	15ps/3.0mm[0.12 英寸]	12.0mm[0.47 英寸]
100ps	50ps/10.0mm[0.39 英寸]	40.0mm[1.57 英寸]
200ps	100ps/20.0mm[0.79 英寸]	80.0mm[3.15 英寸]
500ps	250ps/50.0mm[1.97 英寸]	200.0mm[7.87 英寸]

(2) 阶跃脉冲中的过冲或者振荡会叠加在反射回来的波形上造成测量误差,因此阶跃脉冲的过冲或者振荡越小,得到的反射波形越真实。

(3) 接收设备的带宽不够会减缓反射回来的信号的上升时间,造成反射波形的变形,因此一般的 TDR 测试使用的都是宽带的采样示波器。

(4) 由于接收设备的带宽要足够宽,因此其本底噪声不可忽略,这些噪声会叠加在反射波形上造成波形的抖动从而影响测量结果的准确性,因此接收设备的噪声越低越好,大部分 TDR 测试中会使用波形平均的方法来减小本底噪声的影响。

(5) 在 TDR 测试中,要获得正确的测试结果,必须正确消除因测试夹具或线缆导致的反射、损耗等系统误差。很多 TDR 测试中都会使用短路和负载校准件消除系统误差以提供精确的结果,更现代的 TDR 还会使用电子校准件来快速完成多个端口的校准。

一般 TDR 设备的测试接口都是采用 3.5mm 或 2.4mm 的同轴连接器,用户可以通过设计测试夹具连接在被测接口的连接器上进行测试。但还有很多时候需要对 PCB 上走线的阻抗进行测试,这时就需要用到相应的探头。TDR 测试使用的探头和一般示波器上使用的探头不一样:一般的示波器探头都是单向的,其内部有相应的匹配电路或者放大器保证比较高的输入阻抗;而 TDR 探头需要能够双向传输发出的阶跃脉冲以及反射回来的信号,所以其内部没有任何器件,其等效为单端或者差分的传输线,属于传输线探头。图 2.62 是一款可以提供到 18GHz 的差分 TDR 探头,可以在一定范围内灵活调整间距,适用于手持的 PCB 阻抗测量。如果需要更高的测量带宽,也可以选择一些专门的探针台进行测试,但通常探针台的探针间距是不可调的,因此设计阶段就需要在 PCB 上预留好测试点。

图 2.62　差分 TDR 探头

传输线的建模(Transmission Line Modelling)

前面介绍了传输线的阻抗对于高速信号的影响,如果传输线的阻抗不连续,信号会在阻抗不连续点处来回反射叠加从而造成信号的失真。对于一段高速的传输线来说,仅仅保证阻抗连续还是不够的,因为即使阻抗完全连续也不可能在 PCB 或背板、电缆上传输无限远的距离,其中原因就是传输线的损耗。

我们前面在进行传输线的阻抗公式推导时,是假定传输线的单位电阻 R 以及传输线和参考平面间的电导 G 都是无限小的,但实际情况下这是不可能的。由于这些参数的影响,真正的传输线不会是无损耗的,在很多情况下一段传输线的损耗对信号的影响接近于一个低通滤波器(只是接近,实际情况要复杂得多)。

更极端地,真实的信号传输路径上可能会经过不同类型的传输线,比如芯片内部的封装、PCB 走线、连接器、背板、电缆等,各段传输线的损耗和阻抗都可能是不一样的,因此会造成信号眼图的进一步恶化。图 2.63 描述的是一个典型的高速数字信号传输路径以及在各个节点上眼图的恶化情况。

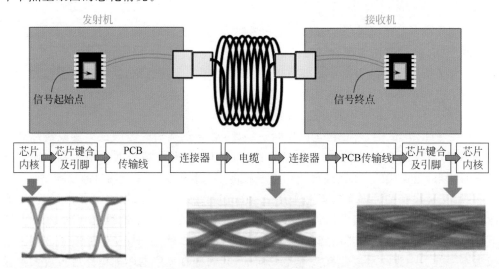

图 2.63　传输路径对高速数字信号眼图的影响

如果把上述传输线可能造成的信号问题都留到系统调试阶段去解决,需要耗费大量的时间和精力。因此如何在前期阶段对传输线的特性进行分析和验证就成为保证信号质量的一个关键步骤。

首先我们看一下传输线损耗对信号的影响。图 2.64 的例子是一根 3m 长的 USB3.0 的传输电缆实测结果,测量的是其损耗随着频率变化的曲线。从这条曲线可以看到,其对低频或者直流分量的损耗非常小(接近 0dB),但对于 2.5GHz 左右的频率分量的损耗达到了 −6.9dB 左右(相当于幅度衰减一半还多),而对于 5GHz 左右的频率分量的损耗则达到了 −12dB 左右(相当于幅度衰减到原来的 1/4)。这些高频分量的损耗会造成信号的严重变形。

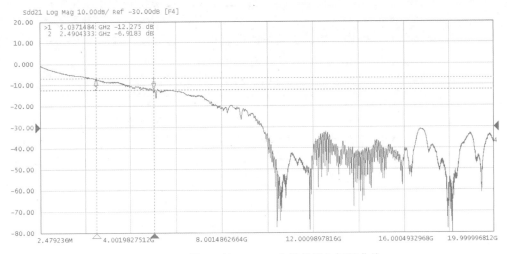

图 2.64 一根 3m 长 USB3.0 电缆的插入损耗曲线

图 2.64 还只是传输线的幅频响应曲线,一些不太好的传输线可能对于不同频率分量的传输时延也是不一样的(相位随频率的变化曲线不是线性的),这样当信号经过传输到达接收端以后由于不同频率分量到达时刻不一样会进一步引起信号波形的恶化。

为了直观地得到传输线的幅频或者相频特性,最常用的工具是矢量网络分析仪(VNA)。矢量网络分析仪由于覆盖频率高、测试精度和重复性好、测试功能多,是射频微波领域进行滤波器、功放、混频器等器件测试最常用的测试工具。近 10 多年来,人们开始把矢量网络分析仪用于高速数字信号完整性分析和建模的领域并取得了丰硕成果,如今矢量网络分析仪已经和高速示波器、误码仪等一起成为每个高速信号完整性实验室的必备工具。

图 2.65 描述的是一个典型的 2 端口矢量网络分析仪的简化工作原理。矢量网络分析仪内部有一个扫频的正弦源,在程序的控制下可以完成从低频到高频的扫描。首先正弦波信号从端口 1 产生一个频点的正弦波信号,矢量网络分析仪通过内部的接收机可以测量到发出信号的幅度和相位(接收机 R)、反射回来的幅度和相位(接收机 A)以及经过被测件传输后信号的幅度和相位(接收机 B)。矢量网络分析仪通过比较各个接收机间的幅度和相位关系就可以知道被测件对于当前频点信号的反射和传输情况。矢量网络分析仪再通过正弦源的扫频依次重复上述测试,就可以得到被测件对于不同频点信号的反射和传输曲线。

被测系统对于不同频率正弦波的反射和传输特性可以用 S 参数(S-parameter)表示,S

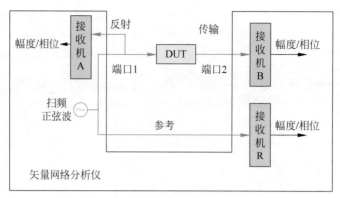

图 2.65　两端口矢量网络分析仪的工作原理

参数描述的是被测件对于不同频率的正弦波的传输和反射的特性。对于一个单端的传输线

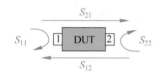

图 2.66　单端传输线的
S 参数模型

来说,其 S 参数的模型如图 2.66 所示,其中共包含 4 个 S 参数:S_{11}、S_{22}、S_{21}、S_{12}。S_{11} 和 S_{22} 分别反映的是端口 1 和端口 2 对于不同频率正弦波的反射特性,S_{21} 反映的是从端口 1 到端口 2 的不同频率正弦波的传输特性,S_{12} 反映的是从端口 2 到端口 1 的不同频率正弦波的传输特性。

通过用矢量网络分析仪对被测的传输线进行测量,我们就可以得到传输线的 S 参数曲线,这条传输线对不同频率的反射
和传输特性可以完全用 S_{11}、S_{21}、S_{22}、S_{12} 这 4 个 S 参数来描述,这些 S 参数会保存成一个 .S2P 后缀的文本文件。图 2.67 是对一根 5m 长的普通 SMA 电缆进行测试得到的 S 参数文件的一部分。

```
!Agilent Technologies,E5071C,MY46315815,M.11.10.00.09
!Date: Thu Sep 05 16:57:18 2013
!Data & Calibration Information:
!Freq    S11:NONE(--)     S21:RESPT(ON)    S12:NONE(--)     S22:NONE(--)
!PortZ  Port1:50+j0      Port2:50+j0
!Above PortZ is port z conversion or system Z0 setting when saving the data.
!When reading, reference impedance value at option line is always used.
# HZ S MA R 50
19960079    5.170633e-002   -8.938928e+001   9.484586e-001  -1.067693e+002   8.533098e-001   -1.304663e+002   8.507686e-002  -1.068954e+002
39920158    5.196781e-003   -2.562697e+000   9.357909e-001   1.470388e+002   8.347289e-001   1.022533e+002   2.170308e-002   5.247248e+001
59880237    3.083873e-002   9.902530e-001   9.280919e+001   4.112012e+001   8.187270e-001   -2.449953e+001   6.168753e-002   1.491711e+002
79840316    8.302031e-002   -1.218704e+002   9.228564e-001   -6.427348e+001   8.068316e-001   -1.505245e+002   5.457340e-002  -1.461007e+002
99800395    7.940286e-003   -1.784109e+002   9.114003e-001   -1.702640e+002   7.910625e-001   3.959294e+002   2.514153e+001
119760474   5.113180e-002   -1.099154e+002   9.050259e+001   8.390417e+001   7.845876e-001   -4.315612e+001   6.437982e-002   1.560308e+002
139720553   3.739379e-002   1.685566e+002   8.972366e-001   -2.159450e+001   7.785039e-001   -1.690994e+002   9.396484e-002   1.598451e+002
159680632   4.049127e-002   -9.344732e+001   8.871604e-001   -1.265265e+002   7.719147e-001   6.547877e+001   3.860847e-002   -4.474224e+001
179640711   5.109935e-002   6.599511e+001   8.814187e-001   1.276248e+002   7.706203e-001   -6.100613e+001   7.671558e-002   9.982109e+001
199600790   3.488855e-002   1.419527e+002   8.690582e-001   2.236597e+001   7.739848e-001   1.731392e+002   6.265411e-002   1.434696e+002
219560869   6.635294e-002   -1.385287e+002   8.804579e-001   -8.294813e+001   7.783495e-001   -1.424459e+002   1.474828e+002
239520948   5.707293e-002   4.563986e+001   8.691835e-001   -1.712230e+001   7.739753e-001   -7.944997e+001   8.105041e-002   4.922379e+001
259481027   5.229717e-002   8.848702e+001   8.656454e-001   6.582099e+001   7.780452e-001   1.541980e+002   3.194715e-002   8.948713e+001
279441106   1.924926e-002   -9.522766e+001   8.641670e-001   -3.953175e+001   7.816384e-001   2.781741e+001   5.985962e-002   -1.614667e+002
299401185   5.824424e-002   -5.347822e+001   8.531064e-001   -1.448406e+002   7.756994e-001   -9.860658e+001   1.011548e-001   3.204282e+001
319361264   3.485243e-002   5.692248e+001   8.530958e-001   1.096625e+002   7.798435e-001   1.347121e+002   2.973117e-002   8.804359e+001
339321343   7.621851e-002   -1.293453e+002   8.481651e-001   4.511807e+001   7.773508e-001   8.406124e+001   3.316856e-002   -3.411315e+001
359281422   1.479422e-002   -1.412247e+002   8.447776e-001   -1.009275e+002   7.766997e-001   -1.181932e+002   4.714078e-002   -3.696171e+001
379241501   3.946172e-002   7.690263e+001   8.428605e-001   1.536090e+002   7.754710e-001   1.150982e+002   1.283248e-002   1.070769e+002
399201580   3.635055e-002   -1.154123e+002   8.379920e-001   4.827407e+001   7.716157e-001   -1.130629e+002   1.697143e-002   -5.317666e+001
419161659   5.083638e-002   -6.217133e+001   8.319301e-001   -5.702617e+001   7.672153e-001   -1.377330e+002   8.368798e-002   -7.711622e+001
439121738   4.292662e-002   -1.541920e+002   8.280825e-001   -1.622613e+002   7.672436e-001   9.581816e+001   -1.796969e-002   1.221058e+002
459081817   5.253710e-002   -1.552707e+002   8.283046e-001   9.227259e+001   7.644049e-001   -3.058668e+001   3.859489e-002   -1.073066e+002
479041896   9.216411e-002   -5.008838e+002   8.239931e-001   -1.319080e+001   7.605878e-001   -1.570487e+002   3.373286e-002   -4.913034e+000
499001975   8.176913e-002   9.957639e+001   8.205811e-001   -1.183340e+002   7.589693e-001   7.656255e+001   3.545155e-002   -8.721767e+001
518962054   3.182530e-002   1.598448e+002   8.175051e-001   1.363015e+002   7.555092e-001   -4.981228e+001   5.613530e-002   -1.465664e+002
538922133   1.085546e-002   -9.500151e+001   8.151263e-001   3.094680e+001   7.522924e-001   -1.761720e+002   6.947252e-002   1.629670e+002
558882212   6.010991e-002   -1.373226e+002   8.101307e-001   -7.436921e+001   7.499829e-001   5.753903e+001   6.471671e-002   2.107034e+001
578842291   6.928621e-002   1.348984e+002   8.100250e-001   -1.794576e+002   7.490629e-001   -6.877331e+001   4.355334e-002   -1.418944e+002
598802370   8.092944e-002   1.790128e+002   8.055202e-001   7.490540e+001   7.461164e-001   1.646418e+002   3.228835e-002   -4.067277e+001
618762449   8.706933e-002   1.177932e+002   8.025402e-001   -3.018155e+001   7.410218e-001   3.846922e+001   6.983306e-002   -1.750088e+002
```

图 2.67　S 参数文件的格式

得到传输线的 S 参数文件后,就可以用这个 S 参数文件完整地描述被测的这段传输线对于各种频率信号的反射和传输情况,换句话说,就得到了这段传输线的模型。

由于真实的数字信号是由不同的频率成分构成的,所以有了 S 参数文件,就可以知道经过传输线后各频率成分能量和相位的变化情况,进而预测信号经传输后波形的变化情况。也就是说,通过用矢量网络分析仪对传输线进行测量后,就得到一个被测件的真实的模型。有了

这个模型后,即使传输线上还没有进行真实的信号传输,也可以用这个模型预测这段传输线对于高速数字信号的传输和反射情况。基于传输线的 S 参数文件,可以做很多分析工作(图2.68)。

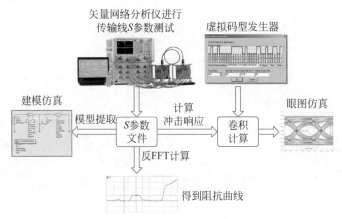

图 2.68 基于传输线 S 参数做的分析工作

常见的工作有:

(1)得到传输线的损耗特性。传输线的 S_{21} 参数反映的是不同频率的信号从端口1传输到端口2的损耗情况,这其实就是描述了这段传输线对于不同频率的损耗情况,通过比较 S_{21} 参数可以分析传输线的带宽以及了解其损耗是否满足规范要求。

(2)得到传输线的阻抗变化曲线。通过对反射参数 S_{11} 进行反 FFT 变化,可以得到时域反射曲线(TDR),从 TDR 曲线可以知道传输线上各点的阻抗变化情况。因此带相应分析功能的矢量网络分析仪可以代替 TDR 进行传输线的阻抗测试。

(3)传输线建模。得到传输线真实的 S 参数和 TDR 曲线以后,可以把实测的结果和仿真结果进行比较,修正仿真模型的误差,在后续仿真中得到更准确的结果。

(4)眼图仿真。S 参数是频域的参数,反映的是信号的频域特性,TDR 曲线反映的是传输线的阻抗变化情况,虽然可以通过定性分析横向比较不同传输线的好坏和差异,但是从这些曲线并不能直观看出对数字传输质量的影响。为了直观看出对信号的影响,可以根据 S 参数计算出传输线的冲激响应和阶跃响应,通过把通道的冲激响应和一个虚拟的码型发生器产生的波形(软件产生的特定信号速率、上升时间、幅度、码型内容的波形信号)在时域进行卷积,就可以预测这样的信号经过这段传输线后时域波形会变成什么样。如果再把传输后的时域波形按比特叠加,就可以预知信号经过这段传输线到达接收端后眼图会变成什么样,更进一步我们还可以利用相应规范的模板对这个眼图进行模板测试。具备了这样的眼图仿真和模板测试功能后,我们在前期阶段就可以快速直观地评估该传输线的质量,而不必等到整个系统真实工作以后。图2.69是使用20GHz的矢量网络分析仪对一段传输线进行测试后仿真出的10Gbps的信号经过这段传输线传输后的眼图。

(5)帮助芯片选型。通过对真实传输线的测试,用户可以了解实际传输线的极限,并直观看到对信号的影响。如果系统要求必须达到一定的传输速率和传输距离,而现有技术能实现的传输线的性能又不能满足要求,用户就可以事先有目的地选择一些带预加重或者均衡功能的芯片对传输线损耗进行补偿,而不至于当整套系统都运行起来以后才发现信号质量的问题而无法应对。图2.70是一个对前面的10Gbps信号眼图进行均衡仿真,以评估不同的均衡器系数设置对信号眼图影响的例子。

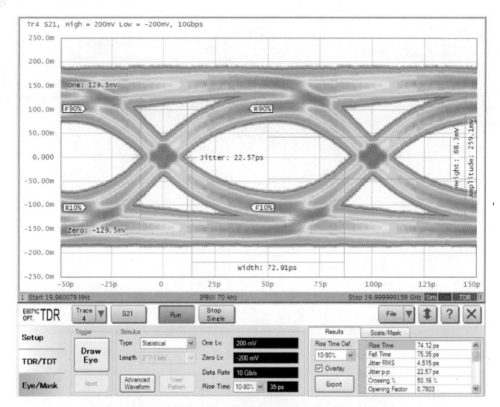

图 2.69　用矢量网络分析仪对传输线测试后仿真出的眼图

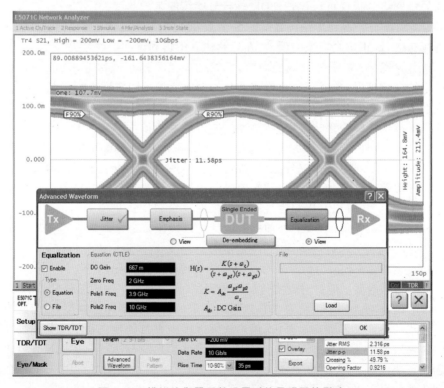

图 2.70　模拟均衡器系数设置对信号眼图的影响

　　通过前面的介绍可以看到,通过用矢量网络分析仪对一个 2 端口的传输线进行测试,我们可以得到这段传输线完整的损耗、阻抗、传输眼图等信息。很多高速数字电路采用的都是差分的传输线,其实际上是一个 4 端口的模型,正负的差分线之间、差分线对地之间以及各个端口之间有更复杂的关系。图 2.71 是一段差分传输线的模型。

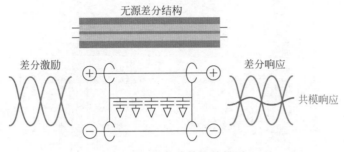

图 2.71　差分传输线的模型

　　对于一对差分的传输线来说,其 4 个端口相互之间一共有 16 个单端的 S 参数。在分析时为了方便,人们会把这 16 个单端的 S 参数通过矩阵运算转换为对差分线来说更有意义的 16 个差分的 S 参数,如图 2.72 所示。这 16 个 S 参数完整地描述了这对差分线的反射、插入损耗、共模辐射、抗共模辐射能力等各方面的特性,例如 SDD21 参数就反映了差分线的插入损耗特性、SDD11 参数就反映了其回波损耗特性。图 2.72 是差分线的 16 个差分 S 参数及其代表的含义。

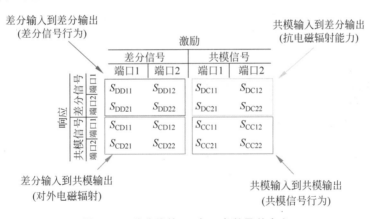

图 2.72　差分线的 16 个 S 参数及其含义

　　再进一步,复杂的数字电路通常是由很多对差分线组成的(图 2.73),各对差分线之间可能会存在不同程度的串扰,这就使得系统的模型更加复杂。

　　为了对更多的端口间的复杂的信号反射、传输、串扰等情况进行测试(如高速路由器、服务器高速背板的测试),除了需要用到多端口的矢量网络分析仪外,还需要相应的软件配合完成多个端口的快速校准、S 参数测试、模型提取、频域/时域转换、眼图仿真等功能。图 2.74 是一个基于 16 通道的矢量网络分析仪构建的 67GHz 的物理层测试系统,以及相配合的物理层测试系统软件(Physical Layer Test System,PLTS)。

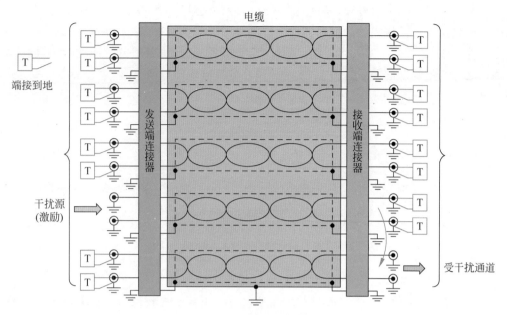

图 2.73　多对差分线间的串扰

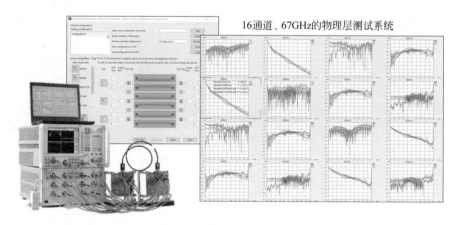

图 2.74　基于多端口矢量网络分析仪的物理层测试系统

第3章

USB简介与物理层测试

USB 总线简介

自 1995 年 USB1.0 的规范发布以来,USB(Universal Serial Bus)接口标准经过了 20 多年的持续发展和更新,已经成为 PC 和外设连接最广泛使用的接口。USB 历经了多年的发展,从第一代的 USB1.0 低速(Low Speed)、USB1.1 全速(Full Speed)标准,逐渐演进到第 2 代的 USB2.0 高速(High Speed)标准和第 3 代的 USB3.0 超高速(Super Speed)标准。这些标准目前都已经得到广泛的应用。

后来,为了应对 eSATA、ThunderBolt 等标准对 USB 标准的威胁,USB 协会又分别在 2013 年和 2017 年发布了 USB3.1 及 USB3.2 的标准。在 USB3.1 标准中新定义了 10Gbps 速率以及对 Type-C 接口的支持;在 USB3.2 标准中,又基于 Type-C 接口提供了对 X2 模式的支持,可以通过收发方向各捆绑 2 条 10Gbps 的链路实现 20Gbps 的数据传输。而最新的 USB4.0 标准已经于 2019 年发布,可以通过捆绑 2 条 20Gbps 的链路实现 40Gbps 的接口速率。表 3.1 是 USB 各代总线的技术对比。

表 3.1　USB 总线的发展

性能特点	USB2.0	USB3.0	USB3.1	USB3.2	USB4.0
发布时间	2000 年	2008 年	2013 年	2017 年	2019 年
最高接口速率	480Mbps	5Gbps(Gen1)	10Gbps 速率(Gen2)	20Gbps(Gen2 x2)	40Gbps(Gen3 x2)
连接器	Type-A/B/C	Type-A/B/C	Type-A/B/C	Type-C	Type-C
Retimer(中继器)	无定义	无定义	无定义	支持	支持 2 级
编码方式	无	8b/10b	128b/132b	128b/132b	128b/132b
典型电缆长度	5m	3m	1m	1m 有源电缆	1m,0.8m,有源电缆
发送端预加重	无	2 阶预加重	3 阶预加重	3 阶预加重	3 阶(16 种预设值)
接收端均衡方式	无	CTLE(2 种强度)	CTLE(7 种强度)+DFE	CTLE(7 种强度)+DFE	CTLE(10 种强度)+DFE

从表 3.1 中可以看出,USB3.0、USB3.1、USB3.2、USB4.0 每一代的数据速率都有非常大的提升。需要注意的是,在 USB3.1 规范推出后,之前 USB3.0 中定义的 5Gbps 速率

被称为 Gen1 速率,新定义的 10Gbps 被称为 Gen2 速率。而在 2019 年发布的 USB4.0 规范中,新增的 20Gbps 速率被称为 Gen3 速率。

　　USB3.0 和之后的标准都采用了双总线架构(图 3.1),即在 USB2.0 的基础上增加了超高速总线部分。超高速总线的信号速率达到 5Gbps、10Gbps 甚至 20Gbps,采用全双工方式工作。以 PC 上最普遍使用的 Type-A 连接器为例,为了支持更高速率的信号传输,就在原有 USB2.0 的 4 根线(Vbus、Gnd、D+、D−)基础上新增加了 5 根信号线,包括 2 对差分线和 1 根屏蔽地线(如果是 Type-C 连接器则增加更多)。原来的 4 根线完全兼容原来的USB2.0 设备;新增的这两对差分线采用全双工作模式,一对线负责发送,另一对线负责接收,发送和接收都可实现 5Gbps 或以上速率的数据传输。

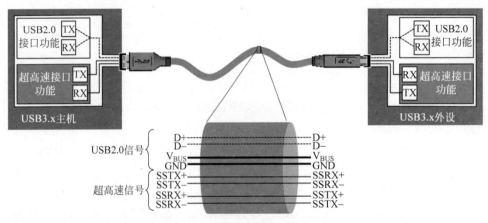

图 3.1　典型 USB3.x 的总线架构

　　由于数据速率提升,能够支持的电缆长度也会缩短。比如 USB2.0 电缆长度能够达到5m,USB3.0 接口支持的电缆长度在 5Gbps 速率下可以达到 3m,USB3.1 在 10Gbps 速率下如果不采用特殊的有源电缆技术只能达到 1m。USB4.0 标准中通过提升芯片性能,在10Gbps 速率下可以支持 2m 的电缆传输,而在 20Gbps 速率下也仅能支持 0.8m 的无源电缆。

　　随着新的更高速率接口的产生,原有的 USB 连接器技术也在不断改进。图 3.2 是一些类型的 USB2.0 和 USB3.0 连接器类型。其中,Type-C 是随着 USB3.x 标准推出的新型高性能连接器,也可以向下兼容提供 USB2.0 的连接。

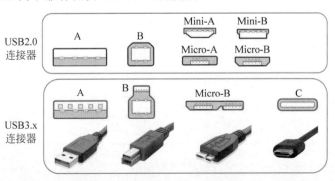

图 3.2　USB3.x 的电缆和连接器(参考资料:网络图片)

对于不同类型连接器的主机、设备、电缆来说，其传输通道损耗的要求也不一样。图3.3是USB3.1标准中各种速率和接口类型组合对于链路损耗的要求（损耗值对应的是Nyquist频点，即信号数据速率的1/2频率处），在具体电路设计和测试中可以参考。

不同速率和连接器类型的通道损耗预算

数据速率	主机端通道损耗	连接器类型	电缆通道损耗	连接器类型	外设端通道损耗
5Gbps	10dB	Std A	7.5dB	Std B	2.5dB
	10dB	Std A	3.5dB	Micro B	6.5dB
	6.5dB	C	7dB	C	6.5dB
	10dB	Std A	3.5dB	C	6.5dB
	6.5dB	C	4dB	Std B	2.5dB
	6.5dB	C	4dB	Micro B	6.5dB
10Gbps	8.5dB	Std A	6dB	Std B	8.5dB
	8.5dB	Std A	6dB	Micro B	8.5dB
	8.5dB	Std A	6dB	C	8.5dB
	8.5dB	C	6dB	Std B	8.5dB
	8.5dB	C	6dB	Micro B	8.5dB
	8.5dB	C	6dB	C	8.5dB

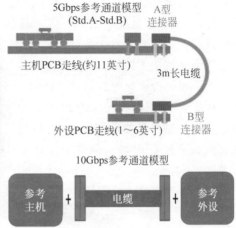

图3.3　不同速率和接口的USB链路损耗预算（资料来源：www.usb.org）

每一代USB新的标准推出，都考虑到了对前一代的兼容能力，但是一些新的特性可能只能在新的技术下支持。比如USB3.2的X2模式、USB4.0的20Gbps速率、更强的供电能力及对多协议的支持等，都只能在新型的Type-C连接器上实现。

由于USB总线的信号速率已经很高，且链路损耗和链路组合的情况非常复杂，所以给设计和测试验证工作带来了挑战，对于测试仪器的功能和性能要求也与传统的USB2.0差别很大。下面将详细介绍其相关的电气性能测试方法。由于涉及的标准众多，为了避免混淆，我们将把USB3.0、USB3.1、USB3.2标准统称为USB3.x，并与USB4.0标准分开介绍。

USB3.x发送端信号质量测试

在进行USB3.x发送端信号质量测试时，会要求测试对象发出特定的测试码型，用实时示波器对该码型进行眼图分析，并测量信号的幅度、抖动、平均数据率及上升/下降时间等。虽然看起来好像比较简单，但实际上USB3.x针对超高速部分的信号测试与传统USB2.0的测试方法有较大的不同，包括很多算法的处理和注意事项。

首先，由于USB3.x信号速率很高，且信号的幅度更小，因此测试中需要更高带宽的示波器。对于5Gbps信号的测试，推荐使用至少12.5GHz带宽的示波器；对于10Gbps信号的测试，推荐使用至少16GHz带宽的示波器。

其次，对于USB 3.x发送端测试，其测试的参考点不是像USB2.0那样只是在发送端的连接器上进行测试，还需要测试经过"一致性通道"（Compliance Channel）或"参考通道"（Reference Channel）传输，并经参考均衡器均衡后的信号质量。通常把直接在发送端连接器上进行的测试叫作"Short Channel"测试，把经过传输通道进行的测试叫作"Long Channel"测试。

需要注意的是,根据应用场景的不同,这个"Long Channel"的定义也不同。比如对于A型接口 5Gbps 速率的主机的测试,它模拟的是 3m 长电缆+5 英寸 PCB 走线的影响;对于 B 型接口外设的测试,它模拟的是 3m 长电缆+11 英寸 PCB 走线的影响。因此,USB3.x的信号质量测试中,5Gbps 速率下不同设备类型或者接口类型下嵌入的参考通道模型可能不一样,测试结果也就可能不一样。但对于 10Gbps 信号来说,由于 USB 协会定义的主机和外设端允许的通道损耗是对称的(都是 8.5dB),所以对于主机和外设的测试来说,其嵌入的通道模型就是一样的。

为了模拟传输通道对信号的影响,USB 协会提供了相应的测试夹具。每套测试夹具由很多块组成,可以模拟相应的 PCB 走线并在中间插入测试电缆。这些测试夹具通过组合可以进行发送信号质量的测试,也可以进行接收容限的测试,或者进行接收容限测试前的校准。图 3.4 是 USB 协会提供的针对 10Gbps 的 A 型接口主机及 Micro-B 型接口外设的测试夹具。

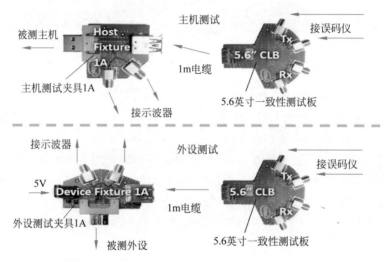

图 3.4　A 型接口主机和 Micro-B 型接口外设的 10Gbps 测试·夹具(参考资料:www.usb.org·USB3.1 Electrical Test Fixture Topologies & Tools)

除了使用真实的测试夹具和电缆来模拟传输通道对信号的影响外,实际测试中还可以用示波器的 S 参数嵌入功能来模拟加入传输通道影响,这样可以简化测试连接,也避免了夹具反复插拔造成的特性变化。图 3.5 是使用夹具直接引出信号,并通过示波器中的 S 参数嵌入功能进行通道嵌入的典型的 USB3.0 的信号质量测试环境。

另外,由于 5Gbps 或 10Gbps 的信号经过长电缆和 PCB 传输以后有可能眼图就无法张开了,所以在芯片接收端内部会提供 CTLE(连续时间线性均衡)功能以补偿高频损耗,因此测试时示波器的测试软件也要能支持 CTLE 才能模拟出接收端对信号均衡以后的真实的结果。图 3.6 是在 USB3.2 的规范中,分别对于 Gen1 的 5Gbps 信号和 Gen2 的 10Gbps 信号 CTLE 的均衡器的定义。

以下是 USB3.x 的信号测试方法相对于 USB2.0 的区别:

(1) 示波器的测试点在一致性电缆(compliance cable)和一致性电路板(compliance board)之后。而以前的测试是在发送端的连接器处(如 USB2.0)。

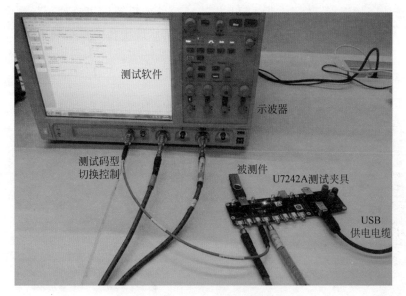

图 3.5 USB3.0 信号质量测试环境

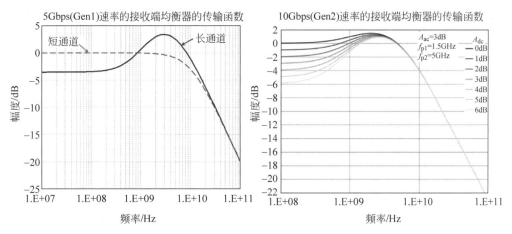

图 3.6 5G 和 10G 速率 USB 接收端信号均衡器的定义(资料来源：www.usb.org)

（2）后处理需要使用 CTLE 均衡器，在均衡器后观察和分析眼图及其参数。

（3）需要连续测量 1M 个 UI(比特间隔)。

（4）需要计算基于 1.0×10^{-12} 误码率的 DJ、RJ 和 TJ。

对于捕获到的数据波形的分析，可以使用 USB 协会提供的免费 Sigtest 软件或者示波器厂商的自动测试软件。Sigtest 是 USB 协会提供的进行 USB3.0 等总线分析的官方分析软件，但是需要用户手动捕获码型、切换码型、进行示波器触发设置等，操作比较烦琐，且设置不对可能影响捕获的波形或分析的结果。

由于 USB3.x 的测试涉及被测件类型、速率、均衡器、测试脚本调用、传输通道设置等非常多的因素，而且不同的测试项目需要在不同的测试码型下进行，设置不当可能测试结果完全不对，所以一般建议使用专用的自动测试软件配合示波器进行测试。图 3.7 是在示波器中安装的 USB3.x 自动测试软件的设置界面。通常用户只需根据设置向导选择相应的测试项目,然后按照向导连接 DUT 并把 DUT 设置成正确的模式即可自动运行测试,软件会自动捕获波形并测试生成 html 格式的测试报告。测试软件中还会自动调用设置好的通道模型和均衡器,以及内置的 USB 协会发布的 SigTest 脚本,从而大大简化了手动操作,并可以保证测试算法完全符合 USB 协会对信号分析的要求。

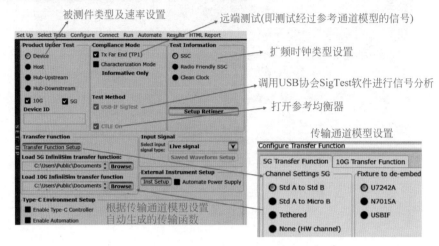

图 3.7　USB3.0 的自动测试软件

除此以外,测试软件还可以对 LFPS、SSC 等项目进行测试。表 3.1 是一个典型的支持 5Gbps 和 10Gbps 的外设的信号质量测试报告的一部分。

表 3.1　USB3.x 的 5Gbps 和 10Gbps 信号质量测试报告

Pass	# Failed	# Trials	Test Name	Actual Value	Margin	Pass Limits
✓	0	1	5G LFPS Peak-Peak Differential Output Voltage	838.7 mV	9.7 %	800.0 mV <= VALUE <= 1.2000 V
✓	0	1	5G LFPS Period (tPeriod)	49.9863 ns	37.5 %	20.0000 ns <= VALUE <= 100.0000 ns
✓	0	1	5G LFPS Burst Width (tBurst)	1.0506 µs	43.7 %	600.0 ns <= VALUE <= 1.4000 µs
✓	0	1	5G LFPS Repeat Time Interval (tRepeat)	10.0425 µs	49.5 %	6.0000 µs <= VALUE <= 14.0000 µs
✓	0	1	5G LFPS Rise Time	130.6 ps	96.7 %	VALUE <= 4.0000 ns
✓	0	1	5G LFPS Fall Time	132.7 ps	96.7 %	VALUE <= 4.0000 ns
✓	0	1	5G LFPS Duty cycle	49.9846 %	49.9 %	40.0000 % <= VALUE <= 60.0000 %
✓	0	1	5G LFPS AC Common Mode Voltage	22.9 mV	77.1 %	VALUE <= 100.0 mV
✓	0	1	5G TSSC-Freq-Dev-Min	-5.079071 kppm	13.8 %	-5.300000 kppm <= VALUE <= -3.700000 kppm
✓	0	1	5G TSSC-Freq-Dev-Max	65.004 ppm	39.2 %	TSSCMin ppm <= VALUE <= TSSCMax ppm
✓	0	1	5G SSC Modulation Rate	31.501090 kHz	50.0 %	30.000000 kHz <= VALUE <= 33.000000 kHz
✓	0	1	5G SSC Slew Rate	5.134 ms	48.7 %	VALUE <= 10.000 ms
ⓘ		1	5G Short Channel Random Jitter	1.354 ps		Information Only
✓	0	1	5G Short Channel Maximum Deterministic Jitter	8.688 ps	89.9 %	VALUE <= 86.000 ps
✓	0	1	5G Short Channel Total Jitter at BER-12	27.737 ps	79.0 %	VALUE <= 132.000 ps
✓	0	1	5G Short Channel Template Test	0.000	100.0 %	VALUE = 0.000
✓	0	1	5G Short Channel Differential Output Voltage	426.1 mV	29.6 %	100.0 mV <= VALUE <= 1.2000 V
ⓘ	0	1	5G Random Jitter (CTLE ON)	1.283 ps		Information Only
✓	0	1	5G Far End Maximum Deterministic Jitter (CTLE ON)	23.051 ps	73.2 %	VALUE <= 86.000 ps
✓	0	1	5G Far End Total Jitter at BER-12 (CTLE ON)	41.108 ps	68.9 %	VALUE <= 132.000 ps
✓	0	1	5G Far End Template Test (CTLE ON)	0.000	100.0 %	VALUE = 0.000
✓	0	1	5G Far End Differential Output Voltage (CTLE ON)	184.5 mV	7.7 %	100.0 mV <= VALUE <= 1.2000 V
✓	0	1	10G TSSC-Freq-Dev-Min	-4.902949 kppm	24.8 %	-5.300000 kppm <= VALUE <= -3.700000 kppm
✓	0	1	10G TSSC-Freq-Dev-Max	102.358 ppm	32.9 %	TSSCMin ppm <= VALUE <= TSSCMax ppm
✓	0	1	10G SSC Modulation Rate	31.444290 kHz	48.1 %	30.000000 kHz <= VALUE <= 33.000000 kHz
✓	0	1	10G SSC df/dt	351.3 ppm/us	71.9 %	VALUE <= 1.2500 kppm/us
✓	0	1	10G Random Jitter	782 fs	21.8 %	VALUE <= 1.000 ps
✓	0	1	10G Short Channel Template Test	0.000	100.0 %	VALUE = 0.000
✓	0	1	10G Short Channel Differential Output Voltage	404.5 mV	29.6 %	70.0 mV <= VALUE <= 1.2000 V
✓	0	1	10G Short Channel Extrapolated Eye Height	388.6 mV	455.1 %	VALUE >= 70.0 mV
✓	0	1	10G Short Channel Minimum Eye Width	75.6667 ps	57.6 %	VALUE >= 48.0000 ps
ⓘ	0	1	10G Far End Maximum Deterministic Jitter (CTLE ON)	17.842 ps		Information Only
ⓘ	0	1	10G Far End Total Jitter at BER-6 (CTLE ON)	25.277 ps		Information Only
✓	0	1	10G Far End Template Test (CTLE ON)	0.000	100.0 %	VALUE = 0.000
✓	0	1	Extrapolated Eye Height	154.9 mV	121.3 %	VALUE >= 70.0 mV
✓	0	1	Minimum Eye Width	74.7232 ps	55.7 %	VALUE >= 48.0000 ps

USB3.x 的测试码型和 LFPS 信号

在测试过程中,根据不同的测试项目,被测件需要能够发出不同的测试码型,如表 3.2 所示。比如 CP0 和 CP9 是随机的码流,在眼图和总体抖动(TJ)的测试项目中就需要被测件发出这样的码型;而 CP1 和 CP10 是类似时钟一样跳变的数据码流,可以用于扩频时钟 SSC 以及随机抖动(RJ)的测试。还有一些码型可以用于预加重等项目的测试,供用户调试使用。(资料来源:www.usb.org)

表 3.2　USB 信号质量测试中的测试码型

一致性测试码型名称		码 型 内 容	描　述
5Gbps 速率 测试码型	CP0	D0.0(带扰码)	伪随机数据码型
	CP1	D10.2	奈奎斯特码型
	CP2	D24.3	½ 速率的奈奎斯特码型
	CP3	K28.5	同步码型
	CP4	LFPS	低频周期信号码型
	CP5	K28.7	带预加重
	CP6	K28.7	不带预加重
	CP7	50~250 个连续 '1' 和连续 '0'	带预加重
	CP8	50~250 个连续 '1' 和连续 '0'	不带预加重
10Gbps 速率 测试码型	CP9	—	伪随机数据码型
	CP10	0xAAh	奈奎斯特码型
	CP11	0xAAh	½ 速率的奈奎斯特码型
	CP12	LFSR15	未编码的 PRBS15 码型
	CP13	64 个连续 '1' 和连续 '0'	仅带 Pre-shoot(前冲)
	CP14	64 个连续 '1' 和连续 '0'	仅带预加重
	CP15	64 个连续 '1' 和连续 '0'	带前冲和预加重
	CP16	64 个连续 '1' 和连续 '0'	不带前冲和预加重

根据 USB3.1 的 LTSSM(Link Training and Status State Machine)状态机的定义(图 3.8),在通过上下拉电阻检测到对端的 50Ω 负载端接后,被测件就进入 Polling(协商)阶段。在这个阶段,被测件会先发出 Polling.LFPS 的码型和对端协商(LFPS 的测试,后面我们还会提到),如果对端有正常回应,就可以继续协商直至进入 U0 的正常工作状态;但如果对端没有回应(比如连接示波器做测试时),则被测件内部的状态机就会超时并进入一致性测试模式(Compliance Mode),在这种模式下被测件可以发出不同的测试码型以进行信号质量的一致性测试。

在一致性测试模式下,被测件可能发出 16 种不同的测试码型以进行不同项目的测试,比如 CP0~CP8 是 5Gbps 速率的测试码型,CP9~CP16 是 10Gbps 速率的测试码型,CP0 和 CP9 用于眼图测试,CP1 和 CP10 用于随机抖动测试等。刚刚进入一致性测试模式时,被测件应该停留在 CP0 发送状态,如果其接收端收到 Ping.LFPS 的码型输入,就会切换到下一个测试码型,依次往复循环。

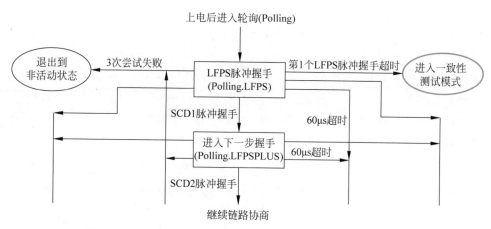

图 3.8　USB3.1 的状态机及测试模式（资料来源：www. usb. org）

Ping. LFPS 是频率为几十 MHz 的低速的脉冲串，可以借助函数发生器、码型发生器或者误码仪等设备生成。有些示波器的 AuxOut 口也可以输出简单的脉冲控制被测件的状态切换，可以简化测试中需要的设备的数量。图 3.9 是用示波器捕获到的被测件接收到 Ping. LFPS 的脉冲串并进行码型切换的例子。

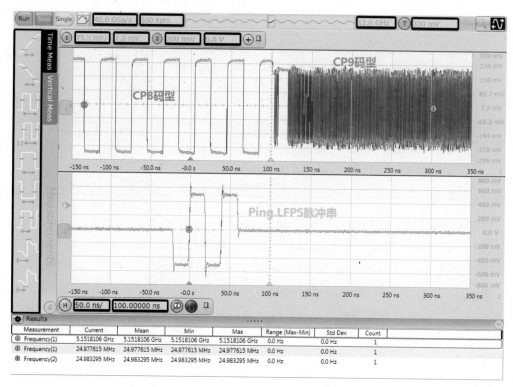

图 3.9　接收到 Ping. LFPS 的脉冲串后进行码型切换

LFPS(Low Frequency Periodic Signaling)是 USB3.0 及之后标准的设备在上电协商时的一种特殊脉冲串。这些脉冲串的不同宽度和重复周期分别代表不同含义的指令，图 3.10 是规范中对于 LFPS 信号特征的定义。

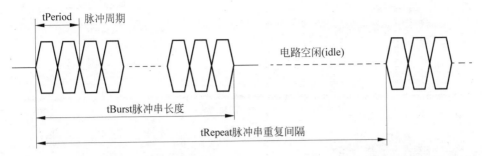

图 3.10　LFPS 信号参数的定义(参考资料: www. usb. org, Universal Serial Bus 3. 2 Specification)

图 3.11 是在示波器上捕获到的某个设备上电阶段的 Polling. LFPS 的信号波形。可以看到,其脉冲串的宽度为 $1\mu s$ 左右,脉冲串的重复周期为 $10\mu s$ 左右。由于 LFPS 的信号的幅度、重复频率、脉冲串宽度、间隔等会影响设备间上电时的一些指令的交互和链接的建立,因此根据 USB 协会的要求,对于 LFPS 信号的上升时间、幅度、脉冲串宽度、间隔等参数也需要进行测试,这些测试可以借助 USB 协会提供的测试脚本或者示波器厂商的自动测试软件完成。

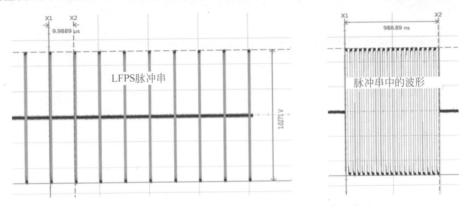

图 3.11　设备上电时发出的 Polling. LFPS 的信号波形

在 USB3.0 的标准中,LFPS 信号还比较简单,主要用于上电阶段向对方声明自己支持 USB3.0 的能力;从 USB3.1 标准开始,LFPS 的功能进一步扩展和复杂化。

对于支持 10Gbps 速率的被测件来说,上电阶段发送的并不是等间隔的 Polling. LFPS 脉冲串,而是脉冲串间隔有变化的 SCD(Superspeed Capability Declaration)信息。SCD 脉冲串有 SCD1 和 SCD2 两种,代表速率握手协议中的不同阶段状态,采用脉冲串间隔宽度变化代表的 0/1 信息进行编码。经过 SCD 的阶段之后,代表双方都可以支持 10Gbps 的链路速率,会继续进入链路协商的下一阶段,并采用新的 LBPM(LFPS Based PWM Message)机制进行链路训练。在 LBPM 信号阶段,脉冲串的间隔更密,同时通过脉冲串的宽度变化承载不同的 0/1 信息。图 3.12 和图 3.13 分别显示了 SCD1 到 SCD2 信号的切换,以及 SCD2 到 LBPM 的信号切换过程。

因此,在测试中,如果要进行 SCD1 以及后续的 SCD2、LBPM 等相关参数的测试,就需要一台信号发生器能够发出 SCD1、SCD2 甚至 LBPM 的信号和被测件进行交互,以控制被测件进入后续的状态,这台信号发生器可以使用与前面做一致性码型切换一样的设备。图 3.14 是某次上电阶段捕获到的主机和设备进行交互的 SCD1、SCD2 以及 LBPM 信号。

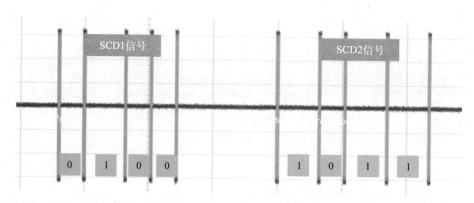

图 3.12　SCD1 到 SCD2 信号的切换

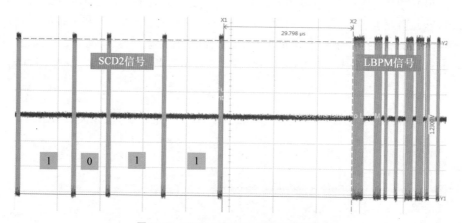

图 3.13　SCD2 到 LBPM 的信号切换

Polling.LFPS脉冲的二进制含义

SCD1: 0010(LSB前置)
SCD2: 1101(LSB前置)

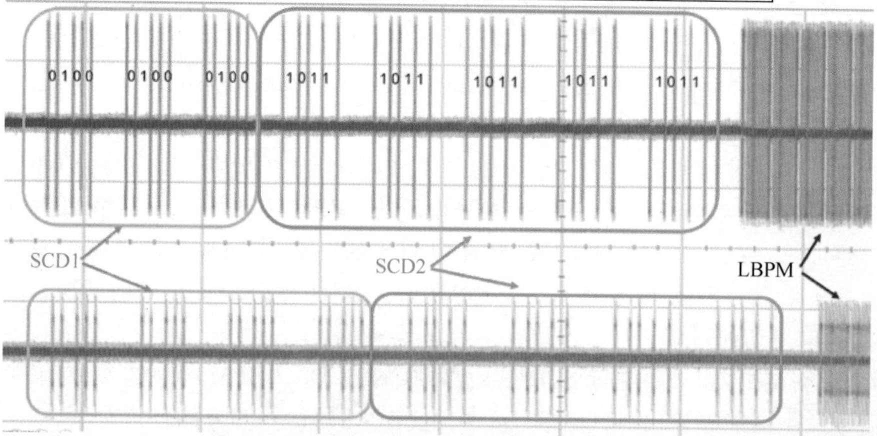

脉冲重复间隔tRepeat(μs)	逻辑值
6～9	'0'
11～14	'1'
9～11	非法

图 3.14　SCD1/SCD2 以及 LBPM 的交互信号

由于 LFPS、SCD 等这些脉冲串的时间参数对于上电阶段的协商过程至关重要,所以在一个完整的 USB3.x 信号质量测试项目中,也需要对这些低频的脉冲波形参数进行测量。表 3.3 是一份较完整的 10Gbps 被测件的测试报告,除了信号质量的测试,还包含很多 LFPS、SCD 等相关参数的测试项目。

表 3.3 包含了 LFPS、SCD 等参数的信号质量测试报告

Pass	# Failed	# Trials	Test Name	Actual Value	Margin	Pass Limits
✓	0	1	10G LBPS tPWM	2.039000 Åµs	9.7 %	2.000000 Åµs <= VALUE <= 2.400000 Åµs
	0	1	10G LBPS tLFPS_0	720.000 ns	26.7 %	500.000 ns <= VALUE <= 800.000 ns
✓	0	1	10G LBPS tLFPS_1	1.600000 Åµs	42.6 %	1.330000 Åµs <= VALUE <= 1.800000 Åµs
	0	1	10G SCD Rise Time	76 ps	98.1 %	VALUE <= 4.000 ns
✓	0	1	10G SCD Fall Time	75 ps	98.1 %	VALUE <= 4.000 ns
	0	1	10G SCD Duty Cycle	50.7000 %	46.5 %	40.0000 % <= VALUE <= 60.0000 %
✓	0	1	10G SCD Period	39.982 ns	33.3 %	20.000 ns <= VALUE <= 80.000 ns
	0	1	10G SCD tRepeat	12.237 Åµs	22.0 %	6.000 Åµs <= VALUE <= 14.000 Åµs
✓	0	1	10G SCD tBurst	1.040 Åµs	45.0 %	600 ns <= VALUE <= 1.400 Åµs
	0	1	10G SCD Differential Voltage	1.052 V	37.0 %	800 mV <= VALUE <= 1.200 V
✓	0	1	10G SCD Common Mode Voltage	47 mV	47.0 %	0.000 V <= VALUE <= 100 mV
	0	1	10G LFPS Peak-Peak Differential Output Voltage	1.0568 V	35.8 %	800.0 mV <= VALUE <= 1.2000 V
✓	0	1	10G LFPS Period (tPeriod)	39.9557 ns	33.3 %	20.0000 ns <= VALUE <= 80.0000 ns
	0	1	10G LFPS Burst Width (tBurst)	1.0398 Åµs	45.0 %	600 ns <= VALUE <= 1.4000 Åµs
✓	0	1	10G LFPS Repeat Time Interval (tRepeat)	11.1978 Åµs	35.0 %	6.0000 Åµs <= VALUE <= 14.0000 Åµs
	0	1	10G LFPS Rise Time	62.4 ps	98.4 %	VALUE <= 4.0000 ns
✓	0	1	10G LFPS Fall Time	62.9 ps	98.4 %	VALUE <= 4.0000 ns
	0	1	10G LFPS Duty cycle	50.1938 %	49.0 %	40.0000 % <= VALUE <= 60.0000 %
✓	0	1	10G LFPS AC Common Mode Voltage	42.6 mV	57.4 %	VALUE <= 100.0 mV
	0	1	10G Far End Random Jitter (CTLE ON)	77 mUI	45.4 %	VALUE <= 141 mUI
ⓘ		1	10G Far End Maximum Deterministic Jitter (CTLE ON)			Information Only
ⓘ		1	10G Far End Total Jitter at BER-12 (CTLE ON)			Information Only
✓	0	1	10G Far End Template Test (CTLE ON)	0.000	100.0 %	VALUE = 0.000
	0	1	Extrapolated Eye Height	125.3 mV	79.0 %	VALUE >= 70.0 mV
✓	0	1	Minimum Eye Width	57.2909 ps	19.4 %	VALUE >= 48.0000 ps
	0	1	10G SuperSpeedPlus Capability Declaration (SCD1)	Pass	100.0 %	Pass/Fail
✓	0	1	10G SuperSpeedPlus Capability Declaration (SCD2)	Pass	100.0 %	Pass/Fail
	0	1	Deemphasis	-3.047274 dB	47.4 %	-4.100000 dB <= VALUE <= -2.100000 dB
✓	0	1	Preshoot	2.1 dB	45.0 %	1.2 dB <= VALUE <= 3.2 dB
	0	1	10G TSSC-Freq-Dev-Min	-3.716139 kppm	1.0 %	-5.300000 kppm <= VALUE <= -3.700000 kppm
✗	1	1	10G TSSC-Freq-Dev-Max	343.118 ppm	-7.2 %	TSSCMin ppm <= VALUE <= TSSCMax ppm
	0	1	10G SSC Modulation Rate	31.275020 kHz	42.5 %	30.000000 kHz <= VALUE <= 33.000000 kHz
✓	0	1	10G SSC df/dt	503.5 ppm/us	59.7 %	VALUE <= 1.2500 kppm/us

Type-C 接口与 PD 测试

在 USB3.1 的标准中,融合了 3 种现代科学技术:数据速率从 5Gbps 提高到 10Gbps; Type-C 接口实现了 PC 外设接口的统一;Power Delivery 技术实现了更智能强大的充电能力。

对于 USB3.1 标准,最让业界兴奋的还不是数据速率的提升,而是对 Type-C 接口的采用。之前广泛使用的 USB 接口主要为扁形的 A 型口和方形的 B 型口,以及在手机等移动设备上广泛使用的 Micro-B 的接口。而 Type-C 接口的推出真正改变了这一切。Type-C 之所以引起业界的关注和积极采用,主要有以下几个原因:更轻、更小,适合手机、PAD、笔记本等轻薄应用,同时信号的屏蔽更好;采用类似苹果 Lightning 接口的正反插模式,正反面的信号定义是对称的,通过 CC1/CC2(Control Channel)引脚可以自动识别,用户可以不区

分方向盲插拔；正常情况下,根据插入的是正面还是反面,可以用 TX1+/TX1-/RX1+/RX1-或者 TX2+/TX2-/RX2+/RX2-这两对差分线进行 USB3.1 的信号传输,如果支持 Alt Mode,则可以用四对差分线一起传输以支持 DP、MHL、Thunderbolt 视频或存储格式信号输出,并通过 SBU1/SBU2(Secondary Bus)引脚实现一些低速视频控制信号的传输;支持更智能、灵活的通信方式,通过 CC1/CC2 的上下拉电阻设置可以区分主机(Downstream Facing Port,DFP 接口)和外设(Upstream Facing Port,UFP 接口),也可以通过 CC 引脚读取外设或电缆支持的供电能力。图 3.15 是 Type-C 接口的信号定义以及和传统 USB 接口的比较。

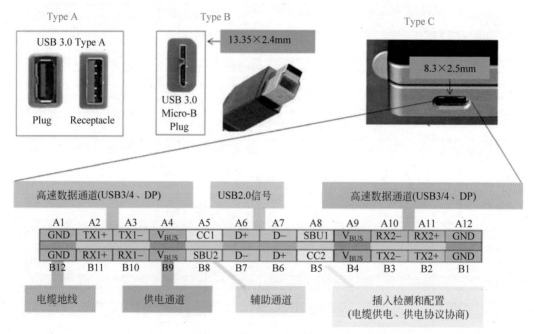

图 3.15　Type-C 接口的信号定义

此外,基于 Type-C 接口还可以更好地支持 Power Delivery 技术,以实现更智能强大的充电能力。即插即用、数据传输与充电合一是 USB 接口的一个重要特征。在 USB2.0 时代,USB 接口可以支持 2.5W 的供电能力(5V/500mA),到 USB3.0 时代提高到了 4.5W(5V/900mA),但这样的供电能力对于笔记本或者一些稍大点的电器都是不够的。由于一些产品的质量问题,也出现过充电过程中起火烧毁的事故。为了支持更强大的充电能力,同时避免安全隐患,USB3.1 标准中引入了 Power Delivery 协议(即 PD 协议),一方面允许更大范围的供电能力(比如 5V/2A、12V/1.5A、12V/3A、12V/5A、20V/3A、20V/5A),另一方面要通过 CC 线进行 PD 的协商以了解线缆和对端支持的供电能力,只有协商成功后才允许提供更高的电压或工作电流。图 3.16 展示了 PD 协议中定义的不同等级的供电能力标准。

图 3.17 是 PD 协商的原理以及实测的一个被测件插入过程,从中可以看到通过 CC 信号线进行协商后把输出电压从 5V 提高到 20V 的信号波形。

前面介绍过,在对 USB3.x 设备进行信号质量测试时,需要被测件发出不同的测试码型;而对于采用 Type-C 接口的设备来说,还需要针对 Type-C 接口做一些额外的设置。

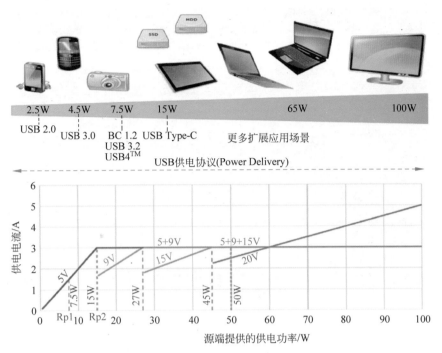

图 3.16　PD 协议定义的供电能力(资料来源：www.usb.org)

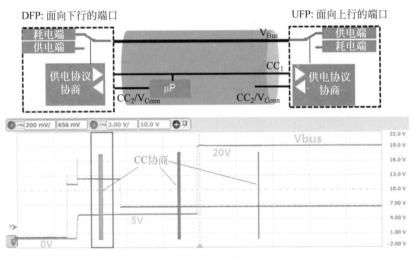

图 3.17　PD 协商的原理和波形

首先,Type-C 的接口是双面的,也就是同一时刻只有 TX1+/TX1- 或者 TX2+/TX2- 引脚上会有 USB3.1 信号输出,至于哪一面有信号输出,取决于插入的方向。如图 3.18 所示,默认情况下 DFP 设备在 CC 引脚上有上拉电阻 R_p,UFP 设备在 CC 引脚上有下拉电阻 R_d,根据插入的电缆方向不同,只有 CC1 或者 CC2 会有连接,通过检测 CC1 或者 CC2 上的电压变化,DFP 和 UFP 设备就能感知到对端的插入从而启动协商过程。

在信号质量的测试过程中,由于被测件连接的是测试夹具,并没有真实地对端设备插入,这就需要人为在测试夹具上模拟电阻的上下拉来欺骗被测件输出信号。对于 DFP 设备

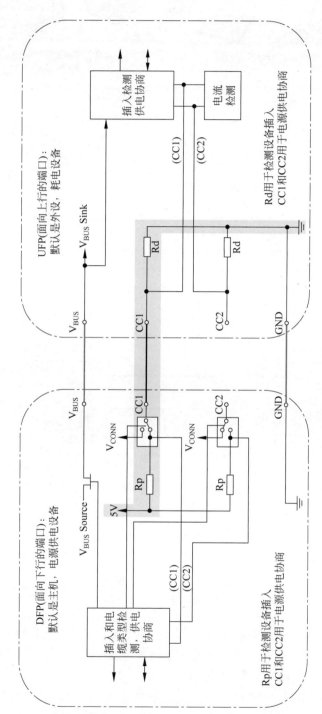

图 3.18　Type-C 接口的插入检测（资料来源：www.usb.org）

的测试,需要模拟对端 R_d 的下拉;对于 UFP 设备的测试,需要模拟对端 R_p 的上拉。根据使用的测试夹具不同,其设置上下拉的方法也不一样。如果使用如图 3.19 所示的 USB 协会的 Type-C 测试夹具,其套件包含 16 块不同功能的夹具,使用中要区分应该使用的是做 Host 测试的夹具还是做 Device 测试的夹具,其上面的跳线和上下拉设置情况也不太一样。

图 3.19 USB 协会提供的 Type-C 测试夹具

如果使用的是示波器厂商提供的通用 Type-C 测试夹具,如图 3.20 所示,其夹具本身不做 Host 或 Device 的区分,而是通过专门的 Type-C 低速控制器来设置是上拉、下拉还是开路。低速控制器的状态可以通过软件来配置,这样使用起来更加灵活。

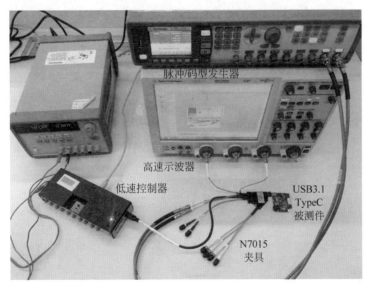

图 3.20 USB3.1 Type-C 的测试环境

USB3.x 的接收容限测试

USB 3.x 规范除了对发送端的信号质量有要求外,对于接收端也有一定的抖动容限要求。接收抖动容限的测试方法在被测件环回(loopback)模式下进行误码率测量,即用高性能误码仪(BERT)的码型发生部分产生精确可控的带抖动的信号,通过测试夹具送给被测件的接收端,被测件再把接收到的数据环回后通过其 Tx 送回误码仪,由误码仪测量环回来的数据的误码率。图 3.21 是 USB3.x 测试规范对于接收容限的测试原理。

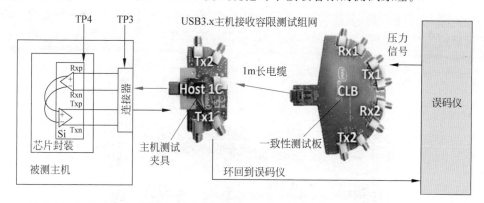

图 3.21 接收容限的测试原理(参考资料:www.usb.org,USB3.0 Electrical Compliance Methodology)

这个测试对于激励源即误码仪的码型发生部分的要求很高。首先,其要能产生高质量的高速数据流,码型发生器固有抖动要非常小才不会影响正常的抖动容限测试;其次,要能在数据流调制上幅度、频率精确可控的抖动分量。抖动分量中除了要有随机抖动外,还要有不同频率和幅度的周期抖动,图 3.22 是对接收容限测试中需要添加的各种抖动分量以及信号幅度、预加重的要求。测试要在多种频率的周期抖动条件下进行并保证在所有情况下误码率都小于 1.0×10^{-12}。

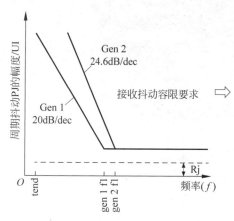

参数	Gen1(5Gbps)	Gen2(10Gbps)	单位
拐点频率	4.9	7.5	MHz
随机抖动(有效值)	0.0121	0.0100	UI rms
随机抖动(峰-峰值)	0.17	0.14	UI p-p
正弦抖动(500kHz)	2	4.76	UI p-p
正弦抖动(1MHz)	1	2.03	UI p-p
正弦抖动(2MHz)	0.5	0.87	UI p-p
正弦抖动(4MHz)	N/A	0.37	UI p-p
正弦抖动(拐点频率)	0.2	0.17	UI p-p
正弦抖动(50MHz)	0.2	0.17	UI p-p
正弦抖动(100MHz)	N/A	0.17	UI p-p
差分摆幅	0.75	0.8	V p-p
预加重	−3	Preshoot=2.2 De-emphasis=−3.1	dB

图 3.22 USB 接收容限测试中抖动容限要求(资料来源:www.usb.org)

图 3.23 是一个 USB3.1 的 Type-C 的外设接收容限的典型测试环境,测试系统核心是一台高性能的误码仪。误码仪可以产生 5~10Gbps 的高速数据流,同时其内部集成时钟恢复电路、预加重模块、噪声注入、参考时钟倍频、信号均衡电路等。接收端的测试中用到了 USB 协会提供的测试夹具和 1m 长的 USB 电缆,用于模拟实际链路上电缆以及 Host/Device 上 PCB 走线造成的 ISI 的影响。

在接收容限测试中,专门的接收容限测试软件可以控制示波器对误码仪经 ISI 通道输出的信号进行校准,并保存校准结果。校准项目包括低频抖动、高频抖动、随机抖动、SSC、

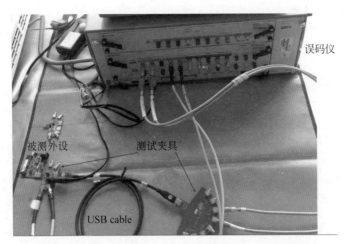

图 3.23　USB3.1 的 Type-C 外设接收容限测试环境

输出信号幅度。校准结果可以保存下来以备以后调用。图 3.24 是在 10Gbps 的 Type-C 外设接收容限测试前进行校准的连接组网,以及部分最终的校准结果信息。

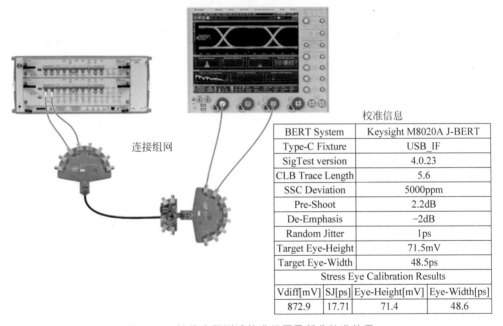

校准信息	
BERT System	Keysight M8020A J-BERT
Type-C Fixture	USB_IF
SigTest version	4.0.23
CLB Trace Length	5.6
SSC Deviation	5000ppm
Pre-Shoot	2.2dB
De-Emphasis	−2dB
Random Jitter	1ps
Target Eye-Height	71.5mV
Target Eye-Width	48.5ps

Stress Eye Calibration Results			
Vdiff[mV]	SJ[ps]	Eye-Height[mV]	Eye-Width[ps]
872.9	17.71	71.4	48.6

图 3.24　接收容限测试校准组网及部分校准结果

　　校准完成后可以按组网图连接被测设备,并在软件中选择测试项目进行测试。在测试时,用户可以选择是进行一致性测试还是容限测试。选择一致性测试是只根据测试规范要求的点进行测试,而如果选择容限测试,还可以增加更多的测试点。运行后,测试软件会自动控制误码仪和被测设备协商使其进入环回的测试模式,然后根据测试规范的要求对各种抖动组合进行测试。图 3.25 是某 5Gbps 的外设进行接收抖动容限测试结果,图中几条曲线分别表示出了在不同频率下规范要求的最小抖动能力、被测件实际能够容忍的抖动大小以及测试设备能够注入的最大抖动。

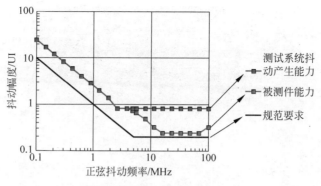

图 3.25　接收抖动容限测试报告

USB4.0 简介

虽然 USB3.x 的标准得到了广泛的应用,但是目前的移动设备外设连接还是有太多不同的接口方式,为了进一步统一更多的接口,并提升性能,USB 协会于 2019 年推出了 USB4.0 的接口标准。

图 3.26 是 USB4.0 希望实现的连接场景。USB4.0 的主机和外设内部都有相应的协议转发功能(USB4 Router),因此可以支持多种协议,比如 USB 本身的协议、PCIe 的协议以及用于显示的 DisplayPort 协议等。另外,USB4.0 的设备作为可选项还可以兼容 Intel 公司的 ThunderBolt3 协议。再加上 USB 接口本身对于电源供电(Power Delivery)协议的支持,可以说 USB4.0 真正具有了统一外设接口的可能性。(资料来源:www.usb.org)

图 3.26　USB4.0 实现的连接场景(参考资料:www.usb.org)

从电气层面来说,USB4.0 的物理层技术基本参考了 Intel 公司的 ThunderBolt3 (TBT3)技术,只不过数据速率略有变化。其单 Lane 的数据速率可以是 10Gbps(又称为 Gen2 速率)或 20Gbps(又称为 Gen3 速率),在 X2 模式下(即 2 条 Lane 同时传输)最高可以支持 40Gbps 的数据速率。如果兼容 TBT3,还可以支持 10.3125~20.625Gbps 数据速率。对于 10Gbps 和 10.3125Gbps 的信号,其采用 64b/66b 编码;对于 20Gbps 和 20.625Gbps 信号,其采用 128b/132b 编码。从电缆连接距离来说,采用 Gen2 速率时电缆最大长度为 2m,采用 Gen3 速率时电缆最大长度为 0.8m。如果采用有源电缆(即电缆里面有 Re-timer 的中继器芯片),可以支持 10m 以上的传输距离。图 3.27 是 USB4.0 和前面标准的速率对比,以及支持的电缆长度。

为了保证高速信号的可靠传输,USB4.0 标准中对于整个链路的损耗有严格的控制。比如在 Gen3 速率下,主机(Host)、电缆(Cable)、外设(Device)在奈奎斯特频点(信号波特率

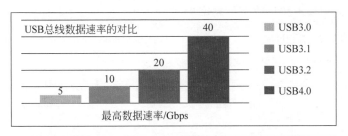

支持的速率	无源电缆传输距离	有源电缆传输距离
Gen2(10Gbps)	2m	10m以上
Gen3(20Gbps)	0.8m	10m以上

图 3.27 USB4.0 的速率及电缆长度(资料来源:www.usb.org)

的一半)处的损耗都不能超过 7.5dB,整个链路的损耗要控制在 23dB 以下。为了达到这个目的,USB4.0 的信号只能使用 Type-C 的接口和电缆,传统的 USB 接口由于电气性能不够而无法使用。另外,由于高速信号的传输损耗会很大,在 USB4.0 的设备里允许使用 Re-timer(中继器)芯片进行信号的中继,Re-timer 芯片可以对信号接收后再重新发送出去,减少信号损耗、噪声、抖动的累积,但是会增加系统的时延和成本。USB4.0 的标准中允许在一个设备内部最多放置 2 个 Re-timer 芯片。图 3.28 是 USB4.0 的典型链路模型及链路损耗预算。

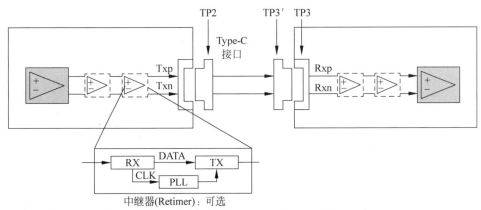

数据速率	主机损耗	电缆损耗	外设损耗	总链路损耗
USB3.2 Gen2(10Gbps)	8.5dB	6dB	8.5dB	23dB
USB4.0 Gen2(10Gbps)	5.5dB	12dB	5.5dB	23dB
USB4.0 Gen3(20Gbps)	7.5dB	7.5dB	7.5dB	23dB

图 3.28 USB4.0 的典型链路及链路损耗预算(资料来源:www.usb.org)

为了克服传输通道对于高速信号的高频损耗,USB4.0 对于信号的预加重和均衡技术都做了改进。比如之前的 USB 标准中预加重只有一种固定的设置,而 USB4.0 中像 PCIe 总线那样也采用复杂的多种预加重组合(Preset)。USB4.0 支持 16 种预设的预加重组合,使用中可以根据链路长短和对端进行协商设置。对于接收端来说,其均衡器采用了 CTLE 配合 1 抽头的 DFE 的方式,CTLE 共有 10 挡不同强度的均衡值可供选择。图 3.29 展示了

USB4.0 发送端的预加重和接收端的均衡器。

USB4.0发射端的预加重(Preset)

预设值	前冲/dB	预加重/dB
0	0	0
1	0	−1.9
2	0	−3.6
3	0	−5.0
4	0	−8.4
5	0.9	0
6	1.1	−1.9
7	1.4	−3.8
8	1.7	−5.8
9	2.1	−8.0
10	1.7	0
11	2.2	−2.2
12	2.5	−3.6
13	3.4	−6.7
14	3.8	−3.8
15	1.7	−1.7

USB4.0接收端的均衡(CTLE+DFE)

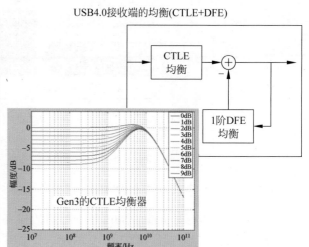

图 3.29　USB4.0 发送端的预加重和接收端的均衡器(资料来源：www.usb.org)

　　为了提高高速传输时的可靠性,USB4.0 的物理层还提供了可选的 FEC(前向纠错)以及 Pre-coder(预编码功能)。FEC 采用的是 RS(198,194)编码,这种编码方式把 194 个符号编码成 198 个符号的数据块,如果每个数据块中错误符号的数量不超过 2 个,就可以被纠正过来。而 Pre-coder 则是把每个要发送比特的数据和前一个比特进行异或操作后再发送。如果数据流在传输和接收后出现连续的比特错误,则 Pre-coder 解码后的错误比特只会存在于连续错误发生时的第 1 个比特和连续错误后的 1 个比特,而这 2 个错误比特又正好可以被 FEC 纠正过来。FEC 和 Pre-coder 功能组合起来可以大大减少由于 DFE 均衡可能带来的连续突发性数据错误。图 3.30 展示了 USB4.0 物理层的 FEC 和 Pre-coder 位置。

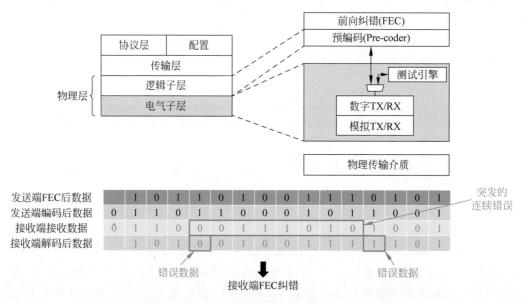

图 3.30　USB4.0 的 FEC 和 Pre-coder(资料来源：www.usb.org)

由于 USB4.0 的发送端和接收端非常复杂,且要根据实际链路质量进行协商和调整。为了方便进行链路协商的信息交互,USB4.0 还提供了额外的边带通道(Sideband Channel)。边带通道借助于 Type-C 接口的 SBU1 和 SBU2 信号,并重新定义成 SBTX 和 SBRX,用这两个引脚实现双向的信息交互。边带通道上传输的是 1Mbps 数据速率的低速信号,可以用来进行链路上设备和 Retimer 的管理,包括链路初始化、链路使能、断开连接、休眠管理、链路均衡等。

USB4.0 的发送端信号质量测试

对于 USB4.0 的物理层测试来说,也是分为发送端和接收端的测试,其典型的测试方法如图 3.31 所示。

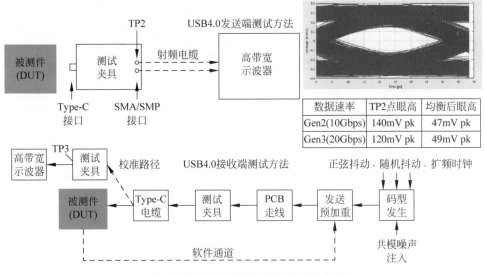

数据速率	TP2点眼高	均衡后眼高
Gen2(10Gbps)	140mV pk	47mV pk
Gen3(20Gbps)	120mV pk	49mV pk

图 3.31 USB4.0 的发送端与接收端测试原理(资料来源:www.usb.org)

在发送端测试中,需要用 USB4.0 的测试夹具在 TP2 点(即 Type-C 的输出接口)把被测信号引出,并接入示波器测试,测试中示波器会通过软件嵌入传输通道(对 Gen2 速率是嵌入 2m 电缆,对 Gen3 速率是嵌入 0.8m 电缆)的影响,并用模仿接收端的均衡器对信号均衡后再进行眼图相关参数的测试。USB4.0 的数据速率很高,对于 Gen2 速率的主机和外设测试来说,测试规范建议使用至少 16GHz 带宽的示波器;对于 Gen3 速率的主机和外设测试来说,测试规范建议使用至少 21GHz 带宽的示波器。图 3.32 是典型 USB4.0 的发送端信号质量测试环境,测试中通过测试夹具连接被测件和示波器,并通过 USB4 的控制器控制被测件发出不同的预加重的测试码型。

在进行不同项目测试时,可能会用到不同的测试码型。典型的测试码型有 PRBS31、PRBS15、PRBS9、PRBS7、SQ2(重复的"10"码型)、SQ4(重复的"1100"码型)、SQ32(重复的 16 个高电平和 16 个低电平)、SQ128(重复的 64 个高电平和 64 个低电平)以及不同速率的 SLOS(Symbol Lock Ordered Sets)码型等。比如眼图的测试会使用 PRBS31 码型,抖动的测试会使用 PRBS15 码型,Preset 的测试会使用 SQ128 码型等。除了测试码型以外,被测件的发送端还有 16 种不同的 Preset 设置,同时示波器捕获波形在做信号均衡时还有 10 种

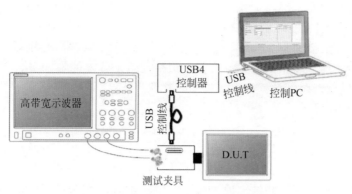

图 3.32 USB4.0 的发送端信号质量测试环境

不同的 CTLE 均衡强度选择,为了得到最优的结果,需要先对 Preset 和 CTLE 做校准和选择。Preset 校准时会先遍历所有的预加重值,并选择出 DDJ 最小的预加重值;CTLE 校准时会遍历所有的 CTLE 设置,并选出眼张开度最优的 CTLE 值。图 3.33 是示波器内部的测试软件进行 Preset 和 CTLE 的校准和优化时的界面。

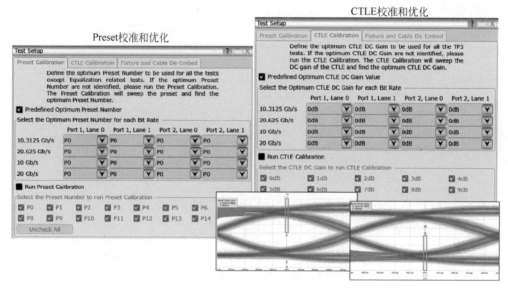

图 3.33 Preset/CTLE 的校准和优化

为了进行正常的测试,需要被测件能够发出不同速率的测试码型以及不同的预加重设置。被测件发送信号的控制需要通过 USB4 的微控制器,这个控制器可以在 USB 协会提供的 ETT(Electrical Test Tool)软件的控制下和被测设备交互,并控制被测设备输出需要的测试码型。图 3.34 为 Wilder 公司提供的 USB4.0 的测试夹具及控制器。

在有些示波器的 USB4 的信号质量自动测试软件中,也集成了 ETT 软件的控制脚本。这样在测试过程中,用户只需要选择需要测试的速率和项目,测试软件就会根据不同的项目设置被测件的状态,而不需要每次运行不同测试项目时等待用户手动进行烦琐的被测件状态设置。图 3.35 是 USB4.0 自动测试软件的测试环境设置、测试项目选择以及运行测试项目的界面。

USB4.0的测试夹具

USB4.0的微控制器

图 3.34　一种 USB4.0 的测试夹具及控制器

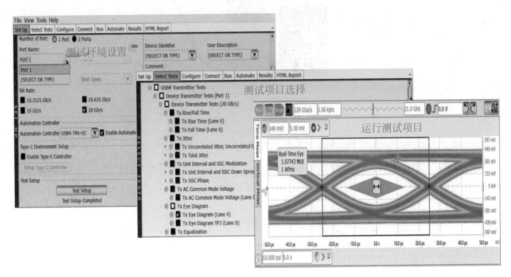

图 3.35　USB4.0 信号质量自动测试软件

USB4.0 的接收容限测试

对于 USB4.0 的接收端来说,主要进行的是接收容限测试,用于验证接收端在压力信号 (Stressed Electrical Signal)下的表现。具体的测试项目包括压力信号的误码率测试 (BER)、突发误码率测试(Multi Error-Burst)、频率偏差(Frequency Variations)、回波损耗 (Return Loss)等。

误码率的测试要在压力信号下进行,因此需要先用高速误码仪的码型发生器产生带预加重、正弦抖动(PJ)、随机抖动(RJ)、扩频时钟(SSC)、共模噪声(ACCM)的信号,并用高带宽示波器进行压力信号校准。校准完成后再把压力信号注入被测件,在不同的正弦抖动幅度和频率下进行误码率测试。在 USB4.0 的接收容限测试中,需要做两种场景的测试: Case1 的测试中没有插入 USB 电缆,模拟链路损耗最小的情况;Case2 的测试中要插入 2m

(针对 Gen2 速率)或者 0.8m(针对 Gen3 速率)的 USB 电缆,模拟链路损耗最大的情况。另外,为了使码型发生器的预加重是在最优的状态,USB4.0 的设备可以根据接收到的信号情况请求发送端进行预加重调整(即链路协商)。因此,在注入压力信号进行误码率测试前,误码仪的码型发生器也要能够通过 USB4.0 的控制器软件(Software Channel)读出被测件的请求并进行正确的预加重调整。图 3.36 是 USB4.0 设备的接收容限测试环境。

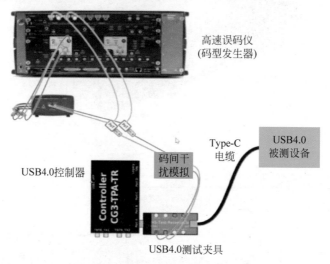

图 3.36　USB4.0 接收容限测试环境

在 USB4.0 的接收容限测试中,压力信号的产生和校准是非常复杂的工作,同时测试中还需要和被测设备进行频繁的数据读取和交互,因此接收容限测试都是在自动测试软件的控制下进行。图 3.37 是 USB4.0 接收容限测试软件的界面,以及部分误码率的测试结果。

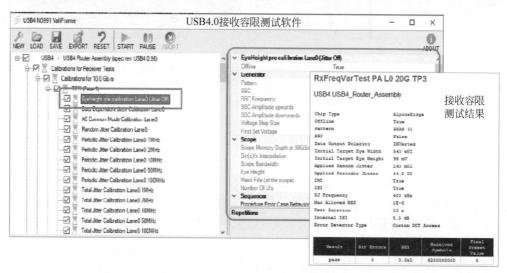

图 3.37　USB4.0 接收容限测试软件

除了接收容限测试以外,为了控制接收端的反射影响,USB4.0 的规范还要求对接收端的回波损耗(Return Loss)进行测试。这个测试主要借助于网络分析仪,对端口的差模和共模回波损耗进行测试。图3.38是USB4.0接收端回波损耗的测试组网。

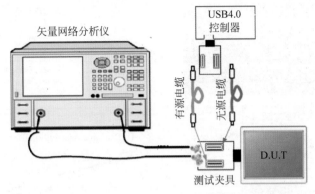

图3.38 USB4.0接收端回波损耗测试环境

USB 电缆/连接器测试

和USB2.0相比,USB 3.0及以上产品的信号带宽高出很多,电缆、连接器和信号传输路径验证变得更加重要。图3.39是规范中对支持10Gbps信号的Type-C电缆的插入损耗(Insertion Loss)和回波损耗(Return Loss)的要求。

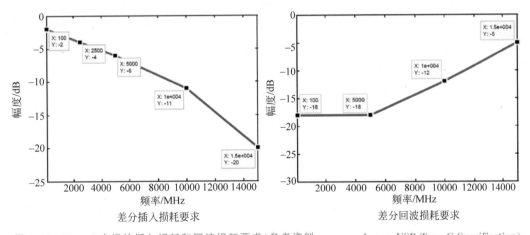

图3.39 Type-C电缆的插入损耗和回波损耗要求(参考资料:www.usb.org,USB Type-C Specification)

很多高速传输电缆的插损和反射是用频域的S参数的形式描述的,频域传输参数的测试标准是矢量网络分析仪(VNA)。另外,对于电缆来说还有一些时域参数,如差分阻抗和不对称偏差(Skew)等也必须符合规范要求,这两个参数通常是用TDR/TDT来测量。目前很多VNA已经可以通过增加时域TDR选件(对频域测试参数进行反FFT变换实现)的方式实现TDR/TDT功能。另外,USB Type-C电缆上要测试的线对数量很多,通过模块化的设计,VNA可以在一个机箱里支持多达32个端口,因此所有差分电缆/连接器的测试项目都可以通过一台多端口的VNA来完成。图3.40是用多端口的VNA配合测试夹具进行Type-C的USB电缆测试的例子。

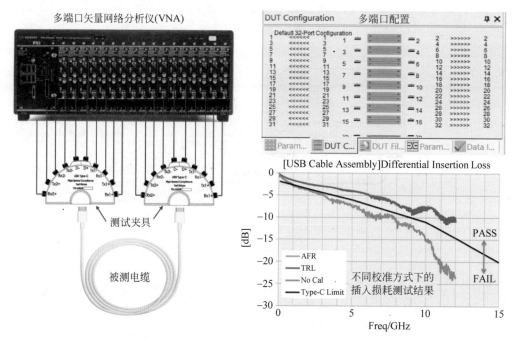

图 3.40　USB3.x Type-C 电缆的多端口测试环境

　　VNA 不像传统的基于采样示波器的 TDR 测试设备一样对静电极端敏感，使用和维护成本很低。矢量网络分析仪的动态范围超过 100dB，即使在很高的频率范围也能保持很高的测量精度。同时，矢量网络分析仪基于电子校准件的校准技术和端口延伸技术能够快速校准测试电缆、测试夹具带来的测量误差，因此可以进一步提高测量精度。这种方案可以对电缆的所有参数，比如插入损耗、串扰、回波损耗、阻抗、时延等同时进行方便和直观的测试，并把测量结果在同一个屏幕上同时显示出来。图 3.41 是按照测试规范用 200ps 的上升时间进行阻抗测试的例子。

　　除了进行频域及时域参数测试以外，VNA 的软件结合 TDR 选件还可以进行眼图仿真和处理。图 3.42 是对一根 3m 长的 USB3.0 的电缆进行测试后，根据插入损耗结果仿真出的 5Gbps 信号经过电缆传输后的眼图（左），以及做完均衡处理后的眼图（右），从中可以直观地看到电缆和信号处理方法对高速信号的影响。

　　对于 USB4.0 的电缆来说，其需要测试的参数更加复杂。传统上，很多电缆的 S 参数测试中，会把测得的 S 参数和事先定义好的频域模板进行比较，但由于很多 S 参数的测试结果中都会叠加由于信号反射造成的波动，所以造成测试结果的违规。为了减少这个问题的影响，USB4.0 的电缆中定义了一系列新的参数，比如拟合后的插入损耗（Insertion Loss Fit）、积分多重反射（Integrated Multi-ReflectionReflection）、积分回波损耗（Integrated Return Loss）、积分串扰（Integrated Crosstalk）等。这些参数都是基于 S 参数，但是重新做了数据拟合或者积分。通过对曲线进行拟合（图 3.43），得到的插入损耗结果就更加稳定可靠。

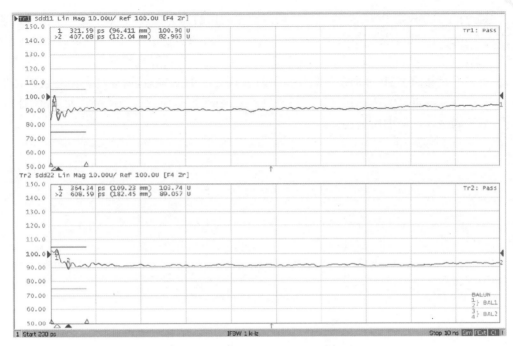

图 3.41　USB 电缆连接器的阻抗测试

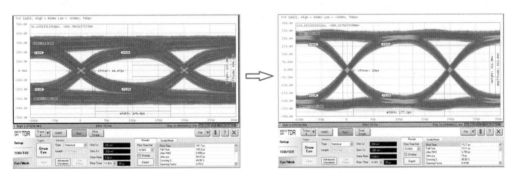

图 3.42　USB 电缆的眼图和均衡仿真

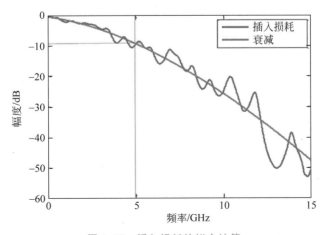

图 3.43　插入损耗的拟合计算

综上可见，USB 是 PC 和外设做互连的最普遍使用的高速总线，其单个通道上的数据速率高达 5Gbps、10Gbps 甚至 20Gbps，也可以 2 个通道组合实现最高到 40Gbps 的接口速率。USB 总线的测试方法也比较复杂，具体涉及发送测试、接收测试、电缆测试等。需要注意的是，由于每一代新的 USB 标准都尽量保留了对前代标准的兼容性，所以在新型总线标准的测试中，原有标准定义的速率和测试项目也仍然要测试，这也使得其测试组合和测试项目非常多，需要测试人员考虑周全。

第4章

PCIe 简介与物理层测试

PCIe 背景概述

PCI Express(Peripheral Component Interconnect Express,PCIe)总线是 PCI 总线的串行版本,广泛应用于显卡、GPU、SSD 卡、以太网卡、加速卡等与 CPU 的互联。PCIe 的标准由 PCI-SIG(PCI Special Interest Group)组织(https://pcisig.com/)制定和维护,目前其董事会主要成员有 Intel、AMD、nVidia、Dell EMC、Keysight、Synopsys、ARM、Qualcomm、VTM 等公司,全球会员单位超过 700 家。PCI-SIG 发布的规范主要有 Base 规范(适用于芯片和协议)、CEM 规范(适用于板卡机械和电气设计)、测试规范(适用于测试验证方法)等,目前产业界正在逐渐商用第 5 代版本,同时第 6 代标准也在制定完善中。由于组织良好的运作、广泛的芯片支持、成熟的产业链,PCIe 已经成为服务器和个人计算机上最成功的高速串行互联和 I/O 扩展总线。图 4.1 是 PCIe 总线的典型应用场景。

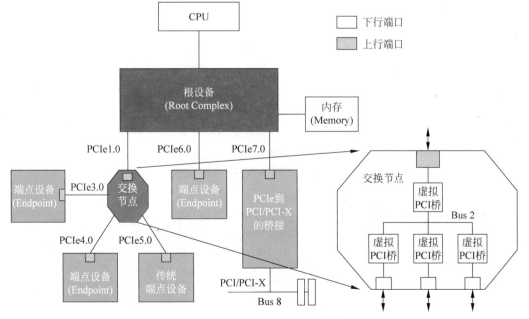

图 4.1　PCIe 总线的典型应用场景

PCIe 的物理层(Physical Layer)和数据链路层(Data Link Layer)根据高速串行通信的特点进行了重新设计,上层的事务层(Transaction)和总线拓扑都与早期的 PCI 类似,典型的设备有根设备(Root Complex)、终端设备(Endpoint),以及可选的交换设备(Switch)。早期的 PCIe 总线是 CPU 通过北桥芯片或者南桥芯片扩展出来的,根设备在北桥芯片内部,目前普遍和桥片一起集成在 CPU 内部,成为 CPU 最重要的外部扩展总线。图 4.2 是 PCIe 总线协议层的结构以及相关规范涉及的主要内容。

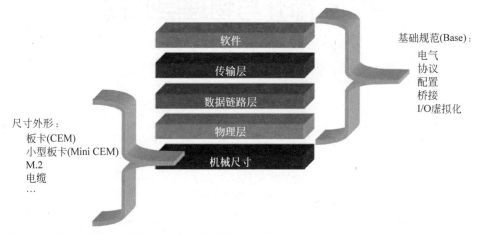

图 4.2 PCIe 总线协议层的结构及相关规范(来源:PCI-SIG Architecture Overview,PCI-SIG Developers Conference 2017)

其中,电气(Electrical)、协议(Protocol)、配置(Configuration)等行为定义了芯片的基本行为,这些要求合在一起称为 Base 规范,用于指导芯片设计;基于 Base 规范,PCI-SIG 还会再定义对于板卡设计的要求,比如板卡的机械尺寸、电气性能要求,这些要求合在一起称为 CEM(Card Electromechanical)规范,用以指导服务器、计算机和插卡等系统设计人员的开发。除了针对金手指连接类型的板卡,针对一些新型的连接方式,如 M.2、U.2 等,也有一些类似的 CEM 规范发布。

在物理层方面,PCIe 总线采用多对高速串行的差分信号进行双向高速传输,每对差分线上的信号速率可以是第 1 代的 2.5Gbps、第 2 代的 5Gbps、第 3 代的 8Gbps、第 4 代的 16Gbps、第 5 代的 32Gbps,其典型连接方式有金手指连接、背板连接、芯片直接互连以及电缆连接等。根据不同的总线带宽需求,其常用的连接位宽可以选择 x1、x4、x8、x16 等。如果采用 x16 连接以及第 5 代的 32Gbps 速率,理论上可以支持约 128GBps 的双向总线带宽。另外,2019 年 PCI-SIG 宣布采用 PAM-4 技术,单 Lane 数据速率达到 64Gbps 的第 6 代标准规范也在讨论过程中。表 4.1 列出了 PCIe 每一代技术发展在物理层方面的主要变化。

表 4.1 PCIe 总线物理层技术的发展

性能特点	PCIe1.0	PCIe2.0	PCIe3.0	PCIe4.0	PCIe5.0
基础规范发布时间	2003 年	2006 年	2010 年	2017 年	2019 年
Lane 数据速率	2.5Gbps	5Gbps	8Gbps	16Gbps	32Gbps
编码方式	8b/10b	8b/10b	128b/130b	128b/130b	128b/130b
最大 Lane 数量(x16,双向)	32	32	32	32	32

续表

性 能 特 点	PCIe1.0	PCIe2.0	PCIe3.0	PCIe4.0	PCIe5.0
理论总线带宽 (x16,双向)	8GB/s	16GB/s	32GB/s	64GB/s	128GB/s
发送端预加重技术	−3.5dB	−3.5dB,−6dB	3 阶 FIR (11 种预设值)	3 阶 FIR (11 种预设值)	3 阶 FIR (11 种预设值)
接收端均衡技术	None	None	CTLE+ 1 阶 DFE	CTLE+ 2 阶 DFE	2 阶 CTLE+ 3 阶 DFE
典型链路(无中继时)	20 英寸+ 2 连接器	20 英寸+ 2 连接器	20 英寸+ 2 连接器	12 英寸+ 1 连接器	12 英寸+ 1 SMT 连接器
链路动态协商	不支持	不支持	部分芯片支持	支持	支持
要求进行的物理层 验证项目	TX	TX+RX	TX+RX (动态协商)	TX+RX (动态协商)	TX+RX (动态协商)

目前几乎所有的主流 CPU 如 x86、ARM、Power 系列等都支持 PCIe 总线,很多加速卡、网卡、显卡也能提供基于 PCIe 接口的连接方案,因此 PCIe 总线具有非常广泛的产业链基础并且有良好的适配性和扩展性。

PCIe4.0 的物理层技术

PCIe 标准自从推出以来,1 代和 2 代标准已经在 PC 和 Server 上使用 10 多年时间,正在逐渐退出市场。出于支持更高总线数据吞吐率的目的,PCI-SIG 组织分别在 2010 年和 2017 年制定了 PCIe3.0 和 PCIe4.0 规范,数据速率分别达到 8Gbps 和 16Gbps。目前,PCIe3.0 和 PCIe4.0 已经在 Server 及 PC 上广泛使用,PCIe5.0 也在商用过程中。每一代 PCIe 规范更新的目的,都是要尽可能在原有 PCB 板材和接插件的基础上提供比前代高一倍的有效数据传输速率,同时保持和原有速率的兼容。别看这是一个简单的目的,但实现起来并不容易。

在 2010 年推出 PCIe3.0 标准时,为了避免 10Gbps 的电信号传输带来的挑战,PCI-SIG 最终把 PCIe3.0 的数据传输速率定在 8Gbps,并在 PCIe3.0 及之后的标准中把 8b/10b 编码更换为更有效的 128b/130b 编码,以提高有效的数据传输带宽。同时,为了保证数据传输密度和直流平衡,还采用了扰码的方法,即数据传输前先和一个多项式进行异或,这样传输链路上的数据就看起来比较有随机性,可以保证数据的直流平衡并方便接收端的时钟恢复。扰码后的数据到了接收端会再用相同的多项式把数据恢复出来。

另外,随着数据速率的提高,芯片中的预加重和均衡功能也越来越复杂。比如在 PCIe 的 1 代和 2 代中使用了简单的去加重(De-emphasis)技术,即信号的发射端(TX)在发送信号时对跳变比特(代表信号中的高频成分)加大幅度发送,这样可以部分补偿传输线路对高频成分的衰减,从而得到比较好的眼图。在 1 代中采用了 −3.5dB 的去加重,2 代中采用了 −3.5dB 和 −6dB 的去加重。对于 3 代和 4 代技术来说,由于信号速率更高,需要采用更加复杂的去加重技术,因此除了跳变比特比非跳变比特幅度增大发送以外,在跳变比特的前 1 个比特也要增大幅度发送,这个增大的幅度通常叫作 Preshoot。为了应对复杂的链路环境,规范中共规定了共 11 种不同的 Preshoot 和 De-emphasis 的组合,每种组合叫作一个 Preset,实际应用中 Tx 和 Rx 端可以在 Link Training 阶段根据接收端收到的信号质量协商出一个最优的 Preset 值。比如 P4 代表没有任何预加重,P7 代表最强的预加重。图 4.3 是 PCIe3.0 和 4.0 标准中采用的预加重技术和 11 种 Preset 的组合(参考资料:PCI Express® Base Specification 4.0)。对于 8Gbps、16Gbps 以及 32Gbps 信号来说,采用的预加重技术完全一样,都是 3 阶的预加重和 11 种 Preset 选择。

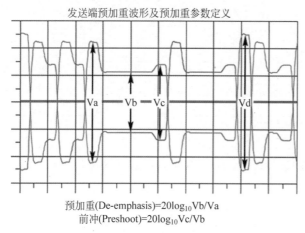

发送端预加重波形及预加重参数定义

预加重(De-emphasis)=20log₁₀Vb/Va
前冲(Preshoot)=20log₁₀Vc/Vb

预设值 (Preset)	前冲/dB	预加重/dB
P4	0.0	0.0
P1	0.0	-3.5 ± 1dB
P0	0.0	-6.0 ± 1.5dB
P9	3.5 ± 1dB	0.0
P8	3.5 ± 1dB	-3.5 ± 1dB
P7	3.5 ± 1dB	-6.0 ± 1.5dB
P5	1.9 ± 1dB	0.0
P6	2.5 ± 1dB	0.0
P3	0.0	-2.5 ± 1dB
P2	0.0	-4.4 ± 1.5dB
P10	0.0	与信号摆幅有关

图 4.3   8Gbps/16Gbps/32Gbps 信号发送端的预加重技术

随着数据速率的提高,仅仅在发送端对信号高频进行补偿还是不够,于是 PCIe3.0 及之后的标准中又规定在接收端(RX 端)还要对信号做均衡(Equalization),从而对线路的损耗进行进一步的补偿。均衡电路的实现难度较大,以前主要用在通信设备的背板或长电缆传输的场合,近些年也逐渐开始在计算机、消费类电子等领域应用,比如 USB3.0、SATA 6G、DDR5 中也均采用了均衡技术。图 4.4 分别是 PCIe3.0 和 4.0 标准中对 CTLE 均衡器的频响特性的要求。可以看到,均衡器的强弱也有很多挡可选,在 Link Training 阶段 TX 和 RX 端会协商出一个最佳的组合(参考资料:PCI Express® Base Specification 4.0)。

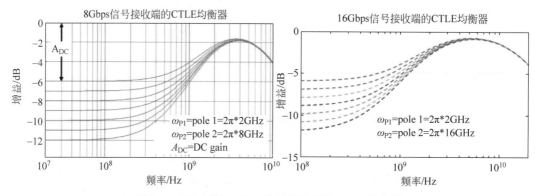

图 4.4   8Gbps 和 16Gbps 信号接收端的 CTLE 均衡器

CTLE 均衡器可以比较好地补偿传输通道的线性损耗,但是对于一些非线性因素(比如由于阻抗不匹配造成的信号反射)的补偿还需要借助于 DFE 的均衡器,而且随着信号速率

的提升,接收端的眼图裕量越来越小,采用的 DFE 技术也相应要更加复杂。在 PCIe3.0 的
规范中,针对 8Gbps 的信号,定义了 1 阶的 DFE 配合 CTLE 完成信号的均衡;而在 PCIe4.0
的规范中,针对 16Gbps 的信号,定义了更复杂的 2 阶 DFE 配合 CTLE 进行信号的均衡。
图 4.5 分别是规范中针对 8Gbps 和 16Gbps 信号接收端定义的 DFE 均衡器(参考资料:
PCI Express® Base Specification 4.0)。

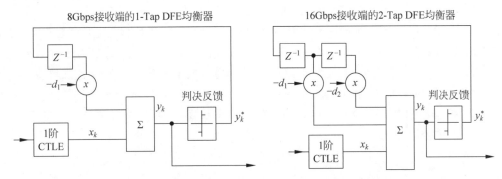

图 4.5　8Gbps 和 16Gbps 信号接收端的 DFE 均衡器

　　虽然在编码方式和芯片内部做了很多工作,但是传输链路的损耗仍然是巨大的挑战,特
别是当采用比较便宜的 PCB 板材时,就不得不适当减少传输距离和链路上的连接器数量。
在 PCIe3.0 的 8Gbps 速率下,还有可能用比较便宜的 FR4 板材在大约 20 英寸的传输距离
加 2 个连接器实现可靠信号传输。在 PCIe4.0 的 16Gbps 速率下,整个 16Gbps 链路的损耗
需要控制在 -28dB @8GHz 以内,其中主板上芯片封装、PCB/过孔走线、连接器的损耗总
预算为 -20dB@8GHz,而插卡上芯片封装、PCB/过孔走线的损耗总预算为 -8dB@8GHz。
整个链路的长度需要控制在 12 英寸以内,并且链路上只能有一个连接器。如果需要支持更
长的传输距离或者链路上有更多的连接器,则需要在链路中插入 Re-timer 芯片对信号进行
重新整形和中继。图 4.6 展示了典型的 PCIe4.0 的链路模型以及链路损耗的预算,图中各
个部分的链路预算对于设计和测试都非常重要,对于测试部分的影响后面会具体介绍。

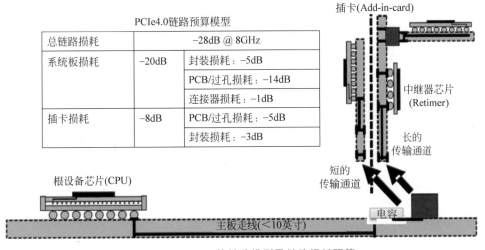

图 4.6　PCIe4.0 的链路模型及链路损耗预算

当链路速率不断提升时,给接收端留的信号裕量会越来越小。比如 PCIe4.0 的规范中定义,信号经过物理链路传输到达接收端,并经均衡器调整以后的最小眼高允许 15mV,最小眼宽允许 18.75ps,而 PCIe5.0 规范中允许的接收端最小眼宽更是不到 10ps。在这么小的链路裕量下,必须仔细调整预加重和均衡器的设置才能得到最优的误码率结果。但是,预加重和均衡器的组合也越来越多。比如 PCIe4.0 中发送端有 11 种 Preset(预加重的预设模式),而接收端的均衡器允许 CTLE 在 $-6 \sim -12$dB 范围内以 1dB 的分辨率调整,并且允许 2 阶 DFE 分别在 ± 30mV 和 ± 20mV 范围内调整。综合考虑以上因素,实际情况下的预加重和均衡器参数的组合可以达几千种。这么多的组合是不可能完全通过人工设置和调整的,必须有一定的机制能够根据实际链路的损耗、串扰、反射差异以及温度和环境变化进行自动的参数设置和调整,这就是链路均衡的动态协商。动态的链路协商在 PCIe3.0 规范中就有定义,但早期的芯片并没有普遍采用;在 PCIe4.0 规范中,这个要求是强制的,而且很多测试项目直接与链路协商功能相关,如果支持不好则无法通过一致性测试。图 4.7 是 PCIe 的链路状态机,从设备上电开始,需要经过一系列过程才能进入 L0 的正常工作状态。其中在 Configuration 阶段会进行简单的速率和位宽协商,而在 Recovery 阶段则会进行更加复杂的发送端预加重和接收端均衡的调整和协商。

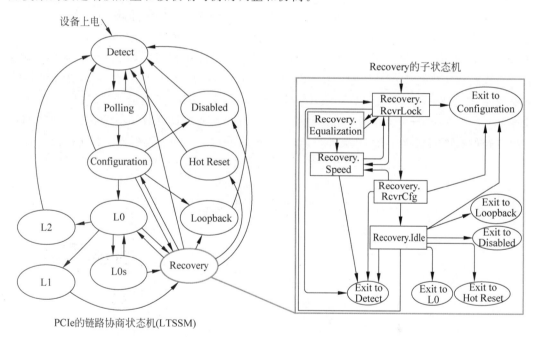

图 4.7　PCIe 的链路状态机

对于 PCIe 来说,由于长链路时的损耗很大,因此接收端的裕量很小。为了掌握实际工作环境下芯片内部实际接收到的信号质量,在 PCIe3.0 时代,有些芯片厂商会用自己内置的工具来扫描接收到的信号质量,但这个功能不是强制的。到了 PCIe4.0 标准中,规范把接收端的信号质量扫描功能作为强制要求,正式名称是 Lane Margin(链路裕量)功能。最简单的 Lane Margin 功能的实现是在芯片内部进行二维的误码率扫描,即通过调整水平方向的采样点时刻以及垂直方向的信号判决阈值,并根据不同位置处的误码率绘制出类似眼图的分布图,这个分布图与很多误码仪中眼图扫描功能的实现原理类似。虽然和示波器实际测试到的眼图从实现原理和精度上都有一定差异,但由于内置在接收芯片内部,在实际环境下使用和调试都比较方便。PCIe4.0 规范中对于 Lane Margin 扫描的水平步长分辨率、垂直步长分辨率、样点和误码数统计等都做了一些规定和要求。图 4.8 是 Synopsys 公司展示的 16Gbps 信号 Lane Margin 扫描的示例(参考资料：www.synopsys.com)。

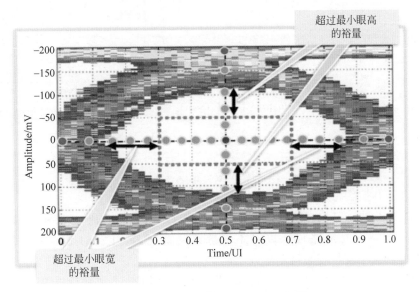

图 4.8　PCIe4.0 的 Lane Margin 扫描

　　PCIe4.0 标准在时钟架构上除了支持传统的共参考时钟(Common Refclk,CC)模式以外,还可以允许芯片支持独立参考时钟(Independent Refclk,IR)模式,以提供更多的连接灵活性。在 CC 时钟模式下,主板会给插卡提供一个 100MHz 的参考时钟(Refclk),插卡用这个时钟作为接收端 PLL 和 CDR 电路的参考。这个参考时钟可以在主机打开扩频时钟(SSC)时控制收发端的时钟偏差,同时由于有一部分数据线相对于参考时钟的抖动可以互相抵消,所以对于参考时钟的抖动要求可以稍宽松一些。相应地,在 CC 模式下参考时钟的抖动测试中,也会要求测试软件能够很好地模拟发送端和接收端抖动传递函数的影响。而在 IR 模式下,主板和插卡可以采用不同的参考时钟,可以为一些特殊的不太方便进行参考时钟传递的应用场景(比如通过 Cable 连接时)提供便利,但由于收发端参考时钟不同源,所以对于收发端的设计难度要大一些(比如 Buffer 深度以及时钟频差调整机制)。IR 模式下用户可以根据需要在参考时钟以及 PLL 的抖动之间做一些折中和平衡,保证最终的发射机抖动指标即可。图 4.9 是 PCIe4.0 规范中共参考时钟时的时钟架构,以及不同速率下对于芯片 Refclk 抖动的要求。

　　简单总结一下,PCIe4.0 和 PCIe3.0 在物理层技术上的相同点和不同点有:

　　(1) PCIe4.0 的数据速率提高到了 16Gbps,并向下兼容前代速率;

　　(2) 都采用 128b/130b 数据编码方式;

　　(3) 发送端都采用 3 阶预加重和 11 种 Preset;

　　(4) 接收端都有 CTLE 和 DFE 的均衡;

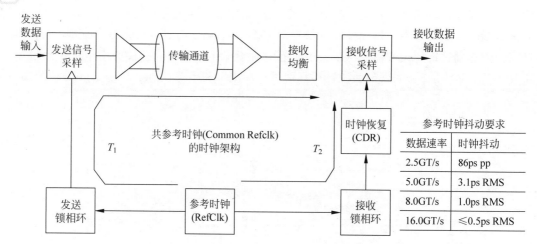

图 4.9　PCIe4.0 中共参考时钟的时钟架构

（5）PCIe3.0 是 1 抽头 DFE，PCIe4.0 是 2 抽头 DFE；

（6）PCIe4.0 接收芯片的 Lane Margin 功能为强制要求；

（7）PCIe4.0 的链路长度缩减到 12 英寸，最多 1 个连接器，更长链路需要 Retimer；

（8）为了支持应对链路损耗以及不同链路的情况，新开发的 PCIe3.0 芯片和全部 PCIe4.0 芯片都需要支持动态链路协商功能；

（9）PCIe4.0 上电阶段的链路协商过程会先协商到 8Gbps，成功后再协商到 16Gbps；

（10）PCIe4.0 中除了支持传统的收发端共参考时钟模式，还提供了收发端采用独立参考时钟模式的支持。

通过各种信号处理技术的结合，PCIe 组织总算实现了在兼容现有的 FR-4 板材和接插件的基础上，每一代更新都提供比前代高一倍的有效数据传输速率。但同时收/发芯片会变得更加复杂，系统设计的难度也更大。如何保证 PCIe 总线工作的可靠性和很好的兼容性，就成为设计和测试人员面临的严峻挑战。

PCIe4.0 的测试项目

PCIe 相关设备的测试项目主要参考 PCI-SIG 发布的 Compliance Test Guide（一致性测试指南）。在 PCIe3.0 的测试指南中，规定需要进行的测试项目及其目的如下（参考资料：www.pcisig.com，PCIe3.0 Compliance Test Guide）：

- Electrical Testing（电气特性测试）：用于检查主板以及插卡发射机和接收机的电气性能。
- Configuration Testing（配置测试）：用于检查 PCIe 设备的配置空间。
- Link Protocol Testing（链路协议测试）：用于检查设备的链路层协议行为。
- Transaction Protocol Testing（传输协议测试）：用于检查设备传输层的协议行为。
- Platform BIOS Testing（平台 BIOS 测试）：用于检查主板 BIOS 识别和配置 PCIe 外设的能力。

对于 PCIe4.0 来说，针对之前发现的问题以及新增的特性，替换或增加了以下测试项目(参考资料：www.pcisig.com,PCIe4.0 Compliance Test Guide)：

- Interoperability Testing(互操作性测试)：用于检查主板和插卡是否能够训练成双方都支持的最高速率和最大位宽(Re-timer 要和插卡一起测试)。
- Lane Margining(链路裕量测试)：用于检查接收端的链路裕量扫描功能。

其中,针对电气特性测试,又有专门的物理层测试规范,用于规定具体的测试项目和测试方法。表 4.2 是针对 PCIe4.0 的主板或插卡需要进行的物理层测试项目(参考资料：www.pcisig.com,PCIe4.0 Compliance Test Guide),其中灰色背景的测试项目都涉及链路协商功能。

表 4.2　PCIe4.0 的主板或插卡物理层测试项目

编号	测试项目名称	测试目的	针对速率/bps
♯2.1	Add-in Card Transmitter Signal Quality	验证插卡发送信号质量	全部速率
♯2.2	Add-in Card Transmitter Pulse Width Jitter Test at 16GT/s	验证插卡发送信号中的脉冲宽度抖动	16G
♯2.3	Add-in Card Transmitter Preset Test	验证插卡发送的 Preset 值是否正确	8G/16G
♯2.4	Add-in Card Transmitter Initial TX EQ Test	验证插卡能根据链路命令设置成正确的初始 Preset 值	8G/16G
♯2.5	Add-in Card Transmitter Link Equalization Response Test	验证插卡对于链路协商的响应时间	8G/16G
♯2.6	Add-in Card Lane Margining at 16GT/s	验证插卡可上报接收到的信号质量参数	16G
♯2.7	System Board Transmitter Signal Quality	验证主板的发送信号质量	全部速率
♯2.8	System Board Transmitter Preset Test	验证主板发送的 Preset 值是否正确	8G/16G
♯2.9	System Board Transmitter Link Equalization Response Test	验证主板对于链路协商的响应时间	8G/16G
♯2.10	System Lane Margining at 16GT/s	验证主板可上报接收到的信号质量参数	16G
♯2.11	Add-in Card Receiver Link Equalization Test	验证插卡在压力信号下的接收机性能及误码率,要求可以和对端进行链路协商并相应调整对端的预加重	8G/16G
♯2.12	System Receiver Link Equalization Test	验证主板在压力信号下的接收机性能及误码率,要求可以和对端进行链路协商并相应调整对端的预加重	8G/16G
♯2.13	Add-in Card PLL Bandwidth	验证插卡的 PLL 环路带宽	PLL
♯2.14	Add-in Card PCB Impedance(informative)	验证插卡 PCB 阻抗,不是强制测试	—
♯2.15	System Board PCB Impedance(informative)	验证主板 PCB 阻抗,不是强制测试	—

关于各测试项目的具体描述如下：

- 项目 2.1 Add-in Card Transmitter Signal Quality：验证插卡发送信号质量,针对 2.5Gbps、5Gbps、8Gbps、16Gbps 速率。
- 项目 2.2 Add-in Card Transmitter Pulse Width Jitter Test at 16GT/s：验证插卡发送信号中的脉冲宽度抖动,针对 16Gbps 速率。
- 项目 2.3 Add-in Card Transmitter Preset Test：验证插卡发送信号的 Preset 值是

否正确,针对 8Gbps 和 16Gbps 速率。

- 项目 2.4 Add-in Card Transmitter Initial TX EQ Test:验证插卡能根据链路命令设置成正确的初始 Prest 值,针对 8Gbps 和 16Gbps 速率。
- 项目 2.5 Add-in Card Transmitter Link Equalization Response Test:验证插卡对于链路协商的响应时间,针对 8Gbps 和 16Gbps 速率。
- 项目 2.6 Add-in Card Lane Margining at 16GT/s:验证插卡能通过 Lane Margining 功能反映接收到的信号质量,针对 16Gbps 速率。
- 项目 2.7 System Board Transmitter Signal Quality:验证主板发送信号质量,针对 2.5Gbps、5Gbps、8Gbps、16Gbps 速率。
- 项目 2.8 System Board Transmitter Preset Test:验证插卡发送信号的 Preset 值是否正确,针对 8Gbps 和 16Gbps 速率。
- 项目 2.9 System Board Transmitter Link Equalization Response Test:验证插卡对于链路协商的响应时间,针对 8Gbps 和 16Gbps 速率。
- 项目 2.10 System Lane Margining at 16GT/s:验证主板能通过 Lane Margining 功能反映接收到的信号质量,针对 16Gbps 速率。
- 项目 2.11 Add-in Card Receiver Link Equalization Test:验证插卡在压力信号下的接收机性能及误码率,要求可以和对端进行链路协商并相应调整对端的预加重,针对 8Gbps 和 16Gbps 速率。
- 项目 2.12 System Receiver Link Equalization Test:验证主板在压力信号下的接收机性能及误码率,可以和对端进行链路协商并相应调整对端的预加重,针对 8Gbps 和 16Gbps 速率。
- 项目 2.13 Add-in Card PLL Bandwidth:验证插卡的 PLL 环路带宽,针对时钟和所有支持的数据速率。
- 项目 2.14 Add-in Card PCB Impedance (informative):验证插卡上走线的 PCB 阻抗,不是强制测试。
- 项目 2.15 System Board PCB Impedance (informative):验证主板上走线的 PCB 阻抗,不是强制测试。

接下来,我们重点从发射机和接收机的电气性能测试方面,讲解 PCIe4.0 的物理层测试方法。

PCIe4.0 的测试夹具和测试码型

要进行 PCIe 的主板或者插卡信号的一致性测试(即信号电气质量测试),首先需要使用 PCIe 协会提供的夹具把被测信号引出。PCIe 的夹具由 PCI-SIG 定义和销售,主要分为 CBB(Compliance Base Board)和 CLB(Compliance Load Board)。对于发送端信号质量测试来说,CBB 用于插卡的测试,CLB 用于主板的测试;但是在接收容限测试中,由于需要把误码仪输出的信号通过夹具连接示波器做校准,所以无论是主板还是插卡的测试,CBB 和 CLB 都需要用到。需要注意的是,每一代 CBB 和 CLB 的设计都不太一样,特别是 CBB 的变化比较大,所以测试中需要加以注意。图 4.10 是支持 PCIe4.0 测试的夹具套件,主要包括 1 块 CBB4 测试夹具、2 块分别支持 x1/x16 位宽和 x4/x8 位宽的 CLB4 测试夹具、1 块可变 ISI 的测试夹具。在测试中,CBB4 用于插卡的 TX 测试以及主板 RX 测试中的校准;CLB4 用于主板 TX 的测试以及插卡 RX 测试中的校准;可变 ISI 的测试夹具是 PCIe4.0 中新增加的,无论是哪种测试,ISI 板都是需要的。引入可变 ISI 测试夹具的原因是在 PCIe4.0 的测试规范中,要求通过硬件通道的方式插入传输通道的影响,用于模拟实际主板或插卡上 PCB 走线、过孔以及连接器造成的损耗。

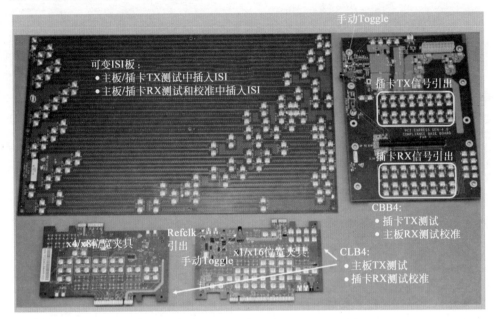

图 4.10　PCIe4.0 测试的 CBB4 和 CLB4 夹具

无论是 Preset 还是信号质量的测试,都需要被测件工作在特定速率的某些 Preset 下,要通过测试夹具控制被测件切换到需要的设置状态。具体方法是:在被测件插入测试夹具并且上电以后,可以通过测试夹具上的切换开关控制 DUT 输出不同速率的一致性测试码型。在切换测试夹具上的 Toggle 开关时,正常的 PCIe4.0 的被测件依次会输出 2.5Gbps、5Gbps −3dB、5Gbps −6dB、8Gbps P0、8Gbps P1、8Gbps P2、8Gbps P3、8Gbps P4、8Gbps P5、8Gbps P6、8Gbps P7、8Gbps P8、8Gbps P9、8Gbps P10、16Gbps P0、16Gbps P1、16Gbps P2、16Gbps P3、16Gbps P4、16Gbps P5、16Gbps P6、16Gbps P7、16Gbps P8、16Gbps P9、16Gbps P10 的一致性测试码型。需要注意的一点是,由于在 8Gbps 和 16Gbps 下都有 11 种 Preset 值,测试过程中应明确当前测试的是哪一个 Preset 值(比如常用的有 Preset7、Preset8、Preset1、Preset0 等)。由于手动通过夹具的 Toggle 按键进行切换操作非常烦琐,特别是一些 Preset 相关的测试项目中需要频繁切换,为了提高效率,也可以通过夹具上的 SMP 跳线把 Toggle 信号设置成使用外部信号,这样就可以通过函数发生器或者有些示波器自身输出的 Toggle 信号来自动控制被测件切换。

按照测试规范的要求,在发送信号质量的测试中,只要有 1 个 Preset 值下能够通过信号质量测试就算过关;但是在 Preset 的测试中,则需要依次遍历所有的 Preset,并依次保存波形进行分析。对于 PCIe3.0 和 PCIe4.0 的速率来说,由于采用 128b/130b 编码,其一致性测试码型比之前 8b/10b 编码下的一致性测试码型要复杂,总共包含 36 个 128b/130b 的编码字。通过特殊的设计,一致性测试码型中包含了长"1"码型、长"0"码型以及重复的"01"码型,通过对这些码型的计算和处理,测试软件可以方便地进行预加重、眼图、抖动、通道损耗的计算。图 4.11 是典型 PCIe3.0 和 PCIe4.0 速率下的一致性测试码型。

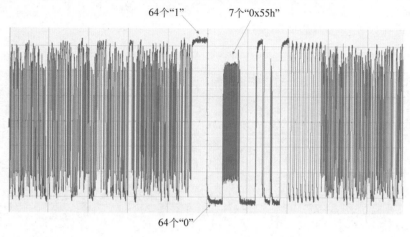

图 4.11　PCIe4.0 的一致性测试码型

PCIe4.0 的发射机质量测试

发射机质量是保证链路能够可靠工作的先决条件,对于 PCIe 的发射机质量测试来说,主要是用宽带示波器捕获其发出的信号并验证其信号质量满足规范要求。按照目前规范中的要求,PCIe3.0 的一致性测试需要至少 12.5GHz 带宽的示波器;而对于 PCIe4.0 来说,由于数据速率提高到了 16Gbps,所以测试需要的示波器带宽应为 25GHz 或以上。如果要进行主板的测试,测试规范推荐 Dual-Port(双口)的测试方式,即把被测的数据通道和参考时钟同时接入示波器,这样在进行抖动分析时就可以把一部分参考时钟中的抖动抵消掉,对于参考时钟 Jitter 的要求可以放松一些。由于每对数据线和参考时钟都是差分的,所以主板的测试需要同时占用 4 个示波器通道,也就是在进行 PCIe4.0 的主板测试时示波器能够 4 个通道同时工作且达到 25GHz 带宽。而对于插卡的测试来说,只需要把差分的数据通道引入示波器进行测试就可以了,示波器能够 2 个通道同时工作并达到 25GHz 带宽即可。图 4.12 展示了典型 PCIe4.0 的发射机信号质量测试环境。

无论是对于发射机测试,还是对于后面要介绍到的接收机容限测试来说,在 PCIe4.0 的 TX 端和 RX 端的测试中,都需要用到 ISI 板。ISI 板上的 Trace 线有几十对,每相邻线对间的插损相差 0.5dB 左右。由于测试中用户使用的电缆、连接器的插损都可能会不一致,所以需要通过配合合适的 ISI 线对,使得 ISI 板上的 Trace 线加上测试电缆、测试夹具、转接头等模拟出来的整个测试链路的插损满足测试要求。比如,对于插卡的测试来说,对应的主板上的最大链路损耗为 20dB,所以 ISI 板上模拟的走线加上测试夹具、连接器、转接头、测试电缆等的损耗应该为 15dB(另外 5dB 的主板上芯片的封装损耗通过分析软件进行模拟)。为了满足这个要求,最好的方法是使用矢量网络分析仪(VNA)事先进行链路标定。图 4.13

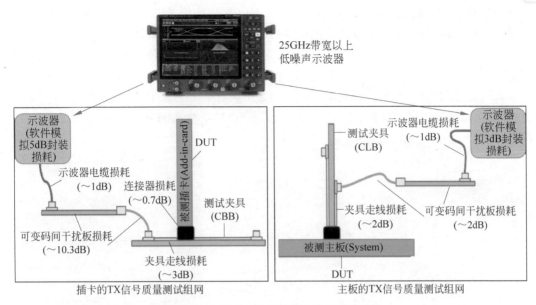

图 4.12 PCIe4.0 发射机信号质量测试环境

是用矢量网络分析仪进行链路标定的典型连接,具体的标定步骤非常多,在 PCIe4.0 Phy Test Specification 文档里有详细描述,这里不做展开。

图 4.13 用矢量网络分析仪进行 PCIe 链路标定

在硬件连接完成、测试码型切换正确后,就可以对信号进行捕获和信号质量分析。正式的信号质量分析之前还需要注意的是:为了把传输通道对信号的恶化以及均衡器对信号的改善效果都考虑进去,PCIe3.0 及之后标准的测试中对其发送端眼图、抖动等测试的参考点从发送端转移到了接收端。也就是说,测试中需要把传输通道对信号的恶化的影响以及均衡器对信号的改善影响都考虑进去。

如前所述,在 PCIe4.0 的主板和插卡测试中,PCB、接插件等传输通道的影响是通过测试夹具进行模拟并且需要慎重选择 ISI 板上的测试通道,而对端接收芯片封装对信号的影响是通过软件的 S 参数嵌入进行模拟的。测试过程中需要用示波器软件或者 PCI-SIG 提供的测试软件把这个 S 参数文件的影响加到被测波形上。

PCIe4.0 信号质量分析可以采用两种方法：一种是使用 PCI-SIG 提供的 Sigtest 软件做手动分析，另一种是使用示波器厂商提供的专用软件进行自动测试。

SigTest 软件的算法由 PCI-SIG 免费提供，会对信号进行时钟恢复、均衡以及眼图、抖动的分析。由于 PCIe4.0 的接收机支持多个不同幅度的 CTLE 均衡，而且 DFE 的电平也可以在一定范围内调整，所以 SigTest 软件会遍历所有的 CTLE 值并进行 DFE 的优化，并根据眼高、眼宽的结果选择最优的值。图 4.14 是 SigTest 生成的 PCIe4.0 的信号质量测试结果。

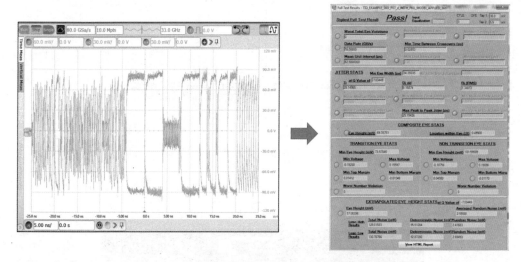

图 4.14　SigTest 软件生成的 PCIe4.0 信号质量测试结果

SigTest 需要用户手动设置示波器采样、通道嵌入、捕获数据及进行后分析，测试效率比较低，而且对于不熟练的测试人员还可能由于设置疏忽造成测试结果的不一致，测试项目也主要限于信号质量与 Preset 相关的项目。为了提高 PCIe 测试的效率和测试项目覆盖率，有些示波器厂商提供了相应的自动化测试软件。这个软件以图形化的界面指导用户完成设置、连接和测试过程，除了可以自动进行示波器测量参数设置以及生成报告外，还提供了 Swing、Common Mode 等更多测试项目，提高了测试的效率和覆盖率。自动测试软件使用的是与 SigTest 软件完全一样的分析算法，从而可以保证分析结果的一致性。图 4.15 是 PCIe4.0 自动测试软件的设置界面。

主板和插卡的测试项目针对的是系统设备厂商，需要使用 PCI-SIG 的专用测试夹具测试，遵循的是 CEM 的规范。而对于设计 PCIe 芯片的厂商来说，其芯片本身的性能首先要满足的是 Base 的规范，并且需要自己设计针对芯片的测试板。图 4.16 是一个典型的 PCIe 芯片的测试板，测试板上需要通过扇出通道(Breakout Channel)把被测信号引出并转换成同轴接口直接连接测试仪器。扇出通道的典型长度小于 6 英寸，对于 16Gbps 信号的插损控制在 4dB 以内。为了测试中可以对扇出通道的影响进行评估或者去嵌入，测试板上还应设计和扇出通道叠层设计、布线方式尽量一致的复制通道(Replica Channel)，复制通道和扇出通道的唯一区别是两端都设计成同轴连接方式，这样可以通过对复制通道直接进行测试推测扇出通道的特性。

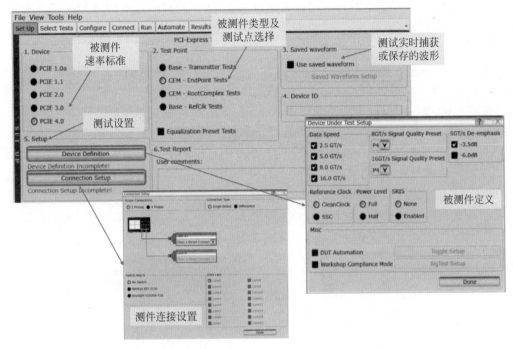

图 4.15 PCIe4.0 自动测试软件的设置界面

被测芯片使用外部参考时钟时的测试方法　　　被测芯片使用内嵌参考时钟时的测试方法

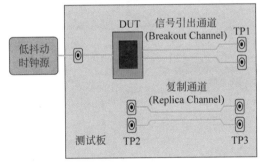
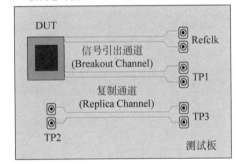

图 4.16 PCIe4.0 芯片的测试板

在之前的 PCIe 规范中,都是假定 PCIe 芯片需要外部提供一个参考时钟(RefClk),在这种芯片的测试中也是需要使用一个低抖动的时钟源给被测件提供参考时钟,并且只需要对数据线进行测试。而在 PCIe4.0 的规范中,新增了允许芯片使用内部提供的 RefClk(被称为 Embeded RefClk)模式,这种情况下被测芯片有自己内部生成的参考时钟,但参考时钟的质量不一定非常好,测试时需要把参考时钟也引出,采用类似于主板测试中的 Dual-port 测试方法。如果被测芯片使用内嵌参考时钟且参考时钟也无法引出,则意味着被测件工作在 SRIS(Separate Refclk Independent SSC)模式,需要另外的算法进行特殊处理。

综上所述,PCIe4.0 的信号测试需要 25GHz 带宽的示波器,根据被测件的不同可能会同时用到 2 个或 4 个测试通道。对于芯片的测试需要用户自己设计测试板;对于主板或者插卡的测试来说,测试夹具的 Trace 选择、测试码型的切换都比前代总线变得更加复杂了;

在数据分析时除了要嵌入芯片封装的线路模型以外,还要把均衡器对信号的改善也考虑进去。PCIe 协会提供的免费 SigTest 软件和示波器厂商提供的自动测试软件都可以为 PCIe4.0 的测试提供很好的帮助。

另外,在 PCIe4.0 发送端的 LinkEQ 以及接收容限等相关项目测试中,都还需要用到能与被测件进行动态链路协商的高性能误码仪。这些误码仪要能够产生高质量的 16Gbps 信号、能够支持外部 100MHz 参考时钟的输入、能够产生 PCIe 测试需要的不同 Preset 的预加重组合,同时还要能够对输出的信号进行抖动和噪声的调制,并对接收回来的信号进行均衡、时钟恢复以及相应的误码判决,在进行测试之前还需要能够支持完善的链路协商。图 4.17 是一个典型的发射机 LinkEQ 测试环境。由于发送端与链路协商有关的测试项目与下面要介绍的接收容限测试的连接和组网方式比较类似,所以细节也可以参考下面章节内容,其相关的测试软件通常也和接收容限的测试软件集成在一起。

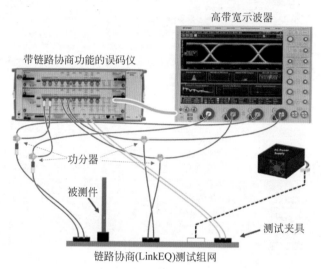

图 4.17　PCIe4.0 发射机 LinkEQ 测试环境

PCIe4.0 的接收端容限测试

在 PCIe1.0 和 2.0 的时代,接收端测试不是必需的,通常只要保证发送端的信号质量基本就能保证系统的正常工作。但是从 PCIe3.0 开始,由于速率更高,所以接收端使用了均衡技术。由于接收端更加复杂而且其均衡的有效性会显著影响链路传输的可靠性,所以接收端的容限测试变成了必测的项目。

所谓接收容限测试,就是要验证接收端对于恶劣信号的容忍能力。这就涉及两个问题,一个是恶劣信号是怎么定义的,另一个是怎么判断被测系统能够容忍这样的恶劣信号。

首先来看一下恶劣信号的定义,不是随便一个信号就可以,且恶劣程度要有精确定义才能保证测量的重复性。通常把用于接收端容限测试的这个恶劣信号叫作 Stress Eye,即压力眼图,实际上是借鉴了光通信的叫法。这个信号是用高性能的误码仪先产生一个纯净的带特定预加重的信号,然后在这个信号上叠加精确控制的随机抖动(RJ)、周期抖动(SJ)、差模和共模噪声以及码间干扰(ISI)。为了确定每个成分的大小都符合规范的要求,测试之前需要先用示波器对误码仪输出的信号进行校准。其中,ISI 抖动是由 PCIe 协会提供的测试夹具产生,其夹具上会模拟典型的主板或者插卡的 PCB 走线对信号的影响。在 PCIe3.0 的 CBB 夹具上,增加了专门的 Riser 板以模拟服务器等应用场合的走线对信号的影响;而在 PCIe4.0 和 PCIe5.0 的夹具上,更是增加了专门的可变 ISI 的测试板用于模拟和调整 ISI 的影响。

　　要精确产生 PCIe 要求的压力眼图需要调整很多参数,比如输出信号的幅度、预加重、差模噪声、随机抖动、周期抖动等,以满足眼高、眼宽和抖动的要求。而且各个调整参数之间也会相互制约,比如调整信号的幅度时除了会影响眼高也会影响到眼宽,因此各个参数的调整需要反复进行以得到一个最优化的组合。校准中会调用 PCI-SIG 的 SigTest 软件对信号进行通道模型嵌入和均衡,并计算最后的眼高和眼宽。如果没有达到要求,会在误码仪中进一步调整注入的随机抖动和差模噪声的大小,直到眼高和眼宽达到表 4.3 的参数要求。

表 4.3　PCIe3.0 和 PCIe4.0 的接收端眼高/眼宽要求

测 试 类 型	8Gbps 速率	16Gbps 速率
插卡 RX 测试	眼宽:41.25ps+0/−2ps	眼宽:18.75ps+0.5/−0.5ps
	眼高:46mV+0/−5mV	眼高:15mV+1.5/−1.5mV
主板 RX 测试	眼宽:45ps+0/−2ps	眼宽:18.75ps+0.5/−0.5ps
	眼高:50mV+0/−5mV	眼高:15mV+1.5/−1.5mV

　　校准时,信号的参数分析和调整需要反复进行,人工操作非常耗时耗力。为了解决这个问题,接收端容限测试时也会使用自动测试软件,这个软件可以提供设置和连接向导、控制误码仪和示波器完成自动校准、发出训练码型把被测件设置成环回状态,并自动进行环回数据的误码率统计。图 4.18 是典型自动校准和接收容限测试软件的界面,以及相应的测试组网。

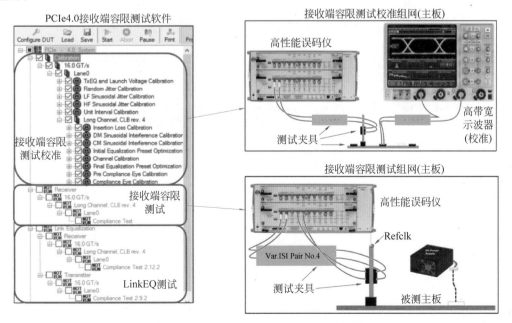

图 4.18　PCIe4.0 接收端容限测试和校准

　　校准完成后,在进行正式测试前,很重要的一点就是要能够设置被测件进入环回模式。虽然调试时也可能会借助芯片厂商提供的工具设置环回,但标准的测试方法还是要基于链路协商和通信进行被测件环回模式的设置。传统的误码仪不具有对于 PCIe 协议理解的功能,只能盲发训练序列,这样的缺点是由于没有经过正常的链路协商,可能会无法把被测件设置成正确的状态。现在一些新型的误码仪平台已经集成了 PCIe 的链路协商功能,能够真正和被测件进行训练序列的沟通,除了可以有效地把被测件设置成正确的环回状态,还可以和对端被测设备进行预加重和均衡的链路沟通。

　　当被测件进入环回模式并且误码仪发出压力眼图的信号后,被测件应该会把其从 RX 端收到的数据再通过 TX 端发送出去送回误码仪,误码仪通过比较误码来判断数据是否被正确接收,测试通过的标准是要求误码率小于 1.0×10^{-12}。图 4.19 是用高性能误码仪进行 PCIe4.0 的插卡接收的实际环境。在这款误码仪中内置了时钟恢复电路、预加重模块、参考时钟倍频、信号均衡电路等,非常适合速率高、要求复杂的场合。在接收端容限测试中,可调 ISI 板上 Trace 线的选择也非常重要。如果选择的链路不合适,可能需要非常长的时间进行 Stress Eye 的计算和链路调整,甚至无法完成校准和测试。一般建议事先用 VNA 标定和选择好链路,这样校准过程会快很多,测试结果也会更加准确。所以,在 PCIe4.0 的测试中,无论是发送端测试还是接收端测试,都最好有矢量网络分析仪配合进行 ISI 通道选择。

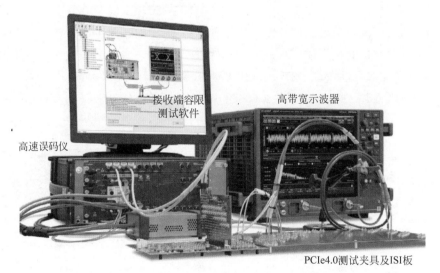

图 4.19　PCIe4.0 插卡接收端容限测试校准环境

PCIe5.0 物理层技术

　　PCI-SIG 组织于 2019 年发布了针对 PCIe5.0 芯片设计的 Base 规范,针对板卡设计的 CEM 规范也在 2021 年制定完成,同时支持 PCIe5.0 的服务器产品也在 2021 年开始上市发布。

　　对于 PCIe5.0 来说,其链路的拓扑模型与 PCIe4.0 类似,但数据速率从 PCIe4.0 的

16Gbps 提升到了 32Gbps,因此链路上封装、PCB、连接器的损耗更大,整个链路的损耗达到 −36dB@16GHz,其中系统板损耗为−27dB,插卡的损耗为−9dB。图 4.20 是 PCIe5.0 的链路损耗预算的模型。

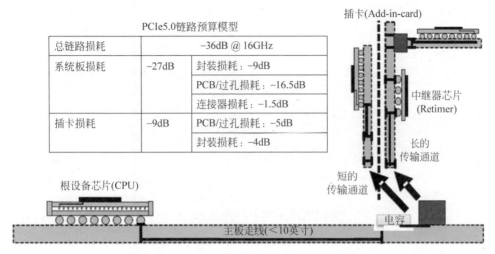

图 4.20　PCIe5.0 的链路模型及链路损耗预算

在实际的测试中,为了把被测主板或插卡的 PCIe 信号从金手指连接器引出,PCI-SIG 组织也设计了专门的 PCIe5.0 测试夹具。PCIe5.0 的这套夹具与 PCIe4.0 的类似,也是包含了 CLB 板、CBB 板以及专门模拟和调整链路损耗的 ISI 板。主板的发送信号质量测试需要用到对应位宽的 CLB 板;插卡的发送信号质量测试需要用到 CBB 板;而在接收容限测试中,由于要进行全链路的校准,整套夹具都可能会使用到。图 4.21 是 PCIe5.0 的测试夹具组成。

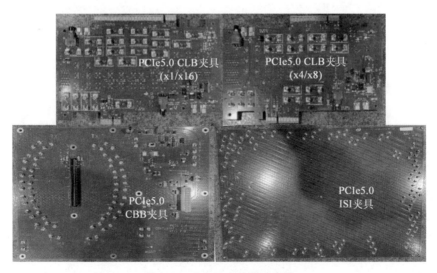

图 4.21　PCIe5.0 的测试夹具

为了克服大的通道损耗,PCIe5.0 接收端的均衡能力也会更强一些。比如接收端的 CTLE 均衡器采用了 2 阶的 CTLE 均衡(图 4.22),其损耗/增益曲线有 4 个极点和 2 个零点,其直流增益可以在 −5～−15dB 之间以 1dB 的分辨率进行调整,以精确补偿通道损耗的影响。同时,为了更好地补偿信号反射、串扰的影响,其接收端的 DFE 均衡器也使用了更复杂的 3-Tap 均衡器。对于发射端来说,PCIe5.0 相对于 PCIe4.0 和 PCIe3.0 来说变化不大,仍然是 3 阶的 FIR 预加重以及 11 种预设好的 Preset 组合。

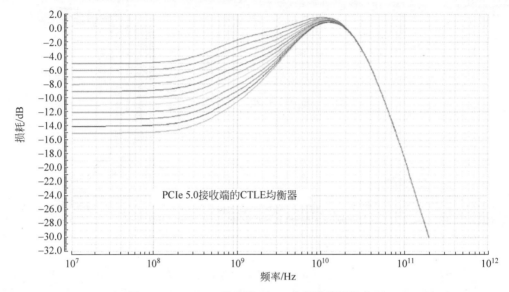

图 4.22　PCIe5.0 接收端 CTLE 均衡器的频率响应

　　PCIe5.0 的主板和插卡的测试方法与 PCIe4.0 也是类似,都需要通过 CLB 或者 CBB 的测试夹具把被测信号引出接入示波器进行发送信号质量测试,并通过误码仪的配合进行 LinkEQ 和接收端容限的测试。但是具体细节和要求上又有所区别,下面将从发送端和接收端测试方面分别进行描述。

PCIe5.0 发送端信号质量及 LinkEQ 测试

　　PCIe5.0 的数据速率高达 32Gbps,因此信号边沿更陡。对于 PCIe5.0 芯片的信号测试,协会建议的测试用的示波器带宽要高达 50GHz。对于主板和插卡来说,由于测试点是在连接器的金手指处,信号经过 PCB 传输后边沿会变缓一些,所以信号质量测试规定的示波器带宽为 33GHz。但是,在接收端容限测试中,由于需要用示波器对误码仪直接输出的比较快边沿的信号做幅度和预加重校准,所以校准用的示波器带宽还是会用到 50GHz。

　　在测试通道数方面,传统上 PCIe 的主板测试采用了双口(Dual-Port)测试方法,即需要把被测的一条通道和参考时钟 RefClk 同时接入示波器测试。由于测试通道和 RefClk 都是差分通道,所以在用电缆直接连接测试时需要用到 4 个示波器通道(虽然理论上也可以用 2 个差分探头实现连接,但是由于会引入额外的噪声,所以直接电缆连接是最常用的方法),这种方法的优点是可以比较方便地计算数据通道相对于 RefClk 的抖动。但在 PCIe5.0 中,对于主板的测试也采用了类似于插卡测试的单口(Single-Port)方法,即只把被测数据通道接入示波器测试,这样信号质量测试中只需要占用 2 个示波器通道。图 4.23 分别是 PCIe5.0 主板和插卡信号质量测试组网图,芯片封装和一部分 PCB 走线造成的损耗都是通过 PCI-SIG

提供的 SigTest 软件嵌入 S 参数进行模拟。信号的分析和测试可以手动保存波形后使用 PCI-SIG 提供的 SigTest 软件进行,也可以使用示波器厂商提供的自动一致性测试软件。由于一些测试项目比如 Preset 的测试会比较烦琐,使用自动的一致性测试软件效率会高一些。

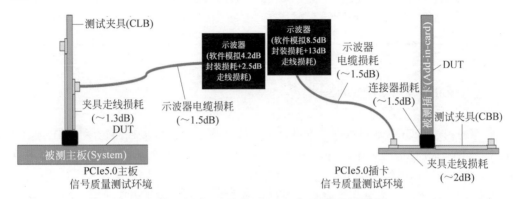

图 4.23 PCIe5.0 主板和插卡信号质量测试组网图

PCIe5.0 和 PCIe4.0 一样也需要进行 LinkEQ 的测试,这个测试中需要配合误码仪并同时捕获发送给被测件以及被测件返回的信号通道的波形,所以 LinkEQ 的测试中仍然会同时用到 4 个示波器通道。图 4.24 是一个典型的 PCIe5.0 的 LinkEQ 测试环境。

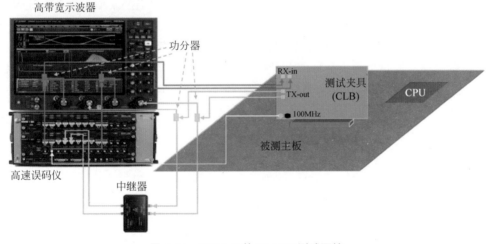

图 4.24 PCIe5.0 的 LinkEQ 测试环境

另外,由于对于主板的信号质量测试采用了单口的方法,即测试中没有考虑 RefClk 的影响。为了控制 RefClk 的抖动,PCIe5.0 的主板测试中专门引入了针对参考时钟 RefClk 的测试(之前只有在针对芯片的测试中有参考时钟的测试项目)。这个测试的思路是捕获到参考时钟波形后用软件模拟各种情况下发送端和接收端 PLL 对信号抖动的跟踪情况,然后再对经过系统抖动传输后的抖动进行测试。对这个测试,Intel 公司提供了专门的 CJAT (Clock Jitter Analysis Tool,时钟抖动分析工具)测试软件对参考时钟进行专门的测试。

综合以上各点,PCIe5.0 和之前的标准在测试方面对于示波器方面的变化和要求主要可以参考表 4.4。

表 4.4 PCIe 主板/插卡测试对示波器带宽和通道数要求

标准	数据速率	主板信号 质量测试	主板 RefClk 测试	插卡信号 质量测试	主板/插卡 LinkEQ 测试	主板/插卡 RX 测试校准
PCIe3.0	8Gbps	12GHz/4 通道	无强制要求	12GHz/2 通道	无强制要求	无强制要求
PCIe4.0	16Gbps	25GHz/4 通道	无强制要求	25GHz/2 通道	25GHz/4 通道	25GHz/2 通道
PCIe5.0	32Gbps	33GHz/2 通道	33GHz/2 通道	33GHz/2 通道	33GHz/4 通道	50GHz/2 通道

PCIe5.0 接收端容限测试

前面提到过,PCIe5.0 的数据速率高达 32Gbps,整个链路的损耗高达 -36dB,因此 RX 端的 CTLE 和 DFE 均衡更加复杂一些,接收端性能对于保证整个系统的误码率要求也更加关键,而接收端容限的测试也相应变得更加重要。

接收端容限测试最重要的是要能生成严格符合标准要求的压力眼信号,然后用这个压力眼信号去评估被测系统在这个信号下的误码率表现,而压力眼信号的严格生成是通过精确的仪表调控以及正确的校准步骤来实现的。

PCIe5.0 的压力眼信号生成主要借助可支持到 32Gbps 的误码仪以及噪声注入设备。测试中,通过误码仪的码型发生器(Pattern Generator)产生 32Gbps 的信号,借助误码仪自身的能力进行幅度、预加重和随机抖动(RJ)、正弦抖动(SJ)的注入,并借助噪声注入设备(如任意波发生器或差分的正弦波源)注入正弦噪声,而整个链路损耗和码间干扰抖动(ISI)的产生则是借助于 PCI-SIG 组织提供的测试夹具(如 CLB、CBB、可调的 ISI 板等)产生。

PCIe5.0 压力眼信号的校准分为以下两个步骤:第 1 步是在 TP3 点也就是误码仪的输出经过电缆连接到示波器,对其输出幅度、预加重、SJ 抖动、RJ 抖动等进行校准;第 2 步比较复杂一些,是在 TP3 点后再插入 CBB/CLB 板以及可调链路损耗的 ISI 板,同时示波器内部用软件嵌入芯片封装的 S 参数,通过控制和精确调整整个链路的损耗,使得经过参考 CDR 和均衡器后(软件分析)的眼图的眼高和眼宽达到相应目标值(比如眼高 EH 为 15+/-1.5mV,眼宽 EW 为 9.375+/-0.5ps)。

第 2 步的校准步骤比较复杂,完整的通道选取校准要从最大-37dB 损耗开始(PCIe4.0 PHY Test Spec v1.01 标准也要求从最大-30dB 开始),搜寻 Preset 和 CTLE 组合,找到最大的 EH * EW 眼面积,然后扫描 SJ 和 DMI,还可以调整 VSwing,计算眼高和眼宽范围是否满足要求。如果不满足,就步进减小 ISI pair,重复上述过程。注意每一步都要扫描 Preset 和 CTLE 组合,直到找到这个 ISI pair,最小可用的 ISI 损耗是-34dB。如果不能完全遵守规范的要求,可能导致加压 SJ/DMSI 等达不到规范的要求,就无法真实反映 DUT 的 Rx 性能。由于第 2 步中对于最后的眼高和眼宽的要求非常严格,这个校准过程可能会需要反复调整仪器和链路参数,非常耗时耗力,所以通常是通过专门的接收端容限自动测试软件进行信号校准和最终测试。图 4.25 是典型的 PCIe5.0 的接收端容限测试中压力眼信号生成的原理。

在正式进行接收端容限测试时,需要误码仪和被测件进行链路协商,并把校准好的压力眼信号注入被测链路的接收端。同时,被测件被误码仪协商设置为环回模式,并把从压力信

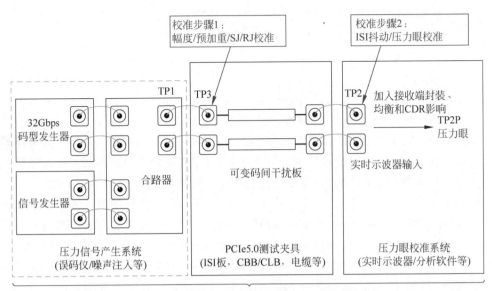

图 4.25　PCIe5.0 的接收端容限测试中的压力眼信号生成

号中恢复的数据通过发送端再环回出去。而误码仪则接收被测件环回的信号、进行时钟恢复以及误码率比对。

在进行接收端容限测试时,需要避免在从被测件回到误码仪的路径中引入误码,因为这样会无法分清误码是否是由于被测接收电路性能不够产生的。在主板的测试中,CPU 可能距离金手指连接器较远,32Gbps 信号环回信号损耗较大。所以在主板的接收端容限测试时,从被测件回到误码仪的信号是经过 CLB 直接接入误码仪的误码检测端,中间不再额外加入 ISI 板。接收端容限测试中也需要通过链路训练设置被测件发送信号的 TxEQ 值,以使环回信号的 Tx 质量最优。另外,环回回来的信号路径上一定要避免不必要的损耗(比如使用过长的电缆或由于外接 CDR 需要的信号分路)。现在很多误码仪的接收端也都自带内部均衡器,或者也可以级联外部均衡器来改善环回路径的损耗,多种方法的组合可以避免由于环回信号引入的额外误码。

PCIe6.0 技术展望

随着 PCIe5.0 的 Base 规范在 2019 年发布,为了加快 PCIe 标准的更新以支持更高速的计算和网络应用(比如 800G 以太网),PCI-SIG 组织也同步开始了 PCIe6.0 规范的制定。PCIe6.0 相对于 PCIe5.0 来说,有以下特点:

- 数据速率翻倍。PCIe6.0 的单通道数据速率达到了 64Gbps,这样在 x16 带宽下其双向的总线吞吐率达到了 256GBps。
- PAM-4 信号调制。为了减小高数据速率对于物理通道带宽的压力,PCIe6.0 中首次采用了 PAM-4 的信号调制技术。这样在通道数据速率翻倍的前提下,其符号速率可以仍然保持在 32GBaud。
- 新的 FEC(Forward Error Correction,前向纠错)。由于 PAM-4 信号采用 4 电平调

制,相邻电平的间隔较小,因此传输误码率较高。FEC 通过对数据块编码并插入额外的符号,可以修正由于随机错误造成的误码。PAM-4 和 FEC 技术在 200G 和 400G 以太网中已经广泛使用,但是为了应对以太网远距离传输时高的误码率(原始误码率约 10^{-4} 量级),其 FEC 复杂度和时延较大(约 100ns)。PCIe6.0 由于主要用于短距离电传输,其原始误码率稍好一些(约 10^{-6} 量级),因此其定义了新的更简洁的 FEC,可以使得 FEC 造成的时延控制在 10ns 以内。由于用的 FEC 比较简洁,所以链路上可能还会有一些残余的误码。为了解决这个问题,PCIe6.0 还会结合 CRC (Cyclic Redundancy Check,循环冗余校验)技术来辅助进行误码的检查。如果 CRC 技术检查到有误码,会启动数据链路层的重传机制。

- FLIT(Flow Control Unit,流控单元)模式。FEC 是一种物理层的基于固定长度数据块的分组编码技术,一旦 FEC 的算法确定下来,那么每个数据块的长度也就确定下来。但是传统 PCIe 的传输层和数据链路层的数据包长度可能是各种各样的,这就需要一种特殊的流控机制,把上层的数据包裁剪成固定长度的数据块并进行 FEC 编码,而 FLIT 就是这个进行 FEC 编码的基本单元。需要注意的一点是,FLIT 模式是在 PCIe6.0 的速率下需要支持的,但如果之后又切换到更低速率,则仍然需要工作在 FLIT 模式下,这是和之前标准相比比较大的一个变化。

- 数据编码方式。之前的 PCIe 都采用了各种数据编码技术以实现直流平衡和数据跳变的随机性,比如 PCIe1.0 和 2.0 采用 8b/10b 编码,PCIe3.0、4.0、5.0 采用 128b/130b 编码。但在 PCIe6.0 中,为了方便 PAM-4 调制、FEC 编码和支持 FLIT 模式,定义了"Symbol"(符号,8bit 长度)是每条 Lane 上传输的最基本单位。前述两种编码方式由于会造成额外的开销,且编码后的数据不是 8bit 的整数倍,所以在 PCIe6.0 中不再使用。通过数据扰码、FEC 编码、PAM-4 编码等技术已经可以实现很好的直流平衡和数据跳变的随机性,所以有时也称 PCIe6.0 的数据编码为 1b/1b 编码。需要注意的是,PCIe6.0 中虽然没有数据编码造成的开销,但是 FEC 和 CRC 等仍然会造成一定的总线开销。

综上所述,为了支持更高速的接口速率、减小对传输通道器件带宽的压力、保证数据传输的可靠性、控制系统的端到端传输时延,PCIe6.0 中采用了一系列革新性的技术。同时,PCIe6.0 还要保持对之前版本的兼容性,这是一项复杂且有挑战性的工作。PCIe6.0 的技术如果能够成功商用,将会彻底改善计算总线的带宽瓶颈问题,给高性能计算和网络互连带来全新的体验。表 4.5 是 PCIe6.0 总线和前代标准在性能上的对比。

表 4.5　PCIe6.0 总线和前代标准的性能对比

数据速率	调制方式	编码方式	有效数据速率(去除编码影响后)	规范版本					
				6.x	5.x	4.x	3.0	2.0	1.0
2.5GT/s	NRZ	8b/10b	2Gbps	√	√	√	√	√	√
5.0GT/s	NRZ	8b/10b	4Gbps	√	√	√	√	√	
8.0GT/s	NRZ	128b/130b	~8Gbps	√	√	√	√		
16.0GT/s	NRZ	128b/130b	~16Gbps	√	√	√			
32.0GT/s	NRZ	128b/130b	~32Gbps	√	√				
64.0GT/s	PAM4	1b/1b	64Gbps	√					

第5章

DDR简介与信号和协议测试

DDR/LPDDR 简介

目前在计算机主板和各种嵌入式的应用中,存储器是必不可少的。常用的存储器有两种:一种是非易失性的,即掉电不会丢失数据,常用的有 Flash(闪存)或者 ROM(Read-Only Memory),这种存储器速度较慢,主要用于存储程序代码、文件以及永久的数据信息等;另一种是易失性的,即掉电会丢失数据,常用的有 RAM(Random Access Memory,随机存储器),这种存储器运行速度较快,主要用于程序运行时的程序或者数据缓存等。图 5.1 是市面上一些主流存储器类型的划分。

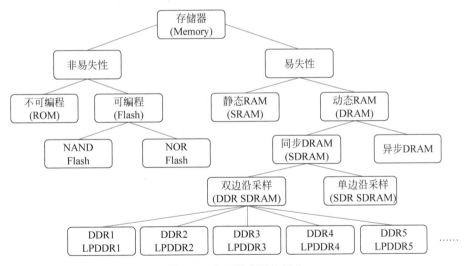

图 5.1　存储器类型的划分

按照存储信息方式的不同,随机存储器又分为静态随机存储器 SRAM(Static RAM)和动态随机存储器 DRAM(Dynamic RAM)。SRAM 运行速度较快、时延小、控制简单,但是 SRAM 每比特的数据存储需要多个晶体管,不容易实现大的存储容量,主要用于一些对时延和速度有要求但又不需要太大容量的场合,如一些 CPU 芯片内置的缓存等。DRAM 的时延比 SRAM 大,而且需要定期的刷新,控制电路相对复杂。但是由于 DRAM 每比特数据存储只需要一个晶体管,因此具有集成度高、功耗低、容量大、成本低等特点,目前已经成为大容量 RAM 的主流,典型的如现在的 PC、服务器、嵌入式系统上用的大容量内存都是 DRAM。

大部分的 DRAM 都是在一个同步时钟的控制下进行数据读写,即 SDRAM(Synchronous Dynamic Random-Access Memory)。SDRAM 根据时钟采样方式的不同,又分为 SDR SDRAM(Single Data Rate SDRAM)和 DDR SDRAM(Double Data Rate SDRAM)。SDR SDRAM 只在时钟的上升或者下降沿进行数据采样,而 DDR SDRAM 在时钟的上升和下降沿都会进行数据采样。采用 DDR 方式的好处是时钟和数据信号的跳变速率是一样的,因此晶体管的工作速度以及 PCB 的损耗对于时钟和数据信号是一样的。

DDR SDRAM 即我们通常所说的 DDR 内存,DDR 内存的发展已经经历了五代,目前 DDR4 已经成为市场的主流,DDR5 也开始进入市场。对于 DDR 总线来说,我们通常说的速率是指其数据线上信号的最快跳变速率。比如 3200MT/s,对应的工作时钟速率是 1600MHz。3200MT/s 只是指理想情况下每根数据线上最高传输速率,由于在 DDR 总线上会有读写间的状态转换时间、高阻态时间、总线刷新时间等,因此其实际的总线传输速率达不到这个理想值。

除了 DDR 以外,近些年随着智能移动终端的发展,由 DDR 技术演变过来的 LPDDR(Low-Power DDR,低功耗 DDR)也发展很快。LPDDR 主要针对功耗敏感的应用场景,相对于同一代技术的 DDR 来说会采用更低的工作电压,而更低的工作电压可以直接减少器件的功耗。比如 LPDDR4 的工作电压为 1.1V,比标准的 DDR4 的 1.2V 工作电压要低一些,有些厂商还提出了更低功耗的内存技术,比如三星公司推出的 LPDDR4x 技术,更是把外部 I/O 的电压降到了 0.6V。但是要注意的是,更低的工作电压对于电源纹波和串扰噪声会更敏感,其电路设计的挑战性更大。除了降低工作电压以外,LPDDR 还会采用一些额外的技术来节省功耗,比如根据外界温度自动调整刷新频率(DRAM 在低温下需要较少刷新)、部分阵列可以自刷新,以及一些对低功耗的支持。同时,LPDDR 的芯片一般体积更小,因此占用的 PCB 空间更小。

制定 DDR 内存规范的标准化组织是 JEDEC(Joint Electron Device Engineering Council,http://www.jedec.org/)。按照 JEDEC 组织的定义,DDR4 的最高数据速率已经达到了 3200MT/s 以上,DDR5 的最高数据速率则达到了 6400MT/s 以上。在 2016 年之前,LPDDR 的速率发展一直比同一代的 DDR 要慢一点。但是从 LPDDR4 开始,由于高性能移动终端的发展,LPDDR4 的速率开始赶超 DDR4。LPDDR5 更是比 DDR5 抢先一步在 2019 年完成标准制定,并于 2020 年在高端的移动终端上开始使用。DDR5 的规范(JESD79-5)于 2020 年发布,并在 2021 年开始配合 Intel 等公司的新一代服务器平台走向商用。图 5.2 展示了 DRAM 技术速率的发展。

表 5.1 列出了 JEDEC 组织发布的主要的 DDR 相关规范,对发布时间、工作频率、数据位宽、工作电压、参考电压、内存容量、预取长度、端接、接收机均衡等参数做了从 DDR1 到 DDR5 的电气特性详细对比。可以看出 DDR 在向着更低电压、更高性能、更大容量方向演进,同时也在逐渐采用更先进的工艺和更复杂的技术来实现这些目标。以 DDR5 为例,相对于之前的技术做了一系列的技术改进,比如在接收机内部有均衡器补偿高频损耗和码间干扰影响、支持 CA/CS 训练优化信号时序、支持总线反转和镜像引脚优化布线、支持片上 ECC/CRC 提高数据访问可靠性、支持 Loopback(环回)便于 IC 调测等。

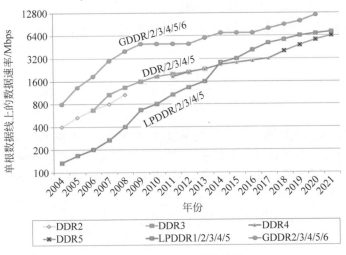

图 5.2　DRAM 技术的发展

表 5.1　DDR1 到 DDR5 技术的电气特性比较

参数/特点	DDR1	DDR2	DDR3	DDR4	DDR5
发布时间(年份)	2000	2002	2007	2013	2019
时钟频率(MHz)	100~200	200~533	400~1067	800~1600	1600~3200
总线位宽	4,8,16	4,8,16	4,8,16	4,8,16,32	4,8,16
数据速率(MT/s)	200~400	400~1067	800~2133	1600~3200	3200~6400
工作电压(V)	3.3 or 2.6 or 2.5	1.8	1.5	1.2	1.1
芯片密度	128M~1Gbit	256M~4Gbit	512M~8Gbit	2G~16Gbit	8G~64Gbit
预取(Prefetch)	2	4	8	8	16
片内端接(ODT)	片外	片上	动态 ODT	动态 ODT	动态 ODT
数据线接收端均衡	无	无	无	无	DFE 均衡
占空比调整(DCA)	无	无	无	无	DQS/DQ
CA/CS 训练	无	无	无	无	支持
总线反转	无	无	无	DBI	DBI/CAI
镜像引脚	无	无	无	无	支持
信号校验	无	无	无	写校验	读/写
环回模式	无	无	无	无	支持
封装	TSOP/FBGA	FBGA	FBGA	FBGA	FBGA

DDR 内存的典型使用方式有两种:一种是在嵌入式系统中直接使用 DDR 颗粒,另一种是做成 DIMM 条(Dual In-line Memory Module,双列直插内存模块,主要用于服务器和 PC)或 SO-DIMM(Small Outline DIMM,小尺寸双列直插内存,主要用于笔记本)的形式插在主板上使用。

在服务器领域,使用的内存条主要有 UDIMM、RDIMM、LRDIMM 等。UDIMM (Unbuffered DIMM,非缓冲双列直插内存)没有额外驱动电路,延时较小,但数据从 CPU 传到每个内存颗粒时,UDIMM 需要保证 CPU 到每个内存颗粒之间的传输距离相等,设计难度较大,因此 UDIMM 在容量和频率上都较低,通常应用在性能/容量要求不高的场合。

RDIMM（Registered DIMM，寄存器式双列直插内存）有额外的 RCD（寄存器时钟驱动器，用来缓存来自内存控制器的地址/命令/信号等）用于改善信号质量，但额外寄存器的引入使得其延时和功耗较大。LRDIMM（Load Reduced DIMM，减载式双列直插内存）有额外的 MB（内存缓冲，缓冲来自内存控制器的地址/命令/控制等），在技术实现上并未使用复杂寄存器，只是通过简单缓冲降低内存总线负载。RDIMM 和 LRDIMM 通常应用在高性能、大容量的计算系统中。

综上可见，DDR 内存的发展趋势是速率更高、封装更密、工作电压更低、信号调理技术更复杂，这些都对设计和测试提出了更高的要求。为了从仿真、测试到最后功能测试阶段全面保证 DDR 信号的波形质量和时序裕量，需要更复杂、更全面的仿真、测试和分析工具。

DDR 的信号仿真验证

由于 DDR 芯片都是采用 BGA 封装，密度很高，且分叉、反射非常严重，因此前期的仿真是非常必要的。图 5.3 是借助仿真软件中专门针对 DDR 的仿真模型库仿真出的通道损耗以及信号波形。

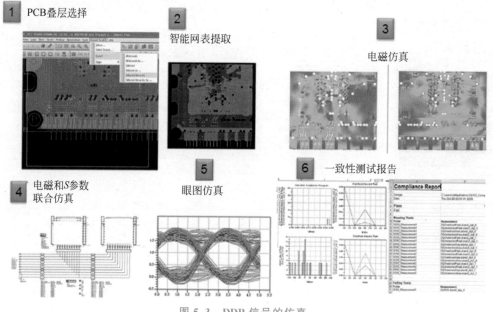

图 5.3　DDR 信号的仿真

仿真出信号波形以后，许多用户需要快速验证仿真出来的波形是否符合 DDR 相关规范要求。这时，可以把软件仿真出的 DDR 的时域波形导入到示波器中的 DDR 测试软件中（图 5.4），并生成相应的一致性测试报告，这样可以保证仿真和测试分析方法的一致，并且便于在仿真阶段就发现可能的信号违规。

对 DDR5 来说，设计更为复杂，仿真软件需要帮助用户通过应用 IBIS 模型针对基于 DDR5 颗粒或 DIMM 的系统进行仿真验证，比如仿真驱动能力、随机抖动/确定性抖动、寄生电容、片上端接 ODT、信号上升/下降时间、AGC（自动增益控制）功能、4taps DFE（4 抽头判决反馈均衡）等。

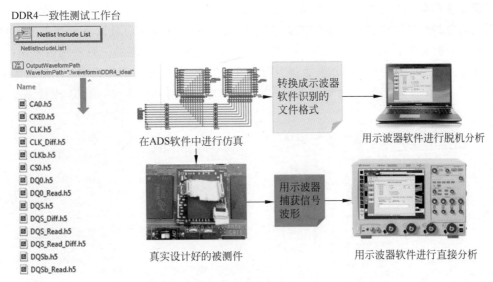

图 5.4　用示波器中的一致性测试软件分析 DDR 仿真波形

DDR 的读写信号分离

对于 DDR 总线来说，真实总线上总是读写同时存在的。规范对于读时序和写时序的相关时间参数要求是不一样的，读信号的测量要参考读时序的要求，写信号的测量要参考写时序的要求。因此要进行 DDR 信号的测试，第一步要做的是从真实工作的总线上把感兴趣的读信号或者写信号分离出来。图 5.5 是 JEDEC 协会规定的 DDR4 总线的一个工作时序图(参考资料：JEDEC STANDARD DDR4 SDRAM，JESD79-4)，可以看到对于读和写信号来说，DQS 和 DQ 间的时序关系是不一样的。

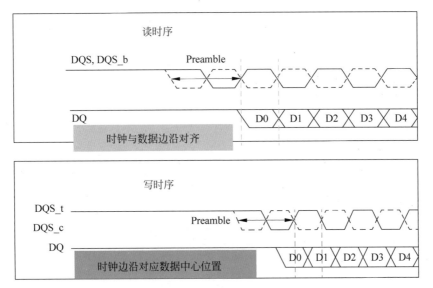

图 5.5　DDR4 总线工作时序图

图 5.6 和图 5.7 分别是一个实际的 DDR4 总线上的读时序和写时序。从两张图我们可以看到,在实际的 DDR 总线上,读时序、写时序是同时存在的。而且对于读或者写时序来说,DQS(数据锁存信号)相对于 DQ(数据信号)的位置也是不一样的。对于测试来说,如果没有软件的辅助,就需要人为分别捕获不同位置的波形,并自己判断每组 Burst 是读操作还是写操作,再依据不同的读/写规范进行相应参数的测试,因此测量效率很低,而且无法进行大量的测量统计。

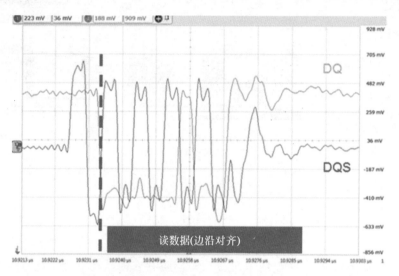

图 5.6   DDR4 读时序波形

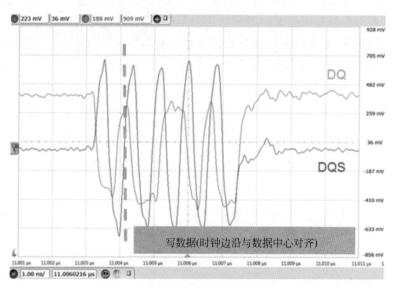

图 5.7   DDR4 写时序波形

由于读/写时序不一样造成的另一个问题是眼图的测量。在 DDR3 及之前的规范中没有要求进行眼图测试,但是很多时候眼图测试是一种快速、直观衡量信号质量的方法,所以许多用户希望通过眼图来评估信号质量。而对于 DDR4 的信号来说,由于时间和幅度的余量更小,必须考虑随机抖动和随机噪声带来的误码率的影响,而不是仅仅做简单的建立/保持时间的测量。因此在 DDR4 的测试要求中,就需要像很多高速串行总线一样对信号叠加生成眼图,并根据误码率要求进行随机成分的外推,然后与要求的最小信号张开窗口(类似模板)进行比较。图 5.8 是 DDR4 规范中建议的眼图张开窗口的测量方法(参考资料:JEDEC STANDARD DDR4 SDRAM,JESD79-4)。

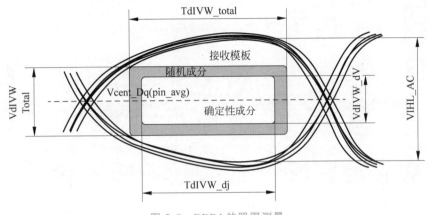

图 5.8　DDR4 的眼图测量

通常我们会以时钟为基准对数据信号叠加形成眼图,但这种简单的方法对于 DDR 信号不太适用。DDR 总线上信号的读、写和三态都混在一起,因此需要对信号进行分离后再进行测量分析。传统上有以下几种方法用来进行读/写信号的分离,但都存在一定的缺点。

(1) 根据读/写 Preamble 的宽度不同进行分离(针对 DDR2 信号)。如图 5.9 所示,Preamble 是每个 Burst 的数据传输开始前,DQS 信号从高阻态到发出有效的锁存边沿前的一段准备时间,有些芯片的读时序和写时序的 Preamble 的宽度可能是不一样的,因此可以用示波器的脉冲宽度触发功能进行分离。但由于 JEDEC 并没有严格规定写时序的 Preamble 宽度的上限,因此如果芯片的读/写时序的 Preamble 的宽度接近则不能进行分离。另外,对于 DDR3 来说,读时序的 Preamble 可能是正电平也可能是负电平;对于 DDR4 来说,读/写时序的 Preamble 几乎一样,这都使得触发更加难以设置。

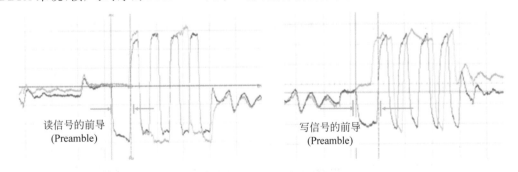

图 5.9　DDR2 信号的 Preamble

(2) 根据读/写信号的幅度不同进行分离。如图 5.10 所示,如果 PCB 走线长度比较长,在不同位置测试时可能读/写信号的幅度不太一样,可以基于幅度进行触发分离。但是这种方法对于走线长度不长或者读/写信号幅度差别不大的场合不太适用。

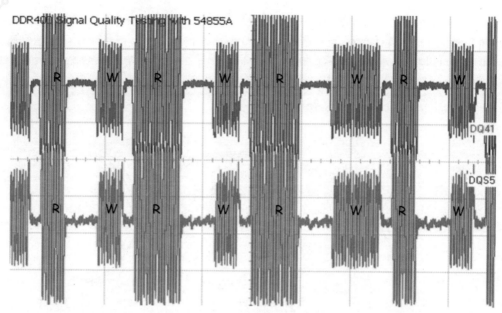

图 5.10　读信号和写信号的幅度差异

（3）根据 RAS、CAS、CS、WE 等控制信号进行分离。这种方法使用控制信号的读/写来判决当前的读写指令，是最可靠的方法。但是由于要同时连接多个控制信号以及 Clk、DQS、DQ 等信号，要求示波器的通道数多于 4 个，只有带数字通道的混合信号示波器才能满足要求，而且数字通道的采样率也要比较高。图 5.11 是用带高速数字通道的示波器触发并采集到的 DDR 信号波形。

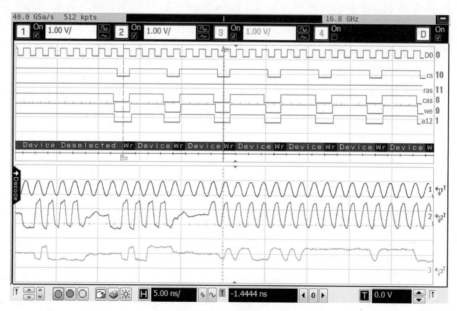

图 5.11　用带数字通道的示波器捕获的 DDR 信号波形

为了针对复杂信号进行更有效的读/写信号分离，现代的示波器还提供了很多高级的信号分离功能，在 DDR 测试中常用的有图形区域触发的方法和基于建立/保持时间的触发方法。

图形区域触发是指可以用屏幕上的特定区域(Zone)定义信号触发条件。图 5.12 是用区域触发功能对 DDR 的读/写信号分离的一个例子。用锁存信号 DQS 信号触发可以看到两种明显不同的 DQS 波形,一种是读时序的 DQS 波形,另一种是写信号的 DQS 波形。打开区域触发功能后,通过在屏幕上的不同区域画不同的方框,就可以把感兴趣区域的 DQS 波形保留下来,与之对应的数据线 DQ 上的波形也就保留下来了。

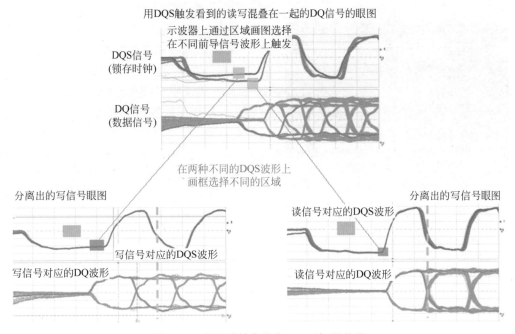

图 5.12　用区域触发分离 DDR 读/写信号

以上只是一些进行 DDR 读/写信号分离的常用方法,根据不同的信号情况可以做选择。对于 DDR 信号的一致性测试来说,用户还可以选择另外的方法,比如根据建立/保持时间的不同进行分离或者基于 CA 信号突发时延的方法(CA 高接下来对应读操作,CA 低接下来对应写操作)等,甚至未来有可能采用一些机器学习(Machine Learning)的方法对读/写信号进行判别。读时序和写时序波形分离出来以后,就可以方便地进行波形参数或者眼图模板的测量。

DDR 的信号探测技术

在 DDR 的信号测试中,还有一个要解决的问题是怎么找到相应的测试点进行信号探测。由于 DDR 的信号不像 PCIe、SATA、USB 等总线一样有标准的连接器,通常都是直接的 BGA 颗粒焊接,而且 JEDEC 对信号规范的定义也都是在内存颗粒的 BGA 引脚上,这就使得信号探测成为一个复杂的问题。

比如对于 DIMM 条的 DDR 信号质量测试来说,虽然在金手指上测试是最方便的找到测试点的方法,但是测得的信号通常不太准确。原因是 DDR 总线的速率比较高,而且可能经过金手指后还有信号的分叉,这就造成金手指上的信号和内存颗粒引脚上的信号形状差异很大。如果 PCB 的设计密度不高,用户有可能在 DDR 颗粒的引脚附近找到 PCB 过孔,这时可以用焊接或点测探头在过孔上进行信号测量。DDR 总线信号质量测试时经常需要至少同时连接 CLK、DQS、DQ 等信号,且自动测试软件需要运行一段时间,由于使用点测探头人手很难长时间同时保持几路信号连接的可靠性,所以通常会使用焊接探头测试。有时

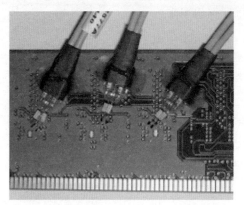

图 5.13 使用焊接探头测试 DDR 信号

为了方便,也可以把 CLK 和 DQS 焊接上,DQ 根据需要用点测探头进行测试。有些用户会通过细铜线把信号引出再连接示波器探头,但是因为 DDR 的信号速率很高,即使是一段 1cm 左右的没有匹配的铜线也会严重影响信号的质量,因此不建议使用没有匹配的铜线引出信号。有些示波器厂商的焊接探头可以提供稍长一些的经过匹配的焊接线,可以尝试一下这种焊接探头。图 5.13 所示就是一种用焊接探头在过孔上进行 DDR 信号测试的例子。

如果 PCB 的密度较高,有可能期望测量的引脚附近根本找不到合适的过孔(比如采用双面 BGA 贴装或采用盲埋孔的 PCB 设计时),这时就需要有合适的手段把关心的 BGA 引脚上的信号尽可能无失真地引出来。为了解决这种探测的难题,可以使用一种专门的 BGA Interposer(BGA 芯片转接板,有时也称为 BGA 探头)。这是一个专门设计的适配器,使用时要把适配器焊接在 DDR 的内存颗粒和 PCB 板中间,并通过转接板周边的焊盘把被测信号引出。BGA 转接板内部有专门的埋阻电路设计,以尽可能减小信号分叉对信号的影响。图 5.14 是一个 DDR 的 BGA 探头的典型使用场景。

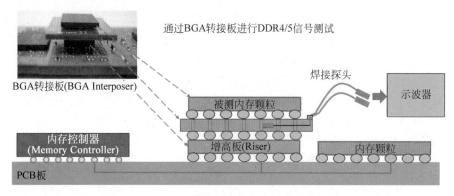

图 5.14 用 BGA 转接板进行 DDR4/5 信号的探测

在实际探测时,对于 DDR 的 CLK 和 DQS,由于通常是差分的信号(DDR1 和 DDR2 的 DQS 还是单端信号,DDR3 以后的 DQS 就是差分的了),所以一般用差分探头测试。DQ 信号是单端信号,所以用差分或者单端探头测试都可以。另外,DQ 信号的数量很多,虽然逐个测试是最严格的方法,但花费时间较多,所以有时用户会选择一些有代表性的信号进行测试,比如选择走线长度最长、最短、中间长度的 DQ 信号进行测试。

还有些用户想在温箱里对 DDR 信号质量进行测试,比如希望的环境温度变化范围为

−40～85℃,这对于使用的示波器探头也是个挑战。一般示波器的探头都只能在室温下工作,在极端的温度条件下探头可能会被损坏。如果要在温箱里对信号进行测试,需要选择一些特殊的能承受高温的探头。比如一些特殊的差分探头通过延长电缆可以在−55～150℃的温度范围提供 12GHz 的测量带宽;还有一些宽温度范围的单端有源探头,可以在−40～85℃的温度范围内提供 1.5GHz 的测量带宽。

前面介绍过,JEDEC 规范定义的 DDR 信号的要求是针对 DDR 颗粒的引脚上的,但是通常 DDR 芯片采用 BGA 封装,引脚无法直接测试到。即使采用了 BGA 转接板的方式,其测试到的信号与芯片引脚处的信号也仍然有一些差异。为了更好地得到芯片引脚处的信号质量,一种常用的方法是在示波器中对 PCB 走线和测试夹具的影响进行软件的去嵌入(De-embedding)操作。去嵌入操作需要事先知道整个链路上各部分的 S 参数模型文件(通常通过仿真或者实测得到),并根据实际测试点和期望观察到的点之间的传输函数,来计算期望位置处的信号波形,再对这个信号做进一步的波形参数测量和统计。图 5.15展示了典型的 DDR4 和 DDR5 信号质量测试环境,以及在示波器中进行去嵌入操作的界面。

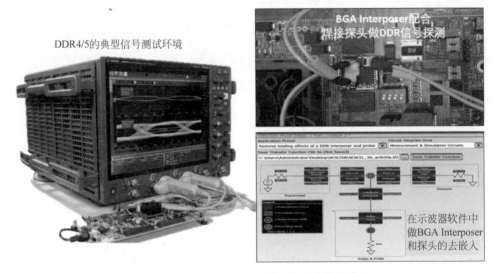

图 5.15　DDR 信号质量测试环境及夹具去嵌入

DDR4/5 与 LPDDR4/5 的信号质量测试

由于基于 DDR 颗粒或 DDR DIMM 的系统需要适配不同的平台,应用场景千差万别,因此需要进行详尽的信号质量测试才能保证系统的可靠工作。对于 DDR4 及以下的标准来说,物理层一致性测试主要是发送的信号质量测试;对于 DDR5 标准来说,由于接收端出现了均衡器,所以还要包含接收测试。

DDR 信号质量的测试也是使用高带宽的示波器。对于 DDR 的信号,技术规范并没有给出 DDR 信号上升/下降时间的具体参数,因此用户只有根据使用芯片的实际最快上升/下降时间来估算需要的示波器带宽。通常对于 DDR3 信号的测试,推荐的示波器和探头的带宽在 8GHz；DDR4 测试建议的测试系统带宽是 12GHz；而 DDR5 测试则推荐使用 16GHz 以上带宽的示波器和探头系统。

DDR 总线上需要测试的参数高达上百个，而且还需要根据信号斜率进行复杂的查表修正。为了提高 DDR 信号质量测试的效率，最好使用专用的测试软件进行测试。使用自动测试软件的优点是：自动化的设置向导避免连接和设置错误；优化的算法可以减少测试时间；可以测试 JEDEC 规定的速率，也可以测试用户自定义的数据速率；自动读/写分离技术简化了测试操作；能够多次测量并给出一个统计的结果；能够根据信号斜率自动计算建立/保持时间的修正值。由于 DDR5 工作时钟最高到 3.2GHz，系统裕量很小，因此信号的随机和确定性抖动对于数据的正确传输至关重要，需要考虑热噪声引入的 RJ、电源噪声引入的 PJ、传输通道损耗带来的 DJ 等影响。DDR5 的测试项目比 DDR4 也更加复杂。比如其新增了 nUI 抖动测试项目，并且需要像很多高速串行总线一样对抖动进行分解并评估 RJ、DJ 等不同分量的影响。另外，由于高速的 DDR5 芯片内部都有均衡器芯片，因此实际进行信号波形测试时也需要考虑模拟均衡器对信号的影响。图 5.16 展示了典型的 DDR5 和 LPDDR5 测试软件的使用界面和一部分测试结果。

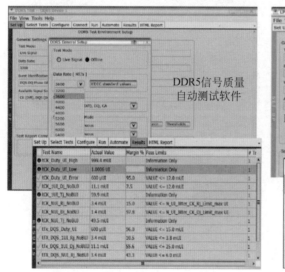
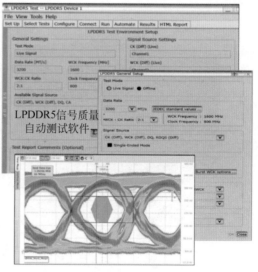

图 5.16　DDR5 与 LPDDR5 的信号质量自动测试软件

测试软件运行后，示波器会自动设置时基、垂直增益、触发等参数进行测量并汇总成一个测试报告，测试报告中列出了测试的项目、是否通过、spec 的要求、实测值、margin 等。图 5.17 是自动测试软件进行 DDR4 眼图睁开度测量的一个例子。信号质量的测试还可以辅助用户进行内存参数的配置，比如高速的 DDR 芯片都提供有 ODT（On Die Termination）的功能，用户可以通过软件配置改变内存芯片中的匹配电阻，并分析对信号质量的影响。

除了一致性测试以外，DDR 测试软件还可以支持调试功能。比如在某个关键参数测试失败后，可以针对这个参数进行 Debug。此时，测试软件会捕获、存储一段时间的波形并进行参数统计，根据统计结果可以查找到参数违规时对应的波形位置，如图 5.18 所示。

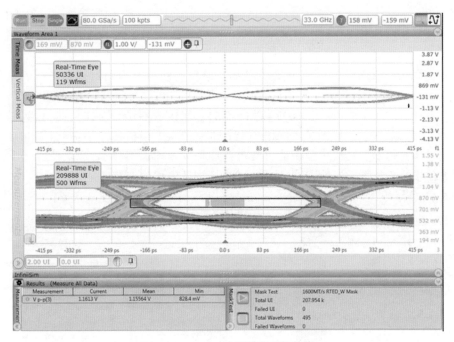

图 5.17 DDR4 的眼图睁开度测量

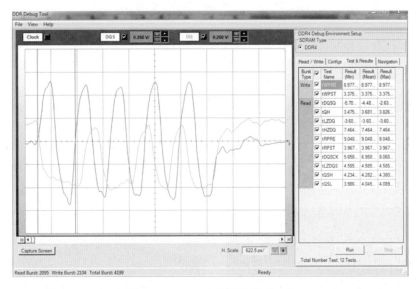

图 5.18 DDR 信号质量调试工具

需要注意的是,由于 DDR 的总线上存在内存控制器和内存颗粒两种主要芯片,所以 DDR 的信号质量测试理论上也应该同时涉及这两类芯片的测试。但是由于 JEDEC 只规定了对于内存颗粒这一侧的信号质量的要求,因此 DDR 的自动测试软件也只对这一侧的信号质量进行测试。对于内存控制器一侧的信号质量来说,不同控制器芯片厂商有不同的要求,目前没有统一的规范,因此其信号质量的测试还只能使用手动的方法。这时用户可以在内存控制器一侧选择测试点,并借助合适的信号读/写分离手段来进行手动测试。

DDR5 的接收端容限测试

前面我们在介绍 USB3.0、PCIe 等高速串行总线的测试时提到过很多高速的串行总线由于接收端放置有均衡器,因此需要进行接收容限的测试以验证接收均衡器和 CDR 在恶劣信号下的表现。对于 DDR 来说,DDR4 及之前的总线接收端还相对比较简单,只是做一些匹配、时延、阈值的调整。但到了 DDR5 时代(图 5.19),由于信号速率更高,因此接收端也开始采用很多高速串行总线中使用的可变增益调整以及均衡器技术,这也使得 DDR5 测试中必须关注接收均衡器的影响,这是之前的 DDR 测试中不曾涉及的。

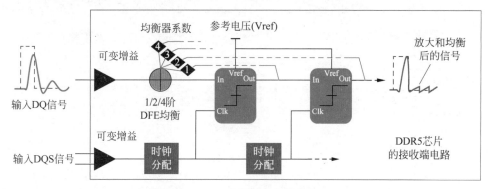

图 5.19　DDR5 芯片的接收端电路

DDR5 的接收端容限评估需要通过接收容限的一致性测试来进行,主要测试的项目有 DQ 信号的电压灵敏度、DQS 信号的电压灵敏度、DQS 的抖动容限、DQ 与 DQS 的时序容限、DQ 的压力眼测试、DQ 的均衡器特性等。

在 DDR5 的接收端容限测试中,也需要通过专用的测试夹具对被测件进行测试以及测试前的校准。图 5.20 展示了一套 DDR5 的 DIMM 条的测试夹具,包括了 CTC2 夹具(Channel Test Card)和 DIMM 板(DIMM Test Card)等。CTC2 夹具上有微控制器和 RCD 芯片等,可以通过 SMBus/I^{2}C 总线配置电路板的 RCD 输出 CA 信号以及让被测件进入环回模式。测试夹具还提供了 CK/CA/DQS/DQ/LBD/LBS 等信号的引出。

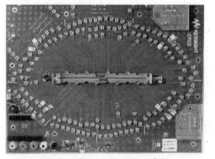

CTC2(Channel Test Card)夹具

DIMM夹具

图 5.20　DDR5 的接收端容限测试夹具

在进行接收容限测试时,需要用到多通道的误码仪产生带压力的 DQ、DQS 等信号。测试中被测件工作在环回模式,DQ 引脚接收的数据经被测件转发并通过 LBD 引脚输出到误码仪的误码检测端口。在测试前需要用示波器对误码仪输出的信号进行校准,如 DQS 与 DQ 的时延校准、信号幅度校准、DCD 与 RJ 抖动校准、压力眼校准、均衡校准等。图 5.21 展示了一整套 DDR5 接收端容限测试的环境。

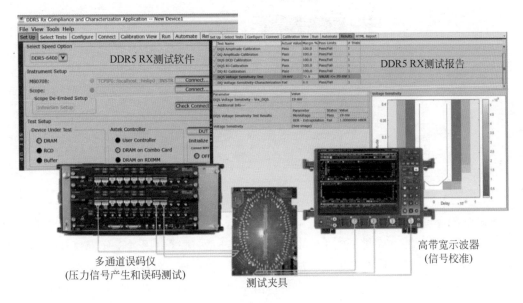

图 5.21　DDR5 接收端容限测试的环境

DDR4/5 的协议测试

除了信号质量测试以外,有些用户还会关心 DDR 总线上真实读/写的数据是否正确,以及总线上是否有协议的违规等,这时就需要进行相关的协议测试。DDR 的总线宽度很宽,即使数据线只有 16 位,加上地址、时钟、控制信号等也有 30 多根线,更宽位数的总线甚至会用到上百根线。为了能够对这么多根线上的数据进行同时捕获并进行协议分析,最适合的工具就是逻辑分析仪。DDR 协议测试的基本方法是通过相应的探头把被测信号引到逻辑分析仪,在逻辑分析仪中运行解码软件进行协议验证和分析。

由于 DDR4 的数据速率会达到 3.2GT/s 以上,DDR5 的数据速率更高,所以对逻辑分析仪的要求也很高,需要状态采样时钟支持 1.6GHz 以上且在双采样模式下支持 3.2Gbps 以上的数据速率。图 5.22 是基于高速逻辑分析仪的 DDR4/5 协议测试系统。图中是通过 DIMM 条的适配器夹具把上百路信号引到逻辑分析仪,相应的适配器要经过严格测试,确保在其标称的速率下不会因为信号质量问题对协议测试结果造成影响。目前的逻辑分析仪可以支持 4Gbps 以上信号的采集和分析。

对于嵌入式应用的 DDR 的协议测试,一般是 DDR 颗粒直接焊接在 PCB 板上,测试可以选择针对逻辑分析仪设计的 BGA 探头。也可以设计时事先在板上留测试点,把被测信号引到一些按一定规则排列的焊盘上,再通过相应探头的排针顶在焊盘上进行测试。

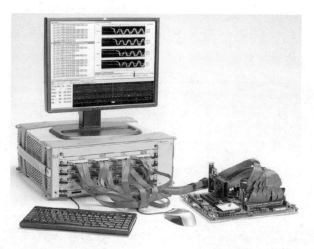

图 5.22　DDR4/5 的协议测试

　　协议测试也可以和信号质量测试、电源测试结合起来,以定位由于信号质量或电源问题造成的数据错误。图 5.23 是一个 LPDDR4 的调试环境,测试中用逻辑分析仪观察总线上的数据,同时用示波器检测电源上的纹波和瞬态变化,通过把总线解码的数据和电源瞬态变化波形做时间上的相关和同步触发,可以定位由于电源变化造成的总线读/写错误问题。

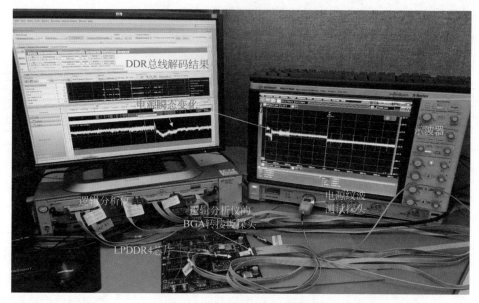

图 5.23　LPDDR4 的调试环境

第6章

HDMI/DP简介与物理层测试

HDMI/DP 显示接口简介

对于图像、声音等信息的传输和显示是当今多媒体和娱乐设备的最基本需求。采用何种接口来进行有效的数据传输也经过了几代的发展，下面简单回顾一下在通用的消费类电子领域最普遍使用过的外部的显示接口。图 6.1 是几种常用视频接口的连接器。

图 6.1　几种常用视频接口的连接器(参考资料：网络图片)

VGA(Video Graphics Array，视频图形阵列)：VGA 标准最早在 20 世纪 80 年代由 IBM 推出，后来由 VESA(Video Electronics Standards Association)组织重新定义。VGA 接口以模拟信号的方式传输红、绿、蓝模拟信号以及同步信号(水平和垂直信号)，曾经是在计算机、显示器上应用最为广泛的显示接口。VGA 接口现在仍然在使用，但是由于信号通过模拟方式传输，因此长电缆时会影响显示效果。另外，其传输带宽有限，不能通过升级支持较高分辨率和色深，也无法进行内容保护，因此其应用也越来越少。

DVI(Digital Visual Interface，数字视频接口)：由 DDWG(Digital Display Working Group)组织制定，其技术来源于 Silicon Image 公司的 TMDS(Transition Minimized Differential Signaling)信号传输技术，可以传送无压缩的数字视频信号到显示设备。DVI 是第一个在 PC、LCD、数字投影仪等设备上得到广泛应用的数字视频接口标准。但是由于 DVI 接口不支持数字音频传输，不能支持 4K、深色、3D 等最新应用，而且连接器过大不适合便携设备等原因,其市场已经逐渐被 HDMI 和 Displayport 取代。

　　HDMI(High Definition Multimedia Interface,高清多媒体接口)是专用于数字音/视频传输的数字显示接口标准,其最大特点是可以极高带宽同时传送高分辨率的数字视频/音频/控制信号。HDMI 的标准最早由 HDMI 组织制定,HDMI 组织由 Silicon Image(已于2015 年被 Lattice 公司收购)、Sony、Panasonic、Philips 等 7 家公司发起成立,其中 Silicon Image 是主要的芯片供应商和专利提供商。从 2011 年开始,HDMI 组织改组成了开放的 HDMI 论坛(www.hdmiforum.org),并从 HDMI2.0 版本继续新标准的制定以及推广,但是吸纳了更多成员参与讨论,会员之间的地位也都是平等的。采用 HDMI 接口以后,高清的视频、音频甚至控制信息都可以通过一根 HDMI 电缆传输,大大简化了连接。而且由于HDMI 是最早普及的高清显示接口,且芯片技术成熟稳定,所以已经在显示设备及高清影音播放领域占有了很大的市场份额。HDMI 标准经过了多代的发展,最早成熟并得到广泛应用的是 2006 年发布的 1.3 版本,其性能和接口带宽类似于 DVI;2009 年发布的 1.4 版本把总接口带宽提高到 10.2Gbps,可以支持 24Hz 帧频下的 4K 高清视频传输;2013 年发布的 2.0 标准(后来整合到 HDMI2.1 的 TMDS 标准)进一步把接口带宽提高到 18Gbps,可以在 60Hz 的帧频下支持 4K 视频传输;而 2017 年发布的 2.1 版本中,更是可以用四对差分的 FRL(Fixed Rate Link)信号一起实现 48Gbps 的接口带宽,以支持 8K 的高清视频传输。表 6.1 展示了 HDMI 各代标准的发展。

表 6.1　HDMI 标准的发展

性 能 特 点	HDMI1.4(TMDS)	HDMI2.0(HDMI2.1 TMDS)	HDMI2.1(FRL)
标准发布时间	2009 年	2013 年	2017 年
最高数据速率/Lane	3.4Gbps	6Gbps	12Gbps
总线结构	3 * Data＋1 * Clk	3 * Data＋1 * Clk	4 * Data
总线数据带宽	10.2Gbps	18Gbps	48Gbps
数据编码	8b/10b	8b/10b	16b/18b
高清视频支持	4K/30Hz	4K/60Hz	8K/60Hz 或 4K/120Hz
高动态范围(HDR)	不支持	静态 HDR	动态 HDR
可变刷新率(VRR)	不支持	不支持	支持
音频回传(ARC)	支持	支持	增强音频回传(eARC)

　　除了 HDMI 以外,另一种应用非常广泛的数字显示接口方案就是 DisplayPort(DP)。DP 的发起组织也是 VESA,其主要优势在于非常高的数据速率、方便的连接、完善的内容保护及基于包交换的数据传输方式。DP 采用了与 PCIe 及 USB3.x 类似的物理层技术,很多CPU 可以不用任何转接芯片而直接输出 DP 信号,因此 DP 接口最早在 PC 和笔记本行业中得到应用,而且 USB4.0 的标准规划中也会兼容 DP 信号。目前制约 DP 接口进一步普及的因素主要在显示设备上,其在电视、显示屏等上的普及率相比 HDMI 还有较大差距。DP目前商用的主要是 V1.4 版本的标准,可以在 4 条链路上同时传输 1.62Gbps(RBR)、2.7Gbps(HBR)、5.4Gbps(HBR2)和最高 8.1Gbps(HBR3)的高速视频数据,还提供 Aux

Channel 用于链路控制和音频数据的传输。DP 采用类似 PCIe 的物理层方案,时钟内嵌在数据流中,链路宽度可以选择 1、2 或 4,发送和接收间采用 AC 耦合。2019 年 VESA 组织宣布,其负责制定的 DP V2.0 标准,即 UHBR 10/13.5/20Gbps 采用了之前 Intel 公司推动的 Thunderbolt(雷电)协议标准。其中,10Gbps 信号可以用传统的标准 DP 或者 Mini DP 接口进行传输,也可以用 Type-C 接口进行传输;而 13.5Gbps 和 20Gbps 的信号只能用 Type-C 接口进行传输。图 6.2 展示了 DisplayPort 各代标准速率及编码效率的发展。

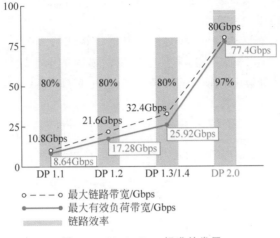

图 6.2　DisplayPort 标准的发展

HDMI 物理层简介

按照 HDMI 标准的定义,HDMI 的设备分为 Source 设备(源设备)、Sink 设备(接收设备)以及 Cable(电缆)。Source 设备用于产生 HDMI 信号输出,如 DVD、机顶盒、数码相机、计算机、游戏机等;Sink 设备用于接收 HDMI 信号并显示,如电视、投影、显示器等。除此以外,还有一种 Repeater 设备(中继设备),用于接收 HDMI 信号并重新分配输出,可以认为 Repeater 设备上同时有 Sink 设备的接口和 Source 设备的接口。图 6.3 是典型的 HDMI 的总线结构。

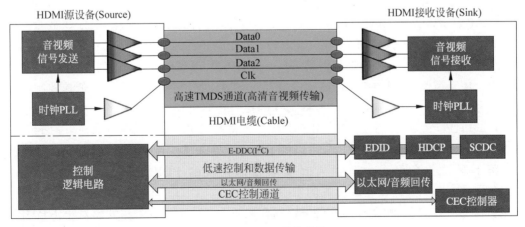

图 6.3　HDMI 总线结构

在 HDMI 的总线上，主要用来进行音/视频信号传输的是 4 对 TMDS(Transition Minimized Differential Signaling,传输最小差分信号)的信号,传统上这 4 对线包括 1 对差分时钟信号和 3 对差分的数据信号。在 HDMI1.4 及之前的版本中,时钟线上的时钟频率为数据线上数据传输速率的 1/10,比如每对数据线上的数据速率为 1.485Gbps 时,时钟线上传输的时钟信号的频率为 148.5MHz。由于此时时钟频率和传输像素的频率一致,所以有时又称为像素频率。如果是 RGB 的数据格式,则在三对数据线上分别传输红、绿、蓝的数据,同时场同步、行同步以及音频信息也都承载在视频帧空隙里。在 HDMI2.0 版本中,为了减少高速时钟传输造成的 EMI,时钟频率改为数据线上数据传输速率的 1/40。

TMDS 信号是一种特殊的差分编码信号,其通过特殊的 8b/10b 编码(与 PCIe/SATA 等总线用的 ANSI 8b/10b 编码不同)来尽量减少信号中的电平跳变(减少 EMI)。TMDS 采用直流耦合方式,源端是电流源驱动,接收端通过 50Ω 电阻上拉到 3.3V。图 6.4 是 TMDS 信号的电路模型。

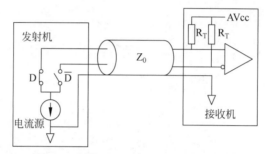

图 6.4 TMDS 信号的电路模型(参考资料: High-Definition
Multimedia Interface Specification)

在 HDMI2.1 版本中,为了提高总线带宽,原来的时钟线也可作为第 4 对数据线进行信号传输,这样就要求每对差分线都有自己独立的时钟恢复电路。另外,传统的 HDMI 总线采用直接像素传输,所以实际传输的信号速率是与分辨率、帧频、色彩深度等相关的,这种方式下为了兼容不同的显示分辨率可能需要支持几十种数据速率,对于电路的时钟设计有一定难度。而从 HDMI2.1 开始,也开始采用包传输的方式,即音/视频数据都是封装在数据包里传输。由于数据包中可以填充一些冗余数据,所以总线可以只工作在很少的几种特定速率下,比如 3Gbps、6Gbps、8Gbps、10Gbps、12Gbps 等,因此可以简化 PLL 电路的设计。HDMI2.1 把这种信号传输模式称为 FRL(Fixed Rate Link),以区分于传统的 TMDS 信号传输模式。支持 FRL 模式的设备仍然需要保持对传统 TMDS 信号速率的兼容。

除了用于高速音/视频传输的高速信号以外,在 HDMI 总线上还有一些低速控制信号,这些信号虽然速率不高,但对于实现 HDMI 的接口功能也是至关重要的。典型的信号有: Hot Plug(HPD 信号,热插拔控制)用于设备插入检测; DDC 通道(Display Data Channel)用于读取显示设备信息;+5V 信号可以用于给外设供电等。其中,DDC 通道是 I^2C 通道,主要用于源设备在显示设备插入时读取显示设备的 EDID 信息(Extended display identification data,存储在显示设备的 EEPROM 中),EDID 中有该显示设备支持的分辨率、帧频、色深等信息,源设备读取后可以据此调整合适的输出信号格式。对于 HDMI2.0 及以后的标准来说,DDC 通道还支持双向的 SCDC(Status and Control Data Channel)功能,可以在源设备和显示设备之间进行更多状态和控制信息的交互。

对于设备制造商来说,最重要的是保证产品的互操作性以获得良好的用户体验。HDMI 协会要求在市面上销售的 HDMI 设备必须通过相应的一致性测试,对于不同设备的测试项目和测试方法的要求可以参考其 CTS 规范(Compliance Test Specification,一致性测试规范)或各测试设备厂商的 MOI(Method of Implementation,实施方法),其物理层测试根据设备的类型可以分为源设备测试、电缆测试和接收设备的测试。主要的物理层测试项目是高速 TMDS 或 FRL 的电气指标或接收能力测试,也可能包括一部分以太网通道和音频回传通道的测试。

HDMI2.1 物理层测试

对于 HDMI 的源设备(Source)来说,由于其用于产生 HDMI 信号输出,所以源设备的物理层测试项目中最重要的是其输出的高速的信号质量的测试,典型测试项目包括信号的低电平、差分上升/下降时间、眼图和抖动分析等。对于 HDMI1.4 的测试,测试规范要求使用 8GHz 以上带宽的示波器和探头;对于 HDMI2.1 的 TMDS 信号测试,需要至少 13GHz 以上带宽的示波器和探头;对于 HDMI2.1 的 FRL 信号测试,则会要求测试系统的带宽至少为 20GHz。表 6.2 列出了针对不同标准中 HDMI 测试的要求。

表 6.2　HDMI 源设备测试的要求

性 能 特 点	HDMI1.4	HDMI2.1 TMDS	HDMI2.1 FRL
专门时钟通道	有	有	无
测试连接方式	差分或单端	单端	单端
示波器通道数	2 个或 4 个,差分或单端	4 个单端	4 个单端
数据编码方式	TMDS 8b/10b	TMDS 8b/10b	FRL 16b/18b
数据速率	250Mbps~3.4Gbps	3.4~6Gbps	3~12Gbps
测试码型定义	无	无	有
示波器带宽要求	8GHz	13GHz	20GHz

测试中应通过测试夹具引出被测的高速 TMDS 或 FRL 信号,使用 4 只探头同时连接被测信号进行测试,并通过 SCDC/EDID 的控制器来控制被测的源设备输出不同状态和速率的被测信号。图 6.5 是一个典型的 HDMI 信号质量测试连接图。需要注意的是,在 HDMI1.4 的测试中,除了一些单端特性的测试(如 VL、线对内时延差等),一些差分特性如差分眼图、抖动的测试可以用差分探头连接一对差分线进行测试(需要同时在探头上提供 3.3V 的电压偏置)。但是,在 HDMI2.1 的测试中,测试规范要求用软件加入通道特性的影响后才能进行眼图分析,所以每对差分线的正负端要分别接入一个示波器通道进行测试,这样后面才能对正负端加入不同的时延。

在测试过程中,示波器中的 HDMI 测试软件先要对捕获到的信号进行一系列的通道模型处理后再进行高速信号的时钟恢复和眼图等参数测试,其中主要通道模型处理步骤包括测试夹具的去嵌入(Fixture De-Embedding)、最恶劣情况电缆损耗串扰的模拟(Worst Case Cable Embedding)、最恶劣情况电缆对内时延差的模拟(Worst Case Skew Modeled)、接收端参考均衡器的模拟(Reference Equalization)等。同时,测试软件还会指导进行探头设置

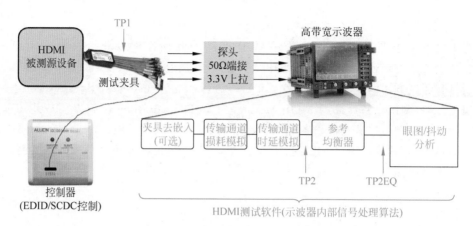

图 6.5 HDMI 信号质量测试连接图

连接、被测件速率定义、测试项目选择等,并自动对信号进行时钟恢复及眼图和抖动参数测试,最后生成测试报告。图 6.6 是 HDMI 测试软件的设置界面。

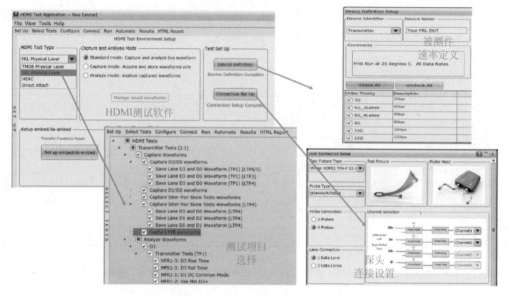

图 6.6 HDMI 测试软件界面

对于 HDMI 的接收显示设备(Sink)来说,主要作用是接收 HDMI 信号并进行显示,所以接收设备的物理层测试项目主要是测试其对恶劣信号的接收端容限,这时需要用专门的信号发生器产生不同像素时钟的测试码型并注入各种信号干扰。在测试中,信号发生器需要能够模拟不同速率电缆损耗以及线缆对内正负信号线的时延差对信号的影响,同时还要注入不同频率和幅度的抖动。早期的 HDMI 接收端容限测试采用多通道的码型发生器,但是用于模拟电缆损耗、注入抖动的外部设备过于复杂。为了简化测试的连接,现在 HDMI 的接收端容限测试主要使用高带宽的任意波形发生器。任意波发生器是基于高速 DAC(数模转换)的技术,可以通过软件计算生成数字波形后再真实发送出来,具有非常好的灵活性。

在接收端容限测试中,对 TMDS 信号测试来说,需要操作者从接收设备显示的图像上判断是否能正确显示,比如是否出现噪点、水平或垂直方向的错位、不正确的颜色等;对

FRL 信号测试来说,需要专门的 SCDC 控制器来读出接收设备内部接收到的误码数量。图 6.7 是一个 HDMI 显示设备进行接收端容限测试的典型环境。

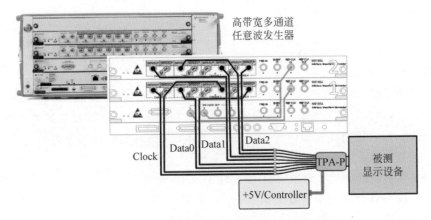

图 6.7　HDMI 显示设备接收端容限测试环境

DP 物理层简介

前面介绍过,DP 也是一个很有潜力的高速数字显示接口,特别在 PC/笔记本等设备上更容易普及。DP 的设备和 HDMI 一样,也主要有 3 大类: 源设备(Source)产生信号,如 Desktop、Notebook、DVD 等; 接收设备(Sink)用于接收信号并显示图像,如显示器、电视等; 中间的是连接介质(Media),如 Cable。图 6.8 是 DP 的总线结构。

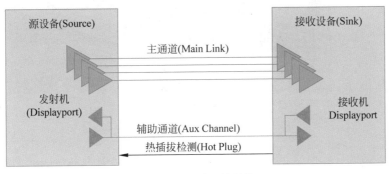

图 6.8　DP 的总线结构

DP 的信号路径分为主信号通路(Main Link)和辅助信号通路(Aux Channel)两种。Main Link 主要用于传输高速视频和音频数据,由 4 对单向的高速差分线构成,实际应用中也可以只使用其中的 1 对或 2 对。Aux Channel 用于传输链路控制信号,由 1 对双向差分线构成,工作在半双工模式,通常 Aux Channel 信号传输速率 1Mbps,采用曼彻斯特编码。如果支持 Fast Aux Channel(快速辅助通道),其工作速率达 720Mbps,可以用来承载 USB2.0 的协议。此外,DP 接口还可以有热插拔检测(Hot Plug Detect)信号和供电引脚,供电引脚可以给一些功耗不高的转接设备供电。

为了保证市面上大量 DP 设备使用上的兼容性,VESA 组织定义了严格的一致性测试规范(Compliance Test Specification,CTS),其物理层方面的测试也是包括发送端(Source)设备测试、接收端(Sink)设备测试和电缆(Cable)测试。下面就 Source、Sink 和 Cable 三方面的测试方案分别做一个简单介绍。

DP2.0 物理层测试

对于 DP 的源设备(Source)来说,其作用是发出高速的 DP 信号,因此测试项目也主要是对其高速信号的质量进行测试。与很多高速串行总线发送端一致性测试方案类似,其测试系统主要由夹具、低损耗相位匹配电缆(或者 SMA 探头)、实时示波器组成。根据不同的速率,测试需要的示波器带宽也不一样,对于 UHBR 10Gbps 数据速率的信号测试,至少应使用 16GHz 带宽的示波器;对于 UHBR 13.5Gbps 或 20Gbps 数据速率的信号测试,则推荐使用 25GHz 带宽左右的示波器。由于 DP 信号和 PCIe 及 USB3.x 一样采用 AC 耦合方式,所以测试中可以不使用探头而直接用夹具和同轴电缆来连接被测信号。如果为了避免测试中频繁更改连接,也可以使用 4 个差分的 SMA 探头同时连接 4 个被测通道进行测试。图 6.9 是一个典型的 DP 源设备信号质量测试的环境。

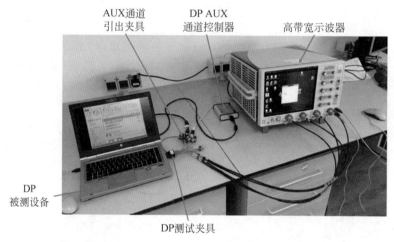

图 6.9　DP 源设备信号质量测试环境

根据 CTS 测试规范要求,不同的测试项目要求被测设备产生不同的测试码型,比如PRBS7、D10.2、HBR2CPAT、PLTPAT 等,同时还会要求在不同的速率、幅度、预加重以及参考均衡器等情况下进行测试,这是一个非常大的组合,可能高达上千个测试项目,因此通常都要通过自动化测试软件进行测试。图 6.10 展示了典型 DP 信号质量自动测试软件的设置界面,测试前需要进行速率、幅度、预加重、参考均衡器等的配置。为了方便进行快速的测试,在 DP 测试中还会用到 AUX 通道控制器(AUX controller),这个控制器可以由安装在示波器里的 DP 一致性自动测试软件控制,当运行到相应的测试项目时自动控制被测件进行状态的切换,从而实现全自动的测试。

对于显示接收设备来说,其测试项目和很多其他高速总线一样,也是要进行接收端容限的测试,即需要知道信号恶化到什么程度时会影响信号接收能力。因此,接收容限测试中需要有设备能够产生抖动和幅度可调的 DP 信号,在 DP 中把产生这种信号的设备叫作压力信

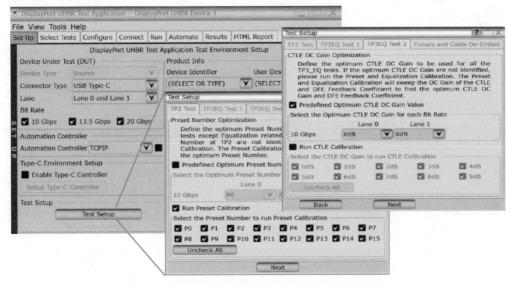

图 6.10 典型 DP 信号质量自动测试软件设置界面

号产生器(Stressed Signal Generator)。通常会用高性能的码型发生器或误码仪来产生这种压力信号,高性能码型发生器会内置经过校准的抖动源,可以直接产生准确的带抖动的信号,如产生不同 RJ、PJ、SJ、ISI 的抖动和带 SSC 的信号等。在进行显示设备的接收容限测试时,也会用到专门的接收容限自动测试软件对码型发生器经过测试夹具输出的信号进行校准,并控制码型发生器产生相应的训练码型序列和压力信号,通过夹具输入到被测显示设备。DP 的接收容限测试也会用到 AUX 通道控制器,以控制误码仪和被测设备的链路协商和链路状态、误码率读取等。因此,一个完整的 DP 接收容限测试环境包括有高速码型发生器或误码仪(产生压力信号)、高带宽示波器(信号校准)、自动化控制软件(信号校准和测试)、Aux 通道控制(链路状态和误码率读取)和必要的测试附件/夹具(DP 接口信号引出)等。典型的 DP 接收端容限测试环境如图 6.11 所示。

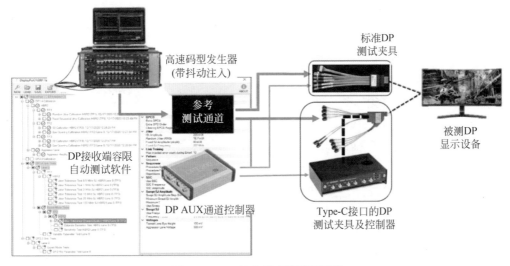

图 6.11 DP 接收端容限测试环境

第7章

Ethernet简介与物理层测试

以太网技术简介

以太网的标准最早起源于 20 世纪 70 年代,经历了 10M、100M、1000M、10G、40G、100G、200G/400G 等多代的迭代和发展,是目前全球最成熟、最广泛使用的网络连接技术,其产品遍布数据中心、消费类电子、通信、工业控制等各个领域。负责以太网标准化的 IEEE 组织(国际电气电子工程师学会)建立于 1963 年,是世界上最大的专业技术组织之一,拥有来自全球 100 多个国家的几十万会员。

10Base-T、100Base-Tx、1000Base-T、10GBase-T、MGBase-T 都是使用双绞线介质和 RJ-45 连接器(有时称为水晶头)作为数据传输的以太网标准,由于布线简单、成本低廉、使用方便,目前是最广泛使用的以太网技术(标准中的 T 是指 Twisted Pair,即双绞线)。图 7.1 是 RJ45 连接器的信号定义,在 RJ45 连接器上有 8 个引脚,可以连接 4 对双绞线,其中 10Base-T、100Base-Tx 只使用其中的 2 对,一对用来发送,另一对用来接收;而在 1000Base-T 及更高速率的标准中,会同时用到 4 对双绞线,而且每对双绞线上都同时有数据的收/发。

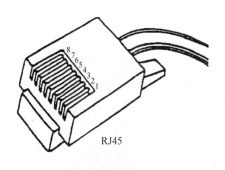

引脚	100Base-TX	1000Base-T
1	TD+	BI_DA+
2	TD−	BI_DA−
3	RD+	BI_DB+
4	--	BI_DC+
5	--	BI_DC−
6	RD−	BI_DB−
7	--	BI_DD+
8	--	BI_DD−

图 7.1　RJ45 连接器的信号定义

设备间良好的兼容和互通性是以太网设备的最基本要求,为了保证不同以太网设备间的互通性,就需要按照规范要求进行相应的一致性测试以确保其信号质量等参数满足相应标准的要求。测试所依据的标准主要是 IEEE 802.3 和 ANSI X3.263—1995 中的相应章节。根据不同的信号速率和上升时间，要求的示波器和探头的带宽也不一样。对于千兆以太网及以下速率的测试建议使用 1GHz 带宽。

对于 10G 以太网来说，其标准非常多，如 10GBase-CX、10GBase-T、10GBase-S 等，有的是电接口，有的是光接口，不同接口的信号速率也不一样。比如 10GBase-T 的测试至少需要 2.5G 带宽的实时示波器；10GBase-CX、XAUI 等测试至少需要 8G 带宽的实时示波器；10GBase-KR 等信号的测试需要 20GHz 以上带宽的示波器；而 10GBase-S 等光接口的测试则根据不同速率需要相应带宽的带光口的采样示波器。

10M/100M/1000M 以太网测试项目

10Base-T 标准在 20 世纪 90 年代初推出，是现在广泛使用的以太网技术的基础，目前市面上大部分 100Base-TX/1000Base-T 的设备仍然可以保持与 10Base-T 标准的兼容。10Base-T 的信号在线路上传输时采用两电平的曼彻斯特编码方式，用低→高的电平跳变代表比特 1，用高→低的电平跳变代表比特 0。由于传输的数据信号上都有足够多的跳变边沿，因此接收端可以由此恢复出时钟，而不用传输专门的时钟信号。图 7.2 是典型的 10Base-T 的信号。

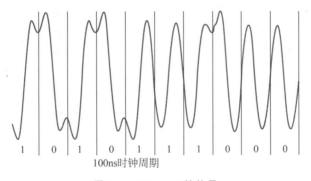

1 0 1 0 1 1 1 0 0 0

100ns时钟周期

图 7.2 10Base-T 的信号

10Base-T 的测试项目包括信号模板测试、峰值电压测试、Link 脉冲测试、Idle 模板测试、谐波测试、抖动测试等。在进行 10Base-T 的以太网信号不同项目测试时，需要被测件发出不同的测试码型、经过不同的传输通道模型以及连接不同的负载。图 7.3 是两种典型的测试连接图。

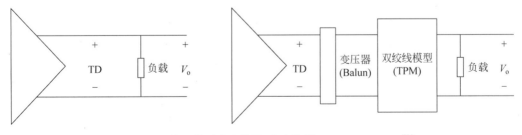

图 7.3 10Base-T 的两种测试连接图（参考资料：IEEE Std 802.3™-2008）

测试过程中,不同的测试项目需要被测件发出不同的测试码型,测试码型可能是伪随机数据流、Link 脉冲或者类似时钟的数据流。图 7.4 是典型的 10Base-T 以太网典型的 Link 脉冲和 Idle 信号的波形。

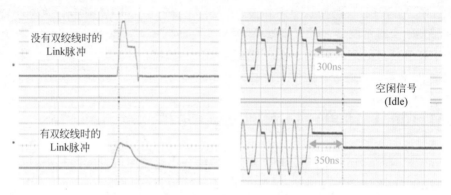

图 7.4 10Base-T 以太网的 Link 脉冲和 Idle 信号

按照 IEEE 802.3 的规定,有些 10Base-T 的测试项目需要通过传输通道模型 TPM (Twisted-pair Model)进行测试,TPM 模型采用如图 7.5 所示的等效电路,用来模拟传输线对信号的恶化影响。这个传输通道在 10MHz 频点附近的衰减大约在 10dB。

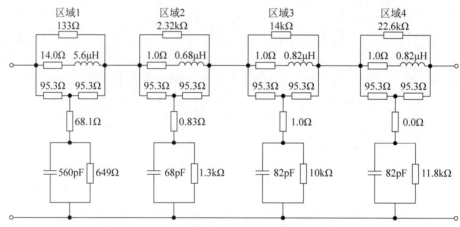

图 7.5 10Base-T 测试中的双绞线的等效电路

(参考资料: IEEE Std 802.3^{TM}-2008)

另外,有些测试项目需要在不同的负载情况下进行测试,针对 10Base-T 的测试,IEEE 还规定了 3 种负载模型,如图 7.6 所示。

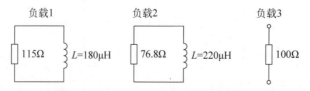

图 7.6 10Base-T 测试中的 3 种负载模型

100Base-Tx的标准在 20 世纪 90 年代中期推出,目的是把以太网的传输速率在 10Base-T 标准的基础上提高 10 倍。100Base-Tx 的数据有效传输速率是 100Mbps,但数据传输过程中会进行 4b/5b 的编码,因此实际数据传输的波特率为 125MBaud。另外,100Base-Tx 的信号在线路上传输时采用如图 7.7 所示的 MLT-3(Multi-Level Transmit)的 3 电平编码方式,传输比特 1 时信号跳变,传输比特 0 时信号电平保持不变。

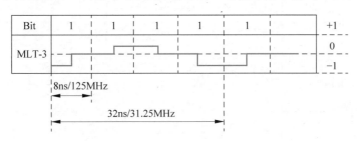

图 7.7 100Base-Tx 以太网采用的 MLT-3 电平编码

100Base-Tx 和信号质量测试的项目比较多,包括峰值电压、上升/下降时间、过冲、对称性、模板、占空比失真、抖动等。但是测试环境相对简单,测试中不需要经过 TPM 模型,负载模型也只有 100Ω 的端接负载一种。同时,测试过程中被测件只需要发出一种伪随机的数据流作为测试码型即可。图 7.8 是典型的 100Base-Tx 的信号波形和信号模板。

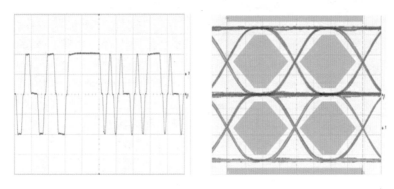

图 7.8 100Base-Tx 的信号波形和信号模板

1000Base-T 的标准在 20 世纪 90 年代末期推出,目的是把以太网的传输速率在 100Base-Tx 标准的基础上再提高 10 倍。由于已经大量铺设的基于双绞线网络成本非常低廉,无法保证直接进行 1Gbps 的信号传输,为了保证与前面标准的兼容性并重复使用已有的双绞线网络,1000Base-T 的标准使用了 4 对双绞线同时进行双向的信号传输(图 7.9),这样每对传输线上的数据传输速率只需要达到 250Mbps 即可。由于 1000Base-T 使用了 4 对双绞线,所以每对双绞线都需要进行测试。

为了进一步减小线路损耗对于信号传输的影响,1000Base-T 标准中在线路上传输时采用了 5 电平的 PAM5(Five-level Pulse Amplitude Modulation)的信号编码方式。由于有 5 个可用的信号电平,因此每个信号跳变至少可以表示 2 个数据比特,这样就使得 1000Base-T 实际上每对差分线上的波特率和 100Base-Tx 一样都是 125MBaud。图 7.10 是 100Base-Tx 和 1000Base-T 线路上信号跳变情况的对比。

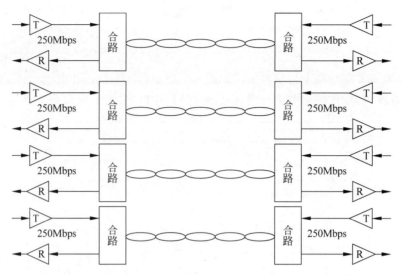

图 7.9　1000Base-T 的信号传输方式(参考资料：IEEE Std 802.3™-2008)

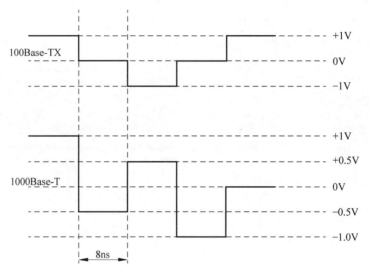

图 7.10　100Base-Tx 和 1000Base-T 信号电平编码方式对比

PAM-5 的信号在传输前先经过线路编码,把每 2 比特作为一个符号映射到不同的脉冲幅度上,信号经过传输到达接收端后,接收端通过 A/D 采样得到不同符号上信号的幅度,再通过相应的幅度判决还原出原始的 0、1 的比特数据流,图 7.11 是一个 PAM-5 信号调制和解调的流程示意图。

1000Base-T 的信号质量测试项目主要有模板测试、峰值电压测试、Droop 测试、抖动测试、失真测试等,其测试的连接方法和 100Base-Tx 一样,都是直接在 100Ω 的负载电阻上进行信号测试。但是 1000Base-T 的测试针对不同的测试项目需要被测件工作在不同的测试模式(Test Mode),如图 7.12 所示,这些测试模式可以通过对相应的 Phy 芯片的寄存器进行设置实现。

图 7.13 是在不同测试模式下被测件发出的信号的波形。

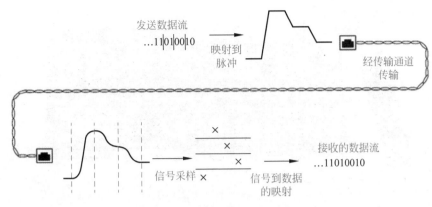

图 7.11　PAM-5 信号的调制和解调

寄存器	15	14	13	
测试模式(Test Mode)1	0	0	1	用于模板、峰值电压、电平跌落测试
测试模式(Test Mode)2	0	1	0	用于主时钟模式抖动测试
测试模式(Test Mode)3	0	1	1	用于从时钟模式抖动测试
测试模式(Test Mode)4	1	0	0	用于失真、回波损耗、共模测试
正常工作模式	0	0	0	

图 7.12　千兆以太网的测试模式设置寄存器定义

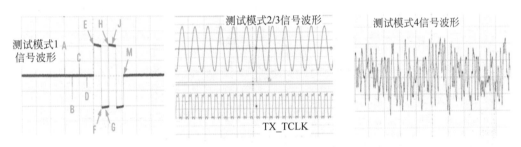

图 7.13　不同测试模式下的千兆以太网信号波形

　　由于 1000Base-T 的线路上是 4 对双绞线上同时有信号收发,而且信号采用 5 电平方式,因此对于线路上的反射和串扰会更加敏感,所以还应更加关注回波损耗(Return Loss)的指标。

10M/100M/1000M 以太网的测试

　　对于 10M/100M/1000M 以太网的信号质量测试,由于最大信号波特率是 125MBaud,且信号的边沿并不太陡,因此使用 1GHz 以上带宽的示波器就足够了。除此以外,为了方便地把 RJ-45 接口上信号引出、加入传输线模型、提供信号端接并进行以太网信号的分析,还需要有相应的测试夹具,图 7.14 是典型的以太网测试夹具。

　　以太网测试夹具上划分了不同的区域,可以分别进行 10Base-T/100Base-Tx/1000Base-T

图 7.14　以太网的测试夹具

的测量,另外还有专门区域可以连接矢量网络分析仪进行回波损耗的测量。夹具附带的校准板可用于回波损耗的测量时进行网络仪校准。

　　IEEE 802.3 规定了很多以太网信号的参数,对于 10Base-T/100Base-Tx/1000Base-T 的电气参数,可以分别参考 IEEE 802.3 规范的 14、25 和 40 节。如果不借助相应的软件,要完全手动进行这些参数的测量是一件非常烦琐和耗时耗力的工作,为了便于快速完成以太网信号的测量,最好借助于相应的一致性测试软件。图 7.15 是以太网一致性测试软件界面。这个测试软件除了支持标准的 10Base-T/100Base-Tx/1000Base-T 以太网信号质量测试以外,还可以支持节能以太网(Energy Efficient Ethernet,EEE,参考 802.3az 标准)的测试。

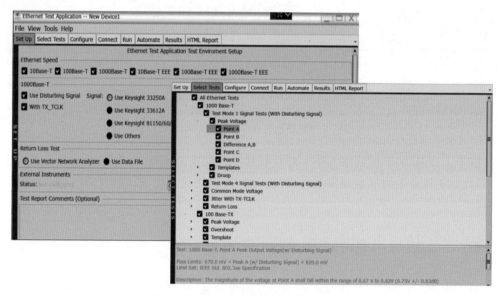

图 7.15　以太网一致性测试软件界面

　　图 7.16 是以太网测试的实际连接图。

　　在测试过程中,测试软件会提示用户把被测设备设置成不同的测试模式以完成不同项目的测试,如千兆以太网中就规定了 4 种测试模式针对不同的测试。软件运行后,示波器会

图 7.16 以太网测试的连接图

自动设置时基、垂直增益、触发等参数并进行测量,测量结果会汇总成一个 html 格式的测试报告,报告中列出了测试的项目、是否通过、spec 的要求、实测值、margin 等,如图 7.17 所示。

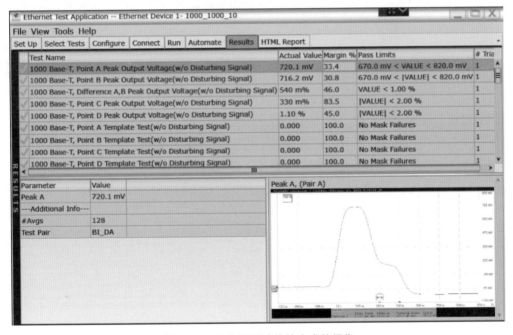

图 7.17 以太网测试软件生成的报告

值得注意的是,以太网的信号测试并不是用探头搭在正常工作的电缆上完成的,因为以太网信号属于高速信号,所以必须在信号末端的端接电阻处做测试才是准确的,这也就是使用测试夹具的目的。

另外,对于以太网测试来说,还需要测试被测件的回波损耗(即 S11 反射参数),以考量被测件的阻抗匹配情况。回波损耗过大会引起信号反射、失真、串扰等。特别是对于千兆以太网来说,由于其是 4 对电缆同时双向工作,所以对回波损耗要求更高。要进行回波损耗的测量,只依靠示波器是不够的,还需要用到矢量网络分析仪(VNA)。有些以太网测试软件还提供了网络分析仪的控制功能,可以用示波器的主机通过 GPIB 或网络接口控制矢量网络仪完成回波损耗的测试,并对测试数据进行分析运算(比如换算到阻抗为 85Ω 或 115Ω时的反射情况),最后把测试结果添加到测试报告中。图 7.18 是进行回波损耗测试时的组网。

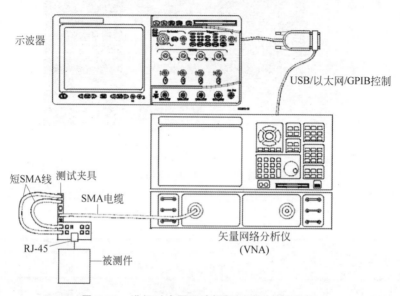

图 7.18   进行以太网回波损耗测试时的连接图

10GBase-T/MGBase-T/NBase-T 的测试

10GBase-T 是 IEEE 在 2006 年推出的 10G 以太网的标准,用于在服务器、数据交换机间用双绞线和 RJ-45 接口实现 10Gbps 的信号传输。10GBase-T 的实现方法与 1000Base-T 的实现方法类似,都是同时在 4 对双绞线上进行双向的数据传输,但是采用了更复杂的信号调制技术(PAM-16)、更高级的噪声抑制(Tomlinson-Harashima Precoding 信道均衡)、更复杂的编码方法(加扰/解扰、LDPC 编码)以及更好的传输网线(6 类线)来实现 10Gbps 的以太网信号传输。在 CAT6a 或更好的网线上,10GBase-T 信号可以传输 100m,在普通的 CAT6 网线上,传输距离可到 30 多米。图 7.19 是 10GBase-T 以太网的总线架构。

由于 10GBase-T 的总线采用 PAM-16 的信号调制方式,信号上的电平更多,因此在真实的信号传输时总线上的信号看起来是类似噪声的波形(图 7.20)。

传统的眼图测试方法对于这样的信号测试已经不太合适,因此在 10GBase-T 标准中规定了很多新的测试项目,除了有些项目是传统的时域波形参数测试,还有很多频域的测试项目。表 7.1 列出的是根据 IEEE 的 802.3 规范要求,对于 10GBase-T 总线的信号质量测试应该完成的测试项目及建议使用的仪器。

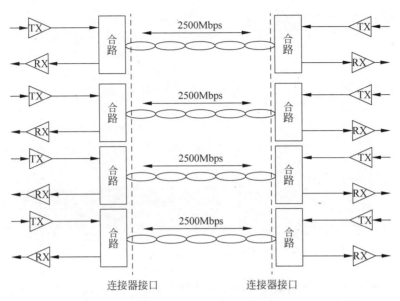

图 7.19　10GBase-T 以太网的总线架构（参考资料：IEEE Std 802.3™-2008）

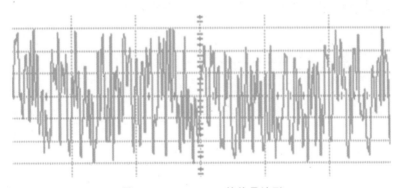

图 7.20　10GBase-T 的信号波形

表 7.1　10GBase-T 信号质量测试项目

802.3规范相关章节要求	测 试 项 目	使用的测试设备	被测件处于的测试模式
55.5.3.1	Maximum output droop（输出电压跌落）	示波器	6
55.5.3.2	Transmitter linearity（发射机线性度）	频谱仪	4
55.5.3.3	Transmitter timing jitter（发射机抖动）	示波器	1,2,3
55.5.3.4	Transmitter power spectral density（发射机功率谱密度）	频谱仪	5
55.5.3.4	Transmitter power level（发射机功率）	频谱仪	5
55.5.3.5	Transmit clock frequency（发送时钟频率）	示波器	1
55.8.2.1	MDI Return Loss（回波损耗）	矢量网络分析仪	5

以下是各测试项目的含义：

- 输出电压跌落：被测件输出一个类似方波的信号，如图 7.21 所示。用示波器测量跳变沿后面 10ns 处和 90ns 处的电压值，确保电压跌落不超过 10%。

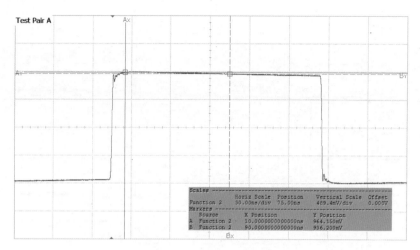

图 7.21　输出电压跌落

- 发射机线性度：这个测试类似很多射频放大器的双音交调测试，被测件发出不同频率的双音的正弦波信号，如图 7.22 所示，然后在 1~400MHz 内观察最大的杂散或者失真相对于双音信号的幅度差异。杂散或者失真越小，说明发射机的线性度越好。

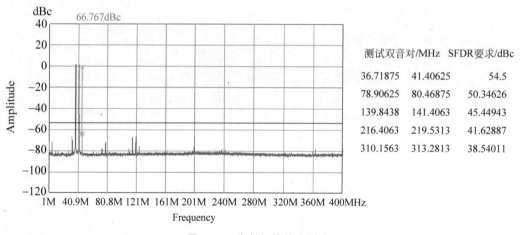

测试双音对/MHz		SFDR要求/dBc
36.71875	41.40625	54.5
78.90625	80.46875	50.34626
139.8438	141.4063	45.44943
216.4063	219.5313	41.62887
310.1563	313.2813	38.54011

图 7.22　发射机线性度测试

- 发射机抖动：被测件发出连续的两个幅度编码为 +16 和两个幅度编码为 -16 的码型（在 800MSps 的符号速率下相当于 200MHz 的时钟），如图 7.23 所示，然后用示波器对这个信号的抖动进行测试。要分别测试主时钟和从时钟两种情况下的抖动。
- 发射机功率谱密度：正常发送的 10GBase-T 的信号是类似噪声的信号，从时域分析比较困难，对其功率的衡量主要是从频域测试。这时被测件发出正常的随机数据流，如图 7.24 所示，用频谱仪（或者示波器做 FFT 变换）测量其频域的功率分布，确保满足频谱模板的要求。
- 发射机功率：与上面一个测试类似，都是在频域进行测量。这个测试是用频谱仪测量验证被测件在频域发送的总功率满足 3.2~5.2dBm 的要求。

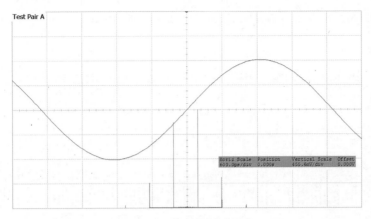

图 7.23　发射机抖动测试

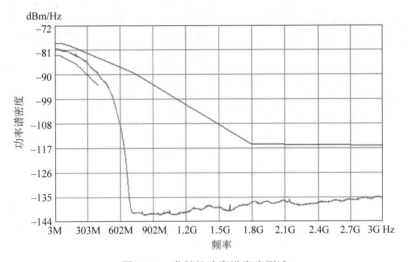

图 7.24　发射机功率谱密度测试

- 发送时钟频率：与发射机抖动测试项目的测试方法类似，被测件发出类似时钟的信号，如图 7.25 所示，用示波器测量信号频率验证被测件的符号速率在 800MHz ± 50ppm* 的范围内。
- 回波损耗：由于 10GBase-T 的信号在 4 对差分线上同时有信号的收发，因此对于信号的反射非常敏感。如图 7.26 所示，回波损耗测试时被测件工作在正常的信号发送模式，用矢量网络分析仪对发射端口的回波损耗进行测试。

由于 10GBase-T 的测试涉及信号质量测试、频谱测试和回波损耗测试，所以需要多台仪器配合才能完成相关工作。测试中使用的主要测试仪器是示波器，对于示波器带宽的要求建议在 4GHz 或以上。

对于 MGBase-T 及 NBase-T 标准来说，只不过是把符号速率降到了 400MBaud(5GBase-T) 和 200MBaud(2.5GBase-T)，其采用的技术与 10GBase-T 类似，测试夹具及测试软件也可以共用。在实际的测试中，使用测试夹具把 4 对差分信号引出，测试软件安装在示波器上。测试软件控制示波器完成测试项目的设置和自动的一致性测试，也可以控制频谱仪或矢量

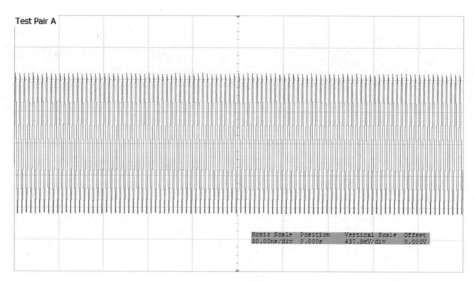

图 7.25　发送时钟频率测试

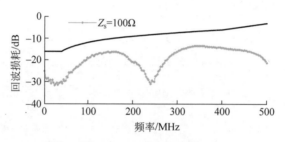

图 7.26　回波损耗测试

网络分析仪完成频谱、回损等的测试。图 7.27 是 10GBase-T/MGBase-T/NBase-T 的测试软件和测试夹具。

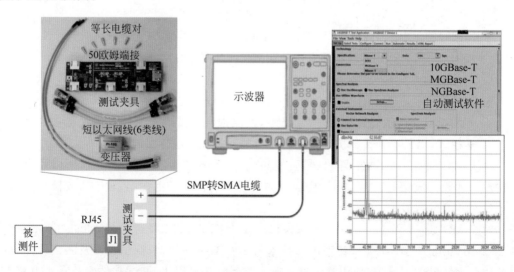

图 7.27　10GBase-T/MGBase-T/NBase-T 测试软件及夹具

10G SFP+接口简介及测试方法

10G 以太网还有很多标准,比如通过背板传输的 10GBase-KR(BacKplane Random Signaling)标准,通过光纤传输的 10GBase-SR(Short Reach)、10GBase-LR(Long Reach)、10GBase-ER(Extended Reach)、10GBase-LRM(Long Reach Multimode)等标准。这些总线单对差分线或者单根光纤上的数据速率真正达到了 10G 左右(10.3125Gbps 或 9.95328Gbps)。图 7.28 是一些典型的采用了 SFP+接口以及 10GBase-KR 接口的设备。

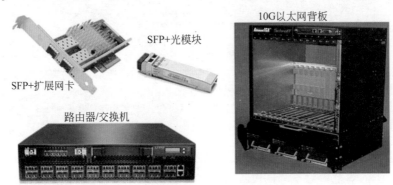

图 7.28　SFP+接口及 10GBase-KR 接口设备

以上标准中,除了 10GBase-KR 接口是电接口外,其他标准使用的都是光接口通过光纤传输。要把电信号承载在光上传输,就需要用到相应的光模块。表 7.2 是 10G 以太网发展历史上使用过的 10G 光模块的类型。

表 7.2　10G 光模块的变革

	第一代	第二代			第三代	
光模块 封装名称	300PiN MSA	XENPAK	XPAK	X2	XFP	SFP+
大概尺寸 比较(长×宽)						
前面板密度	1	4	8	8	16	48
电信号名称	XSBI	XAUI	XAUI	XAUI	XFI	SFI
电信号速率	16×644 Mbps	4×3.125 Gbps	4×3.125 Gbps	4×3.125 Gbps	1×10.3125 Gbps	1×10.3125 Gbps
发布年份	2002	2003	2004	2004	2006	2009

对于设备厂商来说,通常是购买光模块来提供光口输出,因此会更加关注设备和光模块之间电接口的信号质量。对于采用光纤传输的 10G 以太网来说,设备和光模块之间互连目

前采用最多的是 SFP＋(Enhanced Small Form-factor Pluggable)的接口。SFP＋接口标准最早在 2006 年发布,与以前的光模块接口如 XENPAK、XFP 标准相比,尺寸更小、密度更大且可以支持热插拔,目前广泛用于承载 Fiber Channel、10G 以太网、OTN 等的协议标准。图 7.29 是 SFP＋接口的应用场景。

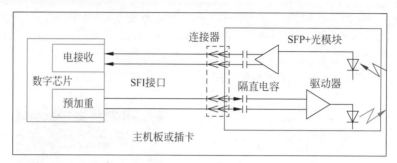

图 7.29　SFP＋接口的应用场景(参考资料: SFF Committee SFF-8431 Specifications for Enhanced Small Form Factor Pluggable Module SFP＋ Revision 4.1)

由于在这些接口上,数据的速率真正达到了 10Gbps 左右,因此对于测试的带宽要求更高。虽然 SFP＋的规范中对于测试设备的带宽要求在 12GHz 以上,但是考虑到示波器的频响方式不同,以及现代的芯片比标准制定时都有更陡的边沿,使用实时示波器进行测量时建议使用 20GHz 以上的带宽。图 7.30 是用实时示波器进行 SFP＋接口测试的例子。

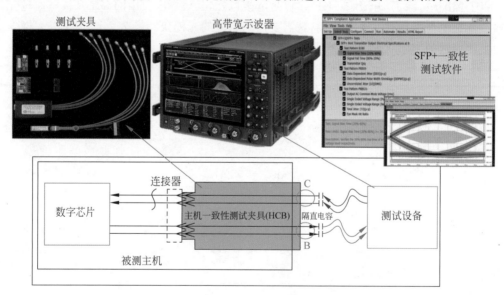

图 7.30　SFP＋接口测试

为了提高数据速率,IEEE 还在 10G 以太网的接口标准上提出了用 4 路 10G 信号传输 40G 以太网信号的标准,比如 40GBase-KR4、40GBase-SR4、40GBase-LR4、40GBase-ER4、40GBase-CR4,如果采用光纤进行传输时可能采用的是 QSFP＋(Quad Small Form-factor Pluggable)的光模块接口。QSFP＋的光模块电接口一侧采用的标准和技术与相应的 10G 以太网接口类似,而 40GBase-KR4 也是用 4 对 10Gbps 的差分线同时传输实现 40Gbps 的传输速率。因此这些 40G 以太网的标准对于测试仪表的带宽要求也与对应的 10G 接口要求类似,只不过要测试的端口数更多。

对于采用了光口作为以太网信号传输的接口,如果还想进行光口的眼图、抖动、消光比、光功率、波长等的测试,需要借助相应的光采样示波器、光功率计等完成,可以参考后面关于光信号测试的章节。

车载以太网简介及物理层测试

传统的汽车内部采用 CAN、LIN、FlexRay 等总线,但是随着自动驾驶技术的发展,汽车内部增加了更多的感知和连接装置,如摄像头、激光雷达、V2X 和交通标志识别装置等。这些装置都会产生大量的数据,因此汽车内部也需要有支持更大带宽以及在和外部进行信息交互时能提供更有效安全措施的数据总线连接。其中,以太网技术以其高带宽、高开放性、灵活的连接、广泛的产业界支持以及不断提升的安全措施,成为未来汽车内部互连总线的最有竞争力的技术。

车载以太网是一种使用以太网连接车内电子单元的新型局域网技术。与普通的以太网使用 4 对非屏蔽双绞线(UTP)电缆不同,车载以太网在单对非屏蔽双绞线上可实现 100Mbps 或者 1Gbps 的数据传输速率(更高速率的标准也在制定中),同时还应满足汽车行业对高可靠性、低电磁辐射、低功耗、低延迟、时间同步等方面的要求。图 7.31 展示了车载以太网的典型应用场景。

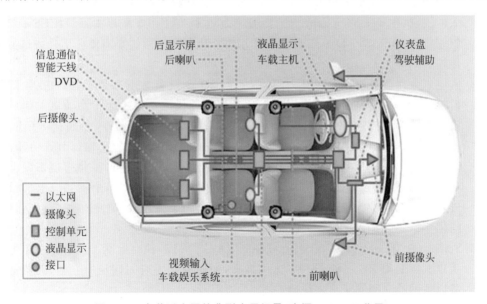

图 7.31 车载以太网的典型应用场景(来源:Marvell 公司)

车载以太网最早来源于 Broadcom 公司的 Broad-Reach 技术,这种技术通过更有效的编码和回声消除技术,可以只用一对差分线实现 100Mbps 以太网信号的双向传输,可显著降低连接成本并减轻线缆重量。同时,更低的信号带宽(大约 27MHz,传统 100MBase-T 以太网占用带宽约 62.5MHz)使得其 EMI 性能更加适合车载设备的应用场合。为了推广车载以太网标准,2011 年 11 月由 Broadcom、NXP 以及 BMW 公司发起成立 OPEN 联盟(One Pair EtherNet Alliance),旨在推动将基于以太网的技术标准应用于车内联网。相关单位可通过签署 OPEN 联盟的规范允可协议成为其成员,参与其相关规范的制定活动。

2016 年 IEEE 基于 BroadR-Reach 技术,完成对 100Mbps 车载以太网技术的标准化,并把新定义的车载以太网标准 802.3bw 命名为"100BASE-T1"。虽然 100Mbps 的速率对于控制已经足够,但是其传输带宽还不足以支撑其成为车内的骨干网连接。于是 IEEE 协会在 2017 年又制定了 802.3bp 标准,并命名为"1000BASE-T1",可通过单对非屏蔽双绞铜线实现 1000Mbps 速率以及 15m 距离的信号传输(可选功能为最长 40m)。图 7.32 是车载以太网的典型链路模型。

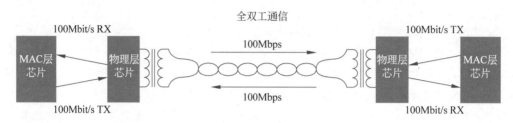

图 7.32　车载以太网的典型链路模型

除此以外,车载以太网还可以借鉴和使用一系列在传统以太网上经过验证的成熟技术,比如:

- 以太网供电。为了进一步减少车内使用的电缆数量,在传统以太网上已经实现的以太网供电(Power over Ethernet,PoE)技术也被应用于车载以太网。IEEE 802.3bu(1-Pair Power over Data Lines)工作组也相应制定了通过单对差分信号线进行电源传输的标准。

- 省电以太网。当汽车发动机关闭后,车上的电子设备并不都是断电的(比如防盗或监控系统),此时电子设备使用车上的备用电池供电。为了减少发动机关闭后电子设备的功耗,有些车载电子设备可以采用省电以太网(Energy-Efficient Ethernet,EEE)技术,这种技术可以在不需要信息传输时关闭网络信号传输以节省功耗。

- 时间同步。在一个复杂的车载系统中,不同位置传感器信息的采集可能需要保持同步,或者需要精确知道每次采集信号的精确时间,因此需要多个不同节点的设备间进行精确的同步(同步精度要求在百 ns 级)。为了快速、准确地在各节点间传输时间同步信息,IEEE 协会制定了 802.1as(Timing and Synchronization for Time-Sensitive Applications in Bridged Local Area Networks)标准。这个标准参考了传统以太网的 IEEE 1588 同步以太网标准,同时简化了时间同步的方法,使得通过车载以太网的时间同步更加快捷。

- 时间触发。为了保证高速行驶的汽车能对自身和路况做出及时准确的反应,车上电子设备间通信的延时需要控制在 μs 级以下。但是在传统的以太网协议中,一个新到的数据包的处理必须等待前面一个数据包处理完成,这个等待时间可能会达到几百 μs,因此会严重影响车上设备交互和控制的实时性。为了解决这个问题,IEEE 协会制定了 802.3br(Interspersed Express Traffic)标准,在这个标准中,数据包被分配不同的优先级。与车辆控制、安全等有关的数据可以被分配高优先级的数据包,高优先级数据包可以直接中断现在正在处理的普通优先级的数据包,并被优先处理,从而保证了关键信息处理的及时性。

- 音视频信号桥接。很多现代的辅助驾驶系统依赖于摄像头或雷达等音/视频信息，这些车载音/视频信息的传输与传统家庭娱乐的音/视频传输的实时性要求是不一样的。在传统的家庭娱乐系统中，计算机或者机顶盒里都有很大的缓存空间，即使网络状况不稳定（比如网速变化），通过缓存也可以保证我们连续流畅地观看音/视频节目。但对于车载辅助驾驶系统来说，网络速度不稳定造成音/视频信息传输的延时，可能会影响驾驶行为的判断，造成安全问题，所以必须有相应的机制来保证音/视频信号传输的时延。为此，IEEE 还成立了 802.1 Audio Video Bridging（AVB）工作组（又称为"Time-Sensitive Networking"工作组），其制定的 802.1Qat 标准可以感知网络路径上的各种因素并为音/视频流事先保留一定的网络资源；另外，801.1Qav 标准还制定了一些规则以保证音/视频流在以太网上的传输时延。

基于这些功能的叠加，车载以太网使用和借鉴了很多新的技术。其相关的协议栈也可以参考 OSI 的 7 层网络模型，各部分协议栈的功能也在不断完善和更新。图 7.33 是典型车载以太网的协议栈构成。

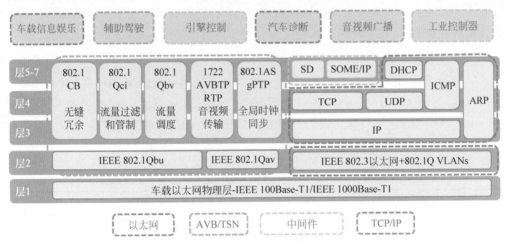

图 7.33　车载以太网的协议栈（参考资料来源：OPEN Alliance）

OPEN 联盟也规定了很多车载以太网实施及验证的要求，具体的文档由其各个 TC（Technical Committee，技术委员会）负责制定和发布。表 7.3 是 OPEN 组织各个 TC 负责的主要项目。其中，TC1 制定了和互操作性有关的总体要求，TC8 详细规定了关于 ECU 单元从层 1 到层 7 的测试要求，TC2 和 TC9 主要规定了与线束电缆有关的要求。

表 7.3　OPEN 联盟各个技术委员会的主要职责

测试工作组	主要工作内容
TC1	百兆以太网互操作和一致性测试
TC2	百兆以太网通道和器件
TC3	千兆以太网共模扼流圈要求
TC4	设计及测试工具
TC5	差距定义
TC6	MAC 和 PHY 之间的管理接口定义
TC7	通过塑料光纤传输的千兆以太网
TC8	电子控制单元（ECU）测试规范

续表

测试工作组	主要工作内容
TC9	车载以太网通道和器件
TC10	车载以太网休眠/唤醒
TC11	以太网交换机要求和验证
TC12	千兆以太网一致性测试
TC13	新测试实验室资格要求
TC14	10M 以太网互操作和一致性测试

在这些工作组中,与物理层相关的测试项目主要体现在其 TC1、TC2、TC8、TC9、TC12 等工作组发布的测试规范中。按测试项目来分,车载以太网物理层的测试主要包括 Transmitter(发射机)测试、Link Segment(中间链路)、Receiver(接收机)测试。

在发射机信号质量测试中,用到的测试设备包括示波器、频谱分析仪、矢量网络分析仪、函数发生器以及相应的测试软件和测试附件,对于示波器的带宽要求至少为 2.5GHz。在测试软件的控制下,可以完成的主要测试项目包括发射机输出跌落(Output Droop)、发射机失真(Distortion)、发射机抖动(Timing Jitter)、发射机功率频谱密度(Power Spectral Density)、发射机差分输出峰值(Peak Differential)、发射机时钟频率(Clock Frequency)、接口回波损耗(MDI Return Loss)、接口模式转换(MDI Mode Conversion)、接口共模发射(Common Mode Emission)等。表 7.4 列出了 IEEE 和 OPEN 联盟标准定义的针对车载以太网发射机的相关测试项目,很多测试项目都非常接近。

表 7.4　车载以太网不同标准定义的发射机测试项目

测试项目名称	10Base-T1S	100Base-T1	OABR ECU	1000Base-T1
发射机输出跌落	147.5.4.2	96.5.4.1	2.2_01	97.5.3.1
发射机失真	N/A	96.5.4.2	2.2_08	97.5.3.12
发射机抖动	147.5.4.3	96.5.4.3/ 96.5.4.5	2.2_02	97.5.3.3
发射机功率谱密度	147.5.4.4	96.5.4.4	2.2_04	97.5.3.4
发射机差分峰值	147.5.4.1	96.5.6	N/A	97.5.3.5
发射机时钟频率	N/A	96.5.4.5	2.2_03	97.5.3.6 97.5.2
接口回波损耗		96.8.2.1	2.2_05	97.7.2.1
接口模式转换	N/A	N/A	2.2_06	N/A
接口共模发射	N/A	N/A	2.2_07	N/A

测试中,安装在示波器中的车载以太网测试软件可以控制函数发生器、频谱仪、矢量网络分析仪等完成相关电气参数的自动测试并生成测试报告。图 7.34 是测试软件界面及发射机测试的连接组网图。除了示波器完成的时域测试项目以外,IEEE 和 OPEN 规范中都规定了回波损耗和模式转换(Mode Conversion)的测试项目,可以借助自动测试软件控制矢量网络分析仪完成相应项目的一致性测试。

根据 IEEE 和 OPEN 的规范,符合标准的发射机经过 A 类链路到达接收端后,接收端

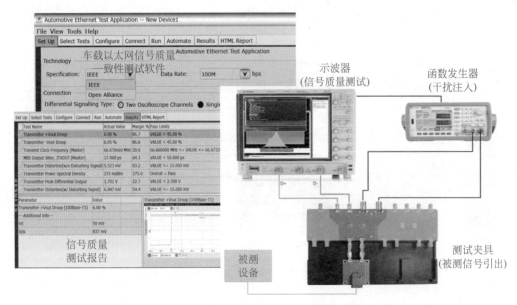

图 7.34　车载以太网设备信号质量测试组网

应该能够保证期望的误码率。为了验证接收端在恶劣环境下的接收能力,需要进行接收端测试,主要的测试项目有 OPEN 协会定义的减少噪声干扰时的信号质量测试(Indicated Signal Quality for Channel with Decreasing Quality)、增加噪声干扰时的信号质量测试(Indicated Signal Quality for Channel with Increasing Quality),以及 IEEE 标准中定义的接收机频率容限(Receiver Frequency Tolerance)、外部串扰噪声抑制(Alien Crosstalk Noise Rejection)等。表 7.5 列出了 OPEN 组织和 IEEE 中关于 100Base-T1 的接收机容限相关测试项目。

表 7.5　100Base-T1 的接收机容限相关测试项目

OPEN 联盟 TC1 工作组定义的相关接收机测试项目

测 试 项 目	测 试 内 容
5.1.1.1 和 5.1.1.2	信号逐渐恶化时对接收机的影响
5.1.2.1 和 5.1.2.2	信号逐渐变化时对接收机的影响

IEEE 802.3bw 规范定义的相关接收机测试项目

测 试 项 目	测 试 内 容
96.5.4.5	发射机时钟频率(包括频率容限)
96.5.5.1	接收机差分输入信号
96.5.5.2	接收机频率容限
96.5.5.3	外界串扰噪声抑制

　　接收机容限测试中要使用以太网协议转换器生成车载以太网信号,并用任意波发生器和测试夹具实现噪声的注入,信号在软件的控制下生成并进行恶化后送给被测件进行误码率测试。图 7.35 是一个典型的车载以太网接收机容限测试环境。

　　除了发射机信号质量和接收机容限的测试以外,车载以太网标准还要求对传输通道的

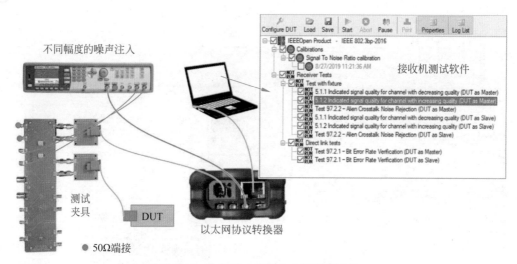

图 7.35   车载以太网接收容限测试环境

电缆/线束质量进行测试,以保证信号的可靠传输以及控制由于信号传输造成的 EMI 干扰。电缆/线束的主要测试项目包括 CIDM(Characteristic Impedance Differential Mode,差分阻抗)、IL(Insertion Loss,插入损耗)、RL(Return Loss,回波损耗)、LCL(Longitudinal Conversion Loss,共模到差分模式反射损耗)、LCTL(Longitudinal Conversion Transmission Loss,共模到差分模式传输损耗)、ANEXT(Alien Near End Crosstalk loss,近端串扰)、AFEXT(Alien Far End Crosstalk loss、远端串扰)等。表 7.6 是 OPEN 联盟定义的关于电缆/线束的相关测试项目。

表 7.6   OPEN 联盟定义的电缆/线束测试项目

相关章节	测试项目名称	测试参数名称
5.1.1	标准通道电缆测试(SCC)	CIDM,IL,RL,LCL,LCTL
5.1.2	标准通道连接器测试(SCC)	CIDM,IL,RL,LCL,LCTL
5.1.3	标准通道全通信通道测试	CIDM,IL,RL,LCL,LCTL
5.2.2	环境系统连接器测试(ES)	ANEXT,AFEXT,ANEXTDC,AFEXTDC
5.2.3	环境系统全通信通道测试(ES)	PSANEXT,PSAACRF,ANEXTDC,AFEXTDC

电缆/线束的测试可以使用矢量网络分析仪配合相应的分析软件、测试夹具来进行。车载以太网对于中间连接链路的质量要求很高,如线缆的阻抗、损耗、差模/共模转换、共模/差模转换、回波损耗等。现代矢量网络分析仪通过相应的软件,可以迅速获取精确的 TDR/TDR 和 S 参数测试结果,并能够同时分析时域和频域,便于确定损耗、反射和串扰的来源。通过矢量网络分析仪的四个测量端口,单次连接就可以完成单端/差分电路的前向和反向传输及反射测量。它还能利用先进的校准技术,在测量过程中消除电缆、夹具和探头引起的失配、衰减、延迟影响。图 7.36 是进行电缆/线束的链路质量的时域、频域参数的测试组网和测试软件。

在车载设备的开发过程中,有时会遇到由于外界干扰或信号质量造成的数据传输问题,此时单纯做信号质量分析或者单纯做协议测试都很难定位。这些问题的调试最好是借助于示波器中的车载以太网信号解码软件,这个软件可以从信号波形中直接解码出以太网数据

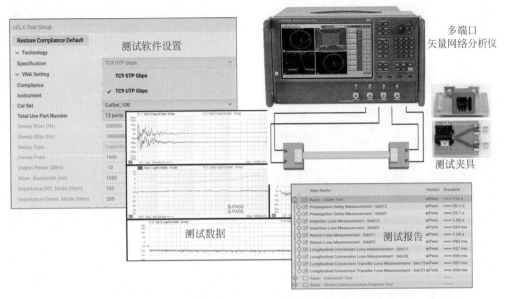

图 7.36　电缆/线束测试环境

包,大大提升了协议方面的洞察能力。图 7.37 是在示波器中对 100Base-T1 信号的波形进行捕获并进行协议解码的例子,从时间上可以检查数据包内容和信号波形之间的关系。

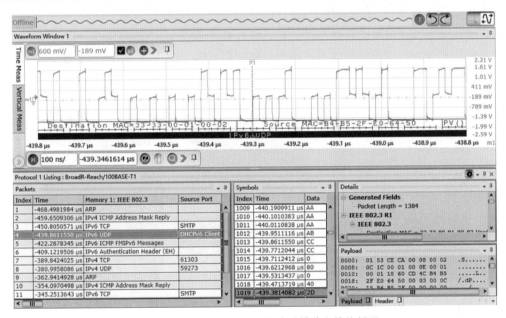

图 7.37　100Base-T1 信号的波形捕获和协议解码

　　除了物理层的测试以外,车载以太网还涉及协议和车载交换机网关的数据交换测试,包括 TCP/UDP/IP 包的一致性测试、IET/IEEE 等协议的一致性测试、802.1AS 时间同步(精度和性能)、AV 质量、IET 性能和时间参数测试、AUTOSAR 性能测试、交换机丢包率/带宽/延迟等,这些都需要选择合适的协议层设备进行相关测试。

第8章

高速背板性能的验证

高速背板简介及测试需求

随着互联网上数据的激增,对于数据中心、电信设备的容量和交换速度提出了越来越高的要求。由于单个单板的性能有限,很多通信设备、网络设备、计算平台会基于背板(Backplane)连接来构建一个包含很多插卡的高性能数据交换和信息处理系统。背板是一块有许多插槽的 PCB 板,上面包含很少(或没有)有源电路。这些插槽通常有一个或几个用来做交换或核心计算,而其余的槽位则可以灵活扩展不同的接口或业务功能,各个槽位的板卡之间通过背板实现密集的高速互联。在光背板技术还没有完全成熟的今天,电信号的传输技术仍然是主流的背板实施方案。典型的背板会采用 20 层以上的 PCB 叠层结构并承载上千对的高速差分走线。图 8.1 是市面上一些典型的高速背板及应用场景。

PXIe 3U/18槽位 背板   VPX 3U/8槽位 背板

ATCA 5U/14槽位 背板   VPX 6U/16槽位 背板   背板上插满了线卡的
以太网交换机

图 8.1   一些典型的高速背板及应用场景

为了在有限的空间内提供更高的交换能力,除了提高背板的叠层数量以外,另一种有效的方法就是提高每对差分线上的数据传输速率。比如,IEEE 组织在 2007 年制定了 802.3ap 的背板以太网规范,在其中的 10GBase-KR 标准中,可以只用一对差分线就实现 10.3125Gbps 信号传输。随着数据交换带宽需求的提升,为了进一步提高背板的传输能力,OIF(Optical Internetworking Forum)组织于 2011 年发布了 CEI 3.0 的规范,后来又补充成 CEI 3.1 规范。CEI(Common Electrical I/O)是 OIF 组织定义的一个做芯片或模块互联的通用电接口规范,数据速率可以是 1 代的 6Gbps 左右、2 代的 11Gbps 左右以及 3 代的 25G/28Gbps。在 CEI3.1 中定义了 CEI-28G-VSR、CEI-28G-SR、CEI-28G-MR、CEI-25G-LR 等接口的电气规范。其中,CEI-25G-LR(Long Range)就是用于高速背板场合的互联规范,这个规范允许信号以 19.9~25.8Gbps 的速率传输 27 英寸的距离,当使用 4 对差分线同时传输时可以实现 100Gbps 左右的数据传输速率。类似地,IEEE 组织也在 2014 年发布了 802.3bj 标准,其中定义了 100GBase-KR4 的背板以太网接口规范。这个接口允许在单对差分线上传输 25.78Gbps 的数据速率,4 对差分线一起就可以提供 100Gbps 的以太网传输能力。

图 8.2 是 OIF 组织对于 CEI-25G-LR 的传输通道模型的定义。

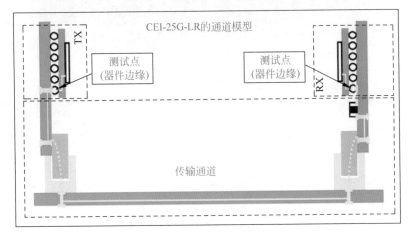

图 8.2 OIF 组织定义的 CEI-25G-LR 的传输通道模型(参考资料:IA Title: Common Electrical I/O (CEI) Electrical and Jitter Interoperability agreements for 6G+ bps,11G+ bps and 25G+ bps I/O)

对于 100G 背板的设计和测试人员来说,最大的挑战在于单对差分线上的信号速率已经高达 25Gbps 以上,而且经过两个子卡连接器后还要能在背板上传输 27 英寸甚至 40 英寸的距离。即使可以采用损耗更小的射频板材(如 Panasonic Megtron 6 或者 Rogers RO4350B 板材)和高性能的连接器,要严格控制传输通道的损耗和阻抗连续性仍然是个很大的挑战。

若想验证加工出来的背板是否符合设计要求,首先需要根据采用的连接器类型来设计合适的测试夹具。测试夹具的目的是把背板的高密连接器转换成可以连接测量仪表的同轴接口。为了减小对于实际信号的影响,对于测试夹具的设计有着严格的要求,除了保证线对间的严格等长外还需要控制损耗,比如 IEEE 的 802.3 规范就对 100GBase-KR4 的测试夹具的插入损耗和回波损耗有明确的要求。如果希望把夹具的影响消除,还需要在夹具上设计相应的校准线以对夹具的影响进行校准或者去嵌入。图 8.3 是一个 CEI-25G-LR 的背板及其测试夹具。

对于高速背板的设计和测试人员来说,要确保设计的背板可以可靠地应用于高速信号传输场合,需要进行以下项目的测试:

- 背板的频域参数和阻抗测试;

图 8.3　CEI-25G-LR 背板及测试夹具

- 背板传输眼图和误码率测试；
- 插卡信号质量的测试。

接下来将以 100G 背板为例，对高速背板的典型测试项目和测试方法进行详细介绍。

背板的频域参数和阻抗测试

对于大的背板来说，相距最远的两个连接器间的 PCB 走线距离可能超过 20 英寸以上，这时高频电信号的损耗会非常大。为了控制背板的损耗，OIF 和 IEEE 的规范对于背板的损耗都有严格的要求，图 8.4 分别是 OIF-CEI-25G 和 IEEE 802.3 规范对于 100G 背板传输通道的插入损耗要求。

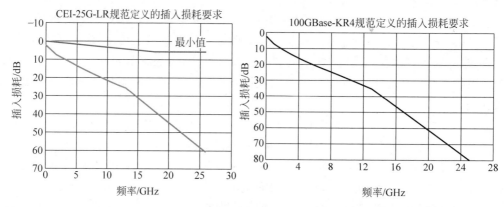

图 8.4　CEI 和 802.3 规范中对于 100G 背板的插入损耗要求（参考资料：IA Title：Common Electrical I/O（CEI）Electrical and Jitter Interoperability agreements for 6G＋bps，11G＋bps and 25G＋bps I/O；IEEE：Physical Layer Specifications and Management Parameters for 100 Gbps Operation Over Backplanes and Copper Cables）

要对背板的插入损耗等频域参数进行测试，最常用的工具就是矢量网络分析仪。矢量网络分析仪覆盖频率高、测试精度和重复性好、测试功能多，是射频微波领域进行器件测试最常用的工具。近些年,人们把矢量网络分析仪用于高速数字信号完整性分析及建模领域,并取得了丰硕成果。矢量网络分析仪已经和高速示波器、误码仪等一起成为每个高速信号完整性实验室的必备工具。

矢量网络分析仪内部有一个扫频的正弦源,在程序的控制下可以完成从低频到高频的扫描。通过比较各个端口的接收机间的幅度和相位关系,就可以知道被测件对于当前频点信号的反射和传输情况。通过正弦源的扫频依次重复上述测试,就可以得到被测件对于不同频点信号的反射和传输曲线,并用多端口的 S 参数(S-parameter)文件表示出来。图 8.5 是借助于测试夹具对一块高速背板的 S 参数进行测试的例子。

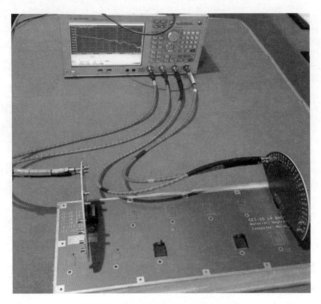

图 8.5 高速背板的 S 参数测试

对于一对差分的传输线来说,其 4 个端口相互之间一共有 16 个单端的 S 参数。分析时为了方便,会把这 16 个单端的 S 参数通过矩阵运算转换为对差分线来说更有意义的 16 个差分的 S 参数。这 16 个 S 参数完整地描述了这对差分线的插入损耗、回波损耗、共模辐射、抗共模辐射能力等各方面的特性,比如 SDD21 参数反映差分线的插入损耗特性、SDD11 参数反映其回波损耗特性。图 8.6 是典型差分线的模型及 16 个差分 S 参数的含义。

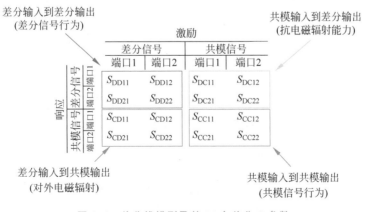

图 8.6 差分线模型及其 16 个差分 S 参数

图 8.7 是用专门的物理层测试系统软件控制多端口矢量网络分析仪对一个 CEI-25G-LR 高速背板上的 27 英寸走线进行测试得到的其中 4 个差分 S 参数结果,其中包括了正向插入损耗 SDD21、反向插入损耗 SDD12、正向回波损耗 SDD11 以及反向回波损耗 SDD22。

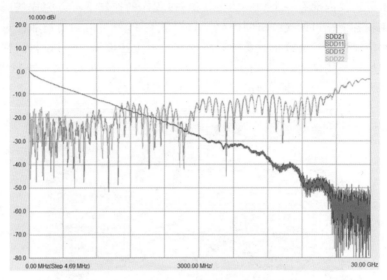

图 8.7　背板的插入损耗和回波损耗曲线

除了 S 参数的测试,也可以通过反 FFT 变换把 S 参数变换到时域,得到被测件的时域传输曲线,比如被测件的 TDR(Time Domain Reflection,时域反射)曲线。图 8.8 是根据矢网测试到的反射参数计算得到的一段 17 英寸背板走线的 TDR 曲线,这条曲线直观反映了被测件上的阻抗变化情况。

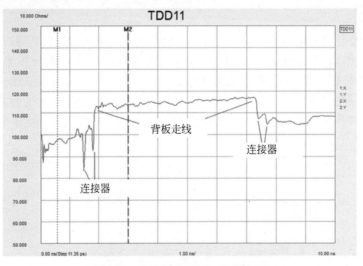

图 8.8　背板走线的阻抗变化曲线

得到传输线的 S 参数文件后,就可以用这个文件完整地描述被测传输线对于各种频率信号的反射和传输情况,换句话说,我们就得到了这段传输线的模型。基于传输线的 S 参数文件,我们可以做很多分析工作。常见的工作有:

- 得到传输线的损耗特性。通过比较插入损耗和回波损耗参数可以分析背板的设计是否满足规范要求。
- 得到传输线的阻抗变化曲线。通过对反射参数进行反 FFT 变换,可以得到时域反射曲线(TDR),从 TDR 曲线可以知道传输线上各点的阻抗变化情况。
- 传输线建模。得到传输线真实的 S 参数和 TDR 曲线以后,可以把实测的结果和仿真结果进行比较,修正仿真模型的误差,在后续仿真中得到更准确的结果。
- 眼图仿真。可以根据 S 参数计算出传输线的冲激响应和阶跃响应,并在时域进行卷积和比特叠加,就可以预知信号经过这段传输线到达接收端的眼图形状。
- 帮助芯片选型。通过对真实传输线的测试和分析,可以了解到该传输线的极限,并选择一些带合适预加重或者均衡功能的芯片对传输线损耗进行补偿。

除了单一线对上的插入损耗、回波损耗以及阻抗的测试以外,由于背板上传输线的数量很多,密度很高,因此线对间的串扰在高频的情况下也比较严重。串扰分为近端串扰(Near-end Crosstalk,NEXT)和远端串扰(Far-end Crosstalk,FEXT),近端串扰指的是对同侧其他差分对的干扰,而远端串扰指的是对另一侧其他差分对的干扰。串扰的测试通常需要更多端口的矢量网络分析仪。比如 1 对差分线的测试占用 4 个端口,两对差分线间的串扰测试就需要用到 8 个端口。使用更多端口的矢量网络分析仪进行串扰测试是最方便的,因为在测试软件的控制下可以很快完成多对差分线间的 NEXT 和 FEXT 测试。

出于成本的考虑,也可以仅用 4 个端口来实现串扰测试,这时需要把没有连接矢量网络分析仪的端口用负载进行端接,这样做的缺点是测试中需要多次手动更改电缆和负载的连接。图 8.9 是用 4 端口的矢量网络分析仪进行 FEXT 测试的方法及一块 100GBase-KR4 背板的 FEXT 测试结果。

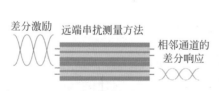

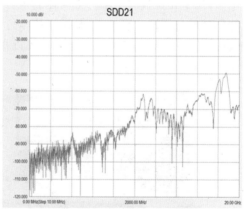

图 8.9 FEXT 测试方法及测试结果

串扰的产生很多是由于差分线的不对称以及连接器、过孔处的信号辐射造成的,因此改善串扰需要尽量保证走线的对称性以及关键器件的良好屏蔽。

背板传输眼图和误码率测试

S 参数和阻抗等信息已经帮助设计人员对背板的性能参数有了深入的了解,但是这些参数还不太直观。比如频域参数和阻抗偏差对于最终的信号质量的影响究竟有多大?这是很多数字工程师比较关心的,此时就需要通过观察实际信号的传输情况来了解背板的质量。

对于高达 25Gbps 数据速率的信号来说,即使在背板设计中使用了昂贵的 PCB 板材,由于信号速率很高、传输距离很远,如果不采用合适的信号补偿技术,可能到达接收端的信号眼图仍然是闭合的。而预加重和均衡就是高速数字电路中最常用的两种信号补偿技术。

OIF 组织的大量关于 25G 背板的仿真分析和互操作性实验(图 8.10)表明,通过采用优良的 PCB 板材、连接器,并在发送端进行合适的预加重设置,是有可能在接收端得到一个将近张开的眼图的(眼高大约 30mV)。如果背板设计达到了这个目的,那么通过接收芯片中的均衡器可以进一步改善信号从而得到更好的眼图质量。

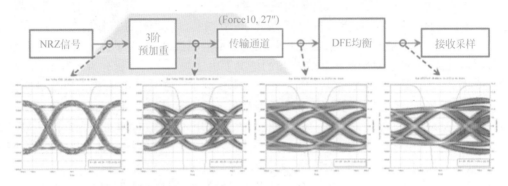

图 8.10　CEI-25G-LR 的传输通道分析结果(参考资料: OIF CEI-25G-LR overview,http://grouper. ieee. org/groups/802/3/100GCU/)

因此,要进行背板的传输信号能力的测试,首先需要一台高性能的带多阶预加重能力的信号发生器,用于在背板的一端产生高速的串行信号,然后在另一端用高带宽的示波器对传输过来的信号进行测试。图 8.11 是用高速串行误码仪和高带宽示波器进行背板传输眼图质量测试的例子。误码仪的数据发送模块可以提供带多阶预加重的信号;而示波器可以提供 33GHz 甚至 63GHz 的实时测量带宽。

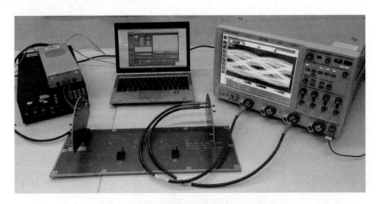

图 8.11　高速背板的传输眼图测试

很多支持 25G 背板传输的芯片都支持至少三阶以上的预加重设置。预加重技术对信号改善的效果取决于预加重幅度的大小和阶数。简单的预加重对信号的频谱改善并不是完美的,比如其频率响应曲线并不一定与实际的传输通道的损耗曲线相匹配,所以高速率的总线会采用阶数更高、更复杂的预加重技术。

需要注意的是,误码仪发送端的预加重参数的设置需要与该信号传输通道的损耗特性相匹配才能得到比较好的信号改善效果。如果补偿过头,得到的眼图有可能会比不使用相关技术时更加恶劣。对于 25Gbps 这么高速的背板传输的信号来说,不合适的预加重系数可能造成在接收端完全得不到张开的眼图。

如果背板设计的插损曲线比较平滑,预加重对于线路损耗的补偿效果会比较好。因此背板设计中除了要控制插损外,对于阻抗的连续性要求也比较高,以保证插损曲线尽可能平滑。

插卡信号质量的测试

当进行完背板的 S 参数及传输能力的测试后,可以说对于背板设计的好坏已经有了比较客观、全面的了解。但是在配合实际的插卡运行时,仍然有可能会出现传输误码率过大或者链路不稳定的情况,这可能是插卡的信号质量不完全符合相关规范。为了定位并排除由此造成的问题,通常需要对插卡的信号质量进行验证。

无论是 OIF 组织的 CEI-25G-LR 规范还是 IEEE 组织的 100GBase-KR4 规范,对于发送端的信号质量都有严格、全面的要求。信号质量的测试工具主要是高带宽的示波器,而要保证对这么高速率信号的正确测试,需要示波器有足够高的带宽(通常需要 40GHz 以上)以及足够低的本底抖动(最好小于 100fs RMS)和噪声,可以使用实时示波器也可以使用采样示波器测试。对于信号质量测试来说,需要测试的参数也很多,以 CEI-25G-LR 为例,就需要测试波特率(Baud rate)、上升/下降时间(Rise times/Fall times)、差分输出电压(Differential output voltage)、共模电压(Output common mode voltage)、随机抖动(UUGJ,即 RJ)、非相关有界抖动(UBHPJ,主要是串扰和噪声等)、总体抖动(TJ)等。表 8.1 列出了在 OIF-CEI 的 3.1 版本中定义的不同应用场景的 25~28Gbps 信号需要测试的项目以及在规范中对应的章节。

表 8.1　OIF-CEI 规范中不同场景 25G~28Gbps 信号的测试项目

参 数 定 义	CEI-25G-SR	CEI-25G-LR	CEI-28G-VSR	CEI-28G-MR
Baud rate	10.3.1	11.3.1	13.1	14.3.1
Rise times/fall times	10.3.1	11.3.1	13.3.2/3	14.3.1
Differential output voltage	10.3.1	11.3.1	13.3.2/3	14.3.1
Output common mode voltage	10.3.1	11.3.1	13.3.2/3	14.3.1
Single-ended output voltage				14.3.1
Transmitter common mode noise	10.3.1	11.3.1	13.3.2/3	14.3.1
Eye mask				
Uncorrelated unbounded Gaussian jitter(RJ)	10.3.1	11.3.1		14.3.1
Uncorrelated bounded high probability jitter	10.3.1	11.3.1		14.3.1
Duty cycle distortion	10.3.1	11.3.1		
Total jitter	10.3.1	11.3.1		14.3.1
Even-odd jitter				14.3.1

续表

参 数 定 义	CEI-25G-SR	CEI-25G-LR	CEI-28G-VSR	CEI-28G-MR
UUGJ-FIR off and on	12.1	12.1		
UBHPJ-FIR off and on	12.1	12.1		
DCD-FIR off and on	12.1	12.1		
Total jitter-FIR off and on	12.1	12.1		
Eye width(EW15)			13.3.2/3	
Eye height(EW15)			13.3.2/3	
Vertical eye closure				
Jitter transfer BW				
Jitter transfer peaking				
Differential output return loss	10.3.1	11.3.1	13.3.2/3	14.3.1
Common mode output return loss	10.3.1	11.3.1		14.3.1
CM to differential conversion loss			13.3.2/3	
Differential to CM conversion loss			13.3.2/3	
Differential resistance	10.3.1	11.3.1		14.3.1
Differential termination mismatch	10.3.1	11.3.1	13.3.2/3 （1MHz）	14.3.1

这些信号质量项目的测试,完全依赖手动完成会非常耗时耗力,同时测试人员对于规范理解和仪表设置的不同也会造成很多测量结果的不确定性。为了简化测试,测试仪器公司会提供针对 CEI3.1 以及 100GBase-KR4 的自动测试软件。在测试过程中,测试人员首先需要根据测试软件的设置向导选择测试标准、测试项目,然后软件会根据当前的测试项目提示连接图以及需要被测件发出的测试码型,一切正常后软件会自动进行波形参数的测试和计算,并生成相应的测试报告。图 8.12 是用一款最高带宽为 85GHz 的内置了时钟恢复的采样示波器进行 CEI 信号质量测试的例子,同时展示了 CEI 自动测试软件的设置界面。

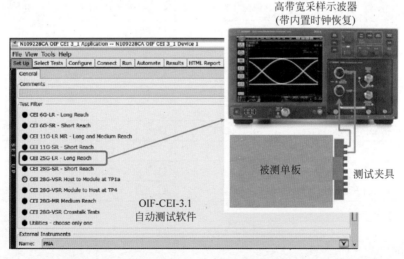

图 8.12　采样示波器及 CEI 接口信号质量测试软件

对于 100GBase-KR4 的信号质量也类似,图 8.13 是用安装在高带宽实时示波器上的自动测试软件生成的 100GBase-KR4 的信号质量测试报告。

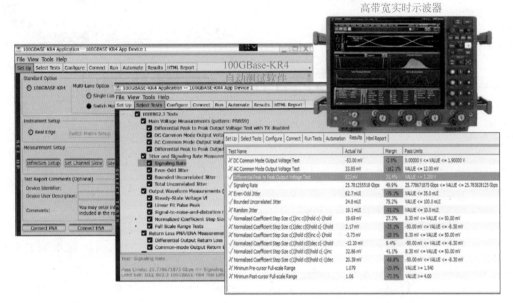

图 8.13　高带宽示波器及 100GBase-KR4 软件信号质量测试报告

高速背板测试总结

通过前面的介绍可以看出,现代的高速背板上单对差分线的信号传输速率高达 25Gbps 甚至更高,需要测试验证的参数也非常多。对其插入损耗、回波损耗、阻抗、串扰的测试,可以借助于多端口的矢量网络分析仪以及信号完整性分析软件;对其信号传输眼图、传输误码率的测试,可以借助于高性能带预加重的误码仪以及高带宽、低噪声的示波器;对其插卡信号质量的测试验证,可以借助于高性能的采样示波器或者实时示波器并配合相应的信号一致性测试软件。

第9章

高性能AI芯片的接口发展及测试

AI 计算芯片的特点

云计算(Cloud Computing)已经成为现代互联网时代的基础设施,由此催生的大数据(Big Data)及人工智能(Artificial Intelligence,AI)应用成为技术和资本追逐的热点,并上升到国家战略层面。AI 的概念从 20 世纪中期提出以来,其发展经过了几波起伏,最近引起社会关注及逐渐走向实用是以 Google 公司的 AlphaGo 在围棋上战胜人类为标志的。目前,AI 已经在大数据分析、人脸识别、智能语音转换、自动驾驶、生物医疗、教育等领域得到广泛应用。AI 技术快速发展的 3 个关键因素是算法、数据和算力,各自的主要作用如下:

- 深度学习算法(Deep Learning Algorithm):很多 AI 计算都基于深度学习算法,深度学习是一种以人工神经网络为架构,对资料和数据进行表征和学习的算法。一些常用的 AI 算法有卷积神经网络(Convolutional Neural Network,CNN)、循环神经网络(Recurrent Neural Networks,RNNs)、长短记忆网络(Long Short-Term Memory Networks,LSTMs)、堆叠自编码(Stacked Auto-Encoders)、深度玻耳兹曼机(Deep Boltzmann Machine,DBM)、深度置信网络(Deep Belief Networks,DBN)等。

- 海量的数据(Big data):大部分深度学习的目的是寻求更好的表示方法并建立更好的模型,以方便从大规模的未知数据中发现特定规律或目标。在前期模型建立阶段,通常需要用大量经过标注的数据集(Labeled data,比如经过分类和特征标注的图片、声音、视频等)对其算法模型进行训练。云计算和大数据以及人工标注技术给 AI 计算提供了可以用于训练的大量数据,成为推动 AI 计算发展的数据基础。

- 强大的算力(Computing Power):传统的计算多采用冯·诺依曼的计算架构,即计算单元(如 CPU)和存储单元(如 Memory)分离。内存总线的瓶颈,会造成当需要进行大量基于数据的计算时 CPU 的性能得不到有效发挥。同时,当前的很多 AI 计算是基于矩阵的大规模并行乘加运算,传统 CPU 的架构和计算资源都不够充足。以 GPU 为代表的新一代 AI 计算芯片和计算架构已经被持续优化,以适用于人工智能和深度学习。比如很多 AI 芯片都针对特定 AI 算法做过架构优化,同时有大量的内核能够更好地计算多个并行进程。

AI芯片是AI技术实现的核心技术,从应用场景上,AI芯片主要分为云端(Cloud)与终端(Device)芯片;从功能上,主要分为训练(Training)和判决(Inference)两类。其中,针对云端训练的芯片需要用到海量数据对其深度神经网络模型进行训练,对性能的要求最为苛刻。云端的训练芯片由于性能要求高,实现难度大,目前主要分为以NVidia为代表的GPU阵营和以Google为代表的ASIC阵营,其中ASIC的芯片的发展呈现逐渐上升的趋势,也是最有可能实现芯片技术突破的领域。针对判决领域,目前以FPGA芯片以及针对终端应用(如移动设备、摄像头、智能驾驶)的ASIC芯片为主。除了传统的技术,以IBM、Intel为代表的类脑计算(Neuromorphic)和以Google、IBM为代表的量子计算(Quantum computing)由于功耗或算力前景的优势,也逐渐进入商用研究阶段。图9.1展示了几种AI计算硬件实现的技术方向。

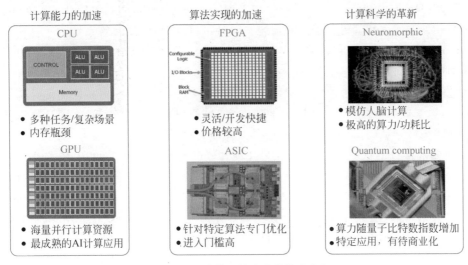

图9.1 AI计算硬件实现的技术方向

目前很多高性能AI计算平台都基于异构架构,以充分发挥不同计算平台的优势。图9.2是一个典型的以x86 CPU为基础,配合AI加速卡构建的AI异构计算服务器。

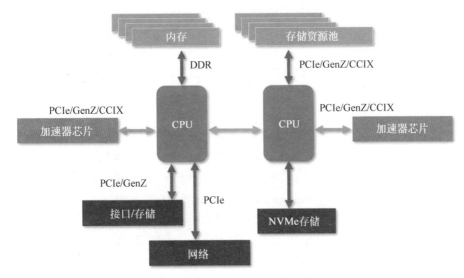

图9.2 典型的AI异构计算服务器架构

对于高性能的 AI 计算平台和 AI 芯片来说,除了架构的变化,还需要有接口性能的提升。由于需要随时进行海量数据的存取和交换,AI 计算对于内存总线和互联接口的带宽及时延要求非常高,因此很多 AI 芯片都会优先采用当前最先进的互联技术,这也给测试验证带来了很大挑战。

AI 芯片高速接口的发展趋势

随着 AI 和深度学习技术发展造成对于算力的极度渴望,以及摩尔定律遇到功耗的瓶颈,传统 CPU 计算能力的提升已经不能满足高性能和数据密集型计算的需求。因此,硬件加速器技术(Hardware Acceleration)在 AI 计算中被普遍使用,以 GPU、FPGA、ASIC 芯片为代表的硬件加速方案都得到了蓬勃发展。同时,现代的高性能计算系统为了适配不同的容量和存取速度的要求,会综合采用多种存储技术如 SRAM、DDR、SCM、SSD 等,并且会在不同的加速器之间共享内存空间,这些也带来了适配不同内存访问机制以及多处理器间缓存一致性的问题。综合以上原因,高性能 AI 计算系统会需要一些更高性能的计算、存储、网络总线,以实现加速器之间、CPU 和加速器之间、处理器和内存之间、不同计算系统之间的高效互联。针对 AI 计算的总线相对于传统总线来说,需要具备以下几个主要特点:

- 更高的接口带宽。现代的高性能 AI 处理器已经可以实现 100TFOPs/s 以上的计算能力,为了充分发挥其算力,需要有高吞吐量的总线实现多处理器之间的海量数据传输。
- 更高的可靠性和更低的传输时延。当多处理器之间协同进行复杂任务处理,或者共享统一的内存空间时,在多处理器之间有频繁的数据交换,更高的可靠性和更低的传输时延可以有效降低处理器的重传或等待时间,提高计算效率。
- 缓存一致性。由于外部存储器带宽的限制,高性能处理器普遍在内部使用更高速的 Cache 缓存单元。当在多处理器之间共享统一的内存地址空间时,为了避免错误的数据操作,需要有专门的硬件协议保证各处理器之间缓存的一致性。

正因为如此,市面上出现了很多彼此互相竞争的高速总线,这些总线分别由不同的公司或者组织运作和推广,有不同的产生背景、技术特点以及产业链基础,需要系统设计人员根据实际需要进行把握和评估。

DDR/GDDR/HBM 高速存储总线

AI 芯片在进行训练和判决过程中需要有大量的数据存取,同时主流的深度神经网络模型参数量都非常大,因此内存总线的带宽、时延等性能会直接影响到 AI 芯片计算效能的发挥。根据存储介质离计算核心的远近程度,常用的存储介质有 SRAM(Static RAM)、DRAM(Dynamic RAM)、SCM(Storage class memory)、SSD(Solid State Disk)、Hard Disk 等几种(图 9.3)。一般带宽更高、时延更小的存储介质会越靠近计算核心,但通常其容量很难做大、价格也会较贵,所以在计算架构设计时会通过一系列不同存储技术的组合来实现性能、容量和价格的平衡。

SRAM(Static RAM,静态存储器):SRAM 通常内置在芯片里面,是距离计算核心最

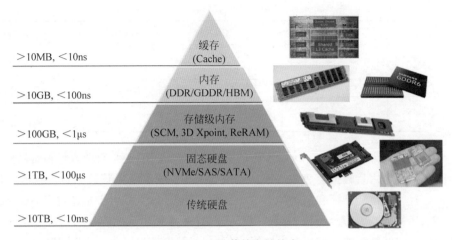

图 9.3　AI 计算的存储技术

近的存储单元,有时也称为 Cache,具有最快的速度和最低的时延。目前 AI 计算的一个发展趋势是"存算一体",即计算单元和存储单元尽可能融合在一起以减小数据存取瓶颈的影响。但是受限于芯片的面积、成本和功耗,一般计算芯片内部 Cache 的大小都在几兆字节,能做到几十兆字节就已经非常大了。

DRAM(Dynamic RAM,动态存储器):DRAM 一般放在计算芯片的外部,是最普遍应用的数据临时缓存的存储介质,在 AI 计算中常用的有 DDR 内存(Double Data Rate Synchronous Dynamic Random Access Memory)、GDDR 内存(Graphics Double Data Rate Memory)、HBM 内存(High Bandwidth Memory)等。其中,DDR 内存是应用最为广泛也是成本最低的,目前 DDR 的技术已经发展到 DDR5,在一些高端手机中更低功耗的 LPDDR5 技术也逐渐普及。DDR5 的最高数据速率可以支持到 6.4Gbps,采用 64 位总线时可以提供最高到约 50GBps 的峰值数据吞吐率。GDDR 技术最早也是从 DDR 技术发展过来,主要用于高性能的显卡,GDDR 通过引入比主时钟速率快 1 倍的 word clock 进行数据采样,使得其单根 I/O 上的数据速率又翻了 1 倍,目前最新一代 GDDR6 单根 I/O 的数据速率可以达到 14Gbps 甚至更高,采用 32 位宽就可以达到 50GBps 的峰值数据吞吐率。GDDR 的速率和功耗相对于 DDR 都有一定优势,但是在时延方面比 DDR 要大,而且价格也会贵一些。HBM 是采用 3D 堆叠技术把多个 DRAM 的 Die 堆叠在一起,通过专门的 Interposer(转接板)和计算芯片或GPU 封装在一起。由于采用了 3D 堆叠技术,所以 HBM 的总线位宽可以做得很宽,比如 1024 位甚至 4096 位,这就使得时钟频率不用太高就可以达到很高的总线带宽。比如在用 1GHz 的时钟进行 DDR 采样时,I/O 是 1024 位就可以达到 256GBps 的总线带宽(1GHz×2bit×1024 位/8bit)。HBM 技术的带宽和时延性能都很好,但是需要采用 TSV(硅通孔)技术进行堆叠并通过 Interposer 和计算芯片进行封装,所以成本较高,一般只用于一些超高性能的计算芯片上。表 9.1 是不同内存接口技术的一个简单比较,其中星的数量越多代表在某方面越有优势。在实际应用中,不同的芯片厂商会根据具体的应用场景和价格定位选择不同的技术方案,比如大部分 AI 芯片都会有内部的 SRAM 做一级或两级缓存,并且会外挂 DDR 存储作为芯片和外部硬盘的数据缓冲,但一些高端的 GPU 会采用 GDDR 或 HBM 作为外部缓存,甚至有些芯片会通过内部增加海量的 SRAM 来提高数据存取效率。

表 9.1   不同内存接口技术的性能比较

性 能 参 数	Cache	HBM	GDDR6	DDR
带宽	☆☆☆☆	☆☆☆	☆☆	☆
时延	☆☆☆☆	☆☆☆	☆	☆☆
容量	☆	☆☆	☆☆☆	☆☆☆☆
功耗	☆☆☆☆	☆☆☆	☆☆	☆
价格	☆	☆	☆☆☆	☆☆☆☆

SCM：前面介绍的 SRAM 和 DRAM 虽然存取速度很快，但是目前容量很难做到 100GB 以上量级，而且掉电之后数据会丢失。而固态硬盘(SSD)虽然因为其数据随机存取速度和功耗的优势，已经在高性能计算和消费类电子产品中广泛应用，但是由于是通过 NVMe 或 SAS/SATA 等 I/O 总线进行存取，所以访问速度较慢。近些年新出现的存储级内存(Storage Class Memory,SCM)很好地兼顾了数据存取性能、容量和非易失性的平衡。SCM 是一种 NAND 闪存，数据不会因系统崩溃或电源故障而丢失。但是从数据访问上，操作系统又将非易失性内存视为 DRAM，并将其包含在整体的内存空间中。访问该空间中的数据要比访问本地、PCI 连接的固态驱动器(SSD)、直连硬盘(HDD)或外部存储阵列中的数据快得多，因此近些年在一些高性能计算中也逐渐开始应用。典型的 SCM 的存储技术有阻变存储器(Resistive RAM,ReRAM)、相变存储器(Phase Change Memory,PCM)、磁性存取器(Magnetic Random Access Memory,MRAM)、碳纳米管随机存储器(Nantero's CNT Random Access Memory,NRAM)等。SCM 很多采用和 DRAM 一样的接口方式，可以方便地插入现有的 DRAM 插槽。市面上典型的 SCM 产品有图 9.4 所示的 Intel 公司推出的 3D XPoint 存储，其容量密度可以比 DRAM 高一个量级，同时而读/写速度又比传统的 SSD 闪存驱动器快 10 倍左右。

图 9.4   典型的 SCM 存储器

PCIe/CCIX/CXL 互联接口

PCIe 总线是传统 CPU 上使用最普遍的扩展总线，但并不是针对 AI 计算制定和优化的。PCIe 主从式数据访问方式、有限的设备地址空间、为了兼容多种功能而设计的复杂协议都制约了其时延性能和数据交互效率的提升。再加上 PCIe3.0 到 4.0 之间的规范更新时间过长，使得其不能很好满足 AI 计算对于带宽、时延和缓存一致性的要求。因此，市面上陆续出现了很多新的标准组织或专用总线来支持更高效的 AI 计算应用。目前,PCI-SIG 组织也在加快 PCIe 相关标准的更新换代,PCIe5.0 已经可以在 2021 年实现小规模商用,基于 PCIe5.0 的支持缓存一致性协议的 CXL 标准以及更高速率的 PCIe6.0 标准都在紧锣密鼓地更新中。关于 PCIe 总线，前面已经有相关章节介绍，这里不再赘述。

CCIX(Cache Coherent Interconnect for Accelerators)是一种面向加速器应用、支持缓存一致性的高速总线，于 2018 年发布 1.0 标准。CCIX 由 AMD、Arm、Huawei、Mellanox、Qualcomm、Xilinx 等公司发起的 CCIX 协会(https://www.ccixconsortium.com/)进行标准化和推广工作，到 2021 年已经有几十家会员单位。CCIX 定义了一种用于计算和加速器芯片高速互连的协议，可以在共享虚拟内存的扩展设备之间实现无缝数据共享。该规范增强了跨不同厂商的芯片时保持缓存一致性的能力。当多个处理器共享并访问相同的内存空间时，可以通过专门的硬件协议交流该内存中各部分已缓存数据的状态来避免读写错误，而不必使用效率低下的上层软件协议。这种机制可以满足异构计算系统的高性能需求，实现它们之间的无缝加速。从协议架构上来说，CCIX 规范建立在 PCIe 基础上，与 PCIe 协议共用相同的数据链路层，因此 CCIX 的缓存一致性协议只须很少修改或者无须修改就可以通过 PCIe 链路传递，使得其具有良好的兼容性和广泛的产业链基础。同时，CCIX 在推出时又支持比当时 PCIe 接口更高的数据传输速率。在 CCIX 的 1.0 版本中，支持两种物理层规范：一种是 PCIe4.0，单 Lane 的数据速率可以到 16Gbps；另一种是 ESM(Extended Speed Mode)模式，在这种模式下可以支持 EDR(Extended Data Rate)速率，数据速率可以到 20Gbps 或 25Gbps。在系统上电配置阶段，要进行通信的两个 CCIX 芯片可以通过协商是否支持 ESM 模式及更高的数据速率。图 9.6 是 CCIX 总线支持的物理层的数据速率，其中 ESM Data Rate0 和 Rate1 对应的数据速率分别为 20Gbps 和 25Gbps。

表 9.2　CCIX 总线的数据速率(来源：CCIX Base Specification 1.0)

物理层接口类型	PCIe 模式	扩展速率模式(ESM)
PCIe4.0	2.5Gbps	不适用
	5Gbps	不适用
	8Gbps	不适用
	16Gbps	不适用
扩展速率(EDR)	2.5Gbps	2.5Gbps
	5Gbps	5Gbps
	8Gbps	ESM 数据速率 0(20Gbps)
	16Gbps	ESM 数据速率 1(25Gbps)

图 9.5 是典型的基于 CCIX 的互联方案，从左到右依次为：主处理器与加速器芯片直接互联，只共享主处理器里的内存；主处理器与加速器芯片直接互联，主处理器和加速器内存都共享；主处理器与加速器芯片通过桥接芯片互联，并在多个芯片间共享内存；主处理器和加速器芯片组成网状连接，多个芯片间共享内存。

CXL(Compute Express Link)也是一种开放的高速互连标准，可在主处理器和加速器、内存缓冲器、智能 I/O 等设备之间提供高带宽、低延迟连接。CXL 基于 PCIe5.0 物理层基础架构，通过一致性和内存语义，来满足异构处理和存储系统不断增长的高性能计算工作需求，可以应用于人工智能、机器学习、通信系统和高性能计算等领域。CXL 联盟(https://www.computeexpresslink.org/)由 Intel、Alibaba、Cisco、Dell EMC、Facebook、Google、HP Enterprise、Huawei、Microsoft 等公司于 2019 年 3 月发起成立，并同步发布了 1.0 版本的规范。CXL 支持丰富的协议集之间的动态复用，如 I/O(基于传统 PCIe 的 CXL.io)、缓存

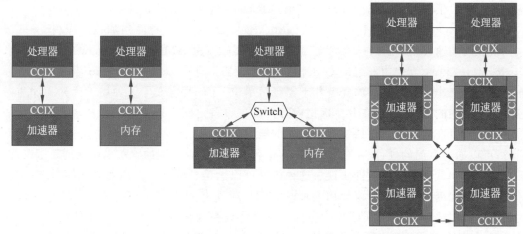

图 9.5　典型的 CCIX 互联方案(来源：An Introduction to CCIX,CCIX Consortium)

(CXL. cache)和内存(CXL. mem)语义等。这个协议在 CPU 和外部设备之间维持一个统一、一致的内存空间,可以允许 CPU 和外部设备共享资源以实现更高的性能,同时减少了软件堆栈的复杂度。支持 CXL 的外部设备主要有三大类：1 类设备,这类设备有自身的缓存但需要访问 CPU 的内存,CXL 协议可以帮助在加速芯片的缓存和 CPU 内存间建立高频次、小颗粒度的操作；2 类设备,这类设备除了缓存以外,还自身挂有 HBM、DDR 等外部存储设备,并与 CPU 进行内存共享,CXL 协议可以在共享内存时保持缓存间的一致性；3 类设备,主要指内存扩展卡等。CXL 的物理层基于 PCIe5.0,首次推出时就支持单 Lane 高达 32Gbps 的数据速率,也可以在降级模式下支持 16Gbps 或 8Gbps 速率。其位宽可以支持 x16、x8、x4 链路宽度,或者在降级模式下支持 x2 和 x1 宽度。如果采用 32Gbps 的数据速率和 x16 位宽,其双方向的总线带宽高达 128GBps。由于 CXL 提供与 PCIe 的完全互操作性,所以支持 CXL 接口的 CPU 既可以连接 PCIe 的设备,也可以连接支持 CXL 的设备。CXL 的设备刚上电时工作在 PCIe 模式,在链路训练阶段,如果通信双方都支持 CXL 协议,则会切换到 CXL 模式。图 9.6 展示了 CXL 接口的典型应用场景。

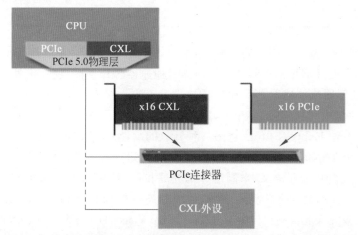

图 9.6　CXL 接口的典型应用场景(来源：CXL White Paper,https://www.computeexpresslink. org/)

NVLink/OpenCAPI 互联接口

GPU 是目前得到最广泛应用的 AI 计算芯片,而 NVidia 公司的 GPU 又是最普遍应用的 GPU 芯片。在 NVLink 推出之前,GPU 之间的高速互联接口主要使用 PCIe。随着 GPU 性能越来越高,以及实际应用中 GPU 与 CPU 的比率的提升,NVida 公司在其 P100 系列 GPU 上最早推出了 NVLink 高速总线。NVLink 是一种高速、高性能、近距离的网状互联总线,可以有效提高 GPU 之间,甚至 GPU 和 CPU 之间的互联带宽。在第 2 代之后的 NVLink 总线中,还支持 CPU 和 GPU 之间的统一内存地址访问和管理,以及缓存一致性协议来缓存 GPU 内存,以便于 CPU 能够更高效地访问 GPU 的数据。每组 NVLink 连接由 16 对高速的差分线(8 对发送,8 对接收)组成。NVLink 的第 1 代标准就支持 20Gbps 的数据速率,远超过当时 PCIe3.0 的 8Gbps;第 2 代标准更是把数据速率提升到 25Gbps,再加上每个 GPU 芯片可以支持多组(4～6 组)NVLink 连接,使得其总线带宽得到进一步扩展;在第 3 代标准中,更是把数据速率提高到了 50Gbps。表 9.3 是 NVLink 总线几代性能的比较。

表 9.3　NVLink 总线性能的对比

性 能 参 数	NVLink 1.0	NVLink 2.0	NVLink 3.0
规范发布时间	2014	2017	2020
Lane 数据速率	20Gbps	25Gbps	50Gbps
Lane 数量/Link	8out+8in	8out+8in	8out+8in
理论带宽/Link	40GBps	50GBps	100GBps
单芯片 Link 数量	4 组	6 组	6 组
理论总带宽(双向)	160GBps	300GBps	600GBps
典型产品	NVDIA P100, IBM Power8	NVDIA V100, IBM Power9	NVDIA A100

根据实际使用的 GPU 芯片数量,以及每颗 GPU 支持的 Link 数量,可以构成不同的 GPU 阵列。很多 GPU 服务器还需要通用 CPU 配合来完成一些复杂任务的处理或控制,如果是 x86 或 ARM 系列的 CPU,可以通过 PCIe 总线实现 CPU 和 GPU 阵列的连接;如果是 IBM 的 Power 系列 CPU,由于有些集成了 NVLink 接口,可以和 GPU 阵列直接用 NVLink 互联。图 9.7 是一个典型的 4 颗 GPU 通过 NVLink 连接成 GPU 阵列,并通过 PCIe 总线与 CPU 进行数据交互的例子。

OpenCAPI 是由 IBM、NVIDIA、AMD、Google、Mellanox、WD、Xilinx 等公司于 2016 年 10 月成立的一个非营利组织(https://opencapi.org/),目的是为"开放一致加速器处理器接口"(Open Coherent Accelerator Processor Interface,OpenCAPI)创建一个开放的高性能总线接口协议,以及发展基于这个标准的生态系统。OpenCAPI 标准的前身是 IBM 公司的 CAPI 协议,1.0 版本在其 Power8 的 CPU 上基于 PCIe3.0 接口实现;后来 2.0 版本又在其 Power9 系列 CPU 上基于 PCIe4.0 接口实现;从 3.0 版本开放为 OpenCAPI,支持 IBM 的 BlueLink 25G I/O 技术,可以实现与 NVLink 2.0 接口的互通。OpenCAPI 标准中定义了

图 9.7   典型的 NVLink 应用场景(参考资料：https://developer.nvidia.com/)

全新的传输层(Transaction Layer)和数据链路层(Data Link Layer)协议,通过针对加速器应用的协议优化,以及对更高速率的物理层技术的支持,OpenCAPI 可以有效提高总线的吞吐带宽。其中,实现主机功能(通常是 CPU)传输层和数据链路层协议的单元分别称为 TL 和 DL,实现设备端功能(如加速卡等)传输层和数据链路层协议的单元分别称为 TLx 和 DLx。可以将 CAPI 看作是通过 PCIe 或其他接口的一个特殊隧道协议,它允许 PCIe 适配器看起来像一个特殊用途的协处理器或加速器来读/写应用处理器的内存。通过简单直接的数据包定义,使得命令解码和内存访问时延比传统的 PCIe 减少 1 个数量级(从几百 ns 到几十 ns)。另外,其基于虚拟地址的缓存机制简化了多处理器架构下的缓存一致性设计。OpenCAPI 主要可以应用于高性能内存、加速器、网卡、存储阵列与 CPU 之间的高性能连接等场景,图 9.8 是 OpenCAPI 协议的目标应用场景。

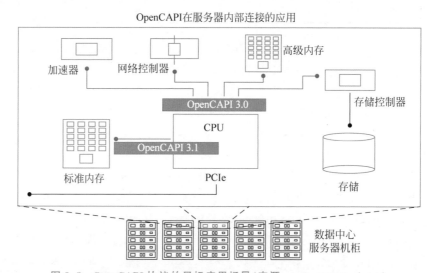

图 9.8   OpenCAPI 协议的目标应用场景(来源：www.opencapi.org)

Gen-Z 互联接口

Gen-Z 是一种针对内存访问的、开放的高速互联接口，由 Gen-Z 联盟（Gen-Z Consortium，http://genzconsortium.org/）进行标准制定和推广。Gen-Z 联盟于 2016 年由 AMD、ARM、Broadcom、Cray、Dell EMC、HP、Huawei、IDT、Mellanox、Micron、Samsung、SK Hynix、Xilinx 等公司发起成立，并于 2018 年发布了 1.0 协议规范。2021 年 Gen-Z 组织的会员单位已经发展到 70 家左右，一些互联网厂商如 Google、Microsoft 也已加入其中。Gen-Z 与前述的很多高性能计算总线一样，是一种高速、高效率、灵活的互联总线。传统大部分计算架构把内存管理和与存储介质有关的控制逻辑混杂在一起，因此需要根据不同的介质类型设计不同的控制接口。Gen-Z 规范中通过统一的内存语义（读写）协议，把处理器的内存管理工作和与介质有关的控制工作分开，因此可以支持各种不同类型和速率的存储介质（比如易失性或非易失性存储）与主控之间进行有效的通信。Gen-Z 总线和 PCIe 一样可以支持多条 Lane 以提高接口数据带宽，并且基于市面上已经广泛使用的 SFF-8639 连接器（即 U.2 连接器）专门定义了适用于 Gen-Z 的接口规范，可以应用于固态硬盘等领域。

根据具体的数据速率和传输距离不同，Gen-Z 总线支持 3 种物理层接口，Gen-Z-E-NRZ-25G-Fabric 接口的数据速率为 25.78Gbps，采用 64b/66b 编码，可以支持 20 英寸以上的远距离连接；Gen-Z-E-NRZ-25G-Local 接口的数据速率及编码方式和前面一样，主要适用于 10 英寸以下的短距离连接；Gen-Z-E-NRZ-PCIe(16G) 接口借用了 PCIe4.0 的物理层，数据速率为 16Gbps，采用 128b/130b 编码，传输距离一般在 12 英寸以内，更长的距离需要加中继器芯片。表 9.4 是 Gen Z 总线不同的速率和传输距离标准。

表 9.4　Gen Z 总线的速率和传输距离标准

Gen-Z 物理层接口类型	数据速率/bps	编码类型	Channel 总损耗
Gen-Z-E-NRZ-25G-Fabric	25.78	64b/66b	30dB
Gen-Z-E-NRZ-25G-Local	25.78	64b/66b	10dB
Gen-Z-E-NRZ-PCIe(16G)	16	128b/130b	28dB

以太网/InfiniBand 网络接口

对于高性能的 AI 计算应用来说（比如针对云端的训练场景），仅仅单个节点或服务器的性能是有限的，很多时候需要多个节点构成一个大的计算网络。由于要在更大尺度上（比如跨机架的连接，或者几百台的计算集群）进行数据的传输和交互，因此要选择一些合适的网络接口，其中最普遍使用的是以太网和 InfiniBand。

以太网主要使用 TCP/IP 协议，优点在于其最广泛的行业基础以及快速推进的技术革新。由于历史悠久、使用广泛，以太网需要承载和支持巨大规模的网络节点及多种协议，使得其协议栈比较复杂，每个数据包的处理都需要复杂的封包和解包。另外，以太网在多个数据包同时传输时可能会存在网络拥塞和丢包，所以其在时延性能方面与一些专为高性能计算设计的网络相比有一定劣势。但以太网的接口速率推进很快，目前 400G 的接口和设备都已经在逐渐走向商用,广泛的产业链也使得其兼容性、组网灵活性、网络建设成本、网络规模等优势都非常明显。近些年,通过采纳一些新的针对高性能计算的网络协议(如无损网络、RoCE 等),使得以太网的可靠性以及时延有了很大改进。

目前,数据中心服务器的网络接口已经普遍提升到 25Gbps,相应的接入交换机的上行接口速率为 100Gbps;一些针对 AI 计算的服务器已经使用 100Gbps 的接口,而接入交换机的上行接口速率为 200Gbps 或 400Gbps。对 AI 服务器来说,未来网络接口的速率还有提升的可能性,但网卡实际能够达到的传输速率还受限于其 PCIe 接口的速率,比如如果采用 x16 的 PCIe 接口,要想充分发挥 400G 网卡或双 200G 接口网卡的性能,必须采用 PCIe5.0 的接口。图 9.9 是 100G 网络接口的典型应用场景:服务器通过网卡的 100G 以太网接口接入以太网交换机,并通过交换机的 400G 上行接口连接其他交换机。目前大部分 100G 网卡和交换机还主要采用 QSFP28 的接口,未来随着接入交换机端口密度的提升,可能会采用尺寸和功耗更低的 SFP-DD 或 DSFP 接口方式。

InfiniBand(IB)是用于高性能计算、服务器、通信设备、存储、嵌入式系统外部互联的高速接口,由 IBTA 联盟(InfiniBand Trade Association)进行标准定义。IBTA 联盟(https://www.infinibandta.org/)成立于 1999 年,专门负责维护和推进 InfiniBand 架构规范,主要成员有 Mellanox、Broadcom、HP Enterprise、IBM、Intel、Microsoft 等约 30 家公司。典型的 IB 设备有 HCA(Host Channel Adapter,即网卡)、Switch(交换机)、电缆、AOC、光模块等。IB 采用交换式、点对点的通道进行数据传输,其最大特点是低延迟、高带宽,以及非常小的软件处理开销,适合在单个连接上承载多种流量类型(集群、通信、存储、管理等),可以支持服务器虚拟化(Server virtualization)和软件定义网络(SDN)等技术。

IB 与传统的以网络为中心的网络协议(例如 TCP/IP)不同,其采用以应用程序为中心的消息传递方法,找到最佳路径并将数据从一个点传递到另一个点。IB 的传输层比传统以太网的 TCP 协议更简单,由于较低级别的链路层提供按顺序的数据包传送,所以它不需要重新排序数据包。此外,IB 提供基于信用的流量控制(其中发送方节点不会发送超出接收侧广播的接收缓冲区容量的数据),因此传输层不需要丢弃数据包的机制。这些技术都有效减少了网络时延丢包。

IB 规范中定义了可以支持可靠消息传递(发送/接收)和内存操作语义(例如 Remote DMA,RDMA)的硬件传输协议。在传统互联中,操作系统是共享网络资源的唯一所有者,这意味着应用程序无法直接访问网络,必须依赖操作系统将数据从应用程序的虚拟缓冲区传输到网络堆栈,再由网络堆栈传输到线路上。而 RDMA 使服务器到服务器之间的数据直接在应用程序内存之间移动,应用程序不依赖于操作系统来传递消息,也无须任何 CPU 参与,从而提高了性能和效率。RDMA 首先在基于 IB 的高性能计算(HPC)行业中得到广泛采用,可以提供比传统以太网小 1~2 个数量级的时延以及很高的网络传输效率。

由于以太网技术的广泛使用,RDMA 现在也正被具有 RoCE(RDMA over Converged Ethernet)功能的以太网网络所支持,这时候 IB 的传输层承载在以太网的数据链路层上,可以提供传统 TCP/IP 网络不具备的远程 DMA、内核旁路等功能。IBTA 开发了 RoCE 标准并于 2010 年发布了其第一个规范。图 9.10 是 RDMA 分别基于传统 IB 和以太网的两种典型硬件实现方式。

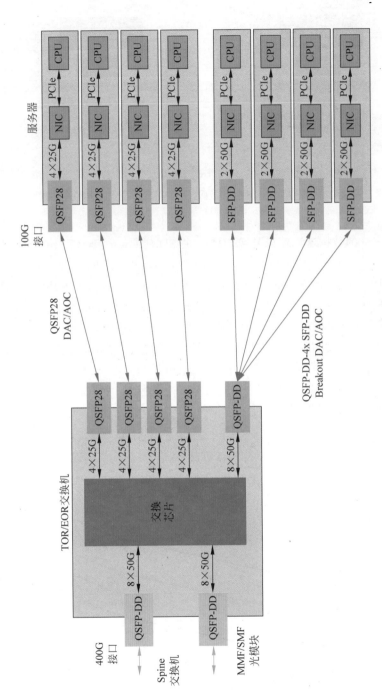

图 9.9　100G 网络接口典型应用场景

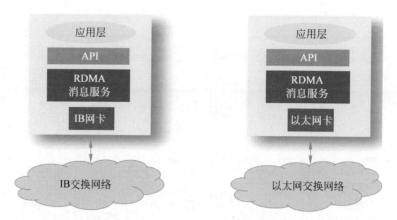

图 9.10　RDMA 基于传统 IB 和以太网的两种硬件实现方式（来源：Enabling the Modern Data Center-RDMA for the Enterprise，InfiniBand Trade Association）

IB 接口单 Lane 的数据速率可以是 2.5Gbps 的 SDR(Single Data Rate)、5Gbps 的 DDR (Double Data Rate)、10Gbps 的 QDR(Quad Data Rate)、14Gbps 的 FDR(Fourteen Gigabit Data Rate)、25Gbps 的 EDR(Extended Data Rate)、50Gbps 的 HDR(High Data Rate，采用 PAM-4 信号调制)等，100Gbps 的 NDR(Next Data Rate)标准也在规划当中。在 QDR 及以下速率时采用 8b/10b 数据编码方式，在 FDR 及以上速率采用更高效的 64b/66b 编码方式，并且有可选的 FEC(前向纠错)功能以支持高误码率下数据包的可靠传输。在链路宽度上，其可以支持 1x、4x、8x、12x 模式。速率和位宽在上电阶段收发双方都可以进行协商。以 200G 的 IB 卡为例，其主机端可以采用 16x 的 PCIe4.0 接口，而在网络侧采用 4x 位宽的 HDR 速率的，典型时延可以做到 1μs 左右。图 9.11 是 IB 接口速率的发展路线图。

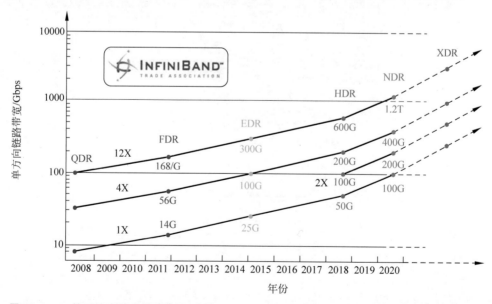

图 9.11　IB 接口速率的发展路线图（来源：https://www.infinibandta.org/infiniband-roadmap/）

IB 的典型传输介质可以是机箱背板、铜缆或者光纤（AOC 或光收发模块）。采用无源铜缆时典型传输距离在 10m 以内，采用 AOC（有源光缆）时典型传输距离在 100m 以内，采用单模光纤时传输距离可达 2km 甚至更远。其硬件接口类型根据不同的速率有所不同，比如 4x FDR 一般采用 QSFP＋接口，4x EDR 采用 QSFP28 接口，4x HDR 采用 PAM-4 信号调制方式并使用 QSFP56 接口。图 9.12 是基于 IB 的交换网络的典型组网结构，服务器节点通过 IB 的网卡（HCA）接入 IB 的交换机（Switch）网络，交换机在服务器、存储、外部以太网网络之间建立高效、低延时的数据连接。在 IBTA 的网站（https://www.infinibandta.org/）上，提供更多支持 IB 的产品型号以及相关厂商信息，在 RoCE 的网站（http://www.roceinitiative.org/）上，也提供支持 RoCE 的产品型号及相关厂商信息。

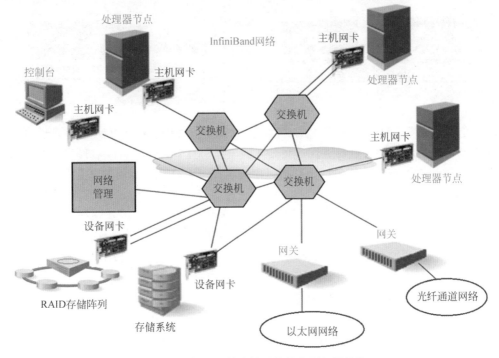

图 9.12　基于 IB 的交换网络的典型组网结构

高性能 AI 芯片的接口及电源测试

高性能 AI 芯片的接口性能测试涉及很多方面，典型的验证及测试工作包括高速互联仿真设计、高速互联通道测试、高速信号质量验证、高速接口容限测试等。图 9.13 展示了典型的高速接口测试中需要关注的测试项目以及使用的主要测试工具。

除此以外，高速存储总线的性能分析、高性能芯片的电源完整性测试、精确的大动态电流波形测试分析、高性能芯片电源抗扰度及功耗分析等也都很重要，下面将一一介绍。

高速互联仿真设计：高速数字电路仿真与设计是高性能 AI 芯片互联成功的关键。AI 芯片涉及很多高速串行接口，如 PCIe、NVLink、CCIX、100G/400G 以太网等。目前，业界公认的高速串行接口芯片信号完整性仿真模型是 IBIS 开放论坛提出的 IBIS AMI 模型。仿

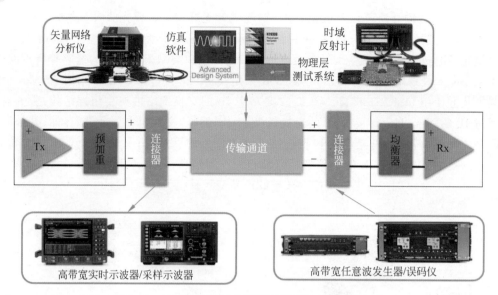

图 9.13　高速接口测试的测试项目以及主要测试工具

真软件可以对高速接口芯片中采用的去加重、均衡器、时钟恢复等算法进行建模,并生成 AMI 模型供之后的信号完整性仿真。在具体的电路仿真中,仿真软件也可以做非常多的工作,比如在发射端实现的功能包括伪随机码序列生成、信道编码、去加重以及抖动注入等,在接收端实现的功能包括接收端抖动模拟、时钟恢复以及多种均衡器。另外,AI 芯片封装设计尺寸小、密度高、结构复杂,还需要全波三维电磁场求解器进行仿真分析,比如用于键合线、连接器、封装等三维结构的电磁场仿真。在 PCB 的设计阶段,可以通过仿真软件建立布线约束和叠层设计,确保走线满足系统阻抗要求并选用较少的层数以降低成本。阻抗计算需要考虑随频率变化的 PCB 材料特性、金属的表面粗糙度、甚至加工时走线的梯形横截面等特性;过孔的设计中工程师需要关注过孔结构的很多问题,例如反焊盘的尺寸、背钻的必要性等。在 DDR4 及更高速率的 DDR5 总线设计中,专门的 DDR 仿真工具能够快速产生 JEDEC 制定的 DDR4 总线规范中低误码率(10^{-16})轮廓线、眼图模板(mask)及由此计算出的时间和电压裕量。同时,现代的高速互联仿真平台还可帮助解决仿真与测量标准一致的问题。过去,在产品生产前,设计工程师可以使用 EDA 供应商提供的仿真工具对电路进行设计和仿真;在产品加工完成后,测试工程师可以使用测试仪器供应商提供的一致性测试工具对产品进行测试。由于软件仿真和仪器测试软件是分别开发的,或者是不同厂商的,因此可能会造成仿真结果与实测结果无法直接对应。现代的仿真平台可以借助于一些测试仪器里的成熟测试套件(比如针对示波器中针对 DDR、PCIe 等的一致性测试软件)直接对仿真出来的波形数据进行一致性测试,从而避免了仿真和实物测试阶段使用的算法工具不同带来的问题。图 9.14 是一个 DDR 总线仿真设计的例子。

高速互联通道测试:高速 PCB、连接器、背板、电缆等是承载高性能 AI 芯片互联信号的基础,很多高性能的 AI 计算集群都是由大量高速的电缆、背板连接在一起。对于这些非常高速的 PCB、连接器、电缆,甚至芯片封装来说,由于制作工艺等原因,可能会造成实物与仿真期望的不符,所以最终的实物性能验证必不可少。典型的高速互联通道测试系统由硬件和软件组成,可以通过多端口的矢量网络分析仪以及针对信号完整性分析的物理层测试系

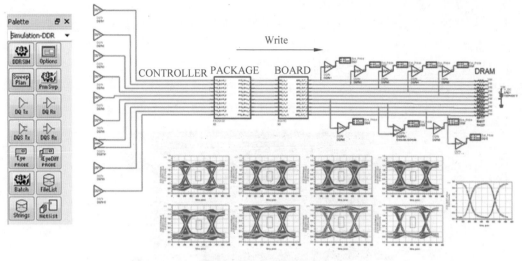

图 9.14 DDR 总线仿真

统软件,在上百 GHz 的频率范围内对多个高速传输通道的损耗、反射、串扰、阻抗等频域和时域特性进行测试和建模。在多个通道间的串扰测试以及差分到单端的混合模式测试中,测试仪器的动态范围是非常重要的。基于矢量网络分析仪的测试系统具有 100dB 以上的动态范围以及很高的幅度精度和相位稳定性,并可以通过先进的校准技术快速校准测试系统和测试夹具的影响。其可实现的主要功能包括以下几个方面:频域差分/单端 S 参数测试;夹具及电缆的去嵌入;时域单端/差分阻抗测量;共模和模式转换测量;眼图仿真;串扰分析;通道裕量计算等。图 9.15 是一个典型的 32 端口的基于 VNA 的背板测试场景,在测试软件的控制下可以同时对 8 对差分线的 S 参数进行快速测试,并对传输通道的通道裕量(Channel Operating Margin,COM)进行计算。

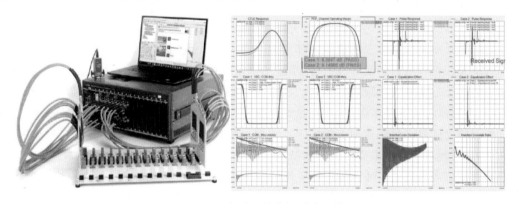

图 9.15 多端口的背板测试场景

高速信号质量验证:电路板和互联通道的测试完成后,接下来进行的就是系统加电后的信号质量测试。这个阶段一般会采用高带宽示波器对实际的信号进行测试分析,包括波形参数测量、抖动测量、一致性测量等。高速信号的质量测试根据不同的场景可能使用实时示波器,也可能使用采样示波器。实时示波器是日常电路调试最常使用的工具,其内部有高速的 ADC 电路对输入波形进行高速采集和显示,并且有非常丰富的触发功能,在 PCIe、

USB、内存等计算总线的测试中使用广泛。一些高性能的实时示波器由于采用了 InP 材料作为前端,其硬件带宽已经可以超过 100GHz,同时时钟抖动可以小于 50fs(RMS 值),特别适合非常高速总线的测量分析。实时示波器通常可以配置非常丰富的针对高速总线的一致性测试软件,典型的有抖动分析、高速串行数据分析、PCIe3.0/4.0/5.0、USB3.0/4.0、SATA/SAS、DDR/GDDR、CCIX、100G/400G 以太网等测试软件。图 9.16 是一款带宽高达 110GHz,可以做到 256GSps 采样率,并且具有 10bit 的 ADC 位数的高速实时示波器。

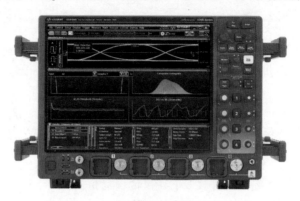

图 9.16 110GHz 带宽的高速实时示波器

实时示波器使用非常灵活,近些年的带宽也有了很大提升,但是高带宽的实时示波器非常昂贵,这也在一定程度上制约了其应用场景。对于一些芯片、器件、光通信等领域的超高速测试,还有一种有效的工具是采样示波器。采样示波器以很低的采样率通过多次重复采样实现了高的等效采样率,因此避免了高带宽测量对于高速 ADC 的苛刻要求,可以用比较低的成本实现高带宽、高精度的信号测量。采样示波器一般使用的 ADC 是 14 位或 16 位的,因此幅度噪声比较低。但是,采样示波器的使用场合对于被测信号有严格的要求,最基本要求是被测信号要是周期性的,并且能够提供一个稳定的与被测信号同步的触发信号。如果没有同步的触发信号,采样示波器无法进行信号采样(这一点和实时示波器不一样,实时示波器的采样时钟来源于示波器内部);而如果信号不是周期性的,采样后不同位置的点叠加后也无法得到清晰的信号波形(用于眼图测量除外)。正是由于这些限制,采样示波器一般不会用于毛刺捕获、随机信号测量、模拟信号测量等场合。但是如果被测信号能够满足周期性、有同步时钟等基本条件,比如是重复脉冲、时钟、数据流,使用采样示波器就有很大的成本和精度优势。目前市面上的采样示波器也可以提供超过 100GHz 的电口测量带宽。图 9.17 是实时示波器和采样示波器在结构上的对比。

高速接口容限测试:对于高速数字通信系统来说,系统在恶劣环境下接收信号的能力是衡量系统可靠性的关键指标。虽然在研发阶段可以用示波器或逻辑分析仪等工具验证高速数字信号的质量或时序逻辑关系,但是这只是保证了发送端输出的信号质量。要定量反映出高速数字互联系统接收恶劣信号的能力,就需要用到相应的误码仪。图 9.18 是用高性能误码仪进行芯片接收容限测试的原理框图。

高速误码仪的典型应用场合有:PCIe4.0/5.0 测试;CCIX/NvLink 测试;IEEE 802.3bs 200G/400G 以太网;IEEE 802.3bj 100G 以太网;IEEE 802.3cd 50G/100G/200G 以太网;OIF CEI-56G/112G(NRZ/PAM-4);64G/112G Fibre Channel;Infiniband-HDR;专用的

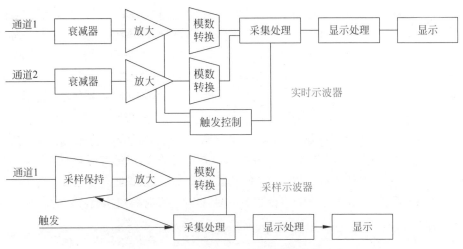

图 9.17 实时示波器和采样示波器结构对比

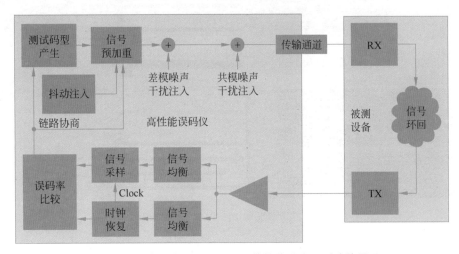

图 9.18 用高性能误码仪进行芯片接收端容限测试的原理

芯片-芯片、芯片-模块、背板间互联的信号测试等。图 9.19 是一款可以支持到单路 56 波特率(112Gbps)的 NRZ/PAM-4 信号的误码仪,具备兼容未来 PCIe6.0 以及更高速率的以太网等接口的能力,同时具备与传统误码仪类似的预加重、抖动注入、实时硬件 PRBS 码型生成、抖动容限测试、时钟恢复、接收均衡等能力,大大方便了接收端容限的测试。

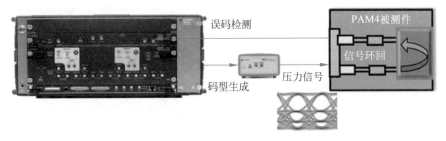

图 9.19 一款支持到 112Gbps 速率的误码仪

另外,AI应用持续驱动内存技术向前演进,正在制定当中的 DDR5 规范规划信号速率最高将达到 6.4GT/s,相较于 DDR4 3.2GT/s 的操作速率,信号的比特宽度缩小一半。而且由于随机抖动、ISI、SSN、串扰等各种问题,在芯片接入点会存在眼图闭合的情况,所以 DDR5 会借鉴高速 SerDes 芯片普遍采用的 DFE 等均衡技术改善链路 BER 性能,这对芯片和系统验证提出了新的挑战,需要考虑 Rx 灵敏度等压力测试。图 9.20 展示了基于多通道误码仪的 DDR5 接收容限测试的方案。在这个测试中,会通过多通道误码仪产生带有压力的 DQ 和 DQS 信号,并提供时钟 CLK,同时还可利用额外的输出通道产生串扰信号。测试中被测的 DDR5 模组插入测试夹具,通过夹具将多通道误码仪与被测件高速信号接口连接,并配置被测件的寄存器使其进入环回模式。通过注入压力信号并检测环回的数据信息就可以验证被测件对于恶劣信号的容忍能力,测试中还可以调节压力信号的参数如幅度、抖动等并观察对于被测件的影响。

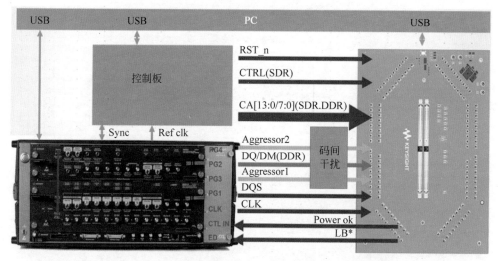

图 9.20　基于多通道误码仪的 DDR5 接收容限测试方案

高速存储总线性能分析:内存总线的可靠性和效率对于 AI 平台至关重要。以 DDR 来说,其总线宽度很宽,DDR 的协议测试的基本方法是通过相应的探头把被测信号引到逻辑分析仪,逻辑分析仪中再运行解码软件进行协议验证和分析。由于 DDR4 的数据速率更是会达到 3.2GT/s 以上,所以对分析仪的要求也很高。图 9.21 是一款支持 DDR4 甚至部分 DDR5 速率的逻辑分析仪,通过专用的探头,可以支持 4GT/s 以上 DDR4/DDR5 的内存条或者芯片所有读写及控制信号的数据捕获。除了相应的硬件以外,DDR 的协议分析还需要用到配套的协议解码软件,因为仅仅捕获数据的原始逻辑状态对于读写的数据内容分析还是不太直观。有些软件还支持协议检查,可以对逻辑分析仪捕获的数据进行分析和统计,帮助快速判断总线上是否有明显的协议违规。

极低电源纹波和噪声测试:高性能 AI 芯片或者用于终端判决的芯片对于功耗都有严格的要求,为了降低功耗,会尽可能采用更先进的加工工艺和更低的工作电压,比如核电压到 0.9V 甚至更低,因此对于电源纹波的容忍度更低。传统的电源纹波主要来源于开关电源噪声,通常频率在 20~80MHz。但是很多 AI 芯片的功耗都很高,同时内部有非常密集的电路和并行计算单元,大量计算单元同时进行晶体管的翻转时会产生非常大的动态电流变化,这使得电源噪声的频率可能会达到几百兆赫以上。虽然很多高性能计算芯片都采用了

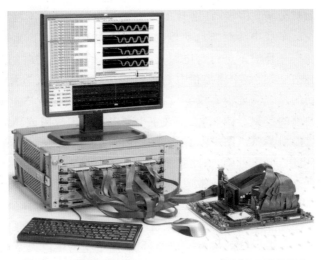

图 9.21　一款支持 DDR4 和部分 DDR5 速率的逻辑分析仪

片载电容的方式以更好地对电源纹波进行过滤,但是仍然有 AI 芯片或者加速卡在运行特定任务或算法时出现异常情况,因此需要在更高的频率范围内以及不同业务场景下对其电源纹波和动态电流进行测试。高性能计算的 AI 芯片在进行电源纹波和噪声测试时对纹波、噪声的要求日趋严格,比如仅允许 2% 的电压波动范围或纹波要求在 5mV 之内,同时需要在更高频率范围内分析电源噪声对信号的影响。传统的电源纹波测试探头带宽低(通常几十兆赫),同时示波器在高垂直灵敏度挡位时没有足够的直流偏置,必须用 AC 耦合的方式滤除直流成分,这也制约了对于电压漂移的观察能力。而如果使用同轴电缆自制探头,虽然带宽可以提升,但性能无法统一,且使用 50Ω 输入时低的输入阻抗可能会影响电源输出特性。要满足高带宽、低噪声、大直流偏置范围、高直流输入阻抗这些测试需求,最好的方法是使用一些针对电源测试的专用探头并配合高分辨率的示波器。比如图 9.22 是一种高带宽的低电源纹波测试方案,当设置到 1GHz 的带宽范围时整个测量系统的本底噪声峰-峰值只有 1mV 左右,同时又有几十千欧的直流输入阻抗以及 10V 以上的偏置范围,可以很好地应用于高带宽的精密电源纹波和噪声测试。

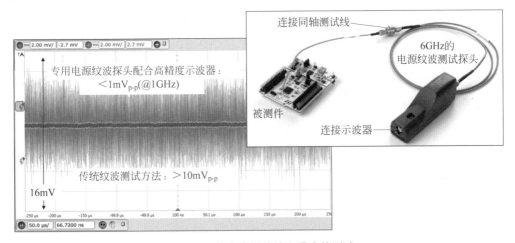

图 9.22　精密电源纹波和噪声的测试

电源抗扰度及功耗分析：很多 AI 芯片工作于复杂的系统环境下，如大功率服务器的电流波动、无线信号干扰、车载电源频繁启动等，甚至供电电压可能会产生瞬态的跌落或中断。如果等到交付后再在实际环境下进行与电源抗扰度相关的实验，则时间和机会成本都比较高，最好的方法是能先在实验室中模拟供电总线可能出现的真实状态并进行测试。以前搭建模拟直流电源扰动的系统需要很多仪器设备的组合，而现代的直流电源分析仪则可以实现灵活的电源输出波形的控制。图 9.23 是在主电源上模拟出故障或异常电压波形的例子，即芯片的电源抗干扰能力测试。图中的直流电源分析仪可以在一个机箱内提供 1～4 路主电压供电，每一路的电压、电流可调，每路输出功率可达 100W 以上，同时每路电源的上下电时序、上下电斜率都可以灵活控制，非常适合多路复杂供电的高性能应用场合。在程序的控制下，专门的电源分析仪还可以模拟各种电源的故障或者异常，如电压瞬态跌落、电源纹波、电源上下电波形以及任意波形等。另外，如果机箱中配置的是精密电源模块，则还可以在毫安到安培级别的范围内提供无缝测量范围切换，可以用于精密供电以及耗电分析，并可以进行电压及电流波形捕获、长期数据记录、功耗统计分析等。

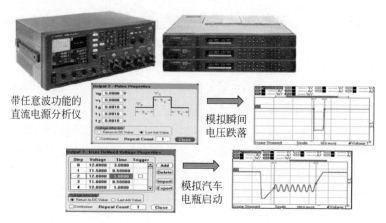

图 9.23 芯片的电源抗干扰能力测试

第10章

光纤技术简介

电信号在传输过程中会受到传输介质损耗的影响,所以传输距离有限。特别是随着高速数字信号速率的提升,要想实现远距离的高速信号传输,无论成本、体积还是重量方面都是很难接受的。因此,光纤通信就成为实现高速信号远距离传输的必然选择。光纤的种类非常多,按组成成分可分为石英光纤、含氟光纤、塑料光纤等;按可同时传输的模式数量可分为多模光纤(MMF)、单模光纤(SMF)、少模光纤(FMF)等;按截面折射率分布可分为阶跃型和渐变型;按使用波长可以分为短波长(850nm 附近)和长波长(1310nm 或 1550nm 附近)等。每个大类下面又有多个小的类型,比如多模光纤可分为 OM2、OM3、OM4、OM5 等,单模光纤可分为 G.652、G.653、G.654、G.655、G.656、G.657 等,每种都有自己特点和特定应用场合。

1966 年,美籍华人高锟(Charles K Kao)发表了一篇名为 *Dielectric-fiber surface waveguides for optical frequencies* 的论文,从理论上论证了用高纯度玻璃纤维作为传输媒介进行远距离通信的可行性,从而奠定了现代光通信的基础。1970 年,美国康宁公司研制出损耗为 20dB/km 的光纤。1974 年,贝尔实验室又研制出损耗仅为 1.1dB/km 的低损耗光纤,并于 1976 年在亚特兰大开通了一条速率为 44.7Mbps、理论中继长度可达 10km 的光纤通信链路,其中使用了 820nm 波长的 GaAlAs(砷化镓铝)半导体激光器作为光源,光纤通信从此进入商用时代。

光纤(Optical Fiber)简介

光纤是光导纤维(Optical Fiber)的简称,它是一种高纯度的用石英玻璃棒在高温下拉制而成的细丝。单独的玻璃纤维非常脆弱且容易折断,所以通常会把单根光纤或多根光纤加上外面的保护层组成光缆。图 10.1 是典型的光缆的结构图。

光纤是根据光的全反射(Total Reflection)原理来进行信号传输的。当光从一种高折射率的介质入射到低折射率介质时,如果入射角大于临界角,则因为没有折射(折射光线消失)而都是反射,故称为全内反射。构成光纤的玻璃纤维在制造和拉制过程中通过工艺控制形成了两层:高折射率的玻璃纤芯(Core)和低折射率的玻璃包层(Cladding)。这样,当光信号从一端入射到纤芯后,如果满足一定的入射角度,就会不断在纤芯和包层的交界处产生全反射,使得能量被限制在光纤内部向前传输。

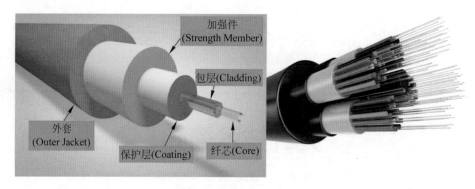

图 10.1   典型光缆的结构

经过多年的发展，目前市面上最常用的光通信的光纤都有比较统一的尺寸，典型的玻璃光纤的横截面包层的外直径为 $125\mu m$，而芯径的直径常用的有多模光纤的 $62.5\mu m$、$50\mu m$ 和单模光纤的 $9\mu m$ 左右。比如我们看到光纤标示为 $9/125\mu m$ 就是指芯径直径 $9\mu m$、包层外径 $125\mu m$ 的光纤。图 10.2 是典型多模和单模光纤的芯径与包层尺寸。

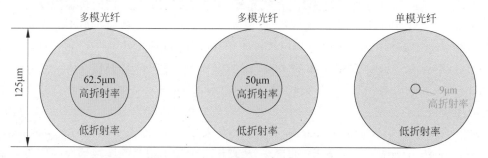

图 10.2   典型多模/单模光纤的芯径与包层尺寸

当激光信号入射到光纤的芯径上时，只有当入射信号的入射角 α 满足一定的条件时，才能使光信号满足全反射条件并沿光纤传输，通常把 2α 叫作光纤的全接收角（Acceptance Angle）。有时为了简化计算，也会用数值孔径（Numerical Aperture，NA）来描述光纤能够收集光的角度范围（图 10.3）。比如，如果纤芯的折射率为 1.48，包层的折射率为 1.46，则通过简单的计算就可以知道这个光纤数值孔径约为 0.24，其全接收角约为 28°。数值孔径主要与光纤芯径和包层间的折射率差异有关。折射率差异越大，数值孔径越大，光纤收集光的能力越强，对于光路对准的要求越低；同时，在光纤弯折时，光更不容易泄漏出去，因此抗弯折能力更强。但是数值孔径太大的光纤会允许更多的模式传播，其模式色散会更大，从而

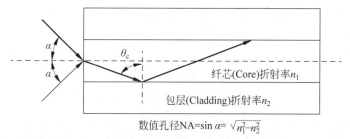

数值孔径 $NA = \sin\alpha = \sqrt{n_1^2 - n_2^2}$

图 10.3   光纤的全反射与数值孔径

影响到光纤的传输距离,因此光纤的数值孔径都会控制在一个合适的范围之内。通常多模光纤的数值孔径为 0.2~0.3,单模光纤的数值孔径为 0.1~0.15。

光本身是一种电磁波,其在不同传输介质中由于折射率的不同会发生传输速度和波长的变化,我们通常所说的波长是指其在真空中传输时的波长。用光纤进行信号传输的最大特点就是传输损耗小,因此可以传输非常远的距离。图 10.4 是典型多模光纤和单模光纤针对不同波长的光信号的衰减曲线。从图中可以看出,光纤在进行信号传输时的信号衰减与波长和光纤的特性都有关系。造成光纤损耗的主要因素是由于杂质造成的瑞利散射(Rayleigh Scattering),800nm 以下和 1600nm 以上的衰减明显较大,而 1400nm 附近有明显的水峰吸收,都不太常用于光纤通信中。典型多模光纤(Multi-Mode Fiber,MMF)对于 850nm 波长光信号的损耗为 2.5~3dB/km,而典型单模光纤(Single-Mode Fiber,SMF)对于 1310nm 波长光信号的损耗约为 0.5dB/km,对于 1550nm 波长的损耗更是会低至 0.3dB/km 以下,这些都远远小于用铜线进行信号传输的损耗。

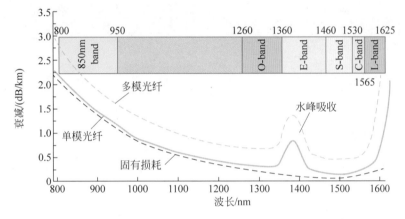

图 10.4 多模光纤和单模光纤对不同波长光信号的衰减

由于历史的原因,1260~1625nm 的波长范围又被分为 5 个波段: O-band(Original band,1260~1360nm)、E-band(Extended-wavelength band,1360~1460nm)、S-band(Short-wavelength band,1460~1530nm)、C-band(Conventional band,1530~1565nm)、L-band(Long-wavelength band,1565~1625nm)。其中 O-band 是最早使用的长波波段,这个波段内光信号的色散是最小的,目前仍然广泛应用于 10km 以内距离的信号传输,比如采用 1310nm 波长或者 1310nm 附近的 4 个或 8 个波长通过粗波分复用(Coarse Wavelength Division Multiplexing,CWDM)方式进行信号传输;C-band 和 L-band 由于损耗非常小,适合长距离传输,目前广泛应用于城域网、广域网等传输网领域,结合密集波分复用(Dense Wavelength Division Multiplexing,DWDM)和掺铒光纤放大器(Erbium-doped Optical Fiber Amplifier,EDFA)技术可以在单根光纤内实现几十 Tbps 的传输带宽及几千千米的传输距离;S-band 目前主要应用于 PON(Passive-Optical Network)的光接入网络中;E-band 由于存在较大的水峰吸收,是最不常用的波段,现代有些新型的光纤(如 ITU-T G.652.D 光纤),已经可以克服水峰吸收的问题,但推广普及仍需较长时间。

用光纤进行信号传输除了损耗小以外,另一个优点是有非常高的传输带宽。用铜介质进行信号传输时,由于介质对于高频损耗比低频损耗要大得多,远距离传输时高频信号的损失会使高速数字信号严重变形。但光纤中可供用于通信的波长窗口有几百纳米,对应的可用频率范围高达几十 THz,可以通过波分复用的方式承载非常高带宽的通信信号。传统上主要使用的是 850nm、1310nm、1550nm 附近的波长,随着新型激光器和光纤技术的发展,更多的波长窗口也逐渐得到更多的应用。图 10.5 展示了光信号波长间隔与频率间隔变化的关系,以及在 1550nm 波长附近不同频率间隔对应的波长间隔。可以看到,光信号在很小的波长范围内就可以提供非常高的带宽容量,比如在 1550nm 附近 0.4nm 的波长范围就对应 50GHz 的带宽。

光信号频率与波长的关系:

$$\lambda v = c$$

光信号波长变化与频率变化的关系:

$$\Delta v = -\frac{c}{\lambda^2} \Delta \lambda$$

1550nm波长时光信号频率与波长的变化关系

频率变化/GHz	波长变化/nm
200	1.6
100	0.8
50	0.4
25	0.2
12.5	0.1

图 10.5　光信号波长间隔与频率间隔的关系

多模光纤(Multi-Mode Fiber)

早期的光纤由于工艺和技术的原因,光纤的芯径较粗,这种光纤在进行信号传输时,其内部允许多种不同的传输模式,因此通常称为多模光纤(MMF)。多模光纤普遍采用发散角较大的 LED(Light Emitting Diodes)或 VCSEL(Vertical Cavity Surface Emitting Lasers)作为光源,典型波长为 800~950nm(常用的是 850nm)。多模光纤大的芯径有利于信号耦合,可以配合低成本、大发散角的光源如 LED、VCSEL 等使用,但由于多种模式传输带来的模式色散影响,多模光纤的传输距离有限,通常用于几百米以内的通信场合。在一些特殊应用中,多模光纤也可以使用 1310nm 甚至更长的波长(比如 IEEE 的 1000Base-LX 规范就允许用多模光纤传输 1300nm 波长),但由于长波激光器的成本要高很多,所以这种应用很少见。图 10.6 中展示了 LED 和 VCSEL 光源在多模光纤中的传输特性。早期多模通信多采用发散角较大的 LED 光源配合 $62.5\mu m$ 甚至几百 μm 芯径的光纤使用,现在随着小发散角的 VCSEL 光源的普及,用于通信的高性能多模光纤多采用 $50\mu m$ 芯径。

对多模光纤来说,由于内部可以传输多种模式,且多种模式到达接收端时走的路径和距离并不完全一样,所以到达接收端的时刻也不一样,这种现象称为多模光纤的模式色散(Modal Dispersion)。传统的多模光纤芯径和包层的折射率变化是阶跃的,称为阶跃折射率(Step Index)光纤。阶跃折射率光纤生产比较简单,光纤芯径可以做到几百 μm,但模式色散很大,现在主要用于一些低成本的塑料光纤中。为了减小多模光纤的模式色散,目前市面上用于高性能传输的多模光纤都是渐变折射率(Graded Index)的。渐变折射率光纤芯径的折射率从中心到边缘逐渐减小,可以使得大入射角的光束向中心弯折,光束沿螺旋线传输,具有自聚焦的特性。另外,大入射角的光束由于更多次数的反射通常在光纤内要走更长的距离,但由于折射率的渐变使得其更多在纤芯边缘处传输,而边缘处低的折射率对应更快的

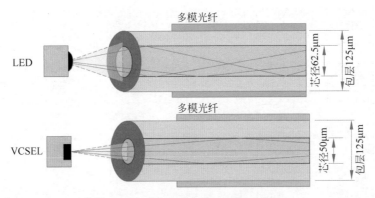

图 10.6 光信号在多模光纤中的传输

传输速度,综合下来使得不同入射角的光信号到达接收端的时间尽量保持一致,从而减少了模式色散的影响。渐变折射率光纤可以提供比阶跃折射率光纤高出几十倍以上的模式带宽,因此已经成为目前高速光通信的主流多模光纤技术。图 10.7 展示了阶跃折射率和渐变折射率多模光纤中光信号的传输方式。

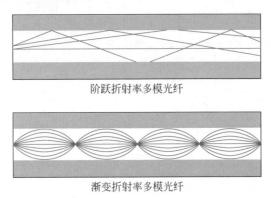

图 10.7 阶跃折射率和渐变折射率多模光纤中光信号的传输

模式色散会造成到达对端信号时刻的模糊,因而限制了高速信号的传输;多模光纤越长,则模式色散越严重,能传输的信号速率也越低。为了衡量多模光纤传输带宽和距离的关系,早期主要用满注入带宽(Overfilled Launch,OFL)来衡量多模光纤的带宽,这是因为早期主要采用发散角大的 LED 作为光源,其光束较大,可以覆盖所有的传输模式;后来随着发散角小一些的 VCSEL 在多模光纤中的应用,开始采用有效带宽(Effective Bandwidth,EBW)这个指标在有限模式下衡量多模光纤的质量。OFL 和 EBW 的单位都是 MHz · km,随着距离的增加,多模光纤的带宽是下降的,所以多模光纤通常只应用于短距离的信号传输(几十米到几百米)。

多模光纤有很多标准,广泛应用的是 TIA 组织(Telecommunications Industry Association)定义的多模光纤标准,后被 ISO/IEC 组织(International Electrotechnical Commission)采用。表 10.1 列出了常用多模光纤的种类和主要性能指标。早期的 OM1 光纤几乎已经不再使用,而 OM2 光纤也只用在一些低速接入场合,现在数据中心等高性能通信中主要使用 OM3 和 OM4 的光纤。而 OM5 是一种新的宽带光纤,把多模光纤可使用的波长范围从 850nm 附近扩展到 950nm 左右,用于支持多个波长在多模光纤内传输。

表 10.1　多模光纤的种类和性能指标

光纤类型	相关规范	芯径尺寸 /μm	包层颜色	衰减 /dB·km⁻¹	满注入带宽 OFL /MHz·km	有效带宽 EMB /MHz·km	典型应用场合
OM1	TIA/EIA 492-AAAA ISO/IEC 11801 OM1 IEC 60793-2-10 A1b （~1989 年）	62.5	桔色	<3.5dB@850nm; <1.0dB@1300nm;	~200@850nm; ~500@1300nm;	N/A	10M/100M 1GE
OM2	TIA/EIA 492-AAAB ISO/IEC 11801 OM2 IEC 60793-2-10 A1a.1 （~1998 年）	50	桔色	<3dB@850nm; <1dB@1300nm;	>500@850nm; >500@1300nm;	N/A	10M/100M 1GE 10GE/40GE
OM3	TIA/EIA 492-AAAC ISO/IEC 11801 OM3 IEC 60793-2-10 A1a.2 （~2002 年）	50	水蓝色	<3dB@850nm; <1dB@1300nm;	>1500@850nm; >500@1300nm;	>2000@850nm >500@1310nm	1GE 10GE/40GE 25GE/100GE
OM4	TIA/EIA 492-AAAD ISO/IEC 11801 OM4 IEC 60793-2-10 A1a.3 （~2009 年）	50	水蓝色	<3dB@850nm; <1dB@1300nm;	>3500@850nm; >500@1300nm;	>4700@850nm >500@1310nm	10GE/40GE 25GE/100GE 200GE/400GE
OM5	TIA/EIA 492-AAAD ISO/IEC 11801 OM5 IEC 60793-2-10 A1a.4 （~2016 年）	50	柠檬绿	<3dB@850nm; <1dB@1300nm;	>3500@850nm; >500@1300nm;	>4700@850nm >2470@953nm	25GE/100GE 200GE/400GE

单模光纤（Single-Mode Fiber）

进入 20 世纪 80 年代之后，随着工艺的提升，逐渐可以拉制更小芯径的光纤，而且半导体激光器（Laser）成本的下降使得其可以广泛应用于光通信中。激光器发出的光束更窄，发散角更小，因而可以沿着芯径更小的光纤以一种单一模式接近直线传播。这种芯径更小、内部只允许一种传播模式的光纤称为单模光纤（Single-Mode Fiber，SMF）。单模激光器的成本仍然比多模的光源高很多，所以一般用于多模通信无法支持的远距离通信中。配合合适的调制和信号探测技术，单模光纤的传输距离可以达到几千米甚至几十千米，如果加上光的中继放大甚至可以实现上千千米的信号传输。图 10.8 展示了光信号在单模光纤中的传输特性。

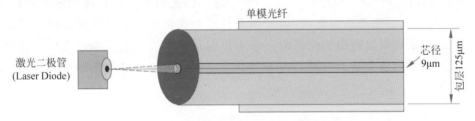

图 10.8　光信号在单模光纤中的传输

对于单模光纤来说，使用的波长为 1260～1625nm（典型的是 1310nm 和 1550nm）的长波长，而长波长的光源主要是发散角很小的激光器，可以比较容易地把能量耦合到较细的纤芯内。对于单模光纤来说，几乎不存在像多模光纤那样的模式色散问题，因此可以传输更长的距离。但是在远距离传输时，衰减和色度色散（Chromatic Dispersion）、偏振模色散（Polarization-mode Dispersion，PMD）成为影响单模光纤传输距离的主要因素。

对于衰减来说，目前很多单模光纤的衰减都在 0.5dB/km 以下。克服衰减的主要方式是采用损耗更小的波长或光纤、提高发射机功率、在光路上增加放大器、提高接收机灵敏度等。

色度色散产生的原因是光纤对于不同波长的传输速度不同。一般激光器发送的光信号光谱纯度还是比较高的，但是仍然有一定的谱线宽度，特别是经过信号调制后谱线更会被展宽，也就意味着信号里包含了不同的波长分量。而不同的波长分量在光纤里传输的速度是有微小差异的，这就造成到达接收端的时间有微小差异，从而使被调制的数字信号的脉冲被展宽。单模光纤的色度色散和光源的线宽、信号调制速率以及传输距离都有关系，光源线宽越宽、信号速率越高、传输距离越长，由此产生的色度色散就越严重。色度色散虽然对信号远距离传输影响较大，但是当链路光纤的类型和长度确定以后，色度色散就是恒定的、线性的，因此可以采用一些手段进行补偿，比如采用色散值相反的色散补偿光纤（Dispersion Compensating Fiber，DCF）。图 10.9 展示了色度色散对于信号传输的影响。

对于单模光纤来说，还有一种色散是偏振模色散。光信号也是一种电磁场，可以分解为两种互相垂直的极化状态，这两种极化状态对于光信号来说又称为偏振态。如果光纤是理想的圆形且不存在内部应力，则不同极化状态电磁波的传输速度是一样的。但是，光纤在拉制过程中，可能形成的不是一个标准的圆形截面，或者内部存在应力，这就使得不同极化状

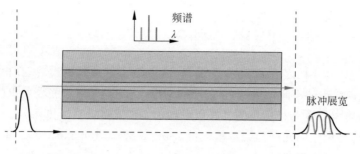

图 10.9　色度色散对于单模光纤中信号传输的影响

态电磁波的传输速度会有差异。如果光源发出的信号不是理想的线偏振光,或者在传输过程中由于光纤应力、弯折、温度等产生了偏振态的变化,就会造成到达对端的光脉冲的展宽(偏振模色散)以及光功率(偏振相关损耗)的变化。偏振模色散和色度色散不一样,它是非线性的,而且可能是动态变化的(温度和光纤应力变化都会对其造成影响),很难进行预先补偿。目前克服偏振相关损耗的方法主要包括使用能产生线偏振光的外调制激光器、使用保偏光纤、用 DSP 算法进行动态补偿等。图 10.10 展示了偏振模色散对于脉冲展宽的影响。

图 10.10　偏振模色散对于单模光纤中信号传输的影响

单模光纤普遍使用的是 ITU-T(International Telecommunication Union)定义的单模光纤标准。其主要定义的光纤有 G.652、G.653、G.654、G.655、G.656、G.657 等几大类,每种根据历史的发展和细分场景又分为不同的小类,用后缀 A/B/C/D/E 等字母进行区分。ISO/IEC 组织也定义过单模光纤的标准,其中 ISO/IEC 11801 定义的 OS1 光纤标准类似 G.652A,ISO/IEC 24702 标准定义的 OS2 光纤标准类似 G.652D。表 10.2 列出了几种常用单模光纤的种类和主要性能比较。

ITU-T G.652 光纤又称为标准单模光纤,是最早形成规范并广泛使用的单模光纤,分为普通的 G.652A/B 光纤和改善了水峰吸收的 G.652C/D 光纤。G.652C/D 光纤主要是改善了 1383nm 附近的水峰吸收,因此比较适用于 WDM 场景下的多波长传输。G.652 光纤在 1310nm 波长附近的色度色散几乎为 0,传输时可以主要考虑光纤衰减,广泛应用于中等距离(<40km)的信号传输;在 1550nm 波长附近,这种光纤的衰减虽然更小,但是色散造成的影响比较大,所以远距离传输时需要仔细计算激光器的线宽、传输距离以及色散参数。G.652 光纤是目前中、短距离单模信号传输最广泛使用的光纤技术,但长距离传输时由于需要大量非常昂贵的色散补偿电路,所以目前有被色散更小的 G.655 或 G.656 光纤替代的趋势。表 10.3 是康宁公司的一款 G.652D 单模光纤的指标,可以看到在 1310nm 波长附近,其衰减小于或等于 0.35dB/km,色度色散几乎为 0;在 1550nm 波长附近,其衰减小于或等于 0.2dB/km,色度色散小于或等于 18ps/(nm·km)。

表10.2 常用单模光纤的种类和主要性能

光纤类型	相关规范	特点	芯径/μm	截止波长/nm	典型衰减/dB·km⁻¹	典型色散/ps·nm⁻¹·km⁻¹	最小弯曲半径/mm	典型应用场合
G.652 (OS1/2)	ITU-T G.652 A/B/C/D (1984—2016)	普通单模	8.6~9.2	1260	<0.4@1310nm <0.3@1550nm	~0@1310nm <18.6@1550nm	30mm	各种距离都有应用
G.653	ITU-T G.653 A/B (1988—2010)	色散位移	7.8~8.5	1270	<0.35@1550nm	-2.3~2.3@1550nm	30mm	长距离 非WDM系统(>40km)
G.654	ITU-T G.654 A/B/C/D/E (1988—2016)	截止波长位移，超低损耗	11.5~12.5	1530	<0.23@1550nm	17~23@1550nm	30mm	海底光缆，DWDM(>500km)
G.655	ITU-T G.655 A/B/C/D/E (1996—2009)	非零色散位移	8~11	1450	<0.35@1550nm <0.4@16250nm	2.8~9.3@1550nm	30mm	DWDM，城域网(>40km)
G.656	ITU-T G.656 (2004—2010)	非零色散位移，宽带	7~11	1450	<0.4@1460nm <0.35@1550nm <0.4@16250nm	1~4.6@1460nm 3.6~9.3@1550nm 4.6~14@1625nm	30mm	CWDM/DWDM，城域网(>40km)
G.657	ITU-T G.657 A/B (2006—2016)	弯曲不敏感	8.6~9.2	1260	<0.4@1310nm <0.3@1550nm	~0@1310nm	5~15mm	有线电视光纤到户

表 10.3　一款 G.652D 单模光纤的指标(参考资料：www.corning.com)

波长/nm	最大衰减/dB·km^{-1}	波长/nm	色散/ps·nm^{-1}·km^{-1}
1310	≤0.35	1550	≤18.0
1383	≤0.35	1625	≤22.0
1490	≤0.24		
1550	≤0.20		
1625	≤0.23		

零色散波长：1304nm≤λ_0≤1324nm

G.653 光纤称为色散位移光纤(Dispersion-shifted Fiber,DSF),是为了克服 G.652 光纤在传输 1550nm 时的色散问题而开发的。其主要的特点是更小的芯径以及特殊设计使得其零色散波长从 1310nm 附近移到 1550nm 附近。通过色散位移,使得这种光纤的零色散波长和损耗最小的波长都在 1550nm 附近,因此可以适应长距离(>40km)的信号传输。但是在远距离传输的场合下,光纤资源都非常宝贵,因此普遍采用 DWDM 的波分复用技术。而 G.653 光纤的信道间距较小,很容易因为非线性效应造成多个波长间互相混频(最典型的是四波混频),从而引起信道间的串扰和干扰。这使得 G.653 光纤的使用场合受到很大限制,目前基本上被 G.655 光纤取代。

G.654 光纤称为截止波长位移光纤(Cut-off Shifted Fiber,CSF),又称为超低损耗光纤。这种光纤采用了更大的、未掺杂的芯径设计使得其在 1550nm 波长的衰减非常小,同时也可以承受更高的输入功率,使得其可以应用于非常长距离传输的场合,广泛应用于超长距离的海底光缆。这种光纤的截止波长较长,只能用于 1550nm 窗口波长传输,而且由于色散较大,必须采用相应的色散补偿技术。

G.655 光纤称为非零色散位移光纤(Non-zero Dispersion-shifted Fiber,NZ-DSF),相对于 G.653 光纤来说,通过改变光纤折射率分布结构,使得其在 1550nm 附近的色散并不为零(可能为正也可能为负),但同时也克服了零色散光纤的非线性问题,可以有效抑制四波混频引起的信道间串扰问题。G.655 光纤虽然仍然有一定的色散,但是色散值较小,远距离传输时仅仅需要很少的色散补偿技术,所以目前是高带宽、远距离、DWDM 传输场合最广泛使用的光纤技术,主要工作在 C 和 L 波段。图 10.11 是传统非色散位移光纤(Non DSF,如 G.652)、色散位移光纤(DSF,如 G.653)、非零色散位移光纤(NZ-DSF,如 G.655)的色散性能的比较。

G.656 光纤称为宽带非零色散光纤(Wide Band Non-zero Dispersion-shifted Fiber,WB NZ-DSF)。它可以认为是 G.655 光纤扩展了波长范围的宽带升级版本,是专为城域网和长距离传输的 CWDM 及 DWDM 系统设计的,在 S、C、L 波段都可以使用。

G.657 光纤是一种新型的通用光纤,其特性与 G.652 光纤兼容,但有更好的抗弯曲性能。在一些有线电视和光纤到户的应用场合,由于物理空间的限制,很难控制光纤的弯曲半径。普通光纤在弯曲半径较小时会使光信号不满足全反射条件而泄漏到包层里,从而损失光功率。典型的 G.657 光纤使光信号通过特殊设计的光沟反射回到核心,而不是丢失在包层中,因此可以具有更小的弯曲半径。这种光纤主要应用在有线电视、光纤到户等领域,也可以用于通用应用中。

目前,从光纤的生产制造成本上来说,多模光纤和单模光纤差异不是特别大,甚至有些

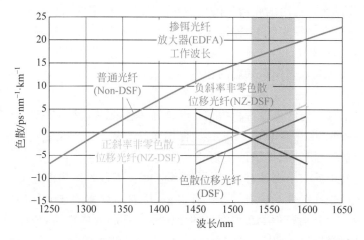

图 10.11 非色散位移光纤、色散位移光纤、非零色散位移光纤的色散

高质量的多模光纤比单模光纤更贵。表 10.4 是几种典型 LC/UPC 接口的多模和单模光纤跳线的市场价格比较(仅供参考),可以看出,当光纤比较短时,决定价格的主要因素是光纤接头的成本,当光纤比较长时,价格差异主要体现在光纤本身的成本上。

表 10.4 典型光纤跳线的市场价格比较

长度	多模光纤				单模光纤
	OM2	OM3	OM4	OM5	OS2
1m	\$ 2	\$ 2	\$ 2	\$ 4	\$ 2
10m	\$ 4	\$ 5	\$ 7	\$ 20	\$ 4
50m	\$ 12	\$ 15	\$ 25	\$ 100	\$ 10

　　虽然多模光纤的价格并不比单模光纤便宜,但由于芯径尺寸较大,所以比较适合 LED 或者 VCSEL 等发射角较大的光源。LED/VCSEL 光源的成本比单模光纤使用的激光光源成本要低很多,另外多模光纤的光束对准也比单模光纤容易得多,这使得多模光模块比单模光模块便宜很多。特别是当速率比较高时(>10Gbps),多模光模块的价格只有单模光模块价格的 50% 甚至 20%,因此广泛应用于短距离(500m 或 100m 以下)的信号传输场合。

保偏光纤(PM Fiber)

　　光本身是一种电磁波,而电磁波是一种横波,除了不同的传播模式以外,还存在着不同的电场或磁场极化方向,这就是光的偏振态。一般激光器发出的都是稳定的线偏振光,但实际的光纤在弯曲、受到应力或温度改变时都会有微量的随机双折射(正交方向的折射率有微小差异)从而导致输出光偏振状态的改变(比如变为椭圆偏振光),这些变化是非故意且不可控的,因此导致经过光纤输出的光信号的偏振状态也是不确定的,且会随着外界条件的变化而变化。因此,在标准单模光纤中,输出光的偏振态是随机的,无法控制。但是,很多光学器件都是偏振敏感的,比如光波导、光调制器、光纤传感器、光放大器等,偏振敏感型器件的工作状态及插入损耗与输入光偏振状态的相关性很大,因此实际应用中需要输入光的偏振态能够保持稳定。

如果希望光信号在光纤传输过程中偏振状态不发生变化,就会用到一种特殊的保偏光纤(Polarization-maintaining optical fiber)。保偏光纤的基本原理是通过特殊的设计在光纤中产生确定的双折射(快轴和慢轴的折射率约有 10^{-4} 量级的差异),并且保证入射线偏振光的偏振方向与其中的一个光轴对齐,这样就不会由于外力的作用而造成随机的双折射从而改变偏振态。产生确定性双折射的方法有很多,比如不对称的几何外形或者非对称的折射率分布。图 10.12 分别展示了几种常见的保偏光纤纤芯的横截面,如熊猫型(Panda)、领结型(Bowtie)、椭圆包层型(Elliptical Jacket),都是通过特殊的掺杂(比如掺入氧化硼或氧化铝)在光纤内部产生不对称的应力分布从而造成人为的双折射现象,也有直接把纤芯做成椭圆形的保偏光纤。

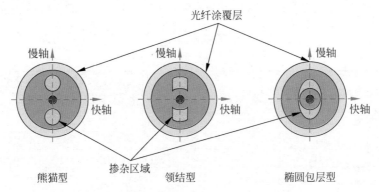

图 10.12　几种常见的保偏光纤纤芯的横截面

保偏光纤的应用非常广泛,比如在光通信中,连接激光器输出到光调制器之间的光纤就会使用保偏光纤。需要注意的是,保偏光纤只是对沿其快轴或慢轴传输的线偏振光能保持偏振态,当光偏振方向与慢轴或者快轴成一定角度时,出射光的偏振态会因保偏光纤的长度不同而不同,因此在使用中需要使输入的线偏振光与其某个轴(通常是慢轴)对齐。图 10.13是一种 FC/APC 接口的保偏光纤,其光纤慢轴与 FC 接口的定位孔对齐,以保证连接中光轴与输入光的偏振态的对齐。

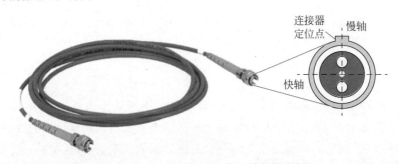

图 10.13　一种 FC/APC 接口的保偏光纤

光纤连接器（Fiber Connector）

当光信号在不同设备间进行传输，或者在不同的区域间进行传输时，就涉及光纤之间的连接。

如果是裸光纤或者光缆之间的连接（图 10.14），比较常用的连接方法是机械接续（Mechanical Splicing）或者熔接（Fusion Splicing）。机械接续的方式是通过机械装置将两条光纤在套管内对接，虽然对设备要求不高也非常便宜，但是由于两根光纤之间可能有空隙，插入损耗和回波损耗特性都不太好。而熔接的方式中，两种光纤用熔接机通过电弧直接焊接（熔接）在一起。熔接机的种类很多，可以对单根光纤进行熔接，也可以对多根带状光纤进行熔接。熔接过程中两根光纤的对准方式也很重要，通过包层对齐的熔接机比较便宜，而通过纤芯对齐的熔接机虽然较贵，但通过图像和光检测系统的组合使得纤芯的对准精度更高。因为熔接方式提供了最低的插入损耗且几乎没有反射，所以是两根光纤间最可靠的连接方式，好的熔接机可以实现插入损耗小于 0.02dB。

 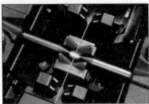 

机械接续　　　　　　单根光纤熔接　　　　　带状光纤熔接
(Mechanical Splicing)　　(Fusion Splicing)　　　(Fusion Splicing)

图 10.14　光纤的接续和熔接

熔接的方法虽然连接可靠性高、插入损耗小，但是毕竟连接和断开都不太方便，所以在现场需要频繁拔插的场合（如光模块和光纤的连接）会给光纤安装上合适的连接器以方便快速拔插。带连接器的光纤又分为两种：尾纤（Fiber Pigtail）和光纤跳线（Fiber Patch Cord）。尾纤一端装有标准连接器，另一端可以和光缆或裸纤进行熔接；而光纤跳线则两端都是标准的连接器（两端可能一样或不一样），用于光信号的引出或不同连接形式的转接。

对光纤连接器来说，其主要要求是插入损耗小、反射小、重复性好、温度稳定性好，一些特殊应用领域比如军用光纤还可能会有防水和振动稳定性好的要求。根据不同的应用场景和要求，光纤的连接器种类有很多。光通信中常用的光纤连接器有 SC、LC、MU、ST、FC、MT-RJ、NID、E2000、MTP/MPO 等，图 10.15 展示了其中的几种。

- SC 连接器：SC 连接器最早由日本 NTT 公司开发，是早期光通信设备上比较常用的连接方式，其采用矩形的工程塑料连接器，套圈尺寸为 2.5mm，用塑料卡扣连接。SC 接口优点是插拔方便，但缺点是体积较大，且锁扣不太牢靠。目前在 10G 以上速率的光通信中已经不再使用。

- LC 连接器（Lucent Connector 或 Little Connector）：LC 接口由 Bell 实验室研发，随着 10G 的 SFP+ 模块的推广而得到广泛应用。LC 连接器与 SC 类似但只有一半宽度，其套圈尺寸只有 1.25mm，目前广泛应用于 10G 及以上光通信设备的光纤连接接口。

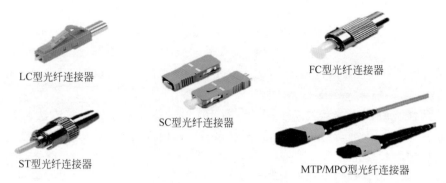

图 10.15　常用的光纤连接器

- ST 连接器：由 AT&T 公司开发，使用陶瓷的 2.5 mm 卡套固定光纤，卡套通过半扭曲卡口安装固定到位。
- FC 连接器(Ferrule Connector)：FC 是圆形带螺纹的连接器，使用陶瓷套圈，外部采用镀镍或不锈钢的金属管进行加强，用螺丝口进行紧固连接，所以连接可靠且防尘。FC 连接器需要螺纹旋紧，安装时间稍长，一般用于配线架或者测量仪表等对连接可靠性要求较高的场合。
- MPO/MTP 连接器：MPO/MTP 是多芯的光纤连接器，常用的有单排 12 芯、单排 16 芯、双排 24 芯等。由于一次可以连接多根光纤，所以 MPO/MTP 广泛应用于需要多根光纤并行传输的场合，比如 100G-SR4 使用收/发共 8 根多模光纤，400G-SR8 使用收/发共 16 根多模光纤，100G-PSM4 和 400G-DR4 使用收/发共 8 根单模光纤。

　　除了不同的光纤连接器类型以外，在尾纤或者光纤跳线的连接中，还需要注意光纤的端面类型。两段光纤通过连接器进行连接时，除了需要特殊的机械设计使其纤芯对齐以外，还需要对接触端面进行抛光打磨以提高耦合效率及减小反射。常用的光纤端面类型有 Flat、PC、UPC 和 APC 等(图 10.16)。

性能特点	Flat	PC	UPC	APC
回波损耗	<−30dB	<−35dB	<−50dB	<−60dB
插入损耗		<0.3dB	<0.2dB	<0.3dB
常用光纤类型	多模(MMF)	多模(MMF)/单模(SMF)	多模(MMF)/单模(SMF)	单模(SMF)

图 10.16　光纤的端面类型

- 早期的光纤采用 Flat(平面)端面，即光纤的截断面是垂直于光束方向的平面。这种端面加工简单，但是由于端面较大且不可能非常平整，使得两个端面之间不能紧密接触，插入损耗和反射都比较大，目前在高速光通信领域已经不再使用。
- PC 的含义是紧密连接(Physical Contact)，PC 端面是研磨成垂直于光纤方向的微球面。这种方式减小了两个光纤端面连接时的接触面积,使得两边光纤端面可以紧密接触在一起,因而插入损耗小。PC 端面广泛应用于光通信设备间的连接,其在接触点仍然可能会造成一部分光发射,一般回波损耗在　35dB 左右。

- UPC(Ultra Physical Contact)是改进的 PC 端面,通过更精细的研磨把回波损耗控制在-50dB 左右。

- APC 即通常所说的斜头,其光纤端面不是研磨成完全垂直于光纤插入方向,而是有一个倾斜角度(约 8°)的平面或微球面。APC 相对于 PC 端面的最大优点是可以使得接触端面处的反射光不沿原路径返回,从而减小光纤端面的反射,其回波损耗可以做到-60dB 左右。一般 APC 光纤连接器是绿色的,或者人眼从垂直光纤的方向仔细观察(不要把光纤输出正对人眼)也能看到 APC 光纤端面约 8°的倾斜角。

　　PC 和 UPC 端面都广泛应用于高速光通信中单模和多模光纤的连接。APC 端面传统上主要用于单模光纤连接,近些年也有光模块厂商开始在高速的多模光模块上使用 APC 接口,以减小光信号发射对于高速 VCSEL 激光器的影响。

　　通常的光纤跳线上都会标注其连接器和端面类型。比如 LC/PC-LC/PC 光纤跳线就意味着两端都是 LC 接口的平头端面;LC/PC-FC/APC 光纤跳线就意味着一端是 LC 接口的平头端面,而另一端是 FC 接口的斜头端面。在使用中需要特别注意的是,PC 或 UPC 端面不能与 APC 端面直接连接或通过法兰盘连接,否则会造成光纤端面损坏。如果必须连接,可以通过 APC 到 PC 或 UPC 的光纤跳线进行转接。

光纤的模场直径(MFD)

　　在前面关于多模光纤和单模光纤内部光信号传播的示意图中,为了方便理解,通过全反射的光路图解释光信号在光纤中的传播,并没有定量地给出光信号的单模和多模传输条件。实际上,当光纤的芯径接近光信号波长的量级时,光信号表现出电磁场的特性,对其传播特性的分析也需要借助麦克斯韦方程和电磁波特性进行分析。由于具体的电磁波求解过程比较复杂,这里不做赘述,仅仅对结论做一些阐述。

　　单波光纤一般都是横截面为圆形的阶跃折射率光纤,其纤芯可以看作圆柱对称的介质波导,通过麦克斯韦方程对其在光纤中传播的电磁场进行建模和求解。在阶跃折射率光纤中可以传播的模式有 TE 模式(电场横向传播方向)、TM 模式(磁场横向传播方向)和混合模式(HEmn 和 EHmn 模式,这些模式沿传播方向有电场和磁场)。对于电信和数据通信中使用的典型单模光纤,纤芯和包层之间的折射率差 n_1-n_2 非常小(0.002~0.008),因此大多数 TE、TM 和混合模式都会退化,对所有这些模式使用一个符号就足够了,即 LP 符号。LP 模式称为 LP_{lm},其中下标 l 和 m 与特定模式的圆周和径向方向零点的数量有关(图 10.17)。其基本模为 LP_{01} 模,是唯一能在单模光纤中传输的模式。

　　对于单模光纤来说,通常会用光纤的模场直径 MFD(Mode Field Diameter)来评估基模(LP_{01} 模)能量在光纤内部的径向分布。MFD 定义了光强度下降到峰值强度 10^{-2} 的径向位置,与光纤的数值孔径、波长以及纤芯直径有关。MFD 作为光场本身大小的度量,是设计激光源与光纤之间光路耦合的重要参数。对于阶跃折射率的单模光纤来说,MFD 的计算可以参考图 10.18 中的 Marcuse 公式(参考资料:Marcuse D. Loss analysis of single-mode

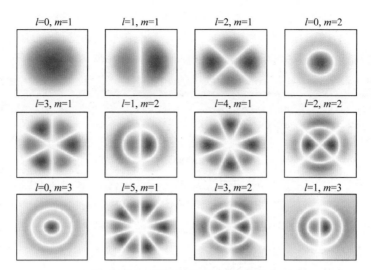

图 10.17　光纤中电磁场的传播模式

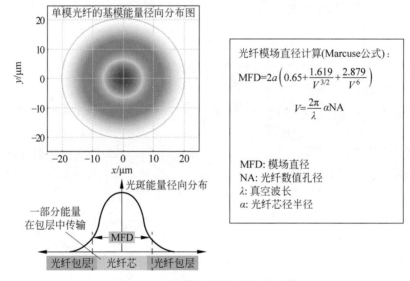

图 10.18　单模光纤模场直径的计算

fiber splices. Bell Syst. Tech. J.,1997,56,703)。比如,当光纤芯径半径为 $4.5\mu m$(直径 $9\mu m$),NA＝0.12 时,对于 1550nm 的波长其 V 值约为 2.2,计算得出其基模的模场直径约为 $10.6\mu m$。

在这个公式中,V 是一个归一化的值,与光纤的芯径尺寸、数值孔径以及波长有关。单模光纤的 V 值很小,当 $V<2.405$ 时,光纤只支持一个基模(即单模传输);对于多模光纤,其芯径尺寸很大,所以 V 值很大,可以支持多个模式传输(即多模传输)。由于 V 值会决定光纤内能传播的模式的数量,而 V 又是个与波长呈反比的量,所以当波长小于一定值时,光纤内可以有更多高阶模式同时传播,此时光纤不再满足单模传输条件而产生模式色散。通常把光纤不再满足单模传输条件对应的波长叫作光纤的截止波长(Cut-off Wavelength)。

当光纤芯径较小时,V 值较小,MFD 相对于光纤芯径较大,就会对弯曲损耗和包层中的吸收损耗更加敏感；当光纤芯径较大时，V 值较大，MFD 相对于光纤芯径较小，会增加纤芯包层截面处或者纤芯中的散射损耗。为了平衡各方面损耗的影响，一般的单模光纤设计中，会使 MFD 略大于纤芯的物理直径，这意味着大部分光功率在纤芯中传输，但也有一小部分功率会在包层靠近纤芯的区域传输，这也是光纤弯曲损耗的主要原因。

目前，大部分通信用的单模光纤的纤芯直径为 $8\sim9\mu m$，多模光纤的芯径在 $50\mu m$ 左右。但近些年来，为了提高光纤的通信容量，也重新出现了对少模光纤(Few Mode Fiber)的研究，这种光纤的芯径尺寸介于单模光纤和多模光纤之间，通过特殊的芯径和数值孔径设计使得纤芯内可以允许有限几个模式传输，这样就可以在不同模式上传输不同的信息来提高通信容量。

第11章

光通信关键技术

光模块简介（**Optical Transceiver**）

在目前的大部分光通信系统中，光模块都是实现光信号传输的关键组件，其主要作用就是完成电信号到光信号转换，一些更高速率的光模块中还会增加时钟恢复、DSP 信号均衡、光链路状态监控等功能。图 11.1 是两台以太网交换机通过插入光模块并借助光纤实现通信的典型应用场景。

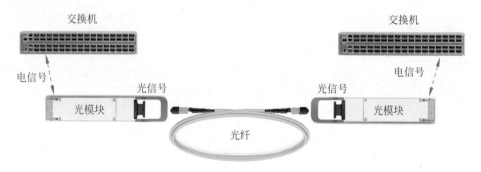

图 11.1　光模块的典型应用场景

如果按照以太网的 802.3 规范定义（图 11.2），光模块主要完成的是 ISO/IEC 的七层 OSI 模型中物理层中 PMD(Physical Medium Dependent)子层功能。

实际上，除了 PCB 或背板以外，能够实现高速连接的方式很多，并不一定都需要采用光模块。根据不同的传输距离、成本、布线灵活性要求，主要采用的连接方式有 DAC(Direct Attach Cable)、ACC(Active Copper Cable)、AOC(Active Optical Cable)以及光模块(Optical Transceiver Module)等。表 11.1 是几种高速连接方式的主要特性对比。

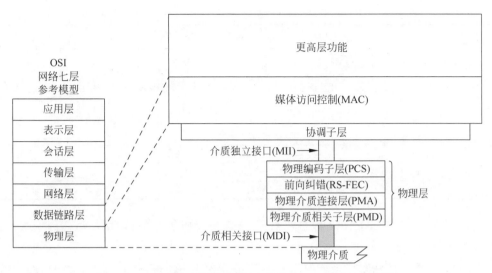

图 11.2　OSI 的七层网络模型（参考资料：IEEE 802.3 规范）

表 11.1　几种高速连接方式的特性对比

连接方式	价格	距离	重量	灵活性	功耗	可靠性	主要应用场景
无源铜缆（DAC）有源铜缆（ACC）	☆☆☆	☆	☆	☆	☆☆☆	☆☆☆	机柜内或相邻机柜；服务器-交换机连接
有源光缆（AOC）	☆☆	☆☆	☆☆	☆☆	☆☆	☆☆	机柜内或同排机柜；服务器-交换机连接
多模光模块+多模光纤	☆☆	☆☆	☆☆	☆☆☆	☆☆	☆☆	同排机柜或同机房内；交换机-交换机连接
单模光模块+单模光纤	☆	☆☆☆	☆☆☆	☆☆☆	☆	☆	跨机房或跨楼宇；交换机-交换机连接

　　DAC(Direct Attach Cable)有时又称为无源铜缆(Passive Copper Cable)，顾名思义，就是用导电的铜线实现两端的直接连接。DAC 内部一般是屏蔽的双同轴线(Twinax)结构，常用的线材有 24AWG、26AWG、28AWG、30AWG、32AWG 等。AWG 数值越小，其线材越粗，同时损耗也越小，所以长距离的 DAC 通常会用 AWG 值比较小的线材制作，但较粗的线材不太易弯折而且较重。DAC 内部没有无源器件，所以功耗很低、适用温度范围广、可靠性高，一般也比较便宜，因此广泛应用于 10G 接口的连接(比如 10Gbps 的 SFP+接口或 4×10Gbps 的 QSFP+接口)。由于铜线是有损耗的，为了保证高速信号的可靠传输不能做得太长，所以数据中心的 DAC 电缆长度一般为几米(通常传输 10Gbps 可到 7m，25Gbps 可到 5m，56Gbps 的 PAM-4 信号到 3m 左右)。随着数据中心服务器接口的速率从单路 10G/25Gbps 的 NRZ 向 56Gbps 的 PAM-4 信号过渡，DAC 的传输距离大大缩短，再加上需要很好地适配发端和收端的均衡器设置(否则容易出现兼容性问题)，所以在 25Gbps 以上的数据中心应用场合，有用 ACC 电缆或 AOC 电缆逐渐替代 DAC 的趋势。表 11.2 是几种双同轴线材插入损耗的对比。

表 11.2　几种双同轴线材插入损耗的对比(来源：www.samtec.com)

性能指标			28AWG	30AWG	32AWG	34AWG	36AWG
14GHz	0.25m	插入损耗/dB	−1.0	−1.2	−1.5	−1.8	−2.2
(28Gbps)	1m		−3.9	−4.7	−5.9	−7.2	−8.7
28GHz	0.25m		−1.5	−1.8	−2.2	−2.6	−3.2
(56Gbps)	1m		−6.0	−7.0	−8.7	−10.6	−12.7
密度/柔韧性			较好	较好	好	非常好	非常好

　　ACC(Active Copper Cable)即有源铜缆,其连接介质仍然是和 DAC 一样的铜线,但是在电缆内部增加了有源的信号驱动或者均衡器芯片,这些有源芯片可以补偿一部分铜线传输造成的损耗,因此传输距离是 DAC 的 2～3 倍。ACC 电缆相对 DAC 电缆的功耗和成本有所增加,其性能指标很大一部分依赖于其内部有源芯片的带宽、增益和均衡能力。对于 ACC 电缆来说,其使用的有源芯片又可分为 Redriver 和 Retimer 两种。Redriver 是纯模拟芯片,主要进行信号的均衡和放大,只是增强信号或提升高频成分,但是会积累抖动和噪声;Retimer 会对信号进行时钟恢复、重新采样并发送出去,可以获得更好的信号改善,但是价格和功耗会比较高。图 11.3 是 DAC 电缆和 ACC 电缆的对比。

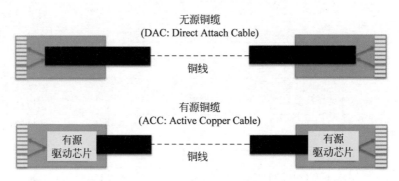

图 11.3　DAC 电缆和 ACC 电缆的对比

　　AOC(Active Optical Cable)简称有源光缆,和前面介绍的 DAC 及 ACC 的区别在于其内部有专门的光收发芯片把电信号转换成光信号,通过光纤进行信号传输。由于光纤对于信号的损耗比铜线要低得多,所以 AOC 的传输距离可以比较远,AOC 内部普遍采用多模光纤及 VCSEL 光源,传输距离从几米到 100m 左右。AOC 的光收发器及光纤接口都是密封成一体的,不可以插拔,裸露在外的只是与正常铜缆一样的金属连接器,所以不存在光纤连接时需要清洁的问题,这使得其外观及使用方式与正常铜缆一样。由于 AOC 内部是光纤传输,所以重量轻、传输距离远、布线方便、对电磁辐射不敏感,但由于内置了相应的光收发器件,价格会比 DAC 和 ACC 高。AOC 在数据中心的高速率、短距离连接场合有非常广泛的应用。

　　光收发模块(Optical Transceiver Module)简称光模块,是一种在数据中心和电信领域都有非常大规模应用的光连接技术。光模块和 AOC 的主要区别在于这种方案是把光收发器件和光纤分成不同的部件,用光收发模块实现电信号到光信号的转换,而光纤实现光收发模块之间的连接。光纤和光模块之间可以通过专门的接口(如 SC、LC、MPO 等)灵活连接。这种连接方式相对于 AOC 最大的好处是可以根据不同的应用场景实现光模块和光纤的灵活连接。比如如果光模块可以支持 500m 传输距离,用户可以根据实际连接距离配合使用 100m 的光纤,也可以使用 300m 的光纤;另外,很多大型数据中心和电信机房的光纤资源都是施工阶段通过光纤配线架事先布置好的,一旦对应的光模块损坏,可以及时插拔更换光模块,大大方便了运维工作。图 11.4 是 AOC 和光模块的对比。

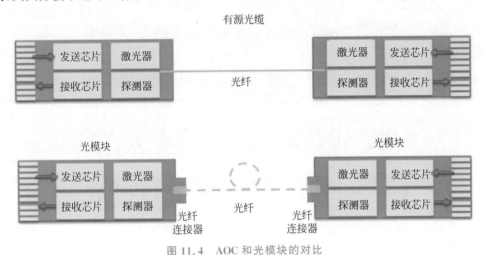

图 11.4 AOC 和光模块的对比

　　根据不同的速率、传输距离要求,光收发模块分为很多种,一般多模模块的传输距离在几十米到几百米,而单模模块的传输距离在几百米到几十千米。光模块根据速率、传输距离、实现方式等的不同,其种类非常多,其命名通常遵循如下标准(主要来源于 IEEE 802.3 协会和各 MSA 的命名,也有例外)。比如标注为 100GBase-LR4 的光模块,代表其速率为 100Gbps,使用 4 路 1310nm 附近波长的信号进行传输,最大传输距离为 10km。图 11.5 是常用光模块的命名方式。

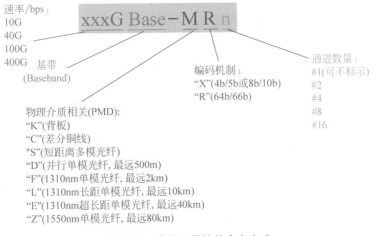

图 11.5 常用光模块的命名方式

光信号的调制(Optical Modulation)

光通信是把电信号调制在光载波信号上,再通过光纤进行传输的通信技术。所谓调制,就是通过对载波信号参数的改变,将需要传输的信息(语音、数据等)通过一定的媒介进行传输,常见的调制方式有幅度调制(AM/ASK)、相位调制(PM/PSK)、频率调制(FM/FSK)以及矢量调制(QPSK/QAM)等。图 11.6 是几种不同调制方式对信号时域波形的影响。

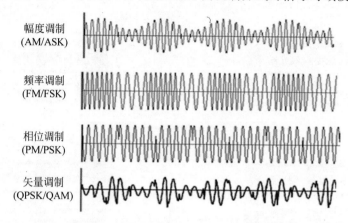

图 11.6　不同调制方式对信号波形的影响

最常见光通信技术是通过改变光的强度实现信号传输(幅度调制),图 11.7 是光通信中最常用的用激光二极管实现幅度调制的原理图。输入的电信号通过驱动放大后改变激光二极管的偏置电流,从而使得输出激光功率随之变化。采用这种调制方式时通常需要仔细调整输入电流信号的幅度和偏置点,以得到最佳的光调制幅度(Optical Modulation Amplitude,OMA)和消光比(Extinction Ratio,ER)结果。比如若偏置点选择过低或者调制电流幅度过大,则会造成严重的非线性失真;而若偏置点选择过高或者调制电流幅度过小,则会使得调制效率不高,浪费了很多能量但传输距离不远。另外,随着温度的变化(比如图中从温度 T_1 变化到 T_2),激光二极管的特性也会发生变化,为了得到稳定的光输出功率、

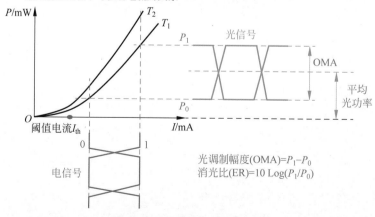

光调制幅度(OMA)=P_1-P_0
消光比(ER)=10 Log(P_1/P_0)

图 11.7　光通信中的幅度调制

光调制幅度和消光比结果,通常需要在光器件内部采用相应的温度补偿电路对其特性进行补偿。幅度调制实现技术简单,所以应用广泛,但是传输距离受限于光纤的衰减、色散以及接收端的检测灵敏度,一般主要用于 40km 以下的信号传输。

在一些需要更远传输距离的场合,会通过改变光信号的相位或者同时改变相位和幅度的方式传输信号(QPSK 或 QAM),接收端需要有相应的本振激光源和输入信号混频以检测出其相位变化(相干检测),这种通信方式又称为相干通信(Coherent Communication)。相干通信通过接收端本振混频的方式可以把微弱的状态变化信息从噪声中检测出来,还可以通过后级的 DSP 处理对信号进行均衡和色散补偿,因此可以支持更远的传输距离。但是相干通信实现技术复杂,成本和功耗很高,目前主要应用于中远距离(40km 以上)的城域或骨干传输网上。

光发射和接收组件(TOSA/ROSA)

从硬件实现上来说,光模块内部主要由 TOSA(Transmitter Optical Subassembly,光发射子模块)、ROSA(Receiver Optical Subassembly,光接收子模块)以及相应的电芯片等组成(图 11.8)。

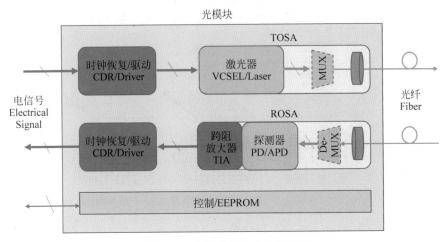

图 11.8 典型光模块的内部结构

TOSA 主要包含光源、调制器等,用于实现发送电信号到光信号的转换和耦合;ROSA 主要包含把输入光信号转换为电信号的光电二极管(PD)、把光电二极管检测到的电流信号转换为电压信号的跨阻放大器(Transimpedance Amplifier,TIA)、驱动电路等。根据不同的应用,TOSA 和 ROSA 内部还可能包括用于多路波长复用的 Mux 或 De-MUX 器件及用于光纤耦合的透镜等器件。光模块内部的电芯片主要用于接收主机发送给光模块的电信号,并经放大后驱动光源;或者接收光电二极管和跨阻放大器输出的电信号,并经放大驱动后发送给主机。根据不同的应用场合,电芯片还可能包含用于补偿电通道传输损耗的均衡器、用于恢复时钟并减小链路抖动的时钟恢复电路(CDR)、多路信号复用/解复用的变速器(Gearbox)模块甚至做复杂信号编码和处理的 DSP 模块等。

除此以外,光模块内部还包含一些低速控制电路,比如链路状态检测电路、温度补偿控制电路,以及存储光模块信息的 EEPROM 等。图 11.9 为 Intel 公司的一款 100G 硅光光模块的内部结构图。

图 11.9   典型硅光光模块的内部结构(资料来源：Intel 公司)

光通信光源(LED/VCSEL/FB/DFB)

光信号的产生离不开合适的光源,并不是所有的光源都可以应用于光通信中,用于光通信的光源必须满足波长、功率、谱线宽度、调制带宽、集成度、成本等一系列的要求。目前,用于光纤通信的光源几乎都采用半导体技术制造,主要有 LED(Light-Emitting Diode,发光二极管)、VCSEL(Vertical Cavity Surface-Emitting Lasers,垂直表面腔面发射激光器)、FB 激光器(Fabry-Perot Laser,法布里-珀罗激光器)、DFB 激光器(Distributed Feedback Laser,分布反馈式激光器)等。图 11.10 是光通信中常用的几种半导体光源。

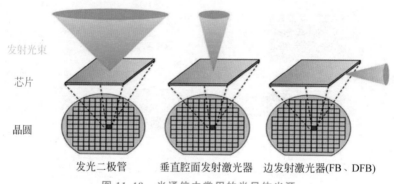

发射光束

芯片

晶圆

发光二极管   垂直腔面发射激光器   边发射激光器(FB、DFB)

图 11.10   光通信中常用的半导体光源

- LED 是广泛使用的半导体光源,利用 PN 结的离子注入发光,能够用于光通信的发光典型波长为 780nm、850nm、1300nm 等。LED 制造成本低且非常可靠,驱动电路比较简单,特性受温度影响小,发射功率和驱动电流基本呈现比较好的线性关系(除非接近饱和时)。但是 LED 光源的谱线较宽(超过 20nm,色散大),光束也比较发散(和光纤的耦合效率低,或者需要专门的透镜进行耦合,不适合芯径较小的单模光纤应用),因此只应用于一些低速(<100Mbps)、短距离(<100m)的通信场合。为了提高光信号的传输距离,就需要提高光源的功率、光谱纯度,减小光束的发散角,而激光器是最能满足这些特性的。激光器相对于 LED 来说有专门的谐振腔,采用受激发射原理工作,光谱纯度和指向性都比 LED 好。为了方便生产和使用,光通信中大量使用的是固态的半导体激光器。传统的半导体激光器都采用边缘发射(Edge-emitting)技术,即光束是从半导体器件的边缘发射出来的,边缘发射激光器中比较

有代表性的是 FB 激光器和 DFB 激光器。

- VCSEL：VCSEL 是一种采用垂直腔设计的半导体激光源，可以认为它结合了 LED 光源简单可靠以及激光器光束窄、纯净度好的优点。这种激光的谐振腔垂直于半导体的晶圆，从芯片的顶部表面发出光。使用 VCSEL 作为光源有几个好处：成本低，可以使用半导体技术在晶圆上批量制造，而且由于是垂直发光，在生产阶段切割晶圆前就可以进行检测和筛选，这些都降低了生产成本；耦合容易，VCSEL 发出的是圆形光斑，光束也比 LED 窄，比较容易耦合到光纤中；调制简单，VCSEL 的谐振腔很短，当激光器关闭后很快就没有光了，所以能以比较高的速率进行直接调制，目前的 VCSEL 激光器已经可以在 25～30GBaud 速率下工作；功率转换效率高，典型 VCSEL 的电/光转换效率在 10%～20%，高的可以达到 50% 以上，适合低功耗应用；驱动电流阈值低（<5mA），不需要设计专门的电驱动电路，进一步降低了成本。目前能够商用的用于通信的 VCSEL 激光器主要工作在 750～980nm 波长附近，在光通信中主要是配合多模光纤应用于 500m 以下的传输场合（也有少量 850nm 附近的单模 VCSEL 激光器出现，可以配合单模光纤传输更远的距离）。VCSEL 还有一个很大的应用场景是智能手机的人脸识别，具有广阔的市场。图 11.11 是市面上典型的用于光通信的 VCSEL 激光器。

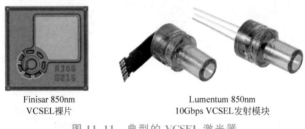

Finisar 850nm
VCSEL裸片

Lumentum 850nm
10Gbps VCSEL发射模块

图 11.11 典型的 VCSEL 激光器

- FB 激光器：FB 激光器是一种半导体激光器，用激光二极管（Laser Diode，LD）作为光源，由两块内表面具有高反射率的平行玻璃板构成法布里-珀罗谐振腔。FB 激光芯片的典型谐振腔长度为几百微米，根据芯片谐振腔长度不同，激光器可以产生不同波长的输出，以 O 波段窗口的为多。在 FB 激光器的谐振腔中，满足谐振腔长度为半波长整数倍的频率分量都可以被谐振放大输出，因此其输出的光谱中包含多种纵模的频谱，典型谱宽度为 2～10nm。由于谱线宽度较宽，所以 FB 激光器不能应用于 DWDM 系统（典型信道间隔为 0.4nm 或 0.8nm），在 CWDM 系统中的应用也不太普遍（典型信道间隔为 5nm 或 20nm）。图 11.12 是 FB 激光器的工作原理及其光谱特征。

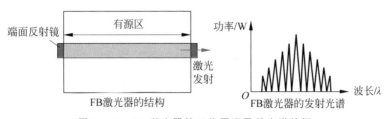

图 11.12 FB 激光器的工作原理及其光谱特征

- DFB 激光器：FB 激光器中发出的光信号中包含多种不同频率的纵模成分，而且当对激光器进行高速调制时，可能会引起多个模式能量的变化，因此 FB 激光器通常不会用于非常高速的信号调制。为了改善 FB 激光器的光谱特性，一种常用的方法是在谐振腔内刻上衍射光栅，以衰减掉不需要的频率成分，这种激光器就是 DFB（Distributed Feedback Laser，分布反馈式）激光器或者 DBR（Distributed Bragg Reflector，分布式布拉格反射）激光器。DFB 激光器的谱宽、方向性、功率、调制带宽都非常适合高速信号的远距离传输，生产成本也比较高，是远距离光传输（>10km）的主流激光器技术。在有些需要改变激光器的波长的应用场合（比如密集波分复用系统中），会用比较复杂的调谐电路来改变谐振腔的物理尺寸或者折射率，也可以利用激光器的温度特性通过温度控制来改变波长。用于光模块中的可调谐激光器的波长可调范围一般在几纳米到几十纳米。在 O 波段、C 波段、L 波段的波长窗口附近都有可用的 DFB 激光器，是目前 25Gbps 及以上速率的高速光通信中最普遍使用的单模激光器光源。图 11.13 是 DFB 激光器的工作原理、光谱特征以及两种典型的 DFB 激光器。

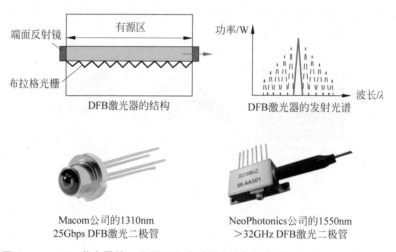

图 11.13　DFB 激光器的工作原理和光谱特征（参考资料：www.macom.com；www.neophotonics.com）

采用激光器作为光源的缺点主要是设计和生产制造成本比较高。其激光器的波长和功率对于温度比较敏感（温度会造成折射率和谐振腔长度变化），所以必须有相应的温度反馈或者控制电路，以提高其波长和功率的稳定性，同时在生产阶段也需要对其波长和功率进行校正。DFB 激光器分为非制冷（non-cooling）的和制冷（cooling）的，通过额外的制冷电路可以进一步提高 DFB 激光器的波长稳定性并延长工作寿命。大部分用于光通信中的激光器都可以通过改变工作电流（内调制）进行信号调制，但是激光器的输出光功率与输入电信号间并不是完全线性的（电流超过一定阈值后光功率突然增大）。非线性对于广泛使用的 2 电平数字调制（NRZ）信号问题不是太大，但不太适合现在 200G/400G 通信中的 4 电平数字调制（PAM-4）、远距离的相干光通信应用或者模拟调制（如 Radio Over Fiber）应用。如果需要线性的输出关系，通常需要选择激光器线性度比较好的工作区域并使用线性放大器（Linear Amplifier），或者采用额外的外部调制器进行信号调制（外调制）。

根据不同的传输距离、信号速率以及成本要求,不同的光模块也会采用不同的光源技术。表 11.3 列出了光通信中常用的通信光源特性的比较。

表 11.3　光通信中常用通信光源的比较

光源类型	典型波长/nm	线宽	输出功率	波束形状	光纤耦合	传输距离	调制带宽	温度稳定性	成本
LED	850,1300	>20nm	<−5dBm	大发散角	简单	短距离(<100m)	<500MHz	<0.5nm/℃	极低
VCSEL 激光器	850	1~2nm	<0dBm	圆光斑,垂直发射	简单	短距离(<500m)	>10GHz	<0.1nm/℃	低
Fabry-Perot 激光器	1280~1330 1480~1650	2~10nm	>0dBm	椭圆光斑,边发射	复杂	中等距离(<10km)	>10GHz	<0.1nm/℃	中等
DFB 激光器	1280~1330 1480~1650	<0.2nm	>0dBm	椭圆光斑,边发射	复杂	长距(>10km)	>20GHz	<0.1nm/℃	高

光调制器(DML/EML/MZM)

DFB 激光器的调制带宽和光谱纯度都是不错的,可以用于高速、远距离传输。一般的 DFB 激光器是通过改变其驱动电流来对光强度进行调制,采用这种调制方式的激光器称为 DML(Directly Modulated Laser,直接调制激光器)。DML 的调制实现方式简单,成本也比较低,但是这种调制方式对于高性能的应用有几个缺点:首先调制带宽会受限于激光器自身的弛豫振荡(Relaxing Oscillation,即激光在打开建立稳定的光功率输出前会有功率的振荡)频率,这就制约了其能支持的最高数据速率;同时电流的变化也会引起激光器内部状态的变化,从而造成波长的漂移;另外,为了平衡调制速率和性能,在调制时激光器并不是完全关闭或完全打开的,其消光比(光信号打开和关闭时光功率的对数比值)有限,这些都限制了激光器的调制速率、调制质量和传输距离。因此,DML 目前主要用于速率 30Gbps 以下、传输距离小于 10km 的应用场合。

为了进一步提高调制速率和调制质量,可以通过外部调制器对光信号进行调制,这就是 EML(Electro-absorption Modulated Laser,电吸收调制激光器)。EML 是在普通的 DFB 光源基础上增加了一个外部的 EAM(Electro-absorption Modulator,电吸收调制器)。对于一些更高性能的场合,还会使用 MZM(Mach-Zehnder Modulator,马赫-曾德调制器),简称 MZ 调制器。

以 EAM 调制器为例,此时激光的光源一直工作在打开状态,其工作电流和输出功率是稳定的。电调制信号通过控制 EAM 上的电压,进而改变对光的吸收比例来实现对光信号功率的调制,这样避免了弛豫振荡和波长漂移的影响。只要 EAM 器件的调制带宽、线性度、消光比等性能可以提升,就可以提供比较高的调制质量。EML 激光器的调制带宽可以做到 30GHz 以上,而且波长稳定度很高,因此常用于 10km 以上高速率信号的光传输场合。但是 EML 激光器由于增加了 EAM 器件,其实现成本比较高。图 11.14 是一款集成了 DFB 激光器和 EAM 的 EML 器件实现原理。

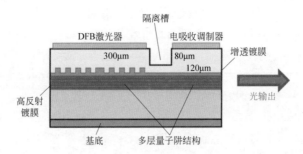

图 11.14　集成了 DFB 激光器和 EAM 的 EML 器件实现原理

对于更高速率(比如>50GBaud)或者更远传输距离(>40km)的应用中,还可能会用到 MZ 调制器。MZ 调制器通常用铌酸锂(LiNbO$_3$)材料制成,在一个平面上包含一对共面的相位调制器,输入光信号平均分为 2 个支路,并分别经过这 2 个相位调制器再合在一起。铌酸锂材料具有电光效应,即在其晶体上施加电场时,其折射率会发生变化。因此,当在 MZ 调制器其中一个支路上施加电的调制信号时,由于折射率的变化会造成通过这个支路的光的相位的变化;而当发生相位变化的支路的光和另一个支路再合路时,根据两路光相位差的关系,最后合路后的光信号可能会被加强或者抵消,从而实现了光强的调制。比如,当两路光相位差正好为 180°时,理论上输出光强为零;而当相位差为 0°时,理论上输出光强最大。图 11.15 是 MZ 调制器的原理。

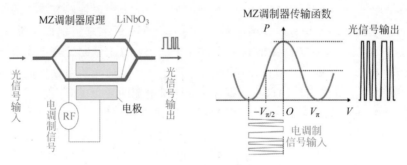

图 11.15　MZ 调制器原理

随着调制信号电压的持续增加,MZ 调制器两个支路的相位差发生周期性变化,因此输出光的强度也相应周期性变化,通常把输出光强从最大变化到最小(或从最小变化到最大)对应的调制信号的电压变化称为半波电压 V_π(此时两个支路的相位差变化了 π)。如果调制信号的偏置点或者幅度不合适,输出信号的消光比和调制质量会有明显下降。通过适当控制加在调制器上调制的电信号的偏置和幅度,MZ 调制器可以实现优异的电光调制性能。但 MZ 调制器的成本较高,温度和偏置控制复杂,所以主要用于需要高性能调制信号的场合(如相干通信或波特率超过 50GBaud 的远距离通信场合)。另外,传统上 MZ 调制器采用块状铌酸锂晶体制成,体积较大(长度在几厘米到十几厘米),集成度不好。现在也有一些新的技术在氧化硅的基底上直接生长铌酸锂薄膜,体积可以做到百 μm 量级,并且调制带宽可达 60GHz 以上,如果能够产业化会有很大的发展前景。

光探测器（PN/PIN/APD）

在光通信系统的接收一侧,需要把光信号转换为电信号进行恢复和处理,其中实现光信号到电信号转换最关键的器件就是光电探测器(Photodetector,PD)。光电探测器通常是一个反向偏置的光电二极管(Photodiode),目前商用的光电二极管主要有 PN(Positive-Negative)、PIN(Positive-Intrinsic-Negative)、APD(Avalanche Photodiode)几种。表 11.4 是几种光电二极管特性的比较。

表 11.4　几种光电二极管特性的比较

性 能 参 数	PN	PIN	APD
光电转换效率	低	<1A/W	>30A/W
带宽	低	中等	高
噪声	中等	低	高
灵敏度	低	中等	高
反向偏置电压	低	低	高
温度稳定性	较好	好	差

最简单的光电二极管就是一个 PN 结,在特定的偏置电压情况下,流过 PN 结的电流会随着照射到 PN 结上光照强度的变化而变化,这样就实现了光信号到电信号的转换。理论上,PN 结可以工作在正向偏置电压下,也可以工作在反向偏置电压下,但由于反向偏置情况下,电流随光强的变化更加明显也更加线性,所以用于光探测的光电二极管一般都工作在反向偏置电压条件下。当光照强度增加时,因本征激发产生的少数载流子浓度增多,光电二极管的反向电流随光照的增加而上升,从而实现光信号到电信号的转化。图 11.16 是典型光电二极管电流与偏置电压的关系曲线。

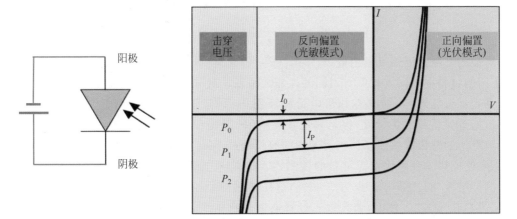

图 11.16　光电二极管电流与偏置电压的关系曲线(参考资料: https://www.teamwavelength.com/photodiode-basics/)

普通的 PN 结构的光电探测器在转换效率和转换速度上都有一定的局限性,所以在高速的光通信中,普遍使用的是改进了的 PIN 探测器或 APD 探测器。PIN 二极管于 20 世纪

50 年代发明,是在普通 PN 结二极管的 P 型半导体区和 N 型半导体区之间加入一个宽的、未掺杂的本征(intrinsic)半导体区,因此得名 PIN,通常由 GaAs(针对 850nm 波长)或 InGaAs(针对 1310nm 或 1550nm 波长)等材料制成。宽的本征区具有很高的电阻,会在 P 区和 N 区之间提供更大的分离,因此具有更小的电容并允许更高的反向电压,从而提高了光电二极管的工作速度和量子转换效率。APD(Avalanche Photo Diodes,雪崩二极管)器件通常由 Si(针对可见光波长或近红外)、Ge(针对红外波长)、InGaAs(红外波长,低噪声)等材料制成,与 PIN 相比 APD 工作在更高的反向偏置电压(接近击穿电压附近,典型值可能为 20～200V)条件下,这使得初始电子-空穴对产生的空穴和电子可以产生 100 倍以上的雪崩倍增。反映 APD 器件增益性能的主要参数是量子效率(Quantum Efficiency),量子效率反映了每吸收一个光子产生的电流增益。雪崩作用使二极管的增益增加了几十到几百倍,因此可以大大提高探测灵敏度。但是,APD 一般比 PIN 有更高的噪声和泄漏电流(Leakage Current),因此会使信噪比恶化;另外,APD 通常工作在更高的反向偏置条件下,并且对温度非常敏感,因此会需要专门的高压电路以及温度特性修正电路;同时,雪崩效应也意味着其输出是非线性的,在对线性度要求高的场合还需要进行非线性修正。图 11.17分别是 PIN 光电探测器和 APD 探测器的结构原理。

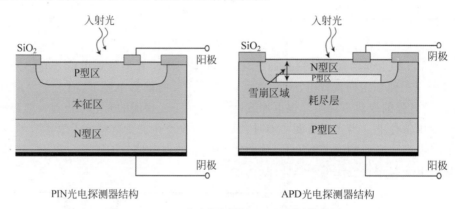

图 11.17　PIN 光电探测器和 APD 探测器的原理

　　典型的光电探测器可以由硅(Si)、锗(Ge)、砷化镓(GaAs)或砷化铟镓(InGaAs)材料制作,不同的材料在不同波长下有不同的探测灵敏度。硅光电二极管可探测的波长范围覆盖了可见光到近红外,其结电容和暗电流噪声都很低,基于硅材料的 APD 探测器在 800～900nm 有非常优异的灵敏度,但是响应速度有限,因此在更高速度的近红外应用场合会使用响应更快的砷化镓探测器。当要探测的波长超过 $1\mu m$ 时,硅和砷化镓材料的响应度都太低,需要使用锗或者砷化铟镓材料的探测器。锗光电二极管在 1300～1600nm 都有比较好的探测灵敏度,而且结构简单、工艺成熟,这使得它在大面积探测的光电二极管中非常有用(直径为 1cm 左右)。然而,锗光电二极管通常具有更高的暗电流水平,噪声较大而且随温度增加。如果需要更好的噪声性能,可以使用砷化铟镓材料的探测器,这种材料通过在砷化镓材料里添加了铟材料从而增加了对更长波长的光吸收能力。使用砷化铟镓的光电二极管噪声不到锗的一半,并在较宽的温度范围内比锗更稳定,但是由于工艺复杂所以价格较高,主要用于一些高性能的光信号探测场合。图 11.18 是不同材料的光探测器在不同波长下的光电转换效率曲线。

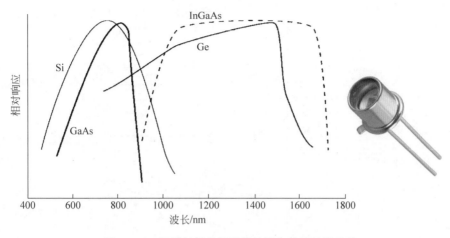

图 11.18　不同材料光探测器的光电转换效率比较

　　表 11.5 是 Finisar 公司(现 II-VI 公司)的一款基于 GaAs 材料的 4 通道 PIN 探测器阵列,可以看到其典型带宽为 20GHz 左右,在 850nm 下的典型光电转换效率(响应度,Responsivity)为 0.6A/W,在 2V 的反向偏置电压下有 3pA 的暗电流和 75fF 的结电容,可以应用于 100G(4×25G)的短距离光通信中。

表 11.5　一款基于 GaAs 材料的 4 通道 PIN 探测器阵列(参考资料：https://www.ii-vi.com/product/25g-photodiode-top-contact/)

参　　数	符　　号	数值			单位
		最小	典型	最大	
孔径	d		40		μm
波长	λ	840	850	860	nm
响应	R	0.55	0.6	0.65	A/W
暗电流	I_d		3	100	pA
击穿电压	U_{BD}		-80		V
电容	C	50	75	100	fF
3dB 带宽	f_{3dB}		20		GHz

　　需要注意的是,PIN 是把输入的光信号转换为电流信号,在 0dBm 的输入光强度下,典型 PIN 的输出电流在几百 μA。为了把电流信号转换为更方便处理的电压信号,通常会在 PIN 探测器的后面连接跨阻放大器(transimpedance amplifier,TIA),跨阻放大器是一个电流量到电压量转换的低噪声放大器,其跨接电阻 R_f 通常为 100Ω～5kΩ。调整跨阻放大器的跨接电阻大小可以调节电流到电压量的转换增益,但增益过大也会增加检测系统的噪声。图 11.19 是一个典型的 PIN 探测器阵列和 TIA 阵列结合使用,用于 100G CWDM 的光信号探测的例子。

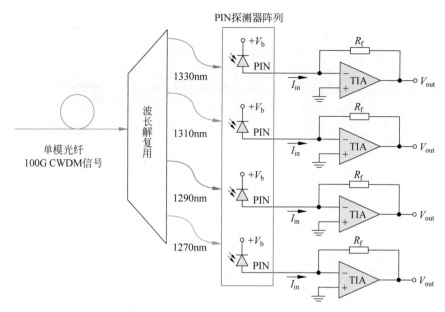

图 11.19 PIN 配合 TIA 用于光信号探测

光模块的封装类型(Form-factor)

单独的光芯片或者电芯片是无法直接使用的,通常会把一组实现特定功能的光芯片和电芯片组装在 PCB 的基板上,配合透镜、光栅、光纤等光路,最后再加上相应的保护外壳,就做成了光模块(Optical Transceiver Module),这个组装过程就是光模块的封装(Packaging)。由于光模块内部包含多种器件,如激光器、调制器、探测器、CDR、MCU 控制器、供电、散热、监控、透镜、光栅、光纤等,并要仔细调整光路的耦合以及激光器在不同温度下的偏置情况,所以光模块的封装以及封装后的测试和参数适配占了光模块成本的很大一部分(可能超过30%)。有些光模块为了保护内部的光器件不受外部灰尘和水汽的影响,还会做成气密封装的,这样成本就会更高。图 11.20 是一些典型的封装后的光模块和 AOC 电缆。

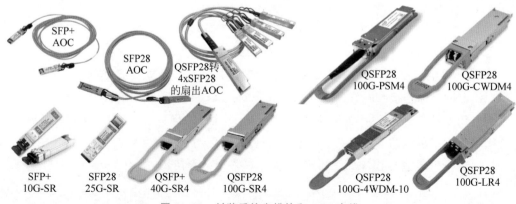

图 11.20 封装后的光模块和 AOC 电缆

根据不同的速率和应用场合,光模块会加工制造成不同封装形式(Form-factor)使用,具体的封装形式取决于尺寸、电口标准、功耗等要求。历史上较多使用过的光模块封装有GBIC、XFP、X2、XENPAK、CFP、CDFP等,现在使用更多的是SFP、SFP+、SFP28、QSFP+、QSFP28、QSFP-DD、OSFP、CFP2、CFP4等,另外还有一些新型封装如SFP-DD、DSFP、SFP-112、QSFP-DD800等出现。很多光模块的封装都由专门的MSA(Multi-Source Agreement,类似于行业联盟)定义,最后逐渐推广成行业内广泛使用的标准。

- SFP(Small Form-factor Pluggable,小型可插拔)封装物理尺寸遵循SFF协会在2001年发布的SFP标准(INF-8074i Specification for Small Form-factor Pluggable Transceiver,最高支持到4.25Gbps数据速率),是早期GBIC封装的升级版本,它具备了GBIC的热插拔特性,但其体积仅为GBIC模块的1/2,尺寸为56.5mm×13.4mm×8.5mm,大大提高了网络设备的端口密度。目前SFP主要用于4G或以下速率的光模块上。

- SFP+(Enhanced Small Form-factor Pluggable,增强型小型可插拔)是最早由SFF协会在2006年发布的10G光模块封装标准,其物理尺寸与SFP一样,都是采用20pin的电连接器,但在保持引脚尽量兼容的情况下增加了对10G模块电口的电气规范、测试点、I^2C管理接口等的定义。由于SFP+与早期的10G光模块封装如XENPAK、XFG等相比,尺寸更小、密度更大且可以支持热插拔,所以很快得到了广泛的应用。SFP+模块的电口采用收发各一对差分线,电气规范遵循SFF-8431标准(SFF-8431 Specifications for Enhanced Small Form Factor Pluggable Module SFP+)中的SFI接口(SFP+ high speed serial electrical interface)规范,其速率标准最高支持到11GBaud波特率,但目前有些应用如Fiber Channel 16G也可以使用。目前,SFP+封装形式广泛用于Fiber Channel、10G以太网、OTN等10Gbps左右速率的光模块(其光口的指标需另行遵循各自的协议规范)。图11.21是SFP+模块的电口引脚定义及典型内部结构。

- SFP28(Small Form-factor Pluggable 28)封装标准出现时间比后面要介绍的QSFP28更晚一些,是随着25G以太网技术发展起来的。SFP28在机械尺寸上与SFP与SFP+相同,但通过改进的电口特性可以支持到25~28Gbps的高速信号传输,是目前数据中心服务器做25G接入最普遍使用的接口。如果用于以太网接口的直接铜缆连接,其电口部分可以参考100G以太网的100gbase-CR4规范,但分为25GBase-CR(支持复杂的RS-FEC前向纠错)和25G Base-CR-S(不支持复杂的RS-FEC,可以使用简单的Base-R FEC)两种规格或场景。用于SFP28直接连接的铜缆最大插入损耗在不使用RS-FEC时不能超过16.5dB@12.89GHz,在使用RS-FEC时不能超过22.5dB@12.89GHz。如果用于AOC或光模块连接,其电口部分应遵循IEEE 802.3by的25GAUI-C2M标准,这个标准基本参考了OIF组织的CEI-28G-VSR规范和之前802.3bm规范中的100G-CAUI4标准,允许的从主机芯片到光模块电芯片的整个通道的插入损耗约为10dB@12.89GHz。对于AOC和光模块来说,为了改善信号质量和减小抖动的积累,很多解决方案会在模块内部放置均衡器和CDR电路对信号进行整形和重新采样。图11.22是SFP28模块的电口引脚定义以及典型内部结构。

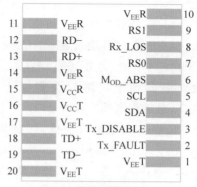

SFP+的电口引脚定义

SFP+光模块(10GE)

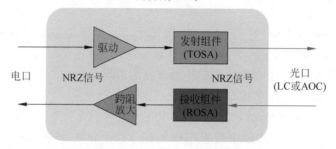

图 11.21 SFP＋光模块电口引脚定义及典型内部结构

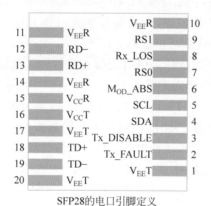

SFP28的电口引脚定义

SFP28光模块(25GE)

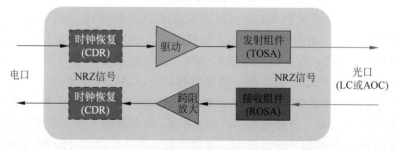

图 11.22 SFP28 光模块电口引脚定义及典型内部结构

- SFP56/SFP-DD/DSFP/SFP-112：为了支持更高的数据速率，SFP28 还有速率升级的版本，分别是 SFP56、SFP-DD、DSFP、SFP-112 等。随着 400G 以太网标准中 PAM-4(4-Level Pulse Amplitude Modulation)技术的成熟，IEEE 也成立了专门的 802.3cd 工作组，以利用成熟的 PAM-4 来简化 50G、100G 的连接成本。25G 的以太网技术已经在服务器接口上广泛应用，如果直接更新到 PAM-4 技术，则可以利用现有的大部分元器件和 PCB 技术来实现 50G 的以太网信号传输。图 11.23 展示了 SFP56 和 SFP-DD/DSFP 的典型应用场景。SFP56 的封装尺寸与 SFP28 完全一样，但通过采用 PAM-4 的信号调制格式在几乎不增加信号波特率的情况下提升了 1 倍的信号有效传输速率。SFP-DD(Small-form Factor Pluggable Double Density)或 DSFP(Dual Small Form-factor Pluggable)是另一种速率升级方式，其高度和宽度与 SFP28 一样(可以略长)，但是通过对原来引脚的重新定义额外增加了一组电通道以支持 50G 速率的光模块。如果 2 个电通道都采用 PAM-4 的调制方式，更是可以支持到 100G 速率。除此以外，最新的 SFP-112 的标准也在制定过程中，其速率相对于 SFP56 又提升了 1 倍，单通道的电口速率可以提高到 112Gbps。

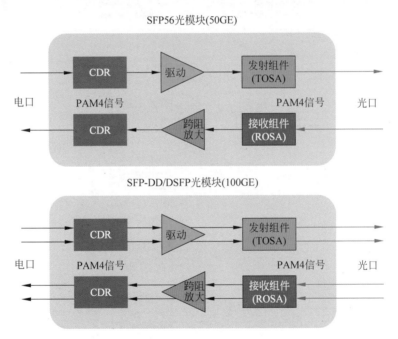

图 11.23　SFP56 及 SFP-DD/DSFP 光模块的典型内部结构

- QSFP＋(Quad Small Form-factor Pluggable)：是可以支持 40G 接口传输的光模块封装标准(SFF-8436 Specification for QSFP＋ 4X 10Gb/s Pluggable Transceiver)。为了在不提高接口波特率的情况下提升端口带宽，IEEE 协会在 10G 以太网的后续接口标准上提出了用 4 路 10G 信号传输 40G 信号的 40G 以太网标准，SFF 协会也随之推出了支持 4 路 10Gbps 信号并行传输的 QSFP＋(Quad Small Form-factor Pluggable)的光模块封装标准(SFF-8436 Specification for QSFP＋ 4X 10Gb/s Pluggable Transceiver)。QSFP＋模块由于增加了更多的高速电口信号(4 对差分

发送,4 对差分接收),所以电口采用了更宽的 38pin 连接器,相应模块的尺寸也增加到 72.4mm×18.35mm×8.5mm,比 SFP＋模块更宽也更长一些。QSFP＋光模块的电口也还是遵循 SFI 接口规范,光口参考 IEEE 的光口相关规范如多模的40G-SR 和单模的 40G-LR/ER 等。图 11.24 是 QSFP＋光模块的电口引脚定义及典型内部结构。

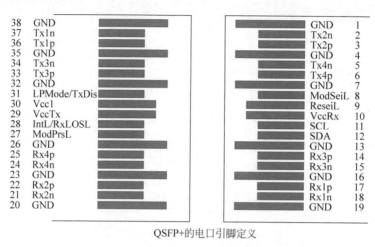

38	GND		GND	1
37	Tx1n		Tx2n	2
36	Tx1p		Tx2p	3
35	GND		GND	4
34	Tx3n		Tx4n	5
33	Tx3p		Tx4p	6
32	GND		GND	7
31	LPMode/TxDis		ModSeiL	8
30	Vcc1		ReseiL	9
29	VccTx		VccRx	10
28	IntL/RxLOSL		SCL	11
27	ModPrsL		SDA	12
26	GND		GND	13
25	Rx4p		Rx3p	14
24	Rx4n		Rx3n	15
23	GND		GND	16
22	Rx2p		Rx1p	17
21	Rx2n		Rx1n	18
20	GND		GND	19

QSFP+的电口引脚定义

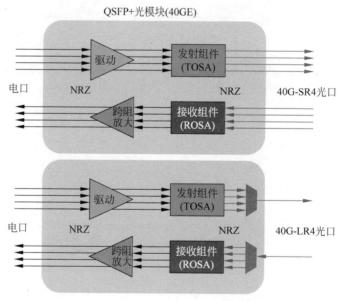

图 11.24　QSFP＋光模块的电接口引脚定义及典型内部结构

- QSFP28(Quad Small Form-factor Pluggable 28)封装标准是为了支持 100G 以太网而发展起来的,可以认为是 QSFP＋的速率升级版(SFF-8679 Specification for QSFP＋ 4X Hardware and Electrical Specification),也是采用 4 路电信号通道,但数据速率提升到 25Gbps 或 28Gbps,可以支持以太网、Fiber Channel、InfiniBand、SAS等多种协议标准。由于 100G 以太网技术在数据中心和电信领域都已经普遍使用,所以市面上 QSFP28 封装的 AOC 和光模块种类非常多,比如有采用并行多模技术的(SR4),有采用并行单模技术的(500m 的 PSM4 技术),有采用粗波分复用技术的(2km 的 CWDM4 技术、10km 的 4WDM-10 及 LR4 等)。如果用铜缆进行直接连接,其插入损耗不能超过 22.5dB@12.89GHz,并且需要复杂的均衡和 RS-FEC 前向纠错。早期的第一代 100G 光模块曾采用体积非常大的 CFP(C Form-factor)封装,随后随着电通道的优化又出现了尺寸更小的 CFP2 和 CFP4 封装,但由于 QSFP28 封装比 CFP4 更小且性能优异,所以 QSFP28 目前已经成为 100G 光模块最普遍使用的封装形式,其典型模块功耗在 3.5W 以下。但在一些电信应用领域,当需要更远传输距离或者支持更大功耗时,仍然还会使用 CFP2 或 CFP4 的封装形式。图 11.25 是 QSFP28 光模块的电口引脚定义及典型内部结构。

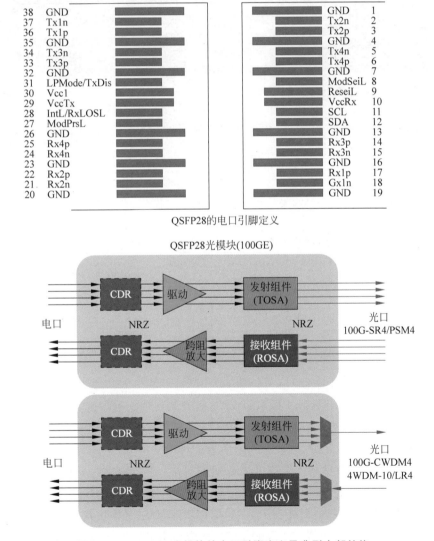

图 11.25 QSFP28 光模块的电口引脚定义及典型内部结构

- CFP(C Form-factor pluggable)封装最早由 CFP MSA 协会发布,用于支持早期的 100G 光模块("C"在拉丁字母中代表 100)。CFP 模块尺寸较大,可以提供和主机间 10×10G 或者 4×25G 的电口连接,支持最大功耗 24W。后来随着芯片技术的发展,又推出了更小封装尺寸和更高性能的 CFP2(12W)、CFP4(6W)和 CFP8(24W)标准。CFP8 封装于 2017 年推出,是为了支持早期的 400G 光模块,其可以支持 16 路 25G 的 NRZ 信号以实现 400G 传输,但逐渐被更小的 OSFP 和 QSFP-DD 封装替代。CFP 及相关系列的封装尺寸普遍较大,可以容纳更多器件且支持更大功耗,所以在电信网领域还有较多应用,特别是远距离传输(>40km)的光通信领域。图 11.26 是几种 CFP 封装的比较以及典型 CFP8 模块的内部结构框图。

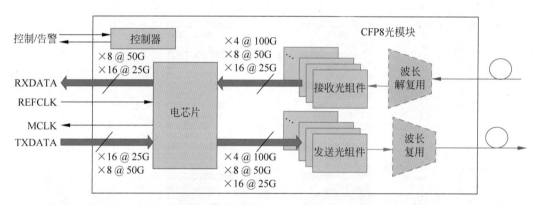

封装	典型速率	宽×高×深 /mm	功耗	电连接器	电通道数量	典型应用
CFP	100G	82×13.6×144.8	24W	148pin	10×10G; 4×25G;	电信
CFP2	100G/400G	41.5×12.4×107.5	12W	104pin	10×10G; 4×25G; 8×25G; 8×50G;	电信或数据中心
CFP4	100G	21.5×9.5×92	6W	56pin	4×10G; 4×25G;	电信或数据中心
CFP8	100G/400G	40×9.5×102	24W	124pin	16×25G; 8×50G;	电信或数据中心

图 11.26　几种 CFP 封装的比较及 CFP8 模块的内部结构(来源:http://www.cfp-msa.org)

- OSFP(Octal Small Form-factor Pluggable)封装是在 2017 年由 OSFP MSA 组织推出的 400G 模块封装标准。顾名思义,这种封装支持 8 组高速电收发通道,可以提供到 400Gbps(8×50G PAM-4)的连接接口。OSFP 比 QSFP28 略宽和深(22.93mm×13.0mm×100.40mm),在 1U 的前面板上可以支持 32 个端口,略大的尺寸也使得 OSFP 模块可以通过插入专门的无源适配器来支持 100G 的 QSFP28 模块。OSFP 的模块有 4 个 3.3V 的 V_{cc} 电源连接脚,在 1.0 规范版本中可以支持到 15W 的功耗,在 2.0 版本规范中提高到了 21W 左右,因此 OSFP 模块在支持的功耗和散热能力上都比较有优势,也为未来 800G 模块的应用留下了尺寸和功耗的空间。图 11.27 是 OSFP 封装及电口引脚定义。

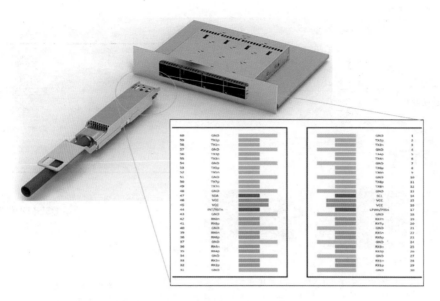

图 11.27　OSFP 封装及电口引脚定义(来源：https://www.te.com/；
https://osfpmsa.org/）

- QSFP-DD(Double Density QSFP，双密度 QSFP 封装)封装是在 2016 年由 QSFP-DD MSA 组织推出的 400G 模块封装标准。这种封装与 OSFP 类似，也是支持 8×50G PAM-4 的电通道连接，区别在于尺寸更小一些(Type1：18.35mm×8.5mm×78.3mm；Type2：18.35mm×8.5mm×93.3mm)，可以在 1U 的面板上支持 36 个端口并兼容原来的 100G 模块。QSFP-DD 封装是在 QSFP28 封装的基础上增加了双倍的 PCB 电连接引脚，因而可以支持 8 个连接到主机的高速电收发通道，由于每个通道通过 PAM-4 调制可以支持到 53～56G 的数据速率，因此总共可以支持 400G 的连接速率。QSFP-DD 模块分为 Type1 和 Type2 两种，Type1 类型的模块只是比传统的 QSFP＋/QSFP28 模块稍长一些，以支持额外多出来的连接引脚；Type2 类型的模块则要额外伸出来更长一些，以提供更大的模块设计和散热空间。QSFP-DD 的插槽内可以插入 100G 的 QSFP28 封装的模块，已经成为 400G 光模块的主流封装模式，其典型模块功耗在 12W 以下。QSFP-DD 最近的升级是 QSFP-DD800，通过把电通道的数据速率提高到 112G，可以支持 800G 的光模块。图 11.28 是 Cisco 公司的 QSFP-DD 的 400G 光模块，以及相应的 QSFP-DD 模块的引脚定义。

　　光模块封装在支持热插拔的前提下尺寸不断变小。除了外形，各方面的光模块性能也发生了很大的变化，包括速度、传输距离、输出功率、灵敏度、工作温度等。由于光模块封装形式是由各个企业自发成立的 MSA 联盟进行定义，所以可以根据实际技术发展和业务需要进行快速定义，并根据市场的应用情况逐渐走向收敛和统一。图 11.29 展示了一些典型光模块封装尺寸和速率的对比。

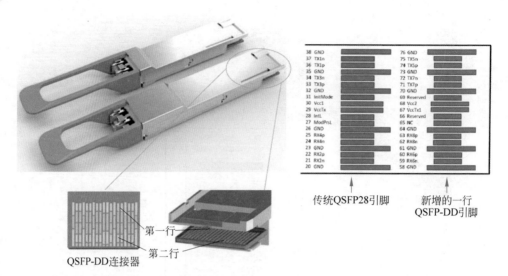

图 11.28　QSFP-DD 的光模块及电口引脚定义(来源：https://www.cisco.com/；
http://www.qsfp-dd.com/)

性能指标	SFP	SFP+	SFP28	QSFP+	QSFP28	QSFP-DD
典型光模块速率	100M～4G	8G/10G	25G/28G	40G	100G	400G
电口数量 及典型速率	1 TX/RX; ≤4.25Gbps	1 TX/RX; 8G/10Gbps	1 TX/RX; 25.8Gbps	4 TX/RX; 10.3Gbps	4 TX/RX; 25.8Gbps	8 TX/RX; 53Gbps
模块尺寸 (高×宽×深，mm)	8.5×13.4×56.5			8.5×18.35×72.4		8.5×18.35×78.3(Type1) 8.5×18.35×93.3(Type2)
典型功耗	≤1W			≤3.5W		≤12W

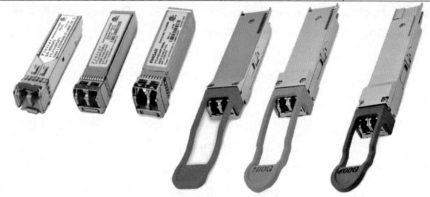

图 11.29　典型光模块封装尺寸和速率比较

目前，400G 的光模块正在走向大规模部署阶段，由于其传输速率更高，因此必须采用更高的波特率(比如提高到 53GBaud)和更多的传输通道(比如采用 8 个或 16 个)或者更复杂的调制格式。虽然 QSFP-DD 封装已经成为 400G 光模块的主流封装，市面上也仍然还有很多不同种类的 400G 光模块封装形式。图 11.30 是几种 400G 光模块封装形式及尺寸的直观对比。

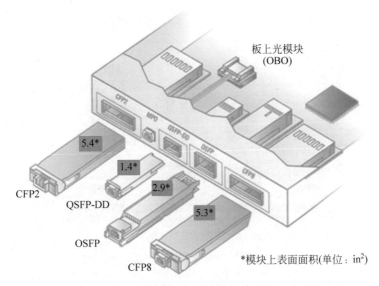

板上光模块
(OBO)

CFP2

5.4*

QSFP-DD

1.4*

2.9*

OSFP

5.3*

CFP8

*模块上表面面积(单位：in²)

图 11.30　几种 400G 光模块封装形式及尺寸对比

硅光技术(Silicon Photonic)

几十年来,摩尔定律使得硅基集成电路的成本和功耗持续下降,虽然目前遇到了一些工艺瓶颈,但绝大多数大规模集成电路仍是基于硅基技术。在传统的光模块内部,能用硅基工艺大规模生产的主要是电接口芯片,如 DSP、CDR、Gearbox 等。但除了电芯片以外,光模块内部还有大量和光有关的器件,如激光器、调制器、探测器,以及无源光器件,如光栅、光波导、合分波器等。传统光模块的生产过程是把电芯片、光芯片、透镜、光纤等各个分立器件组装在一起,整个装配、调试、测试过程非常复杂,所以人工成本较高,生产效率也很难进一步提高。

硅光(Silicon Photonics)技术是指用成熟的硅基工艺,在硅基底上直接蚀刻或集成电芯片、调制器、探测器、光栅耦合器、光波导、合分波器、环形器等器件。硅光技术从 20 世纪 80 年代提出以来,经历了 3 个主要的发展阶段:1985—2000 年的原理探索阶段;2000—2010 年的功能器件研发阶段(如调制器、探测器等);2010—2020 年的系统应用阶段(如 100G 光模块、微波光子链路、光传感链路等)。由于硅的发光效率比较低,所以目前还没法用硅材料来直接制造激光器,常用的做法是用发光效率比较高的 III-V 族材料如磷化铟等来制造激光器,然后和其他硅基材料的器件集成在一起。常用的集成方法有以 Luxtera 公司为代表的分立贴装(Flip-chip)、以 Intel 公司为代表的晶圆键合、在硅材料上直接生长 III-V 族材料的外延生长技术等,这些都是新的挑战。如果基于硅基集成的技术可以实现大规模生产,就可以显著减少后期人工封装和调试的成本,同时通过光电集成减少了部分冗余电路,也减小了系统功耗和体积。图 11.31 是 Juniper 公司展示的一款基于硅光技术的光模块,由于大部分光路和电路已经通过硅光技术集成在硅基底上,所以封装过程简化了很多。如果采用传统分立器件的方式,则封装过程和步骤要复杂得多。

目前,硅光技术已经逐渐进入小规模的产业化阶段,特别是在短距离传输时的体积、功

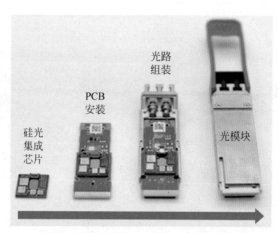

图 11.31　一款基于硅光模块的封装过程（来源："A New Manufacturing Approach to Optical Transceivers"，Juniper 公司）

耗和成本优势明显，Intel、Broadcom、Cisco、Acacia、Macom、Ciena 等公司都已经具备了相关的硅光芯片设计或生产能力。比较成熟的硅光应用有以 Intel 公司为代表的 100G-PSM4 模块（4 路并行单模，500m 传输距离），PSM4 模块 4 路采用相同波长，通过硅光技术集成 4 路调制器可以只使用 1 个外置激光光源，硅光集成的成本优势非常明显。展望未来，硅光技术会向大规模光电集成、片上重构系统、全光交换等方向发展。一些大型的计算或数据交换芯片巨头如 Intel、Cisco、Broadcom 等已经在尝试联合封装（Co-package）的技术，即进一步把光收发器和计算或交换芯片集成在一起，以简化电口设计，同时克服单通道 112Gbps 以上信号在 PCB 上传输的距离和功耗限制。未来硅光技术如果能够实现大规模集成，可以显著减少高性能计算和数据交换设备的体积和功耗，因此具有巨大的发展空间。图 11.32 是市场调研机构 Yole 的预测，未来几年全球硅光市场年复合增长率会超过 40%。

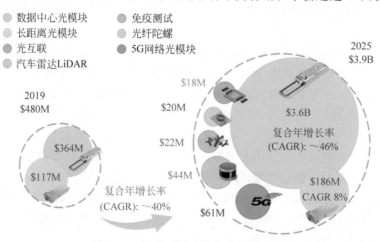

图 11.32　全球硅光市场增长预测

虽然具有巨大的市场前景，目前的硅光技术仍然面临很多的挑战，主要体现在以下方面：
- 激光器大规模集成。典型的硅光器件针对的是单模光纤的通信波长（1260～1625nm），由于硅是间接带隙材料，在这个波段发光效率较低，所以仍需使用Ⅲ-Ⅴ

族(如 InP)材料制造激光器。常用的做法是用发光效率比较高的材料来制造激光器,再通过特殊的工艺如分立贴装(Flip-chip)、晶圆键合以及在硅材料上直接生长Ⅲ-Ⅴ族材料的外延生长技术等和硅基材料集成在一起,大规模集成的工艺还有待成熟。

- 硅光器件的性能问题。目前的硅光技术已可以实现或替代很多传统的光器件,但还有一些需要克服的技术难题,比如如何减少硅波导的损耗、如何实现波导与光纤的有效耦合、如何克服温度对于功率和波长稳定性的影响等。这些挑战会影响硅光技术的普及以及在电信场景中的应用。

- 成熟的 Foundry 厂和工艺流程。在研发或小规模生产阶段,一些研发型晶圆厂或研究所都可以提供硅光公共流片服务,如比利时的 IMEC、新加坡的 AMF、美国的 AIM,以及国内的中科院微电子所、重庆联合微电子等。而在大规模生产阶段,为了提高产量和降低成本,需要大型 Foundry 厂的支持和成熟的 PDK 文件。一些大型晶圆厂如 Global Foundry、TSMC 等也在逐渐开展和完善硅光流片能力。

- 测试流程和方法。与常规的大规模集成电路芯片不同,光电芯片本身成本高、制造流程多、工艺复杂、废品率高,因此需要先在晶圆上进行测试和筛选再与其他电芯片进行集成,以避免残次芯片造成的不必要的后期封装成本。

硅光技术也增加了研发和测试流程的复杂性,硅光芯片的测试流程与传统分立器件的芯片有较大不同。采用硅光技术以后,由于很多光路直接在晶圆上蚀刻完成,所以测试工作的重点也转移到了晶圆生产阶段,需要采用专门的晶圆上(on-wafer)测试方法。图 11.33 是典型硅光芯片的生产流程,包括研发(Design)、晶圆生产(Foundries)、晶圆测试(On wafer testing)、封装(Packaging)等。

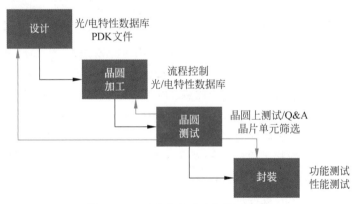

图 11.33　硅光芯片生产和测试流程

其与光、电性能有关的测试主要在两个阶段进行:

- 晶圆测试。指在晶圆生产完成后,借助于探针台对晶圆上各个单元或者子单元进行测试和筛选。典型的被测器件有光无源器件、有源发送器件、有源接收器件等。根据被测器件的种类不同,其测试项目也不同。通常波长域相关的测试,如波长相关的插入损耗(IL)、偏振相关损耗(PDL)等在晶圆生产完成后会批量进行,而频域相关的高频测试(如调制带宽、S 参数)会在研发或 QA 阶段进行。对于基于硅光的光芯片测试来说,光探针和晶圆上波导的耦合效率以及测试方案的自动化程度等是决定测试重复性和测试效率的关键点。

- 封装测试。当器件封装成模块之后,需要验证模块在不同环境温度下发射机、接收机的性能与相关规范(如 IEEE、OIF-CEI、各种 MSA 组织)的符合性,这些测试是在发送或接收正常速率的光/电信号时进行的,并必须严格参考相关规范要求。通常生产阶段会进行功率、眼图模板、消光比等能够快速批量进行的测试,而更多、更复杂的测试项目会在研发或者 QA 阶段进行。

板上光模块与光电合封(COBO/Co-package)

在数据中心领域的交换机以及一些高性能计算设备上,其对外高速连接的端口密度非常高。出于结构设计、散热以及可维护性的要求,一般会把光模块的插槽集中放在前面板上,这样电交换或者计算芯片到前面板光模块之间一般会有 20～40cm 的电走线长度,这些走线的密度非常高,传输的数据速率也很高。为了克服传输通道对于高速电信号的损耗,需要采用昂贵的低损耗的 PCB 板材(如 M6/M7 等板材),并且在交换芯片和光模块中都有复杂的针对电信号的预加重、均衡、时钟恢复等电路,这些都增加了系统的成本、功耗和设计难度。随着电口速率的提高,为了减小交换芯片到光模块之间的通道损耗以及系统的功耗、体积,目前采用的主要技术方向有 3 种:板内同轴走线、板载光模块(COBO)以及光电混合封装(Co-pakage)。

板内同轴走线是指用低损耗的同轴走线代替 PCB 实现主机芯片到光模块之间的板内电连接。比如在 12.5GHz 的频点,如果走线长度为 30cm,普通 FR-4 板材的插入损耗在 20dB 左右,好的板材如 M6 可以做到 10dB 左右,而双同轴线可以做到 3dB 左右。板内同轴走线的方法已经在市面上一些 400G 的交换机设备上开始使用,这种方法对于最终用户的使用和维护习惯没有改变,因此比较容易普及,但其成本比传统 PCB 高不少,可靠性也稍低一些。

另一种方式是把光器件直接安装在 PCB 板内而不是前面板插槽上。其相关的标准化组织主要是 COBO(Consortium for On-Board Optics),该组织于 2015 年由 Microsoft、Cisco、Broadcom、Arista 等公司发起成立,并于 2018 年发布了板上封装光器件的相关硬件规范。在 PCB 内直接安装光器件有几个优点:由于光器件更靠近交换芯片,PCB 走线损耗小,因此可以支持更高速率的电信号连接;电芯片不需要特别复杂的预加重和均衡,由 CDR 电路重新对信号做下整形即可,因此系统整体功耗和成本可以降低;由于电信号在 PCB 内转换为光信号,前面板不再需要放置传统意义上的光模块,可以通过带状光纤直接引到前面板,因此前面板的密度可以做得很高。但是,采用 COBO 的方式也有一定的缺点,除了产业链还不太成熟以外,日常维护的难度也要大一些。比如传统上光模块是可以在前面板直接插拔的,一旦失效可以快速更换;COBO 的模块虽然也可以插拔,但是需要把整个板卡取出后进行更换,对于正常业务的影响比较大。图 11.34 是典型板上光模块的应用场景。

除了 COBO 技术以外,基于硅光技术的光电混合封装(Co-package)技术也是解决未来更大规模光电互联难题的热点技术。未来随着光模块速率的进一步提升,单路电口的速率会提高到 112Gbps 甚至 224Gbps,光电混合封装即把光引擎(实现光收发功能的模块)直接集成在数字芯片如交换机或计算芯片的基板上,这样可以实现数字芯片到光引擎之间的电走线最短。图 11.35 是由 Facebook 和 Microsoft 公司于 2021 年发布的一款 3.2T 容量光引擎的使用场景以及技术规范,可以支持下一代 51.2T 交换容量交换机芯片的光电混合封装。未来 51.2T 容量的交换芯片可以和 16 个这样的光引擎在芯片基板上封装在一起,每

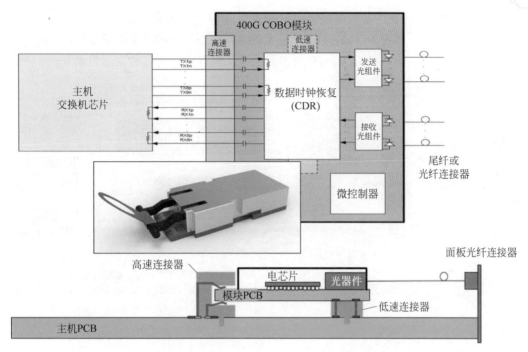

图 11.34　板上光模块(COBO)的应用场景

个光引擎上提供 8 个 400G 的光接口。在其技术规范中,光引擎和交换机芯片间可以采用
CEI-112G-XSR 的接口,支持在封装基板上最长 5cm 左右的走线;光引擎直接输出光信号
口,可以通过光纤阵列(Fiber Array)转换成 MPO 接口的光纤对外连接;光引擎的激光源
可以内置也可以外置,如果外置则需要通过保偏光纤(PMF)连接外部光源,如果内置则需
要有备用的光源以提高系统的可靠性。

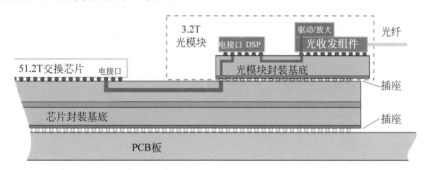

图 11.35　Co-package 的典型应用场景(参考资料:http://www.copackagedoptics.com/)

　　光电混合封装技术在功耗控制和提高系统交换或计算容量方面有很大的吸引力,预计
未来 3～5 年会逐渐在高密度数据交换或高性能计算场合开始应用。但是这个技术的普及
还有很多挑战,除了高密度封装的难度、如何进行散热、光引擎本身的可靠性、系统维护方法
等技术挑战以外,更重要的是对整个光通信产业链的重构。图 11.36 比较了传统交换机和
未来基于 Co-package 技术的交换机开发流程的区别。可以看出,传统交换机采用可插拔光
模块形式,整个系统是在硬件开发的最后阶段才与光模块组合在一起,设备内部也没有光路
连接;而采用了光电混合封装技术后,在数字交换芯片或计算芯片生产阶段就要与光引擎

进行集成,最终的系统硬件集成阶段还可能涉及激光源以及板内光纤的组装。由于整个产业链都需要重新分工和定位,Co-package 技术的采用可能会是一个循序渐进的过程。预计在未来的很长一段时间,可插拔的光模块仍然会是实现高速光连接的主流技术方式。

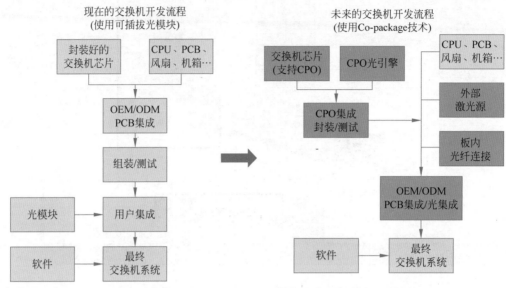

图 11.36　传统交换机与 Co-package 技术交换机开发流程的比较

光纤链路的功率裕量(Loss Budget)

一段典型的光纤链路由发送端光模块、接收端光模块、光纤跳线、合分波设备或配线架、光纤线路等组成。要保证通信链路能够正常工作,最基本的要求是发送端发出的信号到达接收端时的功率和信号质量能够满足特定误码率下接收端的灵敏度和信号质量要求,同时还有一定的裕量。但实际上的计算要考虑的因素非常多,典型单模光纤光路裕量的计算需要满足以下基本条件的要求:

发送端光功率－接收端灵敏度

- 合分波或配线架插入损耗＋光纤线路损耗＋光纤接头损耗
- 发送端色散代价＋光纤线路色散
- 维护裕量

＞0dB

图 11.37 是一个典型的单模光纤传输链路,我们将以这个链路为例来分析光路裕量计算需要考虑的因素。

- 发送端光功率:指从发送端光模块直接输出的功率,是发射端输出信号强度的最直接参数,与光模块的激光器类型、温度特性、调制方式、信号调制速率及格式、内部光路耦合方式等都有关系,一般在－3～5dBm。由于光功率仅是输出功率的平均值,并不真正反映光信号的变化幅度,所以在一些新的光通信标准中(比如 IEEE 关于 25Gbps 或以上速率的光口标准中),会更多使用 OMA(Optical Modulation Amplitude,光调制幅度)这个参数衡量发送端功率特性。

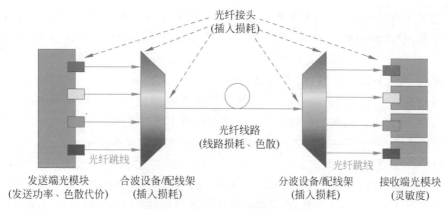

图 11.37　典型的光纤传输链路

- 接收端灵敏度：指接收端光模块在特定误码率下能够支持的最小功率,与接收端使用的探测器类型、光路耦合方式、信号调制速率及格式、接收端 CDR 和均衡能力等都有关系。一般使用 PIN 探测器在 NRZ 信号情况下灵敏度可以到−10dBm 以下,使用 APD 探测器时可以到−20dBm 以下。同样的探测器设计,在 PAM-4 信号情况下灵敏度会减少约 10dB。在一些新的光通信标准中(比如 IEEE 关于 25Gbps 或以上速率的光接口标准中),为了更真实反映接收端能力,更多使用 OMA 灵敏度或带压力情况下的 OMA 灵敏度(即光压力眼)参数衡量接收端特性。

- 合分波或配线架插入损耗：对于采用波分复用的通信系统,在通信链路上可能会使用合波设备把多个波长合路到一个光纤上,在接收端再通过分波设备把各个波长分别提取出来,甚至中间链路上可能还会有专门的 WSS(波长选择开关)控制各个波长信号的路由和切换。另外,在很多机房中还会使用光纤配线架实现终端设备和干线光缆的跳接。合分波设备和配线架都会造成光信号的功率损耗,具体的损耗与使用的设备类型及实现原理有关。

- 光纤线路损耗：主要指长距离传输时光纤线路的损耗,与传输波长、光纤类型等有关,典型单模光纤的传输损耗在 0.3～0.5dB/km。机房内的光纤跳线也会造成损耗,不过由于跳线的长度一般较短,主要考虑其接头造成的损耗。

- 光纤接头损耗：典型的远距离传输的光纤链路上可能会有 4～10 个,甚至更多的转接、跳线或熔接点,每个接点都会造成功率的损失,具体的损耗与接头连接方式、接头质量等有关系。通常熔接的损耗较小(一般好的熔接点损耗可以在 0.1dB 以下),而跳线连接的损耗较大(一般每个接点 0.3～0.6dB)。

- 发送端色散代价：指由于发射机信号失真带来的额外功率代价。实际的光发射机发出的信号都会有一些噪声、抖动以及信号的变形,这些都会额外造成接收端接收能力的下降。针对 NRZ 信号的 TDP(Transmitter and dispersion penalty,发射机色散代价)指标和针对 PAM-4 信号的 TDECQ(Transmitter and Dispersion Eye Closure for PAM-4,PAM-4 信号发射机色散眼图闭合度)指标,都是用来衡量发射机失真带来的等效功率损失的。在有些新的标准中,会直接把色散代价和发射机调制幅度一起考虑,比如 IEEE 关于 25G 以太网的 802.3cc 标准中,除了对于 OMA 和 TDP 指标有各自的定义,还定义了对于 OMA-TDP 的指标要求。

- 光纤线路色散：指光纤长距离传输时由于色散造成的信号失真，与通信波长、通信速率、激光器线宽、光纤长度、光纤类型等都有关系。比如对于典型 G.652 光纤来说，其在 1310nm 附近的色散接近为 0，偏离这个波长越远、传输距离越长、调制速率越高、激光器线宽越宽，由于色散造成的影响越大。典型 G.652 光纤在 1550nm 处的色散约为 18ps/(nm·km)。色散会造成传输质量的下降，从而影响接收端的灵敏度，因此色散造成的影响也可以用功率代价来等效衡量。

- 维护裕量：在实际的光纤链路上，光纤的接口多次插拔性能会有下降，光纤端面有可能污染，光纤本身也可能弯曲变形，而且光纤如果断了还需要重新熔接，有些 5G 前传网络的标准中还对光信号做调顶，用于传输 OAM 信息，这些都会造成额外的功率损耗。为了保证系统的可靠工作，在链路设计时应该留有一定的维护裕量，一般在 2～4dB。

综上可见，光纤链路的设计和裕量计算是一个系统工程，对于单模光纤的链路裕量计算会涉及波长选择、光纤类型、链路拓扑、激光器、调制方式、调制速率、调制格式、信号质量、探测器、信号均衡、维护裕量等方方面面的因素，需要综合考虑。对于多模光纤来说，制约其传输距离的主要是有效模式带宽，这一点与单模光纤的线路损耗及色度色散不太一样，我们不再做展开介绍。

前向纠错（FEC）

通信信号的传输都必须经过相应的传输信道，比如电信号通常借助 PCB、电缆、背板进行传输，光信号通常借助光纤进行传输，无线信号则直接在空中进行传输。不同的传输信道对于信号的影响是不一样的，比如电传输信道对信号的影响主要表现为高频能量的损耗和阻抗不匹配时的信号反射；光纤的传输带宽要高得多，同时损耗也非常小，但要考虑信号的模色散和色度色散问题；而无线信号在空中传输时，除了功率会衰减以外，还有散射和反射引起的多径传输，以及物体运动时的多普勒频移问题。同时，所有的传输信道都会面临噪声的问题。因此，不同的传输技术会使用不同的信号处理技术来克服传输信道的影响，以实现信号的可靠传输，其中，信道编码就是这种信号处理技术之一。

理想的通信信道是没有噪声的，但真实的通信信道是有噪声的。由于噪声的无界性，因此必然会引起数据传输的错误。当在有噪声的环境下进行信息传输时，其信道的最大容量由香农公式定义。

香农（Claude Elwood Shannon）在 1948 年发表的《通信的数学理论》（*The Mathematical Theory of Communication*）论文中，从理论上证明了：在一个有噪声的信道中进行通信时，只要通信速率低于信道容量 C，总可以找到一种编码方式，使得通信的错误概率接近于 0，而信道容量的极限 C 由以下的香农公式确定。从这个公式可以看出，在有限的带宽情况下，信噪比越高，则理论上可以提供更大的信道容量。而要实现大的信道容量，常用的方法就是使用更高阶的信号调制以及配合合适的编码及纠错技术，这一节我们主要讨论光通信中常用的编码纠错技术。

$$C = B \cdot \log_2(1 + S/N)$$

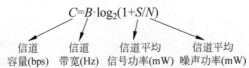

信道　　　信道　　　　信道平均　　　信道平均
容量(bps)　带宽(Hz)　信号功率(mW)　噪声功率(mW)

几十年来,人们发展出了各种不同的编码技术,即通过纠错码(Error Correction Code, ECC)对数据进行编码和纠错。常用的信道编码技术主要是线性编码(即编码字的任意线性组合仍然是有效编码字),而线性编码又有分组码(Block Code)和卷积码(Convolutional Code)等。分组码是对固定的数据长度分组进行编码,需要把整组数据接收下来后才能编解码,实现比较简单,但时延较大,并依赖于精确的帧同步技术。比较有名的分组码有Hamming码、Golary码、Reed-Solomon码、LDPC码等。卷积码信息可以是任意长度,通过将二进制多项式滑动应用于原始数据流生成新的数据流,卷积码可以作用于数据上连续进行运算,时延较小,但对于算法和计算性能要求较高。比较有名的卷积码有Viterbi码、Turbo码、Polar码等。有些编码技术,如LDPC、Polar码等编码效率已经非常高,可以提供接近香农公式极限的信道容量。

光通信中常用的FEC(Forward Error Correction,前向纠错)技术,也是一种信道编码和纠错技术。在100G、400G等以太网通信系统中,主要使用的编码技术是由Reed和Solomon提出并据此命名的Reed-Solomon分组编码技术,之前已经在CD/DVD、DVB领域有广泛应用。这种编码首先对发送的数据进行分组,然后对这组数据用特定算法进行运算并增加一定的冗余数据。Reed-Solomon编码技术是一种定长码,即一个固定长度输入的数据块将被处理成一个固定长度的输出数据块,通常用$RS(n,k,t,m)$表示,其中n表示编码后帧长度,k表示编码前帧长度,t表示每帧最大能校正的错误符号数量,m表示每个符号的比特数。其中比较重要的一点是$t=(n-k)/2$,即每帧中能够校正的最大符号数量与冗余数据的多少有关系,添加更多的冗余数据就能够提供更强的错误校正能力。比如RS(544,514,15,10)编码,或简写为RS(544,514)编码,就是指把固定长度的514个符号分组编码成544个符号的分组输出,增加了30个冗余符号,其中每个符号为10bit,每个分组中最多可以校正15个符号错误。图11.38是RS编码后数据块的一个简单示意。

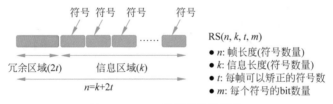

图 11.38　RS 编码后的数据块

FEC编码的数据经过传输通道到达接收端后,接收电路会对收到的数据和冗余信息进行检查,通过特定运算和校验,能够发现里面的数据错误。如果错误符号的数量不超过t,FEC机制就可以对错误进行修正。通过FEC机制,通信系统可以在一定的误码率环境下实现可靠的信号传输,避免了复杂的数据重传机制。根据不同的应用环境,可能会使用不同复杂度的FEC算法。一般来说,算法越复杂,添加的冗余信息比例越多,纠错能力就越强,也越能容忍更高的误码率环境。但是,复杂的算法会显著增加通信系统的功耗和时延,更多冗余信息的加入也会额外占用信道带宽。所以,FEC算法的选取要和实际通信环境下的信噪比、最终误码率要求、允许的冗余信息比例、系统功耗、端到端时延、总体成本等各方面综合进行考虑。目前,在25G及以上速率的以太网标准中,广泛使用的是RS(528,514)编码和RS(544,514)编码,这两种编码最早在2014年IEEE发布的802.3bj规范中提出,分别应用于100GBase-KR4标准和100GBase-KP4(现已不再使用)标准,因此也简称为KR4编码和KP4编码。表11.6是两种编码方式的主要特点以及在光通信标准中的应用。

表 11.6　**KR4 和 KP4 编码的技术比较**

RS(n,k,t,m)	简称	编码后帧长度	每帧允许的最大错误符号	相关标准	信号波特率	标准允许的 BER
RS (528,514,7,10)	KR4 编码	528 个符号	7 个	100GBase-KR4/CR4(802.3bj) 100GBase-SR4(802.3bm) 100G-CWDM4(MSA) 100G-4WDM-10/20/40(MSA) 25GBase-KR/CR(802.3by) 25GBase-LR/ER(802.3cc)	25.78GBaud NRZ	<5.0×10⁻⁵
RS (544,514,15,10)	KP4 编码	544 个符号	15 个	~~100GBase-KP4(802.3bj)~~ 50GBase-SR/CR/KR/FR/LR(802.3cd) 100GBase-SR2/CR2/KR2(802.3cd) 400GBase-SR8(802.3cm) 400GBase-DR4/FR8/LR8(802.3bs) 400GBase-FR4/LR4(MSA)	~~13.59GBaud PAM4~~ 26.56GBaud PAM4 53.125GBaud PAM4	<2.4×10⁻⁴

FEC 的编/解码在以太网的 OSI 七层模型中属于物理层的功能。在 25G 或传统 100G 等采用 NRZ 调制技术通信的标准中,使用比较多的是简单一些的 KR4 编码,编码层是介于 PCS(Physical Coding Sublayer)层和 PMA(Physical Medium Attachment)层之间的一个可选的子层;在 50G 或 400G 等采用 PAM-4 技术的通信标准中,由于原始误码率比较高,使用的是复杂一些的 KP4 编码,而且是强制使用,在 PCS 层内部实现。

图 11.39 以 IEEE 802.3by 规范中的 25G 以太网标准为例,展示了 KR4 的 RS-FEC 编码在物理层中的位置。对 25G 以太网来说,这是一个介于 PCS 层与 PMA 层之间可选的编码子层。

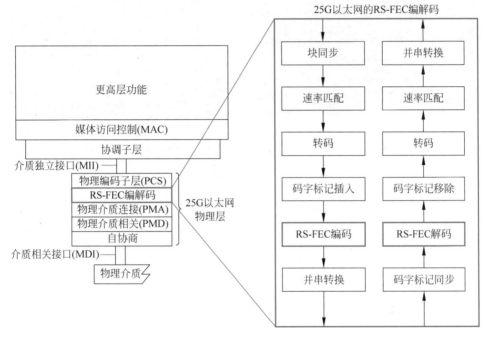

图 11.39　25G 以太网使用的 KR4 编码(参考资料：IEEE 802.3by)

图 11.40 以 IEEE 802.3bs 规范中的 400G 以太网标准为例,展示了 KP4 的 RS-FEC 编码在物理层中的位置。对 400G 以太网来说,这是 PCS 层中一个标准的编码子层。

以 400G 的物理层芯片为例,其 PCS 层由 16 条 lane 组成,经过 KP4 FEC 编码成 16 路 26.5Gbps 的信号,并通过 PMA 层做 16：8 的复用变成 8 路 53Gbps 的 PAM-4 信号,再通过 400GAUI-8 的接口连接光模块或电缆(也可能在光模块内部进一步再做 8：4 的复用变成 4 路 106Gbps 的 PAM-4 信号进行传输,以减少对外连接需要的光纤或波长数量)。对于 100G 的物理层芯片来说,可能使用 KR4 编码也可能使用 KP4 编码。传统的方式是 PCS 层由 20 条 lane 组成,通过 KR4 编码(或不编码)成 20 条 5.15625Gbps 的信号,并在 PMA 层进行 20：4 的复用变成 4 路 25.78Gbps 的 NRZ 信号(CAUI-4 接口)连接光模块或电缆;现在也可以通过 KP4 编码成 4 条 26.5Gbps 的信号,并在 PMA 层进行 4：2 的复用变成 2 路 53Gbps 的 PAM-4 信号(100GAUI-2 接口)并连接光模块或电缆。图 11.41 是在不同速率的物理层芯片中实现 FEC 编码的典型场景。

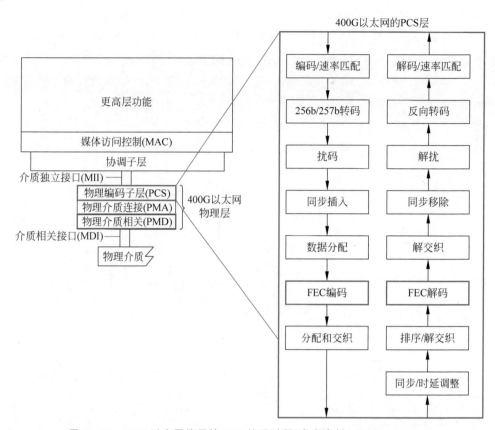

图 11.40　400G 以太网使用的 KP4 编码过程（参考资料：IEEE 802.3bs）

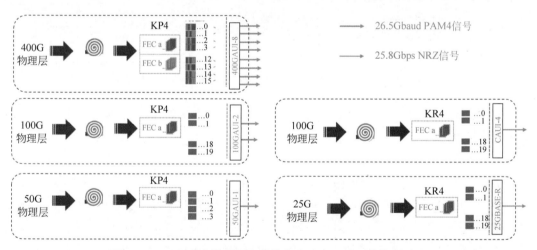

图 11.41　不同速率的物理层芯片里实现 FEC 编码的典型场景

接下来，我们介绍 KP4，即 RS (544,514) 的编/解码过程，其过程如图 11.42 所示。其中编码过程的几个关键步骤如下：

（1）64b/66b 编码到 256b/257b 编码的转换。PCS 层包含 16 条 25.78Gbps 的信号链路，从 MAC 层接收的是 64b/66b 编码的数据，并包含用于速率适配的 Idle 等冗余数据。

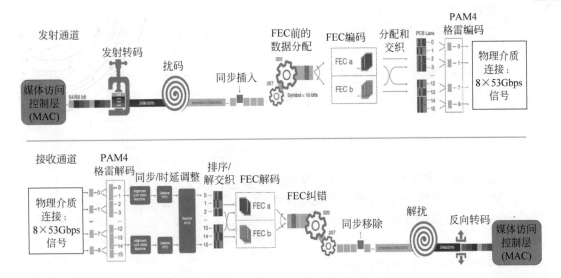

图 11.42 400G 以太网 KP4 的编/解码过程(参考资料:IEEE 802.3bj Chapter91:Reed-Solomon Forward Error Correction(RS-FEC)sublayer for 100GBASE-R PHYs)

PCS 层接收后,去除编码及冗余信息,并把每相邻的 4 个符号通过 256b/257b 编码重新编码成 257b 的数据符号。

(2)扰码(Scramble)。经过 256b/257b 编码的数据,和一个扰码多项式进行异或操作。扰码操作避免了数据中有长"1"或者长"0"码型给后续的时钟恢复造成影响,同时可以控制信号的整体频谱更接近随机信号的频谱分布。

(3)同步符号插入。在每条 PCS 的链路上插入相应的 Align Marker 信息用于接收端的链路同步。

(4)符号分配和 RS 编码。在 KP4 的 FEC 编码过程中,数据流以 10280bit 为单位进行编码。这些数据先分配成 2 个 5140bit 长度的编码字(相当于 514 个 10bit 的符号),然后使用 Reed-Solomon 编码算法,在每个编码字上增加 30 个 10bit 的校验符号,形成新的 2 个 5440bit 长度的编码字(相当于 544 个 10bit 的符号)。这两个编码字再进行交织并发送给 PMA 层。

(5)PMA 层速率适配。经过编码后的 PCS 层是 16 路 26.5Gbps 的信号链路,根据具体的 PMD 层速率(比如是 53Gbps 的 PAM-4 信号,还是 106Gbps 的 PAM-4 信号),在 PMA 层对每 2 路或 4 路 PCS 链路的信号进行复用,并驱动 PMD 层进行信号传输。

由于这种编码方式,使得 KP4 的 RS 编码有几个非常重要的特点:

- 非常强的纠错能力。RS(544,514)编码中,每 544 个符号长度的数据帧中最多可以修正 15 个符号错误,因此可以允许很大的原始误码率。比如很多采用 KP4 编码的光链路上可以允许到 2.4×10^{-4} 的原始误码率,可以适合于 PAM-4 这种信噪比不够好的高阶调制技术。

- 集中的符号错误会造成严重的丢包。如果每个数据帧中符号错误的数量达到或超过 16 个,则错误不可修正,并会把错误的不可修正的数据帧丢掉。由于每两个 544 符号长度的数据帧会进行交织,一旦其中一个中的错误数量超过 15 个,这两个数据帧都会被一起丢掉,相当于 1280Byte(10280bit×256/257)。如果假设以太网的数据包长度为 64Byte(短数据包),包间隔和 pre-amble 长度为 20Byte,对应的以太网数据包的个数=1280/(64+20)≈15.24,即每个错误的数据帧可能会造成约 15 个以太网数据包的丢失。这意味着 KP4 编码虽然有比较强的错误修正能力,但是对于集中的(Burst)数据错误会比较敏感。因此,如果有集中出现的数据错误,仍然可能会造成严重的丢包问题。

- 丢包率与链路质量的非线性关系。如果不采用信道编码和纠错,一般情况下,系统观察到的丢包率可能与链路质量会有一定的线性关系。比如,当链路质量好时,原始误码率和系统观察到的丢包率都很低。当链路质量逐渐恶化时,链路上误码率逐渐增高,同时丢包率也逐渐增加,可以引起系统运维人员的注意并加以整改。但采用了 KP4 编码之后,如果仅仅关注丢包率,可能会忽视链路质量的变化过程,这一点要特别引起注意。比如,在链路质量逐渐恶化过程中,虽然原始误码率也是逐渐增加的,但只要不超过一定的阈值,KP4 编码强大的纠错能力仍然可以保证几乎 0 丢包率,这可能会使运维人员忽视链路质量的变化。当链路质量的恶化超过一定阈值时,可能会突然造成非常严重的丢包情况,使得运维人员措手不及。

- 增加了传输时延。由于在以太网的 KP4 编码中,是以每 10280bit 长度的数据块进行数据编码和交织(编码后为 10880bit),接收端进行解码时也需要把这些数据块先缓存起来再进行解码操作,所以会增加很大的传输时延。在 PCS 层由于编解码造成的最小时延=(10880bit/26.5Gbps) * 2≈821ns。这个时延对于一些高性能计算应用的场合是不可忽略的。

综上所述,信道编码和前向纠错是一种重要的物理层技术,可以大大提升信号传输系统在信噪比不足的情况下的通信可靠性。在 200G/400G 以太网中 FEC 成为必须使用的技术,其使用的 RS(544,514)编码是一种比较强大的信道编码和前向纠错技术,可以使得 PAM-4 信号在信噪比不足够好的链路情况下进行比较可靠的信息传输。但是,这种编码技术也增加了系统设计的复杂度、时延、功耗等,同时要非常关注其链路的裕量和突发的错误情况。通常,FEC 功能是在主机的物理层电芯片里实现,但随着芯片技术特别是 DSP 技术的广泛应用,目前也有一些光模块已经可以在模块内部实现简单的 FEC 纠错和编码,这种方式虽然增加了系统功耗,但进一步提高了通信的可靠性。

I/Q 调制(I/Q Modulation)

前面介绍过,光通信的本质是把光作为信息传播的载波,通过对其幅度、相位等的调制来承载和传输信息。大部分的光通信都是采用直接的幅度调制,这种调制方式实现简单,但频谱效率并不高。在远距离(超过 40km)的光通信中,光纤资源非常珍贵,而光纤可以使用的通信波长窗口毕竟是有限的。因此在远距离的相干光通信中,普遍采用的是频谱效率更高、调制方式更灵活的 I/Q 调制技术。相干光通信的概念展开在后续章节介绍,本节主要介绍 I/Q 调制的原理。

I/Q 调制技术来源于无线通信,是目前无线通信中最普遍使用的调制技术。I/Q 调制不同于简单的调幅、调频或者调相,是把要传输的数字信息分为 I(In-phase component)支路和 Q(Quadrature component)支路,通过 I/Q 调制器(I/Q Modulator)分别改变载波信号及正交信号(相对于载波信号有 90°相位差)的幅度,然后再合成在一起。I/Q 调制技术通过控制加载在 I 路和 Q 路信号载波上的不同幅度,就可以控制合成后载波信号的幅度以及相位的变化,从而可以承载更多信息。这种调制方式具有实现简单、调制方式灵活、频谱利用效率高等特点,因此在现代移动通信技术中广泛使用。图 11.43 是 Linear 公司的一款 I/Q 调制器产品。

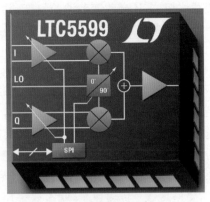

图 11.43 I/Q 调制器(参考资料:www. linear. com)

I/Q 调制可以控制合成后载波信号的幅度以及相位状态,并用不同的状态代表不同的数据含义。每次信号变化可以表示的状态越多,调制就越复杂,但同时每个状态可以表示更多的数据比特,从而在有限的跳变速度下可以承载更多的信息内容。为了更好地对载波在某个时刻的幅度和相位信息进行描述,通常用如图 11.44 所示的极坐标的方式,其相位的变化可以表示为在极坐标上的旋转,其幅度的变化可以表示为其离原点的距离。对于数字调制来说,采用的是离散的数字量来控制载波相位和幅度的变化,因此其在极坐标上的状态表示为一个个离散的点,这些点根据不同的调制方式而组成不同的图案,这些图案有时又称为星座图(Constellation Diagram)。

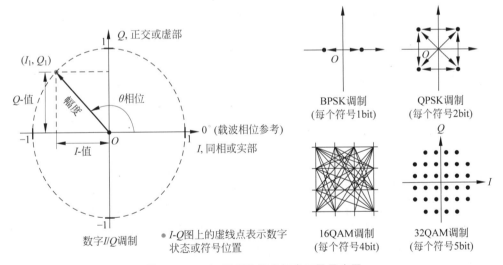

图 11.44 I/Q 调制的极坐标表示及星座图

比如,对于 BPSK(Binary Phase Shift Keying,二进制相移键控)的调制方式来说,采用相差 180°的两个相位状态进行数据的传输,在星座图上就表示为两个相位差 180°的点;对于 QPSK(Quadrature Phase Shift Keying,四相移键控)的调制方式来说,采用相差 90°的四个相位状态进行数据的传输,在星座图上就表示为四个相位差 90°的点;而对于 16QAM(16-state Quadrature Amplitude Modulation,16 状态幅相调制)的调制方式来说,则除了改变载波相位,还会改变载波的幅度,共使用了 16 个不同的状态进行数据的传输,其在星座图上就表示为 16 个不同幅度和相位的点。一般情况下,我们把信号每次跳变对应的数据内容叫作 1 个符号(Symbol),每个符号对应星座图上的一个状态,不同状态间的变化速率就叫作符号速率(Symbol Rate),有时又称为波特率(Baud Rate)。

在采用 I/Q 调制的发射机中,要提高信号的传输速率,主要有两种方式:提高波特率或采用更复杂的调制方式。波特率越高,其在无线传输时的占用的频谱带宽越宽。在民用无线通信中,频谱资源是非常宝贵的,因此很多时候不可能使用非常高的波特率,除非开发新的频谱资源(比如在 5G 移动通信中会考虑 6GHz 以及毫米波频段的频谱资源)或者频谱资源是独占的(比如在有些军用或者卫星通信中)。如果波特率或者频谱带宽已经不能再提高了,要提高信号传输速率,就需要采用更复杂的调制方式。比如在前面的例子中,BPSK 调制只有两个状态,每个状态可以传输 1bit 信息;QPSK 调制有四个状态,每个状态可以传输 2bit 信息;而 16QAM 调制有 16 个状态,每个状态可以传输 4bit 信息。调制方式越复杂,则每个状态就可以传输更多的数据比特,单位带宽下的数据传输速率越高。但要注意的是,调制方式也不能无限复杂,调制方式越复杂,对于信噪比的要求也越高,如果信噪比不能提高而单方面采用更复杂的调制方式,则误码率可能会大到不可接受的程度。

为了实现 I/Q 调制,现代的数字调制射频发射机主要由图 11.45 所示的几部分组成:符号编码器(Symbol Encoder)、基带成型滤波器(Baseband Filter)、I/Q 调制器(I/Q Modulator)以及相应的变频及信号放大电路。

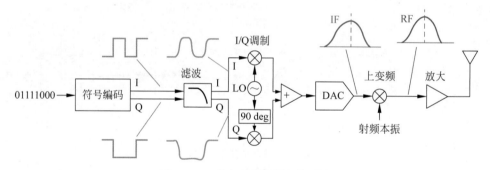

图 11.45 数字射频发射机的结构

其中,符号编码器(Symbol Encoder)用于把要传输的数字码流信号根据采用的调制方式不同,分别映射到 I 路和 Q 路上。每种调制方式都有一个对应的数据编码表,比如以图 11.46 所示的 16QAM 符号编码器为例,在星座图上共有 16 个星座点,也就是 16 个可能的状态,这样其 I 路或 Q 路上就各有 4 个可能的电平选择。

经过符号编码器编码后的波形还不能直接送给 I/Q 调制器,因为这样的信号边沿跳变太陡峭,包含的高次谐波成分比较多,如果直接调制到 I/Q 调制器上,会产生很宽的频谱,对相邻频带的通信信号产生干扰,同时很宽的频谱也会对后级的功放和天线设计提出很大的挑战。因此,除非整个频带是自己独占的,一般都会把 I/Q 编码后的数据送给调制器之前进行一下低通滤波,以使信号的频谱成分限制在一定范围之内。这个滤波器通常称为基带成型滤波器,在现代移动通信中一般都是通过数字处理芯片进行内插和 FIR(Finite Impulse Response)滤波来实现。

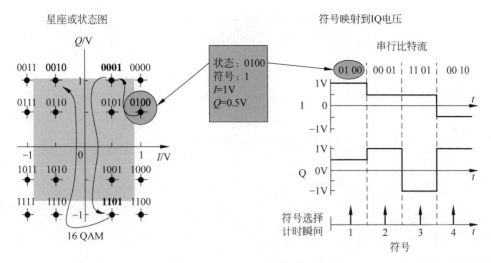

图 11.46　16QAM 符号编码器

在早期的数字移动通信中,比如 GSM 标准中,成型滤波器使用的是如图 11.47 所示的高斯滤波器。高斯滤波器在频域和时域的形状都是高斯曲线,其优点是占用带宽小、带外抑制好,但是会对其前后相邻的符号产生码间干扰,因此当符号速率比较高时会对传输质量造成一定影响。

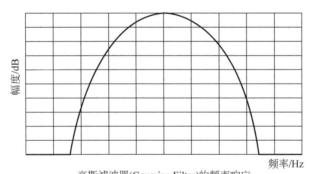

高斯滤波器(Gaussian Filter)的频率响应

图 11.47　高斯滤波器的频域形状

现代移动通信中比较常用的基带成型滤波器是 Nyquist 滤波器,Nyquist 滤波器又称为升余弦(Raised Cosine)滤波器。升余弦滤波器在时域的冲激响应是如图 11.48 所示的一个 sinc 函数,这种滤波器由于每隔整数个符号周期会有一个过零点,因此其对相邻以及后续符号采样点时刻的码间干扰为零,可以有效地减小码间干扰问题。需要注意的是,升余弦滤波器由于时域拖尾的存在,其对于相邻符号的波形形状仍然是有干扰的,只不过仅仅在符号采样时刻的干扰为零而已。

通过升余弦滤波器,我们可以把信号的频谱限制在一定频宽范围内,同时又避免了从发送端到接收端的通道带宽限制造成的码间干扰对信号判决的影响。在实际应用中,需要对发射机发射的信号进行滤波和带宽限制以避免对其他频段信号的干扰,同时在接收机这一侧也需要对进入的信号进行滤波以避免带外信号的干扰。为了保证发射端的滤波器和接收端的滤波器组成的系统的响应是一个升余弦滤波器,一般会把这个升余弦滤波器分解成两

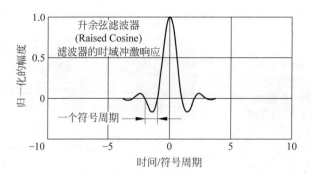

图 11.48 升余弦滤波器的时域冲激响应

个根升余弦的滤波器（即升余弦滤波器的开根号），这样不但保证了发射机和接收机都各自具备独立的带外信号抑制能力，而且这两个滤波器相叠加以后的频响是升余弦滤波器，达到了避免码间干扰的目的（图 11.49）。

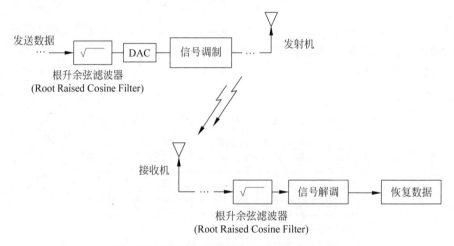

图 11.49 发射机和接收机的根升余弦滤波器

理想情况下，信号占用的带宽就等于信号的符号速率，但是这在真实情况下是不容易实现的。对于升余弦滤波器来说，一般用 α 值来表示额外占用的带宽和数据符号速率间的关系，这个值反映了滤波器在频域滚降的快慢（图 11.50）。比如 $\alpha=0$ 表示占用的带宽和信号符号速率一样；$\alpha=1$ 表示占用的带宽是信号符号速率的 2 倍。考虑到工程实现的可行性以及占用带宽尽可能小，通常情况下升余弦滤波器的 α 值会在 0.2～0.5 之间选择。

基带信号经过符号编码和成型滤波后，就可以送给 I/Q 调制器进行调制。I/Q 调制器内部包括：两个调制器、一个实现 90°相位延迟的调相器以及实现 I/Q 信号合成的合路器。为了保证 I、Q 两路信号间幅度、相位的一致性，有些 I/Q 调制器内部还会包含增益控制（用于分别调整两路信号的幅度）、相位控制（用于调整两路载波信号间正交性）电路等。在真实情况下，这个 I/Q 调制器可能是一个专门的器件，也可能是直接在 DSP 或 FPGA 中用数字方法实现。

以上主要介绍了在无线和射频应用中 I/Q 调制的原理和方法，可以看出其调制和解调过程比较复杂，但是由于采用成型滤波和高阶调制，所以其频谱效率更高；同时，其接收端

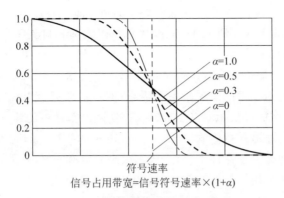

信号占用带宽=信号符号速率×(1+α)

图 11.50　升余弦滤波器的滚降系数

采用相干接收方式,通过本振混频可以提升接收信号的信噪比,因而具有优异的灵敏度。对于光通信来说,早期的光通信都采用简单的幅度调制,但随着信号速率的提升和远距离传输时光纤资源的日益紧张,针对远距离应用的相干光通信也借鉴了无线通信中的 I/Q 调制和相干检测技术,区别只是在于信号的载波由射频信号变成了光信号,同时光信号的调制带宽更高,还可以通过偏振复用和波分复用来进一步提升系统容量。

光接口速率的发展(Data Rate Increasing)

光通信的速率是不断向前发展的,当我们提到某个接口的技术时,仅仅看其接口速率是不够的,因为可以用不同的技术组合来实现同样的接口速率,而不同的技术实现方法会影响到其性能、功耗、成本、适用场景以及产业链。

用以太网标准的发展历史举例来看,要提高光互联接口的速率,主要有三个技术方向(图 11.51):

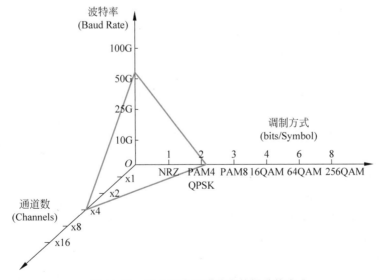

图 11.51　以太网光互联速率的提升技术

- 第一种方法是直接提高单路的数据跳变速率(即波特率)。比如说我们从最早的 SDH 时代的 155Mbps 到 622Mbps,从百兆以太网光口到千兆以太网光口,基本上走的都是这条技术路线。

- 第二种方法是增加通道数量。只是提高单通道数据速率的话,对于器件和芯片的性能要求很高,有时技术的发展跟不上需求的发展,于是就开始采用增加通道数的方案。比如以太网接口从 10G 走到 40G 时,实际上单通道的速率并没有提升,只是把 4 个 10Gbps 的通道并行传输组成一个 40Gbps 的接口。当时也有过单通道 40Gbps 的技术研究,但是由于器件不成熟、成本太高并没有实际应用起来。后面走到 100G 以太网时,也是采用了类似的多通道技术,比如最早是用 10 个 10Gbps 速率的通道并行传输来实现的 100G 接口,后来又过渡到采用 4 路 25Gbps 速率的通道并行传输来实现的 100G 接口。在光的接口上,当要复用更多的通道数时,近距离可以用很多路并行光纤去传输,远距离时可采用波分复用的方式。比如在 O 波段的 1310nm 波长附近采用粗波分技术可以复用 4 个、6 个、8 个甚至 12 个波长;而在 C 波段的 1550nm 波长附近,采用密集波分技术可以复用 20 个、40 个、80 个甚至更多波长。另外,有些前沿研究还在研究少模多芯光纤,就是一根光纤中做出多个纤芯出来,实现空间的复用传输。

- 第三种方法是采用更复杂的调制方式。比如当产业界提出对 400G 以太网的技术需求时,发现前两条技术路线继续往下走都有困难:如果在不改变调制方式的前提下把单通道上的波特率提高到 50GBaud 或 100GBaud,对于器件带宽、封装、PCB 设计都有很大的挑战;而如果相对 100G 以太网来说把通道的数量从 4 路增加到 16 路,这倒是比较简单直接,但是体积和功耗都比较大,成本也并没有下降,因此单纯增加通道数量的技术方案只出现了很短时间就被淘汰了(比如早期的 400G-SR16 技术)。这就不得不走向了另一个技术方向,就是通过更加复杂的 PAM-4 调制方式来使得每个符号承载更多的比特信息。PAM-4 的 4 电平调制技术使得每个符号(即每次数据跳变)可以承载 2 个比特,在同样的通道数和波特率下提高了 1 倍的接口数据速率。类似的复杂调制技术在远距离相干光通信领域使用更加普遍,比如 100G 的相干通信普遍采用 QPSK 的调制,一个符号可以承载 2 个比特;而 400G 的相干通信会采用 16-QAM 的调制,一个符号可以承载 4 个比特;另外,在无线通信以及新型相干技术中甚至会采用 256-QAM 的调制,1 个符号可承载 8 个比特。

很多时候商业的应用是多种技术手段与成本的综合平衡,以数据中心最广泛使用的以太网接口技术来说,在不同的发展阶段也陆续引入和采纳了不同的技术。图 11.52 总结了近些年来以太网接口与 SerDes(Serializer/Deserializer,串行器/解串器)芯片的技术发展。比如 10G 以太网最早采用 4 路 2.5Gbps 的通道组合实现,后来随着芯片技术的发展就可以用 1 路 10Gbps 通道直接实现;100G 的以太网最早也是用 10 路 10Gbps 的通道组合实现,现在已经广泛使用 4 路 25Gbps(实际是 25.78Gbps)的通道实现了,未来还有可能用 2 路 50Gbps 通道或者单路 100Gbps 通道来实现;对于 400G 以太网也是一样,最早使用 16 路 25Gbps 通道实现,但随着 PAM-4 技术的逐渐成熟,主流的技术已经是用 8 路 50Gbps(实际是 53Gbps)的通道或 4 路 100Gbps 的通道实现。

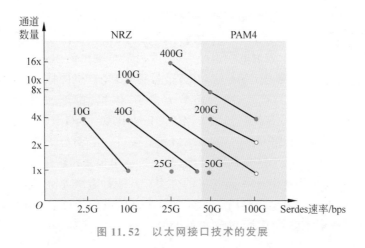

图 11.52　以太网接口技术的发展

图 11.53 更详细总结了 100G 和 400G 以太网标准中电口、光口速率发展的过程,从中也可以看到产业界是如何综合使用这三种技术的。

电口速率	10×10G NRZ		4×25G NRZt	2×50G PAM4	1×100G PAM4?	
封装标准	CXP/CFP		QSFP28	DSFP/SFP-DD	SFP-112?	100G 标准
光/电适配		GearBox	CDR	GearBox	CDR	GearBox	CDR	
光口标准	SR10	SR4/PSM4/CWDM4/4WDM		SR2/…		DR/FR/LR…	
光口速率	10×10G NRZ		4×25G NRZ	2×50G PAM4	1×100G PAM4	

电口速率	16×25G NRZ			8×50G PAM4	4×100G PAM4?	
封装标准	CDFP/CFP8		OSFP/QSFP-DD/COBO		QSFP-112?	400G 标准
光/电适配	CDR	GearBox	CDR/DSP	GearBox/DSP	CDR/DSP	
光口标准	SR16	SR8/FR8/LR8		DR4/FR4/LR4/…		
光口速率	16×25G NRZ		8×50G PAM4		4×100G PAM4	

图 11.53　100G/400G 以太网电口及光口速率的发展

现在 100G 以太网技术已经在大批量应用,但其技术发展并没有走到尽头。我们可以把 100G 以太网中光电技术的发展看作电口在追逐光口的一个过程,最早的 100G 光模块采用 CXP 或 CFP 的封装,电口和光口都是 10 路,每路数据速率是 10Gbps,这样电口和光口都需要很多路,成本比较高,体积也大。后来就有人做出来叫作 Gearbox 的变速箱芯片,可以在光模块内部把 10 路 10Gbps 的电信号复用成 4 路 25Gbps 的电信号再调制到光上进行传输,这样光路传输就是 4 路 25Gbps 的 NRZ 信号。后来随着电口速率的发展,电口速率也可以达到 25Gbps,100G 的光模块就采用了我们现在最常用的 QSFP28 封装(支持 4 路 25Gbps 电信号的接收或发送)。这种模块由于电信号和光信号都是 4 路 25Gbps 的,所以光模块内部只需要有 CDR 重新做一下信号的整形,不再需要 Gearbox 做速率变换和适配,因此架构非常简洁,是成本、功耗、性能的一个很好平衡,因此获得了非常广泛的应用。但其实 100G 接口的技术升级并没有走到头,随着 PAM-4 技术的广泛应用,100G 的接口还可以用两路 50Gbps 的 PAM-4 信号来实现，或者说用单路 100Gbps 的 PAM-4 信号来实现，因此后面 100G 以太网接口还会有很长的生命周期，只不过技术实现上不太一样。

400G 以太网接口的技术发展其实也是一样，业内最早推出的 400G 接口采用 CDFP 或 CFP8 的封装，可以提供 16 路 25Gbps 的 NRZ 信号传输，光口也同样是 16 路 25Gbps 的方案，但是这种技术基本上没有商用，因为路数太多了，体积、功耗、成本都是问题。目前，400G 以太网的电口技术基本都统一到了 8 路 50Gbps，比如 400G 光模块常用的 QSFP-DD 或 OSFP 封装都可以提供 8 路 50Gbps 的 PAM-4 电接口。至于光口部分，如果光模块内部没有 Gearbox 功能，只是做 CDR 和 DSP 处理，则光口输出也是 8 路 50Gbps 的光信号，比如 400G-SR8、400G-FR8 等都是这种 8 路光口的方案；另一种方式是光模块内部除了以上功能，还会把 8 路 50Gbps 的电信号复用成 4 路 100Gbps 的电信号再进行光调制，这样只需要 4 个激光器和 4 个探测器就够了，可以节省不少体积和功耗，比如 400G-DR4、400G-FR4 等都是这种 4 路光口的方案。

当然，目前的 400G 光互联技术也不是最简洁的，因为光口采用 4 路 100Gbps 的话中间还要有 Gearbox 功能，电口也还有 8 路，不够简洁。随着单路 100Gbps 的电接口技术（比如 OIF 组织定义的 CEI-112G 技术或 IEEE 组织定义的 802.3ck 标准）在交换机芯片中逐渐大规模应用，也会出现更简洁的方案，就是说电口直接是 4 路 100Gbps，中间只有 CDR 或简单的 DSP 处理，光口也同样是 4 路 100Gbps 的方案。这个方案由于极其简洁，可能是下一代 400G 以太网互联接口中最有生命力的技术路线。2020 年底，业内也成立了 QSFP-112 的 MSA（Multi-Source Agreement）组织（http://www.qsfp112.com/），致力于用 4 路 100Gbps 电口实现 400G 接口的光模块封装的定义。

随着技术的发展，800G 以太网接口的需求也开始浮出水面，其技术发展也仍然会在提高单路数据速率、提高通道数、采用更复杂调制方式之间进行平衡，后面会有专门的章节具体讲解。

第12章

光复用技术

从前面的介绍可以看出,当用单一通道进行信号传输的接口带宽不能满足应用要求时,通过增加通道数量可以在现有技术情况下快速提升接口有效传输带宽。对于光信号来说,在采用更多的通道实现接口带宽的扩展时,光纤的成本并不是可以忽略的。特别是在远距离传输时,有时光纤的成本可能会占系统成本中很大的比例,所以必须综合距离、功耗、体积、成本等各方面因素选择最合适的技术。在高速光信号传输中采用的光通道复用技术有很多种,以下逐一介绍。

并行多模(Parallel Multi-mode)

并行多模,即用多根多模光纤进行信号并行传输。比如在 40G-SR4 的标准中,SR 代表 Short Range,通常指采用短距离的多模光纤进行信号传输(850nm 波长);4 是指有 4 路。所以 40G-SR4 就是指用 4 根多模光纤进行并行传输,每根光纤的数据速率是 10G 左右(10.3125Gbps),4 路合起来是 40G。这样,如果要实现双向通信就一共需要 8 根光纤,4 路发送,4 路接收。类似地,像 100G-SR4 的光模块是用 4 路多模光纤传输 25G 左右速率(25.78Gbps)信号,在 OM3 光纤中可传输 70m,在 OM4 光纤中可传输 100m;400G-SR8 的光模块是用 8 路多模光纤传输 50G 左右速率(26.5G 波特率的 PAM-4 信号,相当于 53Gbps)的信号,传输距离与 100G-SR4 类似。

由于多模光模块普遍采用比较便宜的 VCSEL 激光器,综合成本比较低,所以并行多模是短距离传输时提升通道数量的最常用技术。大部分 AOC 虽然光接口没有外露出来,其内部也是用一路或者多路多模光纤进行光信号传输。采用并行多模技术的光模块通常使用 MPO(Multi-fiber Push-on)光纤或者 MTP(Multi-path Push-on)接口的光纤。MPO 是比较早的多芯光纤标准(IEC 61754-7 和 TIA 604-5),而 MTP 是 US Conec 公司定义的,可以与 MPO 接口完全兼容但改进了一些机械和光学方面的性能及可靠性。典型的纤芯排列有单排 12 芯、16 芯,或者双排 24 芯、32 芯等。MPO/MTP 接口的优点是可以一次快速连接多根光纤;缺点是由于涉及多根纤芯的连接和对齐问题,所以插入损耗一般较大(0.5dB 左右),也不太容易清洁维护。MPO 光纤接口有使用 UPC(Ultra Physical Contact)端面的,也有使用 APC(Angled Physical Contact)端面的,使用中要注意区分。

随着数据中心和云计算应用对于更高密度和更小体积的要求,也有一些插入损耗更小或者体积更小的多芯连接器出现,比如 MTP Elite、MXC、mini-MPO 或 micro-MPO 等多芯连接标准。

图 12.1 是 100G-SR4 的光模块通过 12 芯光纤进行连接的示意图,收发共用到了其中的 8 根纤芯。其他的多模相关传输标准,如 40G-SR4、100G-SR2、100G-SR10、200G-SR4、400G-SR16、400G-SR8 等,使用的都是类似的 MPO/MTP 光纤接口,只不过使用的纤芯数量以及每根纤芯上传输的信号速率不一样。MPO/MTO 光纤内部的纤芯很多,实际使用中要保证收发端使用的纤芯的定义是一致的。一些常用的标准如 40G-SR4、100G-SR4 已经有标准的纤芯定义,但一些不太常用或者比较新的标准如 100G-SR10、400G-SR8 等可能存在不只一种纤芯的定义方法。

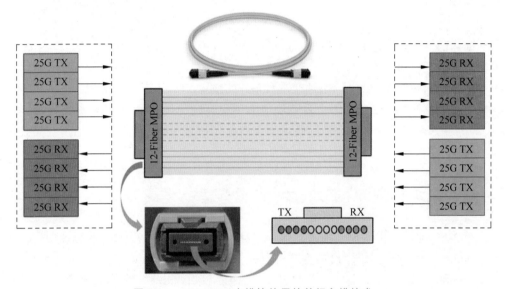

图 12.1 100G-SR4 光模块使用的并行多模技术

并行单模(Parallel Single Mode)

虽然多模激光器成本较低,但是由于多模光纤模式色散的影响,高速传输时的传输距离还是会有一定的限制。比如在 10G/40G 时代,多模光纤的传输距离可达 300m 以上,而到了 25G/100G 时代,多模光纤的传输距离就在 100m 以内了。为了能够在 100G 甚至 400G 时代仍能够以较低的成本传输到几百米的距离,就提出了并行单模技术。并行单模(Parallel Single Mode,PSM)技术类似于并行多模,但是使用多根单模光纤(一般是 1310nm 波长)进行信号并行传输。比如在 100G-PSM4 标准中(图 12.2),就是用 4 根单模光纤进行并行传输,每根光纤的数据速率是 25G 左右(25.78Gbps),4 路合起来是 100G,可以传输 500m 距离;在 400G-DR4 标准中,每根光纤的数据速率达到 100G 左右(53G 波特率的 PAM-4 信号,相当于 106Gbps),4 路合起来是 400G,也可以传输 500m 距离。并行单模技术与并行多模技术的主要区别在于:并行多模技术的光模块使用的是低成本的 VCSEL 激光器,通信波长多为 850nm;而并行单模技术使用的是成本高一些的 FB 或 DFB 激光器,通信波长多为 1310nm。

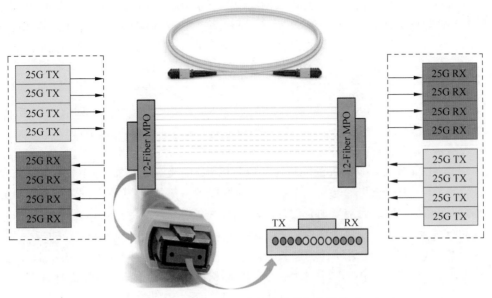

图 12.2　100G-PSM4 中使用的并行单模技术

粗波分(CWDM)/细波分(Lan-WDM)复用

无论是并行多模还是并行多模都是采用多根光纤进行信号传输,当光纤的传输距离超过几百米时,由此带来的光纤数量和成本提升会非常明显。此时考虑的重点是如何在一根纤芯中复用更多通道的信号以减少使用的光纤数量,而在光通信中最普遍使用的就是波分复用(WDM)技术。由于光是有波长的,而光纤的可用波长窗口范围可以达到几十纳米甚至几百纳米,所以可以实现几路到几十路不同波长光信号的传输而不互相干扰。

粗波分复用(Coarse Wavelength Division Multiplexing,CWDM)是在中等距离(典型为2~10km)进行通信的一种常用的光通道复用技术,最早出现在 ITU-T 组织于 2003 年发布的 G.694.2 标准中。这个标准把 1271~1611nm 的波长按照 20nm 的间隔做了标准的定义,可以选择其中的多个波长进行通信。比如在 100G-CWDM4 标准中,就是把 1310nm 附近的 4 个波长(1271nm、1291nm、1311nm、1331nm)通过合波器件合路后在单模光纤中进行传输,每个波长上承载的数据速率是 25G 左右(25.78Gbps),4 路合起来是 100G,可以传输2km 距离。类似的还有 100G-4WDM-10 标准和 100G-LR4 标准,通过改善的光通道特性和接收灵敏度可以传输 10km 距离。由于在这些标准中分配的相邻波长的间隔是 20nm 左右,间隔是比较粗的,所以称为粗波分复用。粗波分复用的优点是相邻波长间隔较远,对于激光器波长精度和合波/分波设备的波长选择性要求都比较宽松,所以实现起来相对容易,是一种低成本的波分复用技术。但是,当需要复用的波长数量比较多时(比如需要 8 个或更多波长复用时),仍然选择 20nm 的波长间隔会跨越很大的波长范围,各个波长对应的链路特性会有很大差异。比如仍以 100G-CWDM4 的波长为例,如果再增加几个波长,会使得有些波长偏离零色散的 1310nm 波长较远,由于色散或光纤的水峰吸收而无法传输较远的距离。

为了支持更多波长的复用,针对以太网应用的场景,IEEE 组织的 Lan-WDM(也有称为 LWDM 或细波分复用)标准对 CWDM 做了一些改进。Lan-WDM 的波长复用方案中,波长间隔约 4.4nm,并且都集中在 1310nm 波长的零色散点附近,可以选择其中 4 个、8 个甚至 12 个波长用于信号传输。比如,在 IEEE 的 400G-FR8 和 400G-LR8 标准中,使用 8 个波长进行传输,每个波长上的数据速率是 50G 左右(26.5G 波特率的 PAM-4 信号,相当于 53Gbps),8 路合起来是 400G,可以传输 2km 或 10km 距离。Lan-WDM 的波长方案中,由于波长都密集地靠近光纤的零色散点附近,所以光纤色散的影响大大减小,但对于激光器波长精度及合波/分波设备的波长选择性要求会更高一些。

采用 CWDM 或 Lan-WDM 的光模块一般采用 LC 的光纤连接器,由于收发各只需要一对光纤,所以在中长距离传输时大大节省了光纤的成本。但是,由于同一纤芯内有多个波长进行传输,需要在光模块内部增加合波/分波器件,这会增加额外的插入损耗,再加上需要传输较远的距离,所以对于发送端器件的光功率和接收端的灵敏度要求都更高一些。另外,在并行单模技术中各通道使用同样的波长,在使用外调制技术时内部可以共用一个激光源;而在 CWDM 特别是 Lan-WDM 技术中,必须放置多个不同波长的激光器,而且对于波长的精度和稳定度都有一定的要求,必要时还需要采用专门的温度控制技术,这些都增加了光模块的成本。图 12.3 是典型的 100G-CWDM4 模块的结构,以及 4 波长 CWDM、8 波长 Lan-WDM 的波长分配表。

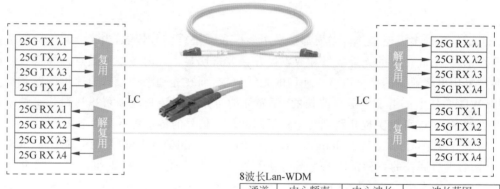

8波长Lan-WDM

通道	中心频率	中心波长	波长范围
L_0	235.4THz	1273.54nm	1272.55～1274.54nm
L_1	234.6THz	1277.89nm	1276.89～1278.89nm
L_2	233.8THz	1282.26nm	1281.25～1283.27nm
L_3	233THz	1286.66nm	1285.65～1287.68nm
L_4	231.4THz	1295.56nm	1294.53～1296.59nm
L_5	230.6THz	1300.05nm	1299.02～1301.09nm
L_6	229.8THz	1304.58nm	1303.54～1305.63nm
L_7	229THz	1309.14nm	1308.09～1310.19nm

4波长CWDM

通道	中心波长	波长范围
L_0	1271nm	1264.5～1277.5nm
L_1	1291nm	1284.5～1297.5nm
L_2	1311nm	1304.5～1317.5nm
L_3	1331nm	1324.5～1337.5nm

图 12.3　CWDM 与 Lan-WDM 复用技术(以 100G-CWDM4 为例)

除了 CWDM 和 Lan-WDM 复用技术以外,在有些特殊场合,如 5G 承载网的前传网络中,为了减少大量 5G 有源天线布设对光纤资源的消耗,有些运营商会出于自身网络特点和产业链的考虑选择一些特殊的波分复用方式。比如表 12.1 是国内几大运营商在 5G 前传网络建设中采用的一些波分复用方式,其中 MWDM(中等波分复用)是在 CWDM 的 6 个波长基础上向左右分别拉偏 3.5nm 变成 12 个波长,DWDM 的技术将在下节介绍。

表 12.1 5G前传网络中的特殊波分复用方式（参考资料来源：中国信息通信研究院）

波长单位：nm

No.	CWDM(10km)		MWDM(10km)		LWDM(10km/20km)		DWDM(10km)		
	波长	实现方案	波长	实现方案	波长	实现方案	下行波长	上行波长	实现方案
1	1271	DML+PIN	1267.5	DML+PIN	1269.23	C,DML+PIN	1538.19	1558.98	EML+PIN/APD
2	1291	DML+PIN	1274.5	DML+PIN	1273.54	L,DML+PIN	1537.40	1558.17	EML+PIN/APD
3	1311	DML+PIN	1287.5	DML+PIN	1277.89	L,DML+PIN	1536.61	1557.36	EML+PIN/APD
4	1331	DML+PIN	1294.5	DML+PIN	1282.26	L,DML+PIN	1535.82	1556.56	EML+PIN/APD
5	1351	DML+PIN/APD	1307.5	DML+PIN	1286.66	L,DML+PIN	1535.04	1555.75	EML+PIN/APD
6	1371	DML+PIN/APD	1314.5	DML+PIN	1291.10	C,DML+PIN	1534.25	1554.94	EML+PIN/APD
7	—	—	1327.5	DML+PIN	1295.56	L,DML+PIN	1533.47	1554.13	EML+PIN/APD
8	—	—	1334.5	DML+PIN	1300.05	L,DML+PIN	1532.68	1553.33	EML+PIN/APD
9	—	—	1347.5	DML+PIN	1304.58	L,DML+PIN	1531.90	1552.52	EML+PIN/APD
10	—	—	1354.5	DML+PIN	1309.14	L,DML+PIN	1531.12	1551.72	EML+PIN/APD
11	—	—	1367.5	DML+PIN	1313.73	C,DML+PIN	1530.33	1550.92	EML+PIN/APD
12	—	—	1374.5	DML+PIN	1318.35	C,DML+PIN	1529.55	1550.12	EML+PIN/APD

密集波分复用(DWDM)

WDM 技术中,除了前面介绍的粗波分复用(CWDM)和细波分复用(Lan-WDM)以外,在更远距离的传输网上,还会使用一种更密集的波分复用技术,称为密集波分复用(Dense Wavelength Division Multiplexing,DWDM)。前面介绍的 CWDM 或 Lan-WDM 多采用成本较低一些的1310nm 附近波长的激光器,在光纤中复用 4 个或 8 个波长,波长间隔在几纳米到 20 纳米。而 DWDM(图 12.4)通常针对更远的传输距离(几十千米到几千千米),为了减少链路损耗会采用 1550nm 附近波长,并且复用 40~80 个波长,波长间隔在 0.4nm (约 50GHz 带宽)或 0.8nm(约 100GHz 带宽)左右。

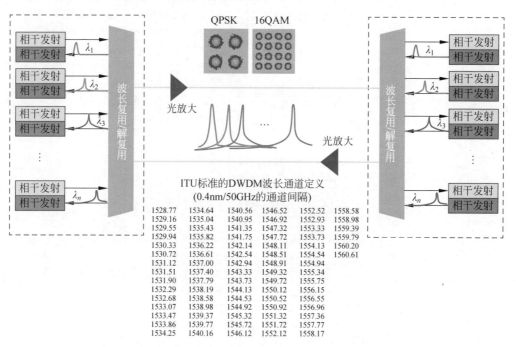

图 12.4　传输网上使用的相干通信和 DWDM 复用技术

DWDM 和 CWDM 或 Lan-WDM 的区别主要体现在:

- 传输距离不同。CWDM 和 Lan-WDM 主要针对 10km 及以下距离(个别情况可到 40km),而 DWDM 传统上主要针对电信领域的远距离光传输应用,覆盖几十千米(如城域网)到上千千米(如海底洲际光缆)的应用。为了支持远距离的传输,需要克服光纤本身的衰减和色散的影响,所以链路上一般会放置专门的掺铒光纤放大器(Erbium-Doped Fiber Amplifier,EDFA)对光信号进行放大(短距离可不需要),同时还需要负色散系数的光纤对色散进行补偿。现在随着云计算和大数据应用的兴起,很多数据中心之间互联(Data Center Interconnect,DCI,主要是 20~120km 距离)也会使用 DWDM 技术;另外,在 5G 的前传网络中,虽然传输距离大部分也在 10km 以下,但也有运营商出于系统容量和灵活性考虑而采用 DWDM 技术。

- 波长间隔不同。DWDM 技术中,为了尽可能节省光纤资源,会在一根光纤的纤芯内复用 40~80 个波长的信号,考虑到激光器、光纤放大器、光纤组合成的系统的可用波长窗口范围只有几十纳米,所以 DWDM 技术中各个波长非常密集,一般间隔只有 0.4nm 或 0.8nm,这也是 DWDM 名称的由来。ITU-T 专门在 C 波段(1530~1565nm)和 L 波段(1565~1625nm)附近定义和划分了相应的波长栅格,实际应用中可以根据具体的数据速率、调制方式等进行使用和分配。为了灵活和标准化,很多 DWDM 用的光模块波长都是可调的,而且波长的精度和稳定性比 CWDM 应用中要好很多,以免影响到相邻的波长信号。

- 调制方式不同。在单波长 10G 光通信时代,DWDM 的光传输系统主要采用的是与普通中短距离传输一样的直接幅度调制技术,即把电信号直接通过强度调制承载在光信号上。但是进入到单波长 100G 时代之后,如果仍然采用简单的强度调制,一方面器件的波特率和带宽要很高,另一方面其频谱可能会展宽到几百吉赫,而 DWDM 中 0.8nm 的波长栅格也只有 100GHz,这会造成各个波长间的互相影响。所以,从 2013 年起,各大运营商的城域和骨干传输网上都开始采用相干光通信(Coherent)技术来进行单波长 100Gbps 的信号传输。100G 的相干通信中信号的波特率只有 25G 左右或略高,而且在 I/Q 调制过程中还可以通过 DSP 中相应的信号成形技术进一步压缩信号带宽,使得其可以把 100Gbps 的信号在 0.4nm 的波长(约 50GHz)栅格内传输而不会互相影响。在更高速的 400G 相干通信系统中,普遍的做法是把波特率提高到 60G 左右(比如 OIF 组织制定的 400-ZR 标准就使用了 59.8G 的波特率),同时采用效率更高的 16-QAM 调制(每个符号传输 4bit),再加上偏振复用,实现单波长 400G 的信号传输(60GBaud×4bit×2 偏振态)。

采用 DWDM 结合相干通信技术的优点是可以实现超远距离的超高带宽传输,但由于实现比较复杂,所以系统的功耗、体积、成本都远远超过前面几种波分的光通信系统。

多模波分复用(SWDM)

多模传输技术可以使用低成本的 VCSEL 激光器,因此非常适合短距离传输。通常情况下多模光纤中只传输一个波长,要进行多路传输的话一般采用前面介绍过的并行多模技术,但个别场合如果希望占用尽可能少的光纤资源,也可以使用多模的 WDM 技术。

图 12.5 是一种 100G-SWDM4 标准中采用的 SWDM 技术(Shortwave Wavelength Division Multiplexing),就是通过 LC 接口和多模光纤,在一根纤芯中同时传输 4 个短波长的信号(850nm、880nm、910nm、940nm),传输距离与 100G-SR4 技术类似。

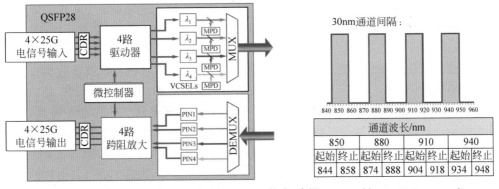

图 12.5 100G-SWDM4 标准里采用的 SWDM 技术(来源:https://www.finisar.com/)

多模波分技术比并行多模技术节省了光纤资源,但是需要一些特殊波长的 VCSEL 激光器以及多模的合波、分波器件,目前没有普遍使用。另外,由于其使用的波长范围可能会到 900nm 左右,为了保证足够的传输距离可能需要用到 OM5 的光纤,目前的部署成本还比较高。

波长复用/解复用(Mux/DeMux)

要实现多个波长光信号的复用和解复用,在光模块内部或外部需要一些特殊的合波或分波的器件,这些合波或分波器件使用的技术有 TFF(Thin-Film-Filter,薄膜滤光片)、FBG(Fiber Bragg Grating,光纤布拉格光栅)和 AWG(Arrayed Waveguide Grating,阵列波导光栅)等。

TFF 采用的是镀膜技术,以气相沉积的方式将不同折射率的膜层一层层镀在薄平板玻璃上。当光线通过不同的薄膜时,不同的波长便被分别反射滤出,达到分波的效果。这种实现方式简单且不同波长通道间的串扰可以很小,不过当需要进一步提升波长信道数量时,由于需要的薄膜层数太多,实现成本会比较高,而且多层薄膜造成的插入损耗会比较大(可能会超过 5dB),因此 TFF 常用于 16 波或以下的复用/解复用场合。图 12.6 是 TFF 技术的实现原理。

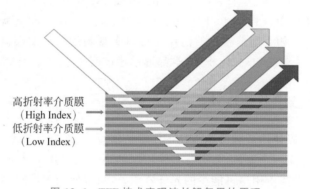

图 12.6 TFF 技术实现波长解复用的原理

FBG 是以紫外线照射光纤,使光纤中部分材质的折射率周期性变化,从而制作出一个布拉格绕射光栅,这个光栅就是一个针对特定波长的窄带滤波器或反射器。FBG 的制作成本很低、插入损耗也很小(<0.2dB),主要用于在波分复用的光传输系统中实现特定波长的上下波。通过级联多个 FBG,可以实现多个波长的分路及合路。图 12.7 是 FBG 技术的实现原理。

随着波长数量的增加以及光子集成技术的发展,更多对插入损耗和波长数量有要求的场合会采用 AWG(Arrayed Waveguide Grating,阵列波导光栅)的技术。AWG 是一种平面波导器件,由在硅或 InP 衬底上蚀刻出的两个罗兰圆(物理学家罗兰在 19 世纪发现,一个直径等于凹面光栅曲率半径且与光栅中点相切的圆周,该圆周上任一点入射的光经光栅反射后汇聚点还在这个圆周上,但不同波长的汇聚点不一样)和一系列不同长度的波导构成。当进行波长解复用时,光从输入光纤进入 AWG 左侧的罗兰圆中,在其中进行自由传输并经阵列波导最终汇聚到右侧的罗兰圆上。由于波导长度的区别,不同波长的光将积累不同的相

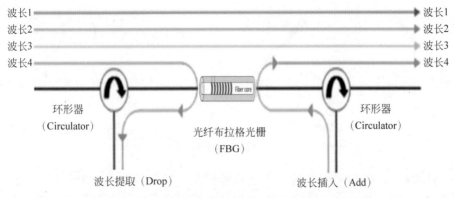

图 12.7　FBG 技术实现特定波长提取和插入的原理

位差,通过精确控制波导阵列的光程差,可以使得不同波长汇聚到右侧罗兰圆上不同位置的光纤中,从而实现波长的解复用。同样,当要进行多个波长的复用时,可以反向使用,使多个波长的光从 AWG 右侧进入,左侧输出。AWG 具有波长间隔小(0.4nm 或以下)、信道数多(可支持 48 路甚至 64 路波长复用/解复用)、易于集成的优点,目前已成为波分复用系统特别是 DWDM 系统中合波/分波的核心构件。需要注意的是,AWG 本身仍会有一定的插入损耗(一般为 2~4dB),另外由于采用平面波导结构,波导本身造成的色度色散和偏振模色散会稍大一些。图 12.8 是用 AWG 技术实现波长解复用的原理。

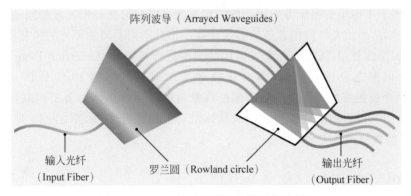

图 12.8　AWG 技术实现波长解复用的原理

单纤双向(BiDi)

前面介绍的单模光纤和多模光纤的波长复用技术,都是在同一方向上进行多个波长复用,收发都至少各需要一根光纤。在一些特殊的应用场景,还可以通过收发端使用不同的波长,在同一根光纤的纤芯内实现收发的复用,这就是单纤双向(Bi-Directional,BiDi)技术。

目前,单纤双向技术已经在电信领域有比较广泛的应用。比如,在 5G 前传网络中为了节省光纤资源,并使得收发通道的时延一致性更好,就批量使用了单纤双向技术(图 12.9)。工信部发布的"25Gbps 单纤双向光收发合一模块"中也定义了 25G 的 BiDi 模块使用的收发波长分别为 1270nm 和 1330nm。

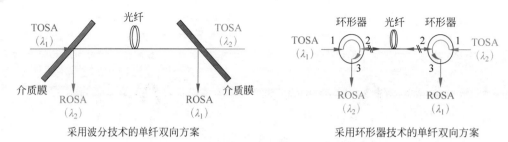

图 12.9　5G 移动通信前传网络使用的 25G BiDi 技术

BiDi 技术在 400G 的多模光通信中也可能使用。目前的 400G-SR8 规范收发共需要 16 根多模光纤,因此在 400G BiDi MSA 组织定义的标准中也是允许每根光纤内有两个波长(850nm 和 910nm)反方向传输(即 400G-SR4.2),这样可以节省一半的光纤资源。

偏振复用(PDM)

除了波长域的扩展以外,有些场合还会利用不同的偏振态来进行信号的复用。光本身是一种电磁波,而电磁波是一种横波,因此其还具有偏振(polarization,或称为极化)的特性。其电场振动方向和光前进方向构成的平面叫作振动面,光的振动面只限于某一固定方向的,叫作平面偏振光或线偏振光。在偏振复用(Polarization-Division multiplexing)方式中,两束来源于同一个本振但是偏振方向正交的线偏振光可以同时在一根光纤的同一个波长上相互独立地传输,从而使光纤的信息传输容量提高一倍且不需要增加额外的带宽资源。

要实现偏振的复用,需要在光路发射端增加偏振合路器(Polarization Beam Combiner,PBC)把两个偏振态复用在一起,而在接收端增加偏振分路器 PBS(Polarization Beam Splitter)把两个偏振态分开。由于光的偏振现象与各向异性晶体有着密切联系,所以最简单的 PBC 和 PBS 可以用带双折射效应的晶体结合保偏光纤实现,图 12.10 是一种典型的 PBC 和 PBS 器件原理及实物。

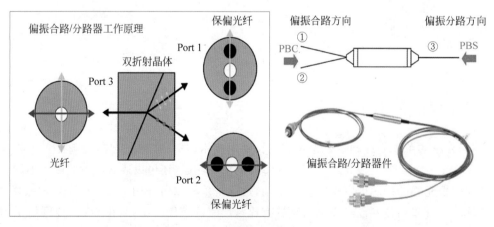

图 12.10　偏振的复用与解复用

第13章

光信号测试基础

前面介绍过,光通信的最基本技术是把电信号调制在光信号上进行传输,光通信中最常用的是幅度调制,长距离可能会用到矢量的 I/Q 调制。为了衡量光调制的效率和调制质量,在很多光通信标准中定义了一系列的参数对光信号质量进行评估。下面介绍一些常见的测量参数。

中心波长(Center Wavelength)

中心波长是指被测光信号的频谱在真空中的中心波长,通常采用光谱仪或多波长计进行测量。通常短距离的多模通信使用 850nm 附近的波长,中短距离的通信使用 1310nm 附近的波长,远距离通信使用 1550nm 附近的波长。激光器的发光波长可能会受到温度、湿度的影响,波长的测试可以保证其在标称的工作条件下波长变化不会超出特定范围。一般来说,对于没有采用波分复用的光通信系统,由于探测器通常有比较宽的波长探测范围,所以可以允许发射端有几十纳米范围的波长误差。但对于采用了 WDM 波分复用的光通信系统来说,由于每个通信通道都被分配了一定的波长范围,而且光路中有波长的复用和解复用器件,如果激光器发射波长偏离了分配的通信信道,有可能被衰减或干扰到其他通信通道,所以 WDM 通信系统中对于波长精度和稳定性的要求会更高一些,可能会要求中心波长的变化范围在几纳米甚至 0.1nm。中心波长的测量方法可以参考 TIA-455-127-A 规范或者 IEC 61280-1-3 规范。在光通信测试中,中心波长的测试通常是在被测件传输伪随机码或业务信号时进行测量,由于调制信号的存在,被测信号的频谱可能是比较宽的一个包络。图 13.1 是中心波长测试的一个典型例子。

中心波长的测试可以使用光谱仪(Optical Spectrum Analyzer,OSA),也可以使用多波长计(Multi-Wavelength Meter,MWM)。通常来说,光谱仪具有更大的动态范围(>60dB)和更好的灵敏度,但是波长的测量精度一般在几十 pm 以上;多波长计的动态范围(约 30dB)和灵敏度不如光谱仪,但是波长的测量精度可以做到 1pm 以内。图 13.2 是一款可以覆盖 1270～1650nm 的多波长计,其波长的测量精度可达 0.3pm 左右。

为了保证激光器波长随环境温度的变化在一定范围内,在光模块设计中比较常用的一种方法是采用 TEC(Thermo-Electric Cooler,热电制冷器)技术进行温度控制。TEC 是利

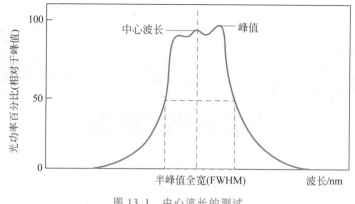

图 13.1　中心波长的测试

图 13.2　一款高精度的多波长计

用半导体材料的帕尔帖(Peltier)效应制成的,即当直流电流流过两种半导体材料的电偶时,一端吸热,另一端放热。图 13.3 展示了典型半导体激光器波长随温度变化的曲线,以及 TEC 电路的原理。

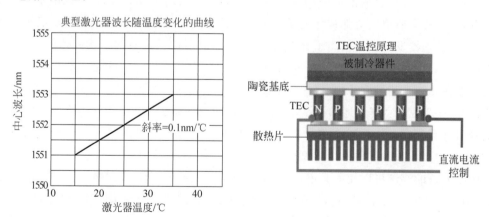

图 13.3　温度对半导体激光器波长的影响及 TEC 电路

平均光功率（Average Optical Power）

平均光功率是光源发射的光能量大小的最重要参数,通常用于中短距离光通信的半导体激光器发射功率在 0～3dBm,长距离光通信的半导体激光器发射功率可以达到 5dBm 以上。光功率的单位可以用 mW 来表示,也可以用相对于 1mW 功率的 dB 值,即 dBm（decibel-milli-watts）来表示,dBm 和信号的绝对功率 P 之间的换算关系如下所示:

$$dBm = 10\lg\frac{P}{1mW}$$

精确的平均光功率的测量方法可以参考 IEC 61280-1-1 规范。要实现精确的功率测量,常用的方法是用光功率计。光功率计有两种主要的实现方式:基于热电效应和基于光电效应。基于热电效应的功率计是把输入光信号能量转化为热量进行测量,这种方式对波长不敏感（可以覆盖超过 800nm 的波长范围）,测量精度高（<1%）,可以用于精确功率测量以及校准的场合;其缺点是灵敏度差（最小可测量功率一般在 −20dBm 左右）,对于功率变化的响应较慢（一般在毫秒级或秒级）。而基于光电效应的功率计是把输入光信号通过光电探测器转换为电信号进行测量,这种测量方式的灵敏度较高（最小测量功率可到 −80dBm 以下）,动态响应快（微秒级别）,但测量精度（2%～5%）和波长覆盖范围比基于热电效应的功率计要差一些,特别是波长覆盖范围较大时,其灵敏度和测量精度都会有一定的下降。基于光电效应的功率计根据覆盖的波长范围和精度、灵敏度要求可以选择不同的光电探测材料,典型的有硅（Si）、锗（Ge）、铟镓砷（InGaAs）等。图 13.4 是一款基于 InGaAs 的 8 通道功率计,可以在很大的功率范围内具有很高的功率测量精度、极好的线性度以及极低的偏振相关性。

- 测量波长范围：1250～1650nm
- 测量功率范围：−80～+10dBm
- 功率不确定度：±2.5%
- 线性度：±0.02dB±3pW @ (23±5)℃
- 偏振相关性：<±0.01dB

图 13.4　一款基于 InGaAs 的 8 通道功率计

消光比（ER）

前面所述的平均光功率只是反映发射光的平均值,真正用光来进行信息传输时需要让激光器工作在特定偏置电流状态下并对其功率进行幅度调制。为了判断激光器是否工作在最佳偏置状态,常用的衡量参数就是消光比（Extinction Ratio,ER）。如图 13.5 所示,光调制可以认为是在平均功率的基础上叠加了一个幅度调制,调制后的光信号高电平的平均功

率为 P_1,低电平的平均功率为 P_0,高低电平下光功率的比值就是消光比,实际使用时经常会对其求对数得到 dB 值。

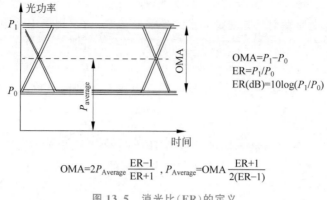

$$OMA=P_1-P_0$$
$$ER=P_1/P_0$$
$$ER(dB)=10\log(P_1/P_0)$$

$$OMA=2P_{Average}\frac{ER-1}{ER+1}, \quad P_{Average}=OMA\frac{ER+1}{2(ER-1)}$$

图 13.5 消光比(ER)的定义

消光比是光发射机特性评估非常重要的一个指标。通常消光比是通过调整激光器的偏置电流和驱动信号的幅度来进行控制。在相同的光功率下,消光比越大,意味着光信号的调制深度越大,激光器发出的功率也更多地用于有用信息的传输。

但太大的消光比也不一定是好事,因为相同功率下如果消光比过大,意味着 P_0 正好接近光的关断状态附近,此时线性度很差,激光器的动态响应特性也不好。图 13.6 是对同一个激光器调整成不同消光比时输出眼图的比较,左图的消光比虽然较大,因而有更大的光调制幅度,但是信号底部有明显的非线性造成的压缩,因而影响了信号质量。

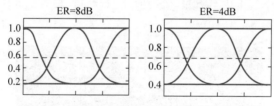

图 13.6 某款激光器不同消光比下的眼图质量

光调制幅度(OMA/OMAouter)

从消光比的定义中我们可以推测到,对于相同的平均光功率的信号来说,其消光比可能差别很大,这也意味着其实有效的光的强度变化幅度可能是不一样的。而对于光的接收机来说,能否真正探测到信号中承载的调制信息,主要取决于接收到的光信号的变化幅度而不是平均值。虽然通过消光比和平均光功率也可以间接计算出光信号的调制幅度,但毕竟不太直观,为了更直接反映出光信号中承载的有效信息的能量大小,IEEE 协会从 10G 的以太网光通信标准中开始引入光调制幅度(Optical Modulation Amplitude,OMA)的概念。

如图 13.7 所示,OMA 就直接等于光信号高电平的平均功率 P_1 与低电平的平均功率 P_0 的差值。对于 P_1 和 P_0 的计算来说,IEEE 中定义了两种方法:第一种是基于波形的计算方法,要求被测件发出至少有 4 个连续高电平和 4 个连续低电平的方波信号,并在波形电平稳定的中间 20％区域进行平均得到 P_1 和 P_0；第二种方法是基于光眼图的近似估算方法，这种方法是在眼图的交叉点附近进行垂直方向的直方图统计，并通过平均分别得到 P_1 和 P_0。第一种方法最精确，但测量起来需要被测件发出特殊码型，而且当用采样示波器进行测量时也需要一些特殊设置才能得到稳定的波形；第二种方法可以和眼图的参数测试共用一套设置环境，所以实际测试中第二种方法用得反而更普遍一些。

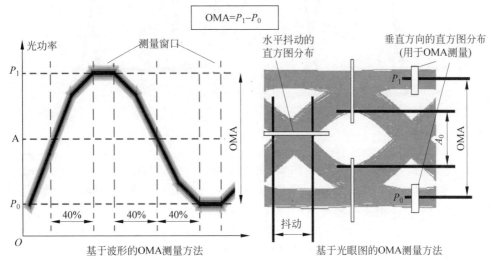

图 13.7　光调制幅度（OMA）的定义

OMA 和 ER 共同反映了激光器的偏置电流和调制强度的情况。在不同的温度下，由于激光器输出功率和驱动电流的曲线也会发生变化（图 13.8），所以光模块的生产厂商通常需要出厂前在不同温度下对激光器的偏置点和驱动参数进行测试和设置，以保证在标称的温度范围下（比如$-40\sim85℃$或 $0\sim70℃$）其输出的信号质量（比如 ER、OMA、光功率、光眼图等）都能够满足相关通信标准的要求。

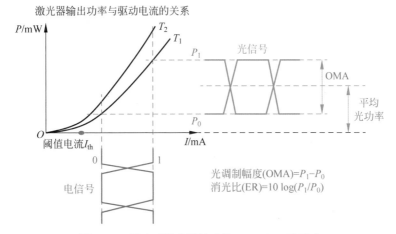

图 13.8　温度对激光器输出和 OMA/ER 的影响

对于真实的光接收机来说，其能否探测到信号的变化主要也是取决于输入信号的功率变化而不是平均功率，所以引入 OMA 概念后，可以根据链路的损耗和接收机灵敏度比较方便地计算链路裕量。需要注意的是,同样的 OMA 幅度,如果消光比不一样,其平均光功率也可能会不一样。图 13.9 例中信号 A 和信号 B 就是 OMA 幅度一样但平均光功率不一样的例子。

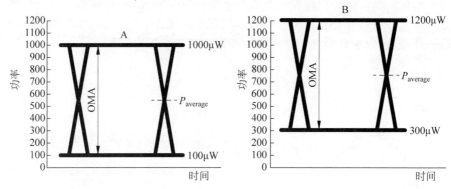

图 13.9　OMA 一样但平均光功率不一样的两个信号

现代很多更高速率的光通信中(比如在 200G/400G 以太网中)会采用 4 电平的 PAM-4 调制,对于这样的光信号,仍然有 OMA 和 ER 的要求,只不过定义上稍有变化。比如在 IEEE 标准的 PAM-4 相关规范中(图 13.10),是在发送 PRBS13Q 的码型下,寻找连续的 7 个“3”电平的中间两个 UI 时间宽度的平均功率作为高电平(P_3),并寻找连续的 6 个“0”电平的中间两个 UI 时间宽度的平均功率作为低电平(P_0),然后计算两个功率的差作为光调制幅度(Outer Optical Modulation Amplitude,OMAouter),即 $P_3 - P_0$。同时,也是把 P_3 和 P_0 的对数比值作为 PAM-4 信号的消光比来计算。

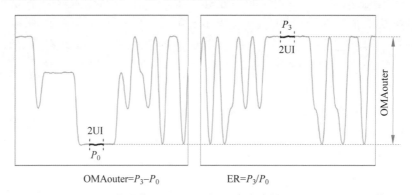

图 13.10　PAM-4 信号的 OMAouter 定义(参考资料:IEEE 802.3bs 规范)

眼图模板(Eye Mask)和命中率(Hit Ratio)

除了光功率、波长、消光比、OMA 等参数,反映光信号特性的参数还有很多,比如上升/下降时间、眼高、眼宽、交叉点、抖动等,这些参数大部分与电信号的参数定义类似,测量方法也差异不大,这里不做赘述。但是,以上参数都是从某一个角度去衡量光信号的特征,对于光信号质量的综合评估来说,常用的还有一个综合的参数,这就是眼图模板(Eye Mask)。

光信号眼图模板的测量方法与电信号的眼图模板测试也有很多共通的地方,比如都需要从信号中恢复时钟并以此为基准进行眼图的叠加,都需要调用一个事先定义好的模板文件去约束信号眼图不能压到的区域,但对于10Gbps或以上速率的高速光信号来说,其模板测试有些不太一样的地方,即光信号的模板测试是在一定的命中率(Hit Ratio)下进行评估的。命中率的概念最早来源于IEEE在10G以太网中定义的命中点数(Hit Count),即累积一定波形点数后允许压在模板上的点数。由于命中点数与累积的波形数量有关,测试中不好统一,所以后来这个参数修改为命中率,即可以根据累积的总点数多少来计算命中的比率,一般来说测试中需要累积1000个以上的波形或者100万以上的点数。

采用命中率作为眼图模板测试的条件是有一定原因的。早期的模板测试中,由于信号速率较低,信号的裕量也可以比较大,已经定义好的信号模板是不允许有眼图中的点压上去的,否则就是失败;但是随着信号速率的提升,信号的裕量变小,同时随机抖动和随机噪声在抖动和噪声中占的比重也逐渐增大,为了避免模板测试中个别随机散点落于模板中造成测试失败,在10G及以上速率的光信号模板测试中允许一定比例的点落入模板中,这就是Hit Ratio。10G和25G以太网模板测试中常用的Hit Ratio值是5×10^{-5},即每累积100万个点允许有50个点压在模板上。

图13.11是IEEE 802.3组织在10G以太网的长距光口标准中定义的光眼图模板,当时作为过渡,其定义了两种可选择的模板:模板A是传统的模板,其测试中不允许有点压上,但围成的模板区域更小一些;模板B是基于Hit Ratio标准的模板,其测试中允许有散点压上,但围成的模板区域更大一些。

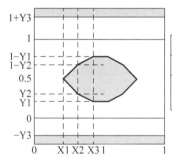

	X1，X2，X3	Y1，Y2，Y3
发射机模板A模板定义	0.25, 0.4, 0.45	0.25, 0.28, 0.4
发射机模板B模板定义 (基于5e-5的Hit ratio)	0.235, 0.395, 0.45	0.235, 0.265, 0.4

图13.11　10GBase-L标准中传统方法和基于Hit Ratio的光眼图模板(参考资料:IEEE 802.3 Table 52-12—10GBase-L transmit characteristics)

目前,10G、25G、40G、100G以太网光接口的眼图模板测试大部分都是基于Hit Ratio方法进行测试。当基于这种方法进行测试时,如果光眼图的质量比较好,实际上压在模板上的点的比例可能远远少于Hit Ratio值,这时就可以对原有的模板进行一定比例的扩张,直到进入扩张后的模板的点数正好等于Hit Ratio。当模板扩张到Hit Ratio值正好等于设定阈值时,模板能够扩张的比例称为模板裕量(Mask Margin),通常用百分比表示。顾名思义,模板裕量越大意味着原模板需要扩张更大比例才接触到信号,间接表示了被测的信号眼图离原定义的模板间隔更远,更不容易因为外界因素变化造成信号传输的失效。图13.12是一个25G光信号用采样示波器做模板裕量测试的实际例子,图中累积了1000个波形和超过100万的样点数。其中深色的模板是标准中定义好的模板区域,在这个测试中与信号眼图上的点没有任何接触;而围绕在深色模板区域周围的浅色区域是在原模板基础上根据实际信号眼图又扩张出来的模板,扩张出来的模板与信号眼图有一定的接触(特别是中间模板的右上角部分)。图中落在扩张后模板内的点数比例为5.0×10^{-5}时,模板扩张了32.7%,

因此这个测试中的模板裕量就有 32.7%。一般来说,模板裕量越大意味着光信号质量越好。

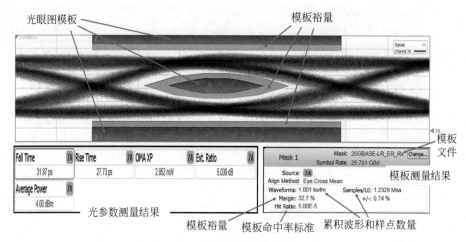

图 13.12　光信号模板裕量的测试

对于前面介绍过的消光比、OMA、眼图模板以及后面的大部分基于光信号波形的测量参数,测试使用最多的工具是采样示波器。采样示波器利用重复采样原理,可以用低速、高精度的 ADC 实现很高的测量带宽及测量精度,在高速光通信测量、高速数字芯片测量以及计量领域有广泛的应用。目前市面上的采样示波器,已经可以实现 100GHz 以上的电测量带宽和超过 65GHz 的光测量带宽。图 13.13 是两种不同形式的采样示波器,左边是"主机＋模块"的形式,可以购买主机后灵活更换不同的模块;右边是紧凑型的,可以在小的空间内具有更高的端口密度。采样示波器工作时需要有和被测设备同步的触发时钟,一般由被测设备直接提供或者通过时钟恢复(CDR)单元从被测信号中恢复。

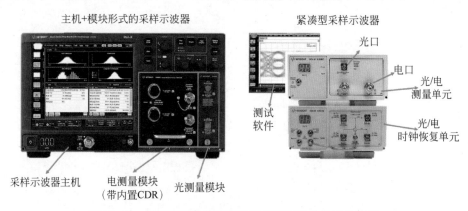

图 13.13　两种典型的用于高速光信号测试的采样示波器

J2/J9 抖动(J2/J9 Jitter)

J2 和 J9 都是与抖动相关的参数,最早在 IEEE 的 40G/100G 以太网标准中进行定义,用于衡量光压力测试中注入的抖动成分。J2 和 J9 的测量与 Total Jitter 的测量方式类似,都要对抖动进行确定性抖动和随机抖动的分离,并与不同的误码率标准对应。比如,J2 抖动可以认为是对应误码率为 2.5×10^{-3} 时的 TJ,其大小主要受确定性抖动影响;J9 抖动可以认为是对应误码率为 2.5×10^{-10} 时的 TJ,其大小主要受随机抖动影响。表 13.1 是 J2/J9 以及相关的参数与对应误码率的关系。

表 13.1　J2/J9 等参数与对应误码率的关系

抖 动 参 数	对应的 BER(根据 TJ 计算)
J1	2.5×10^{-2}
J2	2.5×10^{-3}
J3	2.5×10^{-4}
J4	2.5×10^{-5}
J5	2.5×10^{-6}
J6	2.5×10^{-7}
J7	2.5×10^{-8}
J8	2.5×10^{-9}
J9	2.5×10^{-10}

VECP(Vertical Eye Closure Penalty)

VECP(Vertical Eye Closure Penalty,垂直眼闭合代价)是衡量光眼图闭合程度的参数,和 J2/J9 一样最早在 IEEE 的 40G/100G 以太网标准中进行定义,主要用于衡量光压力眼的垂直闭合程度。

如图 13.14 所示,VECP 测试中要对光眼图的上下眼皮进行垂直方向的直方图统计,并根据其直方图的分布确定眼图的张开幅度 A_0,以保证落在 A_0 幅度内点数的比例正好为 0.05%。然后计算 A_0 和 OMA 的相对比值,并折算到对数的 dB 值。VECP 的值越大意味着眼图张开得越小,也就是眼图闭合得越厉害,信号质量越差。

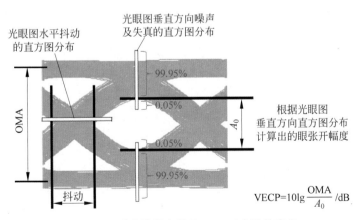

$$\text{VECP}=10\lg\frac{\text{OMA}}{A_0}\ /\text{dB}$$

图 13.14　垂直眼闭合代价(VECP)参数的定义

TDP（Transmitter Dispersion Penalty）

TDP（Transmitter Dispersion Penalty，发射机色散代价）是 10G、40G、100G 等以太网标准中定义的一个特殊的发射机参数，通过测量实际的发射机相对于一个理想的发射机在达到相同的误码率情况下，需要付出的额外功率代价定义。其测量方法如图 13.15 所示：首先用一个标准的参考发射机连接标准的参考接收机，通过衰减器减小光功率，得到当误码率达到某个特定值（比如 1.0×10^{-12} 时）的 OMA 功率值；再连接真实的被测发射机，通过参考光纤通道和衰减器后也连接同样的参考接收机，用同样的方法调整衰减器得到相同误码率下的 OMA 功率值。由于被测信号存在噪声和失真，所以在使用同一个参考接收机时，被测的发射机要比理想的发射机需要更大一些的 OMA 功率值才能得到相同的误码率，把这两个功率值相减就是 TDP，单位是 dB。TDP 的值越大，意味着发射机质量越差，需要更大的功率才能得到相同的误码率。

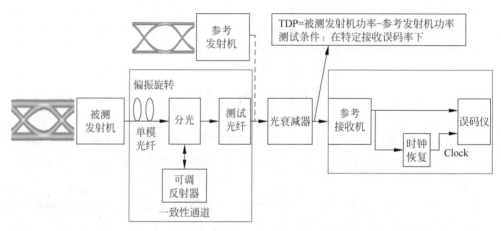

图 13.15　发射机色散代价（TDP）的测试方法

从前面的描述可以看出，TDP 的测量是比较复杂的，不但误码率的测试需要耗费较多时间，而且理想的参考发射机和接收机也不太容易得到，其本身性能的差异也会影响到测量结果，不同厂商之间很难得到一致性的结果。正是由于这些原因，TDP 的指标测试在 NRZ 时代并没有广泛使用，而是采用了更直观简单的眼图模板裕量和命中率测试。

但是，当 PAM-4 的技术被越来越多采用时，类似 TDP 的测量方法针对 PAM-4 信号又重新做了改进，这就是 TDECQ。由于 PAM-4 信号可能完全得不到清晰的眼图，无法使用传统的眼图模板测试方法，TDECQ 就成为 PAM-4 的光信号测试中最重要的测量参数之一。

TDECQ（Transmitter Dispersion and Eye Closure Quaternary）

TDECQ（Transmitter Dispersion and Eye Closure Quaternary，PAM-4 信号发射机色散眼闭合度）是 PAM-4 光信号质量最重要的衡量指标，在 IEEE 802.3bs（400G 以太网规范）、IEEE 802.3cd（50G 和 100G 以太网规范）中都有定义，也被应用于其他基于 PAM-4 的

光信号标准，比如 FC PI-7(64G Fiber Channel 规范)中。

TDECQ 指标定义的目的与 TDP 类似，用于衡量由于发射机的失真造成的额外功率代价。前面介绍过，TDP 的指标测试由于比较复杂，在 NRZ 时代并没有广泛使用，而是采用了更直观简单的眼图模板裕量和命中率测试。但随着 PAM-4 信号逐渐在 400G 以太网甚至 50G 和 100G/200G 以太网的广泛应用，传统的眼图模板裕量测试受到了很大的挑战。图 13.16 中两张眼图是由同样性能和带宽的发射机分别产生的 25GBaud 的 NRZ 和 PAM-4 信号，如果进行 NRZ 调制，在做模板测试时还可以有 40% 多的裕量；但如果进行 PAM-4 调制，由于信号从 2 个电平变成了 4 个电平，造成眼图很难完全睁开，无法进行有效的眼图模板裕量测试。所以，对于 PAM-4 的光信号质量的测量来说，除了必要的光功率、OMA、消光比等参数以外，必须定义新的测量方法和测量参数，这就是 TDECQ。

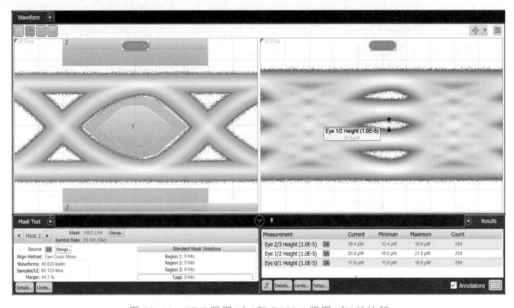

图 13.16　NRZ 眼图(左)和 PAM-4 眼图(右)的比较

TDECQ 的测试借鉴了 TDP 的概念，即通过比较真实发射机和理想发射机达到相同误码率时的功率差异来衡量发射机的好坏，但是相对于 TDP 有以下几个主要的变化：

- 误码率测量方法的变化。由于 FEC 的强制采用，PAM-4 信号的原始误码率要求比 NRZ 信号宽松很多，比如很多规范要求光信号的原始误码率 BER$<2.4\times10^{-4}$，或者说符号误码率 SER$<4.8\times10^{-4}$。由于误码率水平较高，这使得可以通过示波器的眼图累积数据后进行外推，而不是必须使用误码仪来进行真实测量。
- 均衡器的使用。由于 PAM-4 的光接收机中需要 DSP 对信号进行均衡，所以光发射机的测量中引入了参考均衡器，允许通过一个 5 阶、抽头间隔为 1 个符号宽度的 FFE 均衡器对信号进行均衡。图 13.17 是 802.3cd 规范中定义的 TDECQ 均衡器。请注意这个均衡器只是发射机测量时用到的参考均衡器，实际光接收机中的具体实现可能会有不同。
- 信号恶化方法。在 TDP 的测试中，是通过衰减器减小信号光功率来调整到一定的误码率结果。在 TDECQ 的测试中，通过数学算法可以人为增加噪声来恶化信噪比,从而得到一定的误码率结果。这使得信号的调整可以通过数学方法完成,减少了测试系统的复杂性。

- 虚拟的参考发射机。由于信号的调整可以通过数学方法完成,则理想的参考发射机也可以通过数学方法生成。这使得参考发射机可以真正达到理想,减小了不确定性和获得理想发射机的难度。

- 计算方法变化。TDP 的计算是在比较真实发射机要达到理想发射机同一误码率水平额外要增加的信号功率,而 TDECQ 是数学上通过增加噪声来恶化信号,由于在同一误码率水平下,理想发射机可以比实际发射机增加更多的噪声,所以 TDECQ 可以通过两种情况下各自能够增加的噪声功率的差异来进行计算。如图 13.17 所示,TDECQ 是在同一误码率水平下,理想发射机能够增加的噪声功率比实际发射机能够增加的噪声功率的差值,单位是 dB。TDECQ 的值越大,说明实际发射机质量越差。特别差的发射机可能不额外增加噪声就已经超过误码率阈值,这时可能根本无法测出有效的 TDECQ 值。

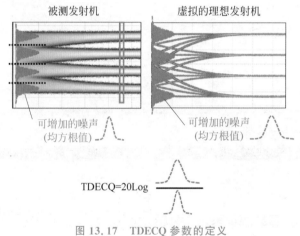

图 13.17　TDECQ 参数的定义

接下来,我们以 IEEE 的 802.bs 和 802.3cd 规范中的定义为例,介绍 TDECQ 的测试方法。

TDECQ 的测量(TDECQ Measurement)

TDECQ 指标用于测量光发射机通过恶劣信道后的眼闭合程度,其意义在于:可以衡量实际的被测件与理想发射机的差异大小,以及由于发射机不理想造成的额外的功率或者链路预算。图 13.18 是 TDECQ 的测量环境,对于被测件、参考通道和测量系统的主要要求如下:

- 被测件:对于有多条 Lane 的被测件,比如 400G-SR8/FR8/LR8 有 8 条 Lane,而 400G-DR4/FR4/LR4 有 4 条 Lane,则每个 Lane 的光通道分别进行测试,测试中被测件要发送 SSPRQ 的码型。有些被测件由于设计的原因无法产生 SSPRQ 码型,客户可能会使用类似长度的 PRBS15Q 码型测试,但要注意 PRBS15Q 的码型压力不够,测试结果可能会偏乐观 0.5~1dB。由于 PAM-4 信号对于串扰比较敏感,为了尽可能模拟出真实的情况,其他未测试的 Lane 上最好也有相同的测试码型,且和被测通道之间至少有 31 个 UI 的延时,以保证串扰信号和被测信号之间的非相关性。

- 参考通道：对于单模信号的测试，需要先用偏振控制器、功分器、可调反射器、光纤等构建一个参考的光纤通道(Compliance Channel)，不同的规范中对于这个光纤通道的色散、反射、差分群时延等都有一定的要求，可通过调整反射器、偏振控制器等调整通道特性。
- 测量系统：对于单模信号的测试要求测试系统的带宽为信号波特率的 0.5 倍，比如对于 26.56GBaud 的光信号要求测量系统带宽为 13.28GHz，对于 53GBaud 的光信号要求测量系统带宽为 26.5GHz。对于多模信号的测试系统带宽的要求更低一些。除了带宽的要求以外，还要求测量系统的频响曲线为 4 阶 Bessel-Thomson 函数。测试中需要从光信号中进行时钟恢复，时钟恢复的环路带宽为 4MHz，滚降满足每 10 倍频程衰减 20dB。

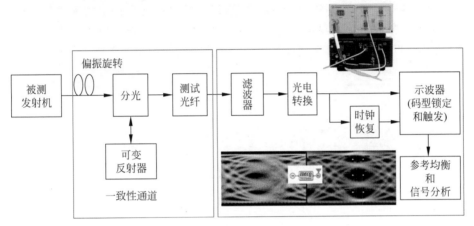

图 13.18　TDECQ 的测量环境

TDECQ 测量算法(TDECQ Algorithm)

对于 TDECQ 的测量，仅仅有满足要求的硬件环境是不够的，还涉及一套非常复杂的算法，下面是 TDECQ 的基本测量步骤和方法。

(1) 测试系统的本底噪声测量：在没有输入信号的情况下，在当前测试带宽和量程下测量出测试系统本身本底噪声的方差 σ_s。这部分是测试系统引入的噪声，也会影响到最后的噪声裕量计算。对于采样示波器来说，获得波形的方式是通过码型锁定后逐点采样得到的，对波形进行计算和均衡是都会改变测量系统的本底噪声。为了避免这个影响，在 TDECQ 测量算法中内置了噪声保持机制，可以测量并保持输出波形上的噪声，避免由于均衡造成系统本底噪声变化从而引起 TDECQ 测量误差。图 13.19 是示波器 TDECQ 均衡器的噪声保持(Preserve Noise)功能设置，在 TDECQ 测试中必须打开。

(2) 输入光信号的调制幅度测量：在被测码型中找到稳定的连续 0 电平和连续 3 电平的中间位置，分别测量功率得到 P_0 和 P_3，寻找连续电平的中间位置进行功率测量的目的是减少码间干扰对于功率测量的影响(参考资料: IEEE 802.3bs Figure 121-3)，并得到光调制幅度 OMAouter $=(P_3-P_0)$。

图 13.19　TDECQ 测量中均衡器的噪声保持功能

（3）眼图形成与均衡：用示波器捕获波形并累积形成眼图，同时启用 TDECQ 均衡器。如图 13.20 所示，400G 以太网中定义的 TDECQ 均衡器是一个 5 阶的 FFE 均衡器，每个抽头的时间间隔为 1 个 UI，各个抽头系数的和为 1。一旦启动 TDECQ 的测量，测量算法会根据捕获到的波形眼图进行自动的抽头系数调整，调整的目的是在特定的采样位置得到最好的 SER（Symbol Error Ratio）结果。由于实际的很多接收芯片已经可以采用更多阶数的均衡器，IEEE 协会也可能会在未来的标准中定义更高阶数的参考均衡器。

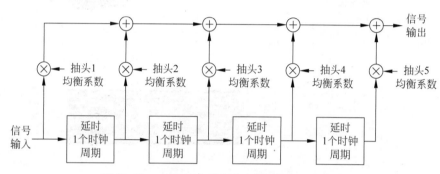

图 13.20　400G 以太网中定义的 TDECQ 均衡器

（4）判决阈值确定：根据均衡后的信号测量输入信号的平均光功率 P_{ave}，并根据图 13.21 中的公式分别计算垂直方向 3 个眼图的判决阈值 P_{th1}、P_{th2}、P_{th3}。

（5）直方图统计：如图 13.22 所示，根据眼图交叉点的平均位置确定 UI 的边界，即 0UI 和 1UI 的位置。然后在眼图水平位置约 0.45UI 和 0.55UI 的两个位置选择 0.04UI 宽度的区域进行垂直方向分布的直方图统计，这样可以分别得到

$$P_{\text{th1}} = P_{\text{ave}} - \frac{\text{OMA}_{\text{outer}}}{3}$$

$$P_{\text{th2}} = P_{\text{ave}}$$

$$P_{\text{th3}} = P_{\text{ave}} + \frac{\text{OMA}_{\text{outer}}}{3}$$

图 13.21　TDECQ 计算中眼图判决阈值的计算

左、右两个直方图分布。这两个测量位置可以根据后续的 TDECQ 测量结果进行微调，但必须保证间隔为 0.1UI。

（6）符号错误率 SER 计算：把左边区域的直方图分布增加一个噪声，根据新的直方图推算 3 个阈值点处的符号错误率；同理，把右边区域的直方图分布增加一个相同的噪声，根据新的直方图推算 3 个阈值点处的符号错误率。并取左右两个区域 SER 的最大值作为最终的 SER 结果。

$$\text{SER}_{\text{L}} = \text{SER}_{\text{L1}} + \text{SER}_{\text{L2}} + \text{SER}_{\text{L3}}$$

$$\text{SER}_{\text{R}} = \text{SER}_{\text{R1}} + \text{SER}_{\text{R2}} + \text{SER}_{\text{R3}}$$

$$\text{SER} = \max(\text{SER}_{\text{R}}, \text{SER}_{\text{R}})$$

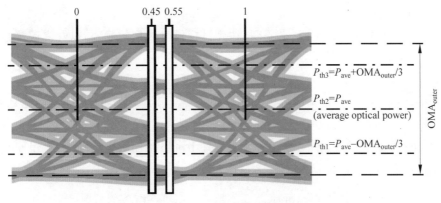

0   0.45 0.55   1

$P_{th3}=P_{ave}+OMA_{outer}/3$

$P_{th2}=P_{ave}$
(average optical power)

$P_{th1}=P_{ave}-OMA_{outer}/3$

OMA_{outer}

图 13.22　眼图的直方图测量

如果未增加噪声时 SER 就已经超过目标值(比如 $4.8×10^{-4}$),且反复优化均衡器也没有改善,则意味着信号质量比较恶劣,此时无法再增加噪声进行 TDECQ 计算,测试软件会提示"SER?"错误。可以考虑尝试手动改变直方图统计的时间位置,或手动调整抽头系数进行调试验证。

TDECQ 测试中最关键的是可以增加的这个噪声的大小,这个噪声是由方差为 σ_G 的高斯分布的噪声乘上一个由于均衡器频响造成的噪声增益 C_{eq}。

$$G_{th1}(y_i) = \frac{1}{C_{eq}\sigma_G\sqrt{2\pi}} × e^{-\left(\frac{y_i-P_{th1}}{C_{eq}\sigma_G\sqrt{2}}\right)^2} × \Delta y$$

高斯分布(图 13.23)有两个最重要的特点:①无界,所以叠加上高斯噪声后在判决阈值处一定会有一定的误码产生;②根据其方差可以预测其分布曲线,也就是说可以预测当在某个阈值点进行采样时由于噪声引起的误码率的大小。所以,如果各层眼图的判决阈值已经确定,眼图的直方图分布和噪声的分布也确定了,就可以据此推算在每个判决阈值点处的 SER 值。这一点与用双狄拉克模型进行抖动分解的原理类似。

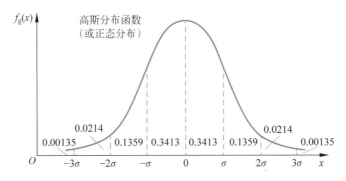

$f_g(x)$　高斯分布函数
(或正态分布)

0.0214　　　0.0214
0.00135　0.1359　0.3413　0.3413　0.1359　0.00135

O　-3σ　-2σ　$-\sigma$　0　σ　2σ　3σ　x

图 13.23　高斯分布以及落在每个方差区间内的概率

C_{eq} 与均衡器在测量带宽内的频域响应有关,通常是一个略大于 1 的值。如果没有均衡器时增益为 1(或者 0dB),当均衡器起作用时,由于会对一部分频率分量的噪声进行抬升,所以整体噪声会被放大一些。

(7) 均衡器调整:反复优化均衡器,以得到最好的 SER 结果。如果 SER 结果优于目标值,则可以继续增加高斯噪声的方差 σ_G 以恶化 SER 值,并重复步骤(3)开始的计算过程,直至 SER 达到目标值。

（8）噪声裕量计算：根据上一步 SER 达到目标值时添加的噪声，以及之前测量到的接收设备的噪声，计算系统可以添加的噪声裕量 R。

$$R = \sqrt{\sigma_G^2 + \sigma_S^2}$$

（9）TDECQ 计算：根据前面测量的 $\text{OMA}_{\text{outer}}$ 值，以及测量和计算出的噪声裕量 R，根据以下公式进行 TDECQ 值的计算。TDECQ 的结果是以 dB 为单位的一个正值，理想情况下是 0dB。TDECQ 的结果越小，意味着被测信号中可以添加更大的噪声，也说明被测信号越接近理想信号。

$$\text{TDECQ} = 10\lg\left(\frac{\text{OMA}_{\text{outer}}}{6} \times \frac{1}{Q_t R}\right) \quad Q_t = 3.414$$

其中，Q_t 是一个与 PAM-4 信号特征、目标 SER、高斯分布有关的系数。比如对于高斯分布来说，超过 3.414 倍方差 R 的点出现的概率为 3.2×10^{-4}，对一个理想的 PAM-4 信号来说，假设其 4 个电平是等概率出现且等间隔，则 4 个电平都添加上方差为 R 的高斯噪声后，则理论的 SER 结果可以用以下公式计算：

SER = 电平 0 错误概率 + 电平 1 错误概率 + 电平 2 错误概率 + 电平 3 错误概率

$$= \left(\frac{1}{4} \times 3.2 \times 10^{-4}\right) + \left(\frac{1}{4} \times 3.2 \times 10^{-4}\right) \times 2 + \left(\frac{1}{4} \times 3.2 \times 10^{-4}\right) \times 2 + \left(\frac{1}{4} \times 3.2 \times 10^{-4}\right)$$

$$= 4.8 \times 10^{-4}$$

图 13.24 展示的是在采样示波器中进行 TDECQ 测试的例子，以及中间参数和最终的 TDECQ 测试结果。所示眼图顶部和底部边缘的像素突出了容易导致误码的点，一般情况下像素分布越离散，说明随机噪声越大。

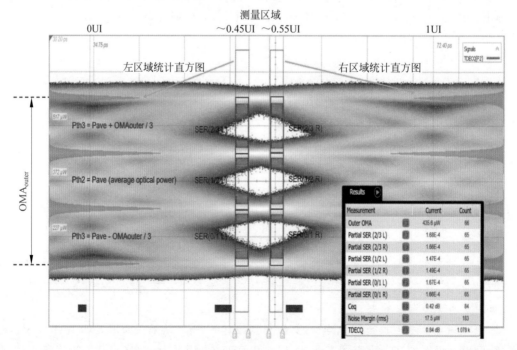

图 13.24　在采样示波器中进行 TDECQ 测试的例子

从前面的介绍可以看出,引入 TDECQ 参数的目的是衡量信号中的失真、噪声造成的噪声裕量的下降程度,而噪声裕量的下降可能会引起误码率的增加。特别是在 OMA 幅度较小时,TDECQ 值越大的信号意味着越恶劣,其误码率表现也可能越差。

图 13.25 是 2018 年 IEEE 802.3cd 工作组一个实验数据。图中分别使用了一个高温下工作的 50Gbps DML 激光器及一个 100Gbps EML 激光器,通过电域的信号恶化产生不同 TDECQ 的光信号。当把这些信号送到相同的接收机时,在相同的 OMA 情况下,明显 TDECQ 值更小的信号误码率更低。

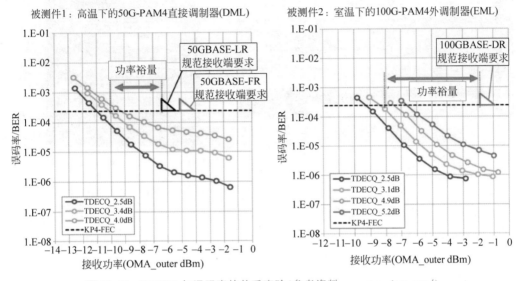

图 13.25 TDECQ 与误码率的关系实验(参考资料:grouper.ieee.org/)

通常情况下,如果接收机的带宽和行为与参考接收机的定义越接近,TDECQ 值与实际应用时误码率的相关性越高。

要进行准确的 TDECQ 测量,有一些因素非常重要,比如 TDECQ 均衡器与测量算法、测量系统的带宽和频率响应、测量系统本底噪声、时钟恢复设置、测量码型、参考通道等。TDECQ 的概念最早在 IEEE 的 802.3bs 400G 的 PAM-4 光信号参数中提出,并经过了多轮的讨论和修正。由于 IEEE 802.3bs 规范于 2017 年底定稿,之后关于 TDECQ 的讨论和修改完善体现在随后的 IEEE 802.3cd 50G/100G 规范中。相对于最早的版本,最后定稿的版本主要有以下几个主要变化:

- 早期规范中使用的是 $T/2$ 间隔的均衡器,以眼垂直张开度为优化目标;最终规范使用了 T 间隔的均衡器,以 TDECQ 结果为优化目标。
- 早期规范中测试 TDECQ 使用的是与传统光眼图测试一样带宽为 0.75 倍信号波特率的 4 阶 Bessel-Thomson 滤波器;最终规范中单模信号使用的带宽为 0.5 倍信号波特率,对多模信号滤波器带宽约为 0.43 倍信号波特率。
- 早期规范中 TDECQ 测量中选取的两个时间位置是在眼图的 0.45UI 和 0.55UI 时刻,最终规范中允许在保持两个时间位置间隔不变的情况下进行左右移动优化,以得到尽可能小的 TDECQ 结果。另外,早期规范中对 3 个 PAM-4 眼图的判决阈值是根据调制幅度 OMA 精确按比例确定的,最终版本允许在 1% 的范围内进行调整。图 13.26 展示了 TDECQ 测量算法的相应设置。

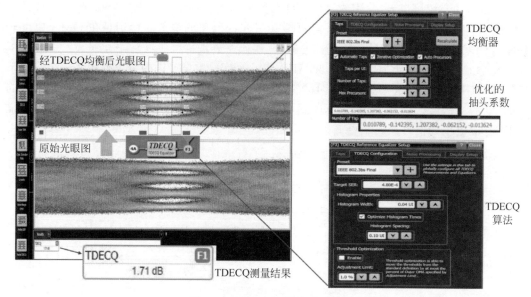

图 13.26   TDECQ 算法的设置

很多光信号的测量都对测量系统的带宽有要求,比如 SDH 和 10G、25G 光口以太网标准中,都要求测量系统的带宽约为数据速率的 0.75 倍(10G 光测量带宽要求约为 7.5GHz,25G 光测量带宽要求约为 19.3GHz),频率响应曲线为 4 阶 Bessel-Thomson 函数,这主要是为了模拟典型的接收机所"看"到的信号,并滤除激光器开关过程中的振荡。对于 TDECQ 的测量来说,早期标准也是要求测量系统带宽为 0.75 倍数据速率,后来修改为了约 0.5 倍数据速率的 4 阶 Bessel-Thomson 函数滤波器(对多模信号滤波器带宽更低一些)。由于不同带宽的接收机所看到的信号眼图形状可能是不一样的,所以很多用于光信号测量的采样示波器模块里都可以选配不同速率信号的测量滤波器,以保证测量结果的一致性。在某些情况下,仅仅带宽符合要求是不够的,测量系统的频率响应对于结果也有影响。比如图 13.27 是两款带宽相同的测量系统的频率响应曲线,虽然其频率响应曲线都没有超出 ITU-T G.691 规范要求的 4 阶 Bessel-Thomson 函数频响曲线的上限和下限要求,但左边的测量系统更接近理想的 4 阶 Bessel-Thomson 函数频响曲线,而右边的测量系统则没有那么理想,因此会造成一些眼图测量结果的差异(比如右边眼图中明显的双线情况)。

虽然理想的频响曲线是我们期望的,但实际测量系统的频响曲线与 O/E 转换器、硬件滤波器、测量系统的特性都有关系,很难做到完全接近理想的数学定义,这在某些情况下可能会造成测量结果的不一致。为了避免这个问题,某些型号的采样示波器模块可以提供 IRC(Impulse Response Correction)的频响校正选件功能,支持这个功能的测量模块在出厂时会用一个极窄的光脉冲(脉宽<1ps)对测量系统的频响进行测量和标定,并可以在后期使用过程中对频响进行软件修正以得到接近理想的频响曲线。除了频响修正以外,带 IRC 功能的模块还可以在原始硬件带宽的一定范围内进行带宽压缩或者扩展,这使得同一个硬件测量模块可以用于更广泛速率的光信号测量。需要注意的是,IRC 功能在使用中要用软件对频响进行修正,这要求测量系统必须能够采集到连续的波形数据才能应用相应的校正滤波器,因此应用 IRC 功能时必须使用有限长度的重复波形(比如 PRBS13Q 或 SSPRQ 等码

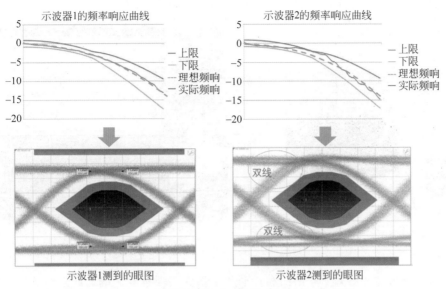

图 13.27 测量系统频率响应曲线对测量结果的影响

型)。在 IEEE 的 802.3cd 规范中,也更严格定义了其对测量系统带宽、频响方式、频率范围的要求,同时允许对频响曲线的不理想进行补偿。图 13.28 是利用 IRC 功能对于系统频响修正的效果。

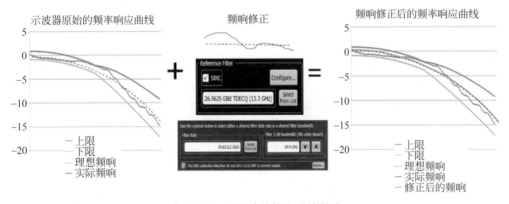

图 13.28 IRC 功能修正系统频响

除了测量系统的频响曲线以外,时钟恢复的方法也很重要。按照 IEEE 802.3bs 和 802.3cd 规范的要求,26.56G 波特率的 PAM-4 信号测试应该用一个环路带宽为 4MHz、滚降为每 10 倍频程衰减 20dB 的时钟恢复电路进行时钟恢复。出于习惯或者为了方便,在有些光模块测试或交换机测试的场合会用误码仪或者其他 Lane 在电域产生的时钟触发示波器进行测试,这在有些场景下是可以正常测试的,但也要留意这种方法可能造成的问题。比如有些被测件内部的 CDR 器件随着时间或者温度有明显的漂移,或者由于 DSP 芯片造成器件时延的不确定性,这些都会明显影响眼图的质量和 TDECQ 测量结果,而如果用专门的光时钟恢复模块直接从被测的光信号中提取时钟测试,就不会受这些因素的影响。图 13.29 是用时钟恢复模块配合采样示波器模块进行光信号测试的例子以及时钟恢复模块内部的结构。

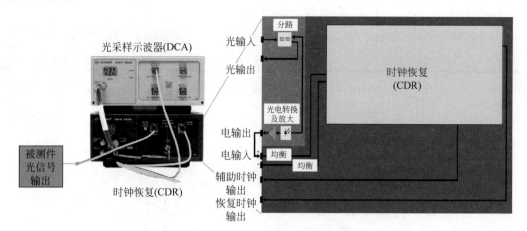

图 13.29　TDECQ 测量中的时钟恢复模块

另外,环路带宽和滚降对于眼图和抖动测量的真实性也有影响。如果时钟恢复的环路带宽过宽,由于恢复时钟可以跟踪上被测信号中的大部分抖动成分,以此为基准可能会得到偏乐观的眼图;而如果时钟恢复的环路带宽过窄,由于恢复时钟中过滤掉了被测信号中的大部分抖动成分,以此为基准可能会得到偏悲观的眼图(图 13.30)。PAM-4 测量中使用的时钟恢复模块的环路带宽可以根据标准进行设置,所以可以保证抖动跟踪和眼图测量的真实性。

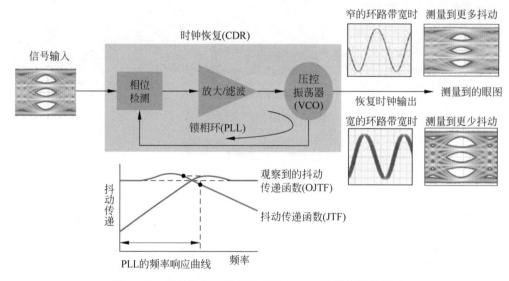

图 13.30　时钟恢复环路带宽对于 PAM-4 眼图测量的影响

在 TDECQ 的测试中,按照 IEEE 802.3bs 的规范要求,应该要使用 SSPRQ(Short Stress Pattern Random Quaternary)的码型。SSPRQ 是一组长度为 2^{16-1} 的 PAM-4 码型序列,由一组特定的从 PRBS31 码型序列中抽取的片段经格雷(Gray)编码组成。传统的 PRBS 或 PRBSQ 码型,如果序列太短,就包含不了特别极端的长"0"或长"1"码型,因而压力不够,而如果序列太长,采样示波器就无法进行码型锁定和波形处理。所以,使用 SSPRQ

码型的优点是既包含了足够的压力,又便于采样示波器进行波形均衡等运算处理。IEEE 规范中 SSPRQ 的码型序列可以从其官网下载(https://standards. ieee. org/downloads. html)。如果被测件发出的是 SSPRQ 的码型,对于提高 TDECQ 的测量精度有两个主要好处:

- 提高 OMA 测量精度。前面介绍过,OMA 的测量是寻找码型中的长"0"和长"3"电平的中间位置进行功率测量,而 SSPRQ 码型中可以找到 6 个连续的"0"和 7 个连续的"3"电平,有利于进行稳定的 OMA 结果测量。
- 信号中有足够的压力。SSPRQ 是一组有足够压力的码型,这种情况下得到的测量结果比较能够反映真实的情况。有些场合被测件如果无法产生 SSPRQ 码型,可能会采用 PRBS15 或类似长度的码型测试,但由于码型不够恶劣,造成的测量结果可能会偏乐观。

　　SSPRQ 属于测试码型的一种,应该由被测件的 PMA 层产生。被测件对于测试码型的支持能力可以通过 MDIO 寄存器 1.1500 的状态进行判断,并通过 1.1501 寄存器进行设置。

　　此外,在 IEEE 的规范中,定义 TDECQ 的测试需要通过偏振控制器、测试光纤、发射器等构建一个特定特性的参考通道,很多时候为了测试简单,直接对光模块的输出进行测试,并没有加入参考通道,这可能也会得出不同的测试结果,所以在比较 TDECQ 结果时要明确是否有参考通道的加入。表 13.2 是 IEEE 802.3cd 标准中对于参考通道特性的定义。

表 13.2　TDECQ 测量的参考通道特性定义

发射机一致性测试通道参数

物理介质类型	色散/ps · nm^{-1}		插入损耗	回波损耗	最大差分群时延
	最小	最大			
50GBase-FR	$0.0465 \cdot \lambda \cdot [1-(1324/\lambda)^4]$	$0.0465 \cdot \lambda \cdot [1-(1300/\lambda)^4]$	最小	17.1dB	0.8ps
50GBase-LR	$0.2325 \cdot \lambda \cdot [1-(1324/\lambda)^4]$	$0.2325 \cdot \lambda \cdot [1-(1300/\lambda)^4]$	最小	15.6dB	0.8ps

[a] The dispersion is measured for the wavelength of the device under test(λ in nm). The coefficient assumes 2 km for 50GBase-FR and 10 km for 50GBase-LR.

[b] There is no intent to stress the sensitivity of the O/E converter associated with the oscilloscope.

[c] The optical return loss is applied at TP2.

光压力眼(Optical Stress Eye)

　　在 IEEE 协会针对以太网标准的 802.3 规范中,针对数据中心和云计算等应用,定义了一系列以太网的高速光接口标准,比如从较早的 10G、40G 以太网规范到现在普遍使用的 100G 以太网,以及正在商用的 400G 以太网规范等。为了满足相关规范和互联互通的要求,光发射机和光接收机的性能参数测试至关重要。对于光发射机参数的意义和测试方法,业界对其重要性和意义已经普遍认可,且实际应用了很多年。对于光接收机来说,传统上只是进行简单的功率灵敏度测试,但随着 25Gbps 及以上光模块大量进入市场以及设计复杂度的提高,产业界发现了越来越多由于接收机性能评估不充分造成的互联互通问题。因此,光压力眼测试的重要性和必要性不断提升,业界也正越来越关注光压力眼测试这项指标。

光压力眼测试的重要性是随着光通信速率以及接收机复杂度的提升而提升的。当光通信速率较低时,接收机只是做简单的光电转换和电平判决,只要接收的功率灵敏度达到一定要求即可。随着光通信速率的提升,接收机的设计也会更加复杂,比如对于 25Gbps 及以上速率的光模块来说,其光接收机需要用 CDR 进行时钟恢复以及均衡器进行信号补偿。此时,不同光接收机的性能差异越来越大,单纯的功率灵敏度指标已经无法充分评估光接收机性能。为了衡量接收机对于恶劣信号的接收能力,IEEE 协会在相关规范中提出了光接收机压力容限的要求,也就是俗称的光压力眼测试。

光压力容限测试的目的是测试光接收机在恶劣的输入信号情况下是否能够正常工作,这就需要产生一个精确劣化的光眼图信号,称为光压力眼信号(Stress Eye)。压力眼信号的参数有明确规定,例如 VECP,J2,J9 等,在不同的规范中具体指标会有不同。在光接收机的压力容限测试中,精确校准后的光压力眼输入到被测接收机,并通过误码率对接收机灵敏度和抖动容限进行衡量。接下来,我们以 IEEE 定义的 100GBase-LR4/ER4 以及 400GBase-FR8/LR8 以太网接口为例,介绍光压力眼的定义和测试方法。

在 IEEE 发布的 802.3ba 规范表 88-8 中,给出了对于 100GBase-LR4 和 100GBase-ER4 接收机压力测试中压力眼的要求。压力眼测试定义的测试点在 TP3,即光接收机的输入端口。在这个测试点输入压力眼信号后,要求接收机在给定的功率下达到 10^{-12} 以下的误码率。100G 光压力眼的参数具体定义包含 J2,J9,VECP 三个参数,参数的含义见图 13.31。其中,VECP 是垂直眼图闭合代价的缩写,其数值等于光调制幅度 OMA 和眼高 A_0 的比值。VECP 值越高,说明垂直方向上由噪声和眼图失真引起的眼图闭合越大。J2 和 J9 用来衡量信号中抖动的大小,其定义分别是在眼图交叉点位置水平方向上采样的集合中,根据抖动分布计算的对应 BER 为 2.5×10^{-3} 和 2.5×10^{-10} 时的总抖动值。

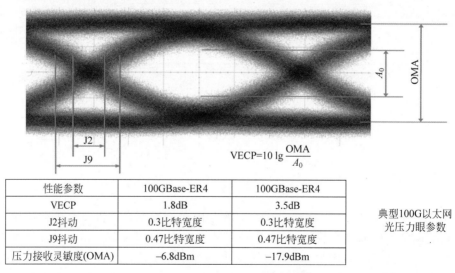

$$VECP = 10 \lg \frac{OMA}{A_0}$$

性能参数	100GBase-ER4	100GBase-ER4	
VECP	1.8dB	3.5dB	典型100G以太网
J2抖动	0.3比特宽度	0.3比特宽度	光压力眼参数
J9抖动	0.47比特宽度	0.47比特宽度	
压力接收灵敏度(OMA)	−6.8dBm	−17.9dBm	

图 13.31　100G 光压力眼参数定义

IEEE 802.3ba 规范中还给出了产生光压力眼的参考硬件系统框图(IEEE 802.3ba Figure 87-3),其中最重要的 Stress Conditioning 部分是产生带压力的电信号,并将电信号通过 E/O 转换器转换为压力光信号,再经过参考接收机的校准完成光压力眼信号的产生。

符合要求的光压力眼信号之后被插入到被测光接收机的一条 Lane 中,另外三条 Lane 传输正常通信的信号,并对插入压力眼信号的 Lane 进行接收机灵敏度以及抖动容限测试。从以上描述可以看出,压力眼产生的系统是很复杂的,自行搭建这样的系统会很消耗时间和精力。

对于 400G 以太网来说,由于采用 PAM-4 的 4 电平调制,对于接收机的均衡和信号恢复能力要求更高。因此,在 IEEE 发布的 400G 以太网规范 802.3bs 中,关于 400GBASE-FR8/LR8 的压力眼也有了更加详细的定义和要求。其测试点的定义与 100G 压力眼类似,都是在 TP3 位置进行测试,误码率的要求是在 FEC 之前的误码率不高于 2.4×10^{-4}。对于 PAM-4 信号的压力眼来说,主要要求的两个参数是 OMA_{outer} 和 SECQ。OMA_{outer} 的计算方法是从 PAM-4 信号波形中,提取连续的 7 个"3"符号中央的 2UI,以及连续的 6 个"0"符号中央 2UI 的平均值作为 3 电平和 0 电平的平均值。然后将 3 电平和 0 电平的平均值做差得到 Outer OMA。SECQ 参数的定义与 PAM-4 发射机的 TDECQ 参数基本一致,只是将TDECQ 测试中要求的测试光纤跳线(test fiber)去除了。TDECQ 的测试由光采样示波器完成,其测试原理较复杂,具体可以参考前一节的内容。图 13.32 是关于 400G 光压力眼中的参数定义。

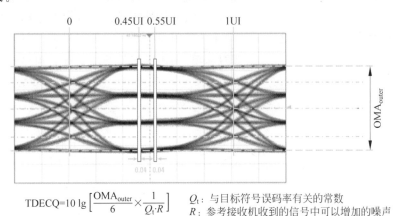

$$TDECQ = 10 \lg \left[\frac{OMA_{outer}}{6} \times \frac{1}{Q_t \cdot R} \right]$$

Q_t: 与目标符号误码率有关的常数
R: 参考接收机收到的信号中可以增加的噪声

图 13.32 400G 光压力眼参数定义

在 IEEE 802.3bs 规范中,也定义了产生 PAM-4 压力眼的结构框图(IEEE 802.3bs Figure 121-6),其中相比于 100G 的变化主要体现在:激励信号从 NRZ 格式变为 PAM-4 格式,需要支持 PAM-4 信号的产生和误码分析;PAM-4 压力眼的指标与 NRZ 不同,需要新的压力产生的功能来满足 400G 压力眼要求;在 PAM-4 压力眼中,使用一个正弦噪声和一个高斯噪声叠加在数据信号上,并通过低通滤波器实现码间干扰的注入;同时,校准过程中使用的示波器也需要支持 OMA_{outer} 和 SECQ 等 PAM-4 光眼图测试项目。

光接收机压力测试(ORST)

在光接收机的压力测试(Optical Receiver Stress Test,ORST)中,光压力眼是重要的测试项目。在完整的压力眼测试系统出现以前,业界常用系统光接收灵敏度测试或者使用劣化的发射机进行光接收压力测试。这两种测试方式可以测试出一部分光接收机的性能,但与规范要求的压力眼测试还是有比较大的差异,下面做一下分析。

- 接收灵敏度测试方法:系统接收灵敏度测试是光模块做接收端性能测试最传统的方法,即使用参考光发射机、被测光接收机和光纤/光缆搭建一个接近实际应用场景的通信链路,再插入可调光衰减器来测试系统误码率与接收机输入光功率的关系。这种测试方法实际上是一种系统测试,得到的结果是通信链路的系统灵敏度。这种测试之所以有效且流行,是因为当不考虑更换发端设备和光纤通道时,系统灵敏度可以一定程度反映通信链路的功率裕量。然而系统灵敏度测试与 IEEE 标准中定义的光压力眼测试的区别是,这种测试方法并不能单独表征光接收机的性能,而是包含了发射机和光纤通道的影响。更进一步来讲,系统级的灵敏度指标并不能保证其中各部分收发设备的可互换性,例如更换了系统中的发射机,重新测试的灵敏度结果就可能发生变化。但光压力眼测试可以单独评估光接收机性能,从而保证其与同样满足一致性要求的光发射机和光纤链路可以配合工作。由于两种测试方法的含义与测试对象都是不同的,系统接收功率灵敏度测试不能代替光压力眼测试的结果。

- 用劣化的光发射机进行测试的方法:与第一种系统级测试方法不同,为了产生足够的压力,也可以挑选出一个劣化的发射机进行压力测试。这需要先用示波器测量很多个光模块发射机的噪声和抖动等参数,并筛选出指标达到或者略超过规范压力眼要求的光模块,然后用这个足够劣化的发射机作为参考发射机来进行压力测试。这种测试方法的特点是系统搭建相对简单,但困难之处在于实际上很难找到各项参数都符合压力眼要求的发射机,因为常用的光模块的抖动和噪声参数并不能精确控制。为了满足压力眼要求,通常选择的测量发射机会带有更大的抖动和噪声,也就是信号中包含更多的压力,这就表示在这种测量方式中,留给接收机的裕量比标准一致性测试中更小了。一些原本可以通过接收机压力眼测试的被测件,可能会因为测试中接受了更大的压力而表示为不通过(误判为不合格)。用一个更恶劣的发射机进行测试,虽然能够说明接收机性能不错,但也给接收机设计带来更高的难度。使用劣化发射机测试的另外一个问题是测量的稳定性和重复性问题,作为参考发射机的光模块,其发射信号参数经常随环境温度变化等因素产生波动,这在压力接收机测试中也会带来不确定性。另外,如果用户希望进行功率或者抖动注入的扫描,用这种方法测试也不太灵活。

为了能够严格执行光压力眼测试,并且保证测量结果的一致性和可重复性,最好的方法是使用专用的测试设备(例如误码仪、噪声源、E/O 转换器等)搭建压力眼测试系统。如果选择的设备参数合适且校准方法准确,可以保证测试参数的稳定性和精确性。用测试设备搭建光压力眼测试系统也有很多需要注意的问题,包括:

- 测试仪表参数选择。压力眼测试会用到误码仪、噪声注入源、E/O 转换器、可调光衰减器、校准示波器等仪表,仪表参数选择不当(如速率、带宽、抖动产生能力、功率调节范围、噪声性能等),就可能无法生成需要的光压力眼信号。另外,在测试仪表中,作为电信号到光信号转换的 E/O 转换器非常重要,由于商用的光发射机通常无法线性地传递压力参数,必须要使用仪表级的线性 E/O 转换器来产生光压力眼。而 E/O 转换器对于温度和环境都比较敏感,会导致测试过程中需要经常进行校准,这也增加了测量工作的难度和测试时间。

- 压力眼生成和调节。在调节压力眼参数过程中,往往会发现各个参数互相影响。比如将一个参数调节到目标值之后,再调节下一个参数时,会导致前一个参数又偏离了目标值。因此,在实际校准过程中,总是需要不断循环进行参数的调节,才能使压力眼逐渐逼近到规范要求的目标值。

综上可见,搭建压力眼测试系统是一项充满挑战的任务。需要使用经过精确验证的仪表组合,而不是临时随机拼凑;同时还需要有高度自动化的校准流程,才能提高测试的效率并保证测试结果的准确和可重复性。图 13.33 是一个包含了自动校准软件的典型光压力眼测试系统。

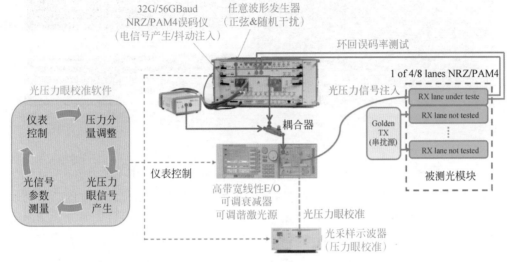

图 13.33　典型光压力眼测试系统

对于 100G 以太网来说,目前的主流方式是用 4 路 25Gbps 的通道组合实现,所以光压力眼测试时可以每一路单独测试。具体来说,首先使用高性能能误码仪产生 25Gbps 电信号并叠加上相应的抖动成分,并搭配函数发生器或高带宽任意波形发生器进行噪声注入;然后通过专用的参考光发射机实现电信号到光信号的转换,并通过可调的光衰减器和激光源,共同将电压力眼转换成符合要求的光压力信号,并衰减到测试要求的功率水平。整个测试系统通过专用软件自动控制所有仪表完成光压力眼参数的校准和调整。由于 100G 以太网和 25G 以太网在每通道上的速率相同,所以这套方案也可以用于 25G 以太网的光压力眼测试。

对于 400G 压力眼测试来说,用到的仪表与 100G 压力眼系统类似,也包含高性能的误码仪、专用的光参考发射机、可调激光源和光衰减器,以及校准用的采样示波器。不同的是对误码仪性能和整个系统的带宽要求更高,误码仪要能够产生 PAM-4 调制格式的信号,且需要使用高带宽的任意波形发生器作为干扰源。测试中,双通道的任意波形发生器产生正弦和高斯两种干扰信号后,通过功分器与定向耦合器将干扰注入 PAM-4 电信号上,再进一步通过参考发射机调制到光信号上。

在测试过程中,自动的光压力眼测试软件是整个测试系统的核心。这个软件可以自动控制测试系统中所有仪表,包括误码仪、E/O 转换器、任意波形发生器、可调衰减器、可调激光器、光采样示波器等仪表,实现自动化的光压力眼校准和测试流程。在软件中预置了一些标准如 100G-LR4/ER4/SR4、200G-DR4/FR4/LR4、400G-DR4/FR8/LR8 等规范的目标参数,并自动调节仪表的参数达到目标的光压力眼参数要求。图 13.34 是测试软件根据

200G/400G 以太网标准,自动调节出的 PAM-4 光压力眼信号,并进行测试的结果。

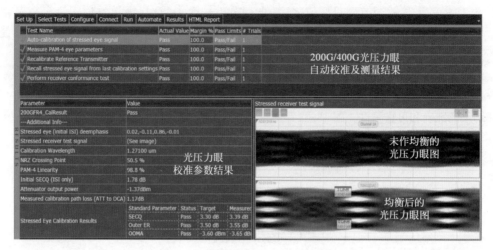

图 13.34　光压力眼自动校准和测试结果

综上所述,随着 100G/400G 等光通信标准的广泛应用,以及规范的不断演进,光接收机的复杂度不断提高,对于接收压力容限测试的重要性也在不断提升。对于很多 25Gbps 及以上的光模块来说,光压力眼可以说是衡量接收机性能的最关键指标。传统的功率灵敏度测试方法不能完全代替光压力眼的测试要求,而选择一个恶劣参考发射机的方法又面临准确性和可重复性的挑战。同时,随意拼凑的一套仪表有可能无法调节出满足系统要求的光压力眼,手动的光压力眼调整也需要有经验的工程师去消化、理解标准的要求,并耗费很多精力和时间。为了准确可靠地对光压力眼指标进行测量,建议使用专用的经过验证的仪表组合来搭建光压力眼测试系统,并配合专门的自动化软件,这样才能快速有效地对 25G、50G、100G、200G、400G 等光通信模块和设备的接收机性能进行表征,避免潜在的互联互通问题。

矢量调制误差(Error Vector Magnitude)

前面介绍过,在远距离的光通信场合,已经广泛使用类似无线通信的 I/Q 调制和相干解调技术。I/Q 调制属于一种矢量调制,即会同时改变载波的相位和幅度,对于这种调制信号来说,前面介绍的基于幅度调制的眼图、抖动等测量方法不再适用,必须使用新的测量手段。而矢量调制误差(Error Vector Magnitude,EVM)就是一种在无线通信中已经广泛使用的针对 I/Q 调制信号的测量参数,并已经逐渐被一些新的相干光通信的标准(如 400-ZR)接纳和应用。接下来,我们就以无线通信为例,先介绍一下 EVM 的概念和测量方法。对于光通信来说,只是载波变成了光信号,而且其调制带宽更高,另外光通信中还存在额外的偏振复用技术以及会受到色散的影响。

现代的卫星通信、5G 移动通信、无线局域网的通信带宽都非常宽,可能超过 500MHz 甚至达到 2GHz 左右,在相干光通信中其带宽更是高达几十 GHz。对于这么宽带的信号来说,传统频谱仪虽然可以看到信号频谱,但受限于实时分析带宽,已经很难再对信号的调制质量进行有效的解调分析,这时就可以使用宽带示波器配合矢量解调软件来做信号解调分析。为了简化问题的分析,在后面的章节中我们以一个载波频率为 5.2GHz,数据速率为

50MBaud 的 QPSK 调制信号为例，介绍如何用示波器进行 I/Q 调制信号的解调分析。对于相干光通信来说，区别只是被测信号的载波变成了光信号，同时调制带宽更宽。

　　首先，如果示波器的带宽足够高，就可以直接观察被测信号带着载波的时域波形（对射频信号可以，但对光信号不太现实），信号的包络形状与发射端成型滤波器的类型和滚降因子有关（图 13.35），有经验的工程师通过信号的包络形状可以大概估算出信号的功率、调制速率以及调制方式，但除此以外，对于信号调制质量的好坏则很难进行定量的评估。

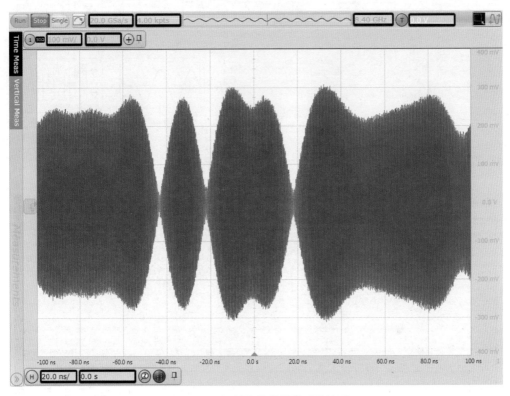

图 13.35　调制信号的原始时域波形

　　为了对这个信号进行进一步的解调和调制质量分析，我们可以借助相应的 VSA（Vector Signal Analyzer，矢量信号分析）软件。这个软件可以安装在示波器上，也可以安装在一台外部 PC 上并通过网线或 USB 线对示波器进行控制。在与示波器的设置地址连接完成后，VSA 软件可以把示波器控制起来，并把示波器采集到的波形数据送到软件中进行重采样和信号分析，其主要的工作原理如图 13.36 所示。可以看到，VSA 软件主要是借助于高带宽示波器把射频甚至微波频段的信号直接采样下来，并按照和信号调制完全相反的流程对信号进行解调，然后从时域（解调后的时域波形）、频域（信号频谱）、码域（解调后的数据）、调制域（调制质量）等各个角度对信号进行分析。

　　一般情况下，通过设置中心频点、扫频带宽、参考功率电平等可以大概看到信号的频谱以及重采样后的时域波形。通过这步设置也可以确认在要分析的频段内是否有足够强的信号成分存在，比如在图 13.37 中我们把频谱的中心频点设置为 5.2GHz，Span 设置为 100MHz，参考电平设置为 0dbm 后，可以看到频谱中间有明显隆起，整个占用带宽在 60~70MHz，因此可以确认频点等信息设置正确，而且信号已经正常发出。

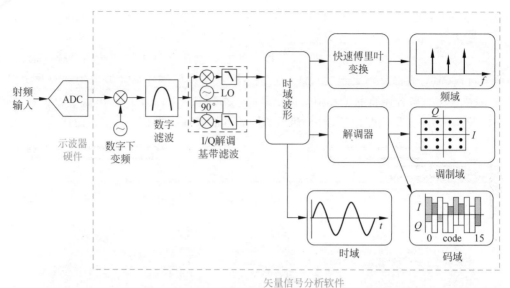

矢量信号分析软件

图 13.36　矢量信号分析软件工作原理

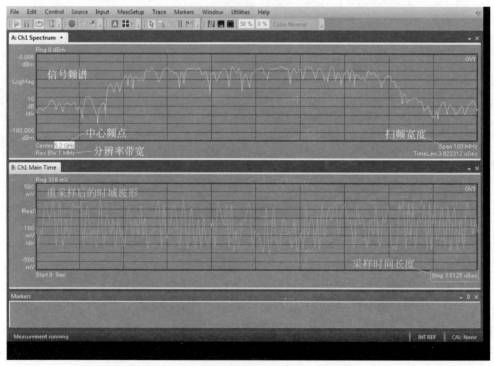

图 13.37　设置中心频点、扫频带宽、参考功率电平

图中,频谱跨度 Span=100MHz,分辨率带宽 ResBW=1MHz,采样的时间长度为 3.8μs 左右。为了更好观察频谱的细节,通常我们会对分辨率带宽 ResBW 进行调整。一般可以通过增加参与频谱分析的点数,来减小能够设置的最小分辨率带宽 ResBW。而由于时域的采集长度又与 ResBW 成反比关系,所以通过调整频谱点数及 ResBW 的设置就可以间接控制时间采集的长度。在调整过程中,需要注意的是,当 FFT 过程中采用不同的加窗类型时,由

于窗口系数不同,相同的 ResBW 下对应的采集时间长度可能是不一样的。采样时间长度和窗口类型、ResBW、频谱点数间的关系如图 13.38 所示。

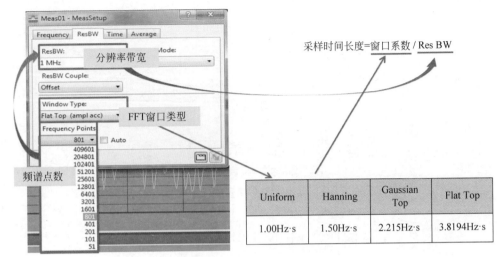

图 13.38　采样时间长度的影响因素

图 13.39 是增加频谱分析点数,并减小分辨率带宽后看到频谱和时域波形。可以看到,由于 ResBW 减小到 30kHz,所以频谱的分辨率和细节更加清楚,同时采样到的时域波形的长度也更长。

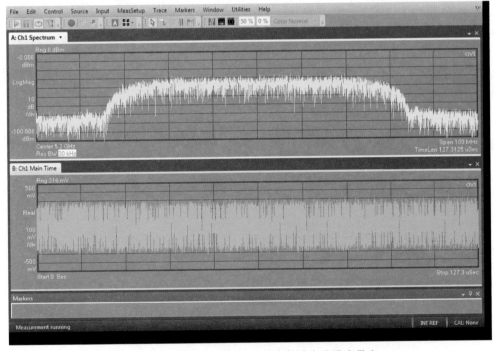

图 13.39　通过增加频谱分析点数减小分辨率带宽

如果信号的频谱和时域波形都没有问题,就可以打开数字调制功能对信号进行矢量解调分析,矢量解调分析的信号处理流程如图 13.40 所示。

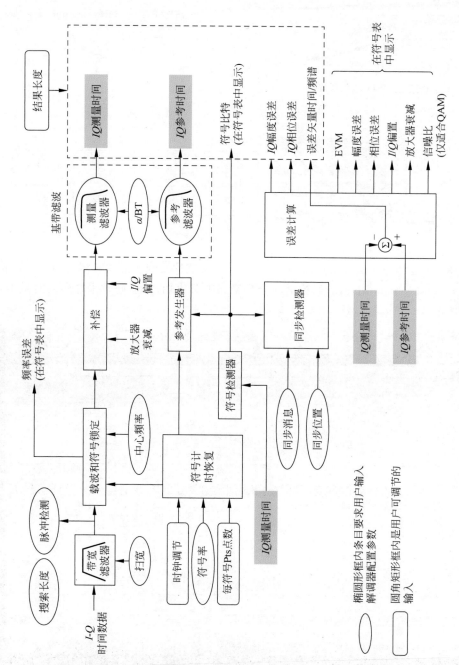

图 13.40 矢量解调分析信号处理流程

关于各个关键步骤的功能和作用描述如下。

- 频差补偿：在进行矢量信号解调的过程中，对于 ADC 采样到的信号，首先通过数字滤波器把关心频段内的信号滤除出来，然后根据设置的中心频点和符号速率进行载波和符号的锁定，并对发端和收端的频率误差进行测量和补偿。收发端的本振的频差可能造成持续的相位偏差，从而在解调的结果上表示为星座图的旋转(图 13.41)。

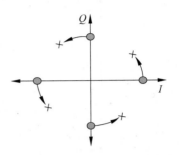

图 13.41 收发端频差造成的星座图旋转

- I/Q 滤波：经过频差补偿，已经可以得到初步的 I 路和 Q 路的时域波形。把 I 路和 Q 路波形经衰减和偏置补偿后，通过相应的测量滤波器，可以得到最终的 I 路和 Q 路波形(在解调软件中称为 IQ Measure Time)。这个测量滤波器用来模拟接收端的成型滤波器的形状，当发射端采用根升余弦滤波器时，这个测量滤波器也使用根升余弦滤波器。

- 符号解调：得到 I/Q 的时域波形后，就可以根据符号速率在相应的时间点对 I/Q 波形进行采样，从而得到 I 路和 Q 路的电压值。根据相应的电压值再对应 I/Q 符号编码表进行解码，就可以恢复出传输的符号数据信息，从而完成了数据的解调过程。

- 生成参考波形：获得传输的符号数据并不是最终目的，因为调制质量只要不是特别差，应该都是可以获得正确的数据的，所以仅仅获得解调数据还不够，还需要对其调制质量进行量化分析。为了对实际的调制质量进行分析，VSA 软件会以解调到的数据为基准，在数学上再模拟出这些数据经过一个理想的无失真发射机和理想的接收机后的时域波形。需要注意的是，在这步重建时域波形时使用的成型滤波器通常称为参考滤波器，与前面步骤中使用的测量滤波器不太一样。测量滤波器只是模拟了接收端的滤波器，而这个参考滤波器则包含了发送端滤波器和接收端滤波器共同的影响。因此，如果发送端和接收端都是使用根升余弦滤波器，则测量滤波器为根升余弦滤波器，而参考滤波器是一个升余弦滤波器。

- 误差计算：当得到实际测量到的 I/Q 信号波形，以及基于相同数据用理想发射机和接收机生成的参考波形后，就可以对两个波形进行比较并计算误差。比如可以得到误差的时域波形，也可以把误差分解为幅度误差和相位误差，还可以对误差的时域波形再进行频谱分析等。

在测量结果的误差分析方法中，最直观的是 EVM(Error Vector Magnitude，误差矢量幅度)指标。EVM 定义如图 13.42 所示，是把参考信号在星座图上的位置作为参考点，把实际测量到 I/Q 信号在星座图上相对于参考点的距离作为误差矢量，然后把这个误差矢量与最大符号幅度的比值的百分比称为 EVM。每个符号都有对应的 EVM 结果，通常会对多个符号 EVM 的结果取方差，用其均方根值作为当前调制信号的 EVM 测量结果。

因此，在对信号解调过程中，除了设置正确的中心频点、频谱跨度、参考功率电平以外，最重要的是调制方式、符号速率、测量滤波器类型、参考滤波器类型以及滤波器滚降因子的设置。通过前面的介绍，应该可以很容易理解并进行这些参数的设置(图 13.43)。

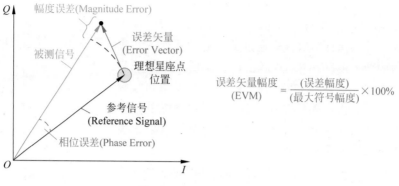

图 13.42　EVM 的定义

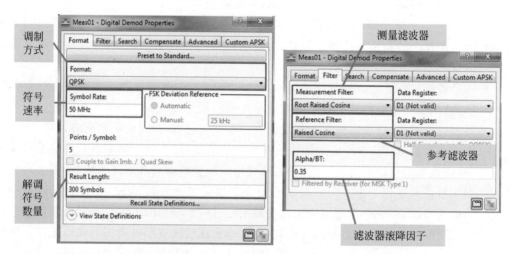

图 13.43　解调参数的设置

　　通过设置解调参数,并对解调结果的窗口略作调整后,可以看到如图 13.44 所示的信号解调分析结果,从中可以显示原始信号的频谱、I/Q 信号矢量形成的星座图、误差矢量结果、误差矢量的统计分析、解调出的原始数据信息,以及 I 路和 Q 路的信号眼图等信息。根据不同的需要,可以增加或者减少显示窗口的数量,也可以更改每个窗口显示不同的信息,这些我们在后面会陆续介绍。

　　在上面的解调结果中,可以从不同角度对信号的调制质量进行分析。比如从 EVM 测量结果来看,EVM 值约为 4%,算是比较正常的一个发射机的指标;从信号频谱上看,信号的主要功率集中在中心频点附近 70MHz 左右的范围内,这主要是基带成形滤波器的效果;从 I/Q 矢量图上看,在 QPSK 的四个星座点上,采样时刻矢量点的聚集还比较密集,这与 EVM 的测量结果是相对应的;从 I 路和 Q 路的眼图看,在中间采样时刻两路信号的高低电平区分也比较明显,说明采样时刻的码间干扰很小,但同时在眼图的其他位置幅度的上下波动很大,这是由 Nyquist 滤波器的特性所决定的。更进一步,还可以打开光标,对各个显示窗口的结果进行测量,并且把各个窗口的光标耦合在一起实现联动。比如在上图的例子中,我们打开了一个光标,从 Trace D 窗口(EVM 测量结果)的显示看,当前光标卡在第 5 个符号的位置,对应数据是"11";从相应的 Trace A 窗口(I/Q 矢量图)的结果看,当前光标对应

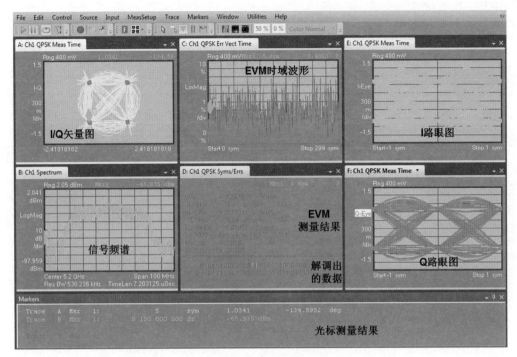

图 13.44　信号解调分析结果

的是左下角那个符号的位置,其归一化后的矢量幅度为 1.034,角度为 −134.59°;而从
Trace C(EVM 时域波形)窗口来看,当前符号对应的误差矢量幅度为 3.48%。由于各个显
示窗口间的光标可以联动,因此在光标移动时,可以从不同角度对每个符号的调制问题进行
仔细分析。这种时域、频域、符号域、调制域的联动功能,可以大大提高分析调制信号时对于
问题的洞察能力。

　　在通过矢量解调软件对无线调制信号进行分析解调的过程中,一般情况下中心频点、分
析频宽、参考功率电平、调制格式、符号速率设置合适,就可以正常解调出信号。但仅仅这样
对于信号的深入分析还是不够的,有时被测信号没有那么理想,这时就需要从更多的角度对
信号进行分析。在进行解调分析时,如图 13.45 所示,可以根据需要,灵活增加或者调整显
示子窗口的数量。对于每个子窗口里显示的内容(如时域、频域、解调结果)以及显示方式
(比如波形、眼图、星座图)等都可以根据需要进行调整,从而可以更全面了解信号特征。

　　以下是一些常见的问题的举例分析。

- 滤波器设置不当:如图 13.46 所示,测试中使用了错误的测量滤波器和参考滤波器,
  使得恢复出的信号中有比较大的码间干扰,造成星座图上的离散采样点以及眼图的
  闭合,EVM 结果必然很差。这时需要根据系统实际使用的滤波器情况调整设置。
- 频响不平坦的补偿:对于宽带调制信号来说,由于带宽较宽,而实际的放大器、滤波
  器、混频器、传输通道的频率响应在很宽的频率范围内不可能做得非常平坦,因此信
  号里的不同频率成分到达接收端后的幅度衰减可能是不一样的,相位的延时也可能
  不是线性的,这会造成信号的失真以及 EVM 的恶化。为了补偿频响的不平坦,很
  多接收机内部都有均衡器对其进行补偿。在解调软件中,也提供了自适应的均衡器

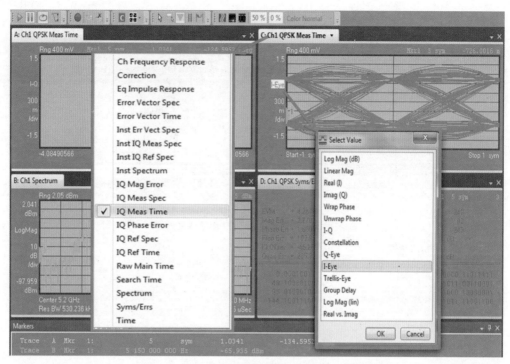

图 13.45　矢量解调软件的窗口和测量功能设置

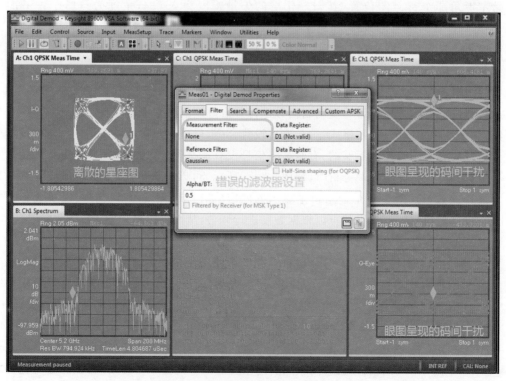

图 13.46　错误的滤波器设置

功能,可以计算出接收到的信号的频响曲线并对其进行补偿,以模拟接收端均衡器对信号的改善效果。用户打开均衡器后,可以让软件自动设置也可以手动设置均衡的符号长度,此时软件会自动进行均衡器的优化。如果最终的优化结果能够收敛,就可以得到一个稳定的均衡后的结果。图 13.47 显示的是解调软件中的均衡器设置、均衡后的星座图、均衡后的 EVM 结果以及均衡器的频域响应和时域冲激响应结果。

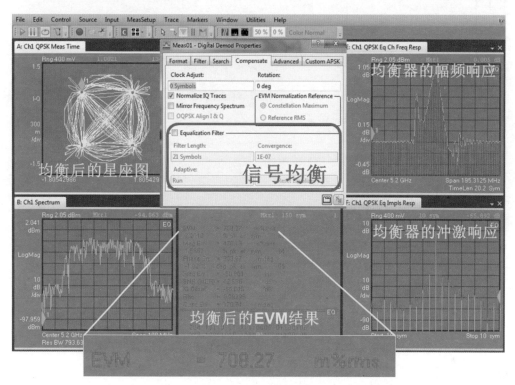

图 13.47　信号均衡

- 单音干扰定位:有时被测信号中会叠加上干扰信号,最常见的就是一些载波的单音干扰。如果这些干扰信号的频点在分析频段之外,对于解调结果的影响不大;但如果这些干扰信号是落在分析带宽之内,则会对信号解调产生较大的影响。比如在图 13.48 的例子中,左上图解调出的 I/Q 星座图是围绕着中心星座点的一个个旋转的圆环,这通常意味着信号上叠加有单音干扰。但是在左下图信号的频谱分析中,并不能明显观察到这个形成干扰的单音信号,这是由于干扰信号的功率并不是特别大,从而被淹没在正常信号中。为了更好地分析这个信号,可以选择对矢量误差的时域波形也进行频谱分析(图的中上部分),在这里我们可以清晰看出干扰信号的频点并用光标标注出来。同时从右上和右下两张 I 路和 Q 路波形的时域图中,也可以明显看到由于干扰信号造成的信号包络的周期性变化。

- I/Q 信号幅度不对称:在发射机对信号进行 I/Q 调制时,需要把 I 路信号和 Q 路信号分别送到 I/Q 调制器进行放大、调制和合成,如果这两条路径上的信号增益不完全一样,就会在解调结果中呈现出 I/Q 信号幅度的不对称。如图 13.49 中,QPSK 的星座图本应是正方形的四个对称的星座点,但是明显呈现为长方形;从 I 路和

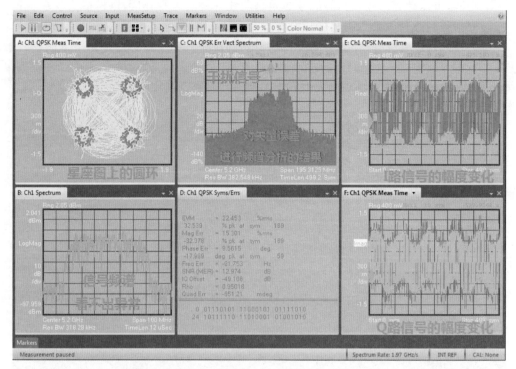

图 13.48 单音干扰的分析

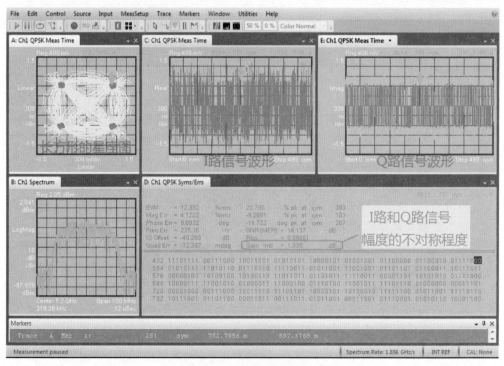

图 13.49 不对称的 I/Q 幅度

Q 路的时域波形来看,也能明显看出 I 路信号的幅度偏大;同时,在 EVM 的统计结果中也可以计算出 I、Q 信号幅度不对称的程度(这个例子中是 1.9dB 左右)。

- I/Q 信号不正交:在进行 I/Q 调制时,正常情况下,与 I 路信号进行调制的载波信号和与 Q 路信号进行调制的载波信号相位差应该正好是 90°,这样才能保证良好的正交性。但如果这两路载波信号的相位控制或者路径延时控制稍有偏差,如图 13.50 所示,就会造成 I、Q 两路信号载波的不正交。而在对这种信号解调时,呈现出的就是倾斜的星座图,同时在 EVM 的统计结果中也可以计算出载波不正交的程度(这个例子中是 9.7°左右)。

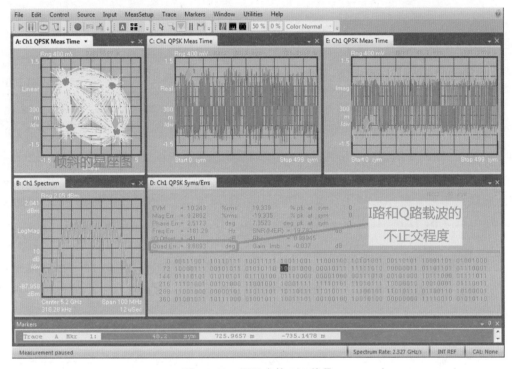

图 13.50 不正交的 I/Q 信号

通过以上介绍可以看出,通过矢量解调和 EVM 分析,可以对 I/Q 调制的信号进行非常详细的调制分析和问题原因定位。因此,EVM 以及相关的 I/Q 增益、I/Q 正交等参数测量也被越来越多的相干光通信标准接纳和应用。

第14章

数据中心光互联技术

数据中心网络的结构

近几年来,随着云计算的兴起,互联网上的数据流量呈现爆发式增长,未来随着物联网和 5G 移动通信网络的普遍商用,会进一步增加互联网数据的流量。根据 Cisco 公司发布的 "Cisco Global Cloud Index: Forecast and Methodology,2016—2021"中的分析和预测,互联网上的数据流量近些年的年平均复合增长率达到 25% 以上并在 2021 年达到 20ZB 左右 (1ZB= 1024EB;1EB=1024PB;1PB=1024TB)。作为互联网数据存储和分析的核心—数据中心,承载了绝大部分的数据流量。从表 14.1 可以看出,数据中心内部(Within Data Center)以及数据中心之间(Data Center to Data)的数据流量占了互联网上数据流量的 80% 以上。而大数据分析和人工智能技术的兴起,更是提升了数据中心的价值和内部流量。

表 14.1 互联网上的数据流量分布(来源: Cisco Global Cloud Index)

互联网上流量类型	单位	2017 年	2021 年
互联网流量	ZB/年	1.1	2.8
数据中心内部流量	ZB/年	6.8	14.7
数据中心内部大数据流量	ZB/年	0.9	2.9
数据中心间流量	ZB/年	1.0	2.8
总共存储的数据量	ZB/年	2.3	7.2
总共生成的数据量	ZB/年	309	847

ZB: ZettaBytes;1ZB=(1024×1024×1024)TB

大型互联网数据中心是近些年高速互联技术革新最快的领域。全球的几大互联网公司巨头都有自己数据中心的内部架构,但总体趋势是网络更加密集和扁平化,以目前比较流行的 CLOS 架构为例,其典型网络结构如图 14.1 所示。

以太网技术是数据中心进行网络互联最广泛使用的技术,数据中心服务器的以太网网络接口的速率经历了 10G→25G→100G 的发展,相应地,交换机之间的接口速率也经历了

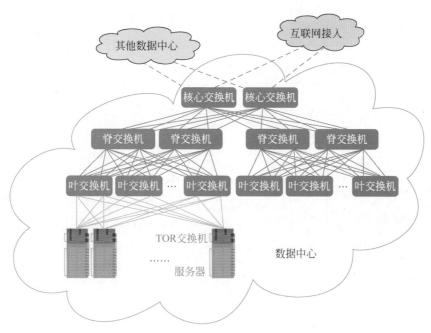

图 14.1　典型超大规模数据中心的网络架构

40G→100G→400G 的发展。同时,与数据中心建设对应的光模块市场也得到了快速的增长,图 14.2 是 Yole 公司预测的数据通信和电信领域光模块收入增长的趋势,过去和未来几年与数据通信对应的光模块市场的年复合增长率约为 20%。

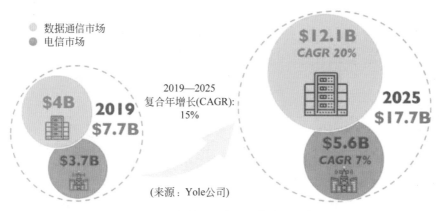

图 14.2　数据中心和电信光模块市场预测

　　表 14.2 总结了一些目前数据中心常用的 10G/40G、50G、25G/100G 光模块的种类、封装、传输距离、光口及电口技术,以及遵循的相应规范,未来会更多向 200G/400G 的速率发展。

　　典型的数据中心光网络从下到上基本上有 3～4 个层级(不同的数据中心会有区别),下面分别从服务器到 TOR 交换机的连接、交换机之间的连接以及数据中心之间的连接方面进行介绍。

表 14.2　常用的 10G/40G、50G、25G/100G 光模块

光口标准	光口速率	传输距离	规范	电口速率	典型封装
10G-SR/AOC	1×10.3Gbps NRZ	300m@ OM3 / 400m@ OM4	IEEE 802.3-2012	1×10.3Gbps NRZ	SFP+
10G-LR	1×10.3Gbps NRZ	10km @1310nm	IEEE 802.3-2012	1×10.3Gbps NRZ	SFP+
10G-ER	1×10.3Gbps NRZ	40km @1550nm	IEEE 802.3-2012	1×10.3Gbps NRZ	SFP+
25G-SR/AOC	1×25.78Gbps NRZ	70m@ CM3 / 100m@ OM4	IEEE 802.3by	1×25.8Gbps NRZ	SFP28
25G-LR	1×25.78Gbps NRZ	10km @1310nm	IEEE 802.3cc	1×25.8Gbps NRZ	SFP28
40G-SR4/AOC	4×10.3Gbps NRZ	300m@ OM3 / 400m@ OM4	IEEE 802.3-2012	4×10.3Gbps NRZ	QSFP+
40G-LR4/ER4	4λ×10.3Gbps NRZ	10/40km @1310nm	IEEE 802.3ba	4×10.3Gbps NRZ	QSFP+
50G-SR/AOC	1×53Gbps PAM4	70m@ OM3 / 100m@ OM4	IEEE 802.3cd	1×53Gbps PAM4/ 2×26.5Gbps NRZ	SFP56/ SFP-DD/DSFP/QSFP28
50G-FR/LR	1×53Gbps PAM4	2/10km @1310nm	IEEE 802.3cd	1×53Gbps PAM4/ 2×26.5Gbps NRZ	SFP56/ SFP-DD/DSFP/QSFP28
100G-LR4/ER4	4λ×25.78Gbps NRZ	10/40km @1310nm	IEEE 802.3ba	4×25.78Gbps NRZ	QSFP28
100G-SR4/AOC	4×25.78Gbps NRZ	70m@ OM3 / 100m@ OM4	IEEE 802.3bm	4×25.78Gbps NRZ	QSFP28
100G-SWDM4	4λ×25.78Gbps NRZ	70m@ OM3 / 100m@ OM4	100G SWDM4 MSA	4×25.78Gbps NRZ	QSFP28
100G-PSM4	4×25.78Gbps NRZ	500m @1310nm	100G PSM4 MSA	4×25.78Gbps NRZ	QSFP28
100G-CWDM4	4λ×25.78Gbps NRZ	2km @1310nm	100G CWDM4 MSA	4×25.78Gbps NRZ	QSFP28
100G-4WDM-10/20/40	4λ×25.78Gbps NRZ	10/20/40km @1310nm	100G 4WDM MSA	4×25.78Gbps NRZ	QSFP28
100G-SR2/AOC	2×53Gbps PAM4	70m@ OM3 / 100m@ OM4	IEEE 802.3cd	2×53Gbps PAM4/ 4×25.78Gbps NRZ	SFP-DD/DSFP/ QSFP28
100G-DR	1×106Gbps PAM4	500m @1310nm	IEEE 802.3cd	2×53Gbps PAM4/ 4×25.78Gbps NRZ	SFP-DD/DSFP/ QSFP28
100G-FR/LR	1×106Gbps PAM4	2/10km @1310nm	100G Lambda MSA	2×53Gbps PAM4/ 4×25.78Gbps NRZ	SFP-DD/DSFP/ QSFP28

数据中心内部的网络连接

数据中心大量的服务器都是通过交换机实现相互的数据交换,因此服务器到交换机的连接是数据中心最密集、连接数量最多的网络接口。目前大型互联网公司的自建数据中心在服务器到交换机之间已经普遍部署 25G 速率的网络,也有少量针对 AI 应用的场合会采用 50G 或 100G 速率的接口技术并正向 200G 过渡。从连接距离上来说,因为它主要解决的是机柜内部互联或者相邻几个机柜的互联,距离不需要特别远。在 25G 的速率下,DAC(Direct Attach Cable)也就是直接铜缆可以覆盖到 5m 左右的距离,稍微远一些距离(比如多个并排的机柜之间几十米的传输距离)多采用 AOC(Active Optical Cable)也就是有源光缆。近些年随着机柜功率的增加,单个机柜可以放入更多的服务器,此时 1 个 TOR 或 MOR(Middle of Rack)交换机只需要负责本机柜或最多到相邻机柜的服务器连接,所以有些互联网公司也在评估 ACC(Active Copper Cable)或 AEC(Active Electrical Cable)的技术。ACC/AEC 是有源铜缆的方案,它在兼顾 DAC 技术成本低、可靠性高等优势的同时适当提高了传输距离(比如 25G 或 50G 速率下可以传输 7m 以上距离)。图 14.3 展示了数据中心服务器到交换机的典型连接方式。

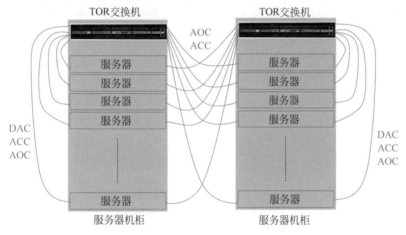

图 14.3　数据中心服务器到交换机的典型连接方式

无论是对服务器厂商还是交换机厂商,其设备本身的网络接口都是电口,是通过可插拔的 AOC 或光模块把电信号转换成光信号以传输更远的距离。为了兼容不同厂家的设备以及支持这么多不同的速率,数据中心的服务器、交换机与其电缆或光模块间需要遵循一定的物理接口标准,目前比较广泛使用的物理封装接口标准主要有 SFP＋、SFP28、QSFP＋、QSFP28 等。QSFP28 的接口的设备除了直接与对端的 QSFP28 接口连接以外,还有一种应用场合是连接 Breakout(分支)电缆,最典型的场合是当交换机配备 QSFP28 接口而服务器是 SFP28 接口时,通过 Breakout 电缆一个交换机接口可以连接 4 台服务器。图 14.4 展示了 SFP28 的 DAC/AOC、QSFP28 的 DAC/AOC 以及光模块在数据中心的典型应用和连接场景。

除了服务器到交换机之间的连接以外,数据中心交换机之间的数据交换也需要大量的连接。一般情况下,每台 TOR 或者 MOR/EOR 交换机会接入十几到几十台服务器,并汇聚成 4～8 个上行端口以连接其他交换机设备。为了保证交换机之间的网络接口不造成明

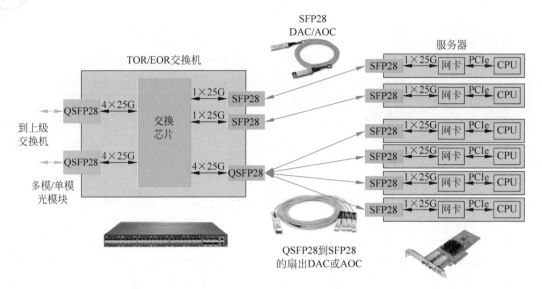

图 14.4　25G/100G 的 DAC/AOC 在数据中心的典型应用

显的速率瓶颈,其速率会比服务器接口的速率要高。传统的数据中心采用大型的核心交换机(Core Switch)实现内部机柜间的互联,但缺点是设备比较昂贵、维护困难,而且由于网络收敛比的问题造成跨机柜的服务器之间横向的数据通道带宽受限。现代新建的超大规模数据中心大部分采用 CLOS 架构(由 Charles Clos 在 20 世纪 50 年代提出),这种架构可以通过很多低成本、多端口的盒式交换机构建非常庞大的交换网络,同时网络扩容和升级维护都很简单,服务器之间的横向的数据交换带宽也很宽,非常适合于现代大数据挖掘和人工智能的应用场景。图 14.5 是 Facebook 公司数据中心采用的 CLOS 架构。但是,采用 CLOS 架构的一个明显缺点是数据中心内部的网络密度更高,网络互联占数据中心建设的成本提升,因此需要根据传输距离、带宽、成本等选择最合适的网络接口方案。

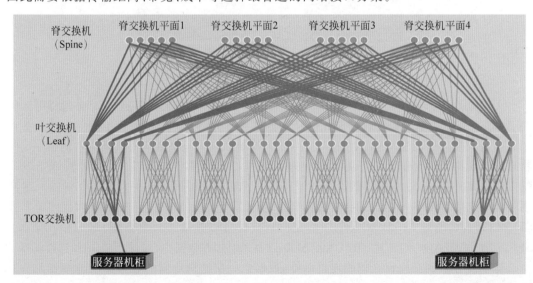

图 14.5　CLOS 架构的数据中心网络(来源:Arun Moorthy,Connecting the World:A look inside Facebook's Networking Infrastructure)

在 CLOS 架构中,交换机之间的典型连接有 2 个层级:TOR 到 Leaf 交换机(叶交换机)的连接以及 Leaf 到 Spine 交换机(脊交换机)的连接,并构成网状的结构。

TOR 到 Leaf 交换机的连接通常都在同一个机房内部,其距离短的可能是几十米,稍微远一点的可能有几百米。在这部分连接上,大型互联网公司已经普遍采用 100G 速率的连接技术,并从 2021 年开始逐步换代到 200G 或 400G 速率,一些领先的公司会在 2023 年左右开始试用 800G 技术。从连接技术上,国内的数据中心采用多模光纤比较多一点,典型的如 100G-SR4 或 200G-SR4 的光模块配合多模光纤,可以支持到 70~100m 的传输距离;北美的互联网公司因为机房场地较大,多采用可以支持更远传输距离(比如 500m 左右)的并行单模技术,典型的如 100G-PSM4 或 200G/400G-DR4 的光模块配合单模光纤。

Leaf 到 Spine 交换机的连接,或者 Spine 交换机到核心路由器的连接是园区内部或者相邻园区的互联,需要的连接距离会到 2km 甚至 10km。其接口速率的升级与前面类似,也是从 2021 年开始从 100G 换代到 200G 或 400G 速率,一些领先的公司会在 2023 年左右开始试用 800G 技术。在这么远距离连接上,光纤资源和成本会受到一定的限制,所以多采用波分复用技术来节省光纤,比如说像 100G 速率的 100G-CWDM4 技术,200G 速率的 200G-FR4/LR4 技术,400G 速率的 400G-FR4/LR4 技术等。

数据中心之间的互联

DCI(Data Center Interconnect)是在多个数据中心之间进行远距离直接互联的接口技术。虽然现在很多超大规模数据中心的服务器数量都达到了数万台甚至超过 10 万台,但是对于全球布局的大型互联网公司来说,受限于周边环境和电力供应,单个数据中心的规模也是有上限的,必须建立很多数据中心才能满足业务发展的需求。从业务层面,一些云计算的服务,比如大数据挖掘、智能辅助驾驶、在线游戏等,对于时延都是非常敏感的,这就要求承载这类业务的数据中心不能离最终用户太远。理论上连接距离每增加 100km,仅仅光纤的往返时延就会增加 1ms 左右,再加上中间设备转发时延这个值还会增加很多,所以这类数据中心不能距离服务的大型人口密集地区太远。但是,距离人口密集地区的数据中心通常基础设施成本、电力成本、运营成本等较高,而一些人口稀少的地区反而基础设施和人力便宜,水力资源、太阳能、冷却条件较好,适宜运行一些对于时延不太敏感的业务,如数据备份、邮件或网页服务等,所以很多大型数据中心的建设必须均衡布局。另外,出于容灾和备份的需求,很多单个的大型数据中心本身也是由相距十几千米到几十千米的 2~3 个站址组成,各个站址间需要有大量的低时延的数据交互通道。在这些大型数据中心之间的连接或者各个站址之间的连接上,就需要非常高带宽、低时延、远距离的连接技术。

以目前全球最大的云计算服务提供商 Amazon 公司为例,截至 2021 年,其遍布全球的数据中心网络由多个 20 多个地理区域(Region)组成(图 14.6)。每个区域都是完全独立的,服务于一个独立的地理区域,正常情况下资源不会跨区域复制,以满足各国或地区的监管及合规要求,典型的区域如美国的弗吉尼亚州、俄亥俄州、加利福尼亚州、俄勒冈州,中国的宁夏、北京,欧洲的法兰克福、伦敦、巴黎,其他亚太国家的东京、孟买、首尔、悉尼等。

在每个地理区域内又分为 2~3 个可用区(Available Zone),每个可用区都有独立的供电和网络,相距可能从几十千米到几百千米,这样假如一个可用区出现问题时也不会影响另外的可用区,各个可用区的数据中心之间需要通过低延时、高吞吐量、冗余备份的网络连接在一起。

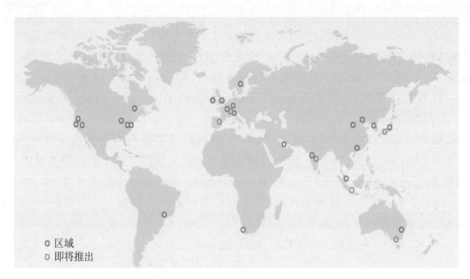

图 14.6   Amazon 公司的 AWS 全球基础设施地图(参考资料:https://aws.amazon.com/cn/about-aws/global-infrastructure/)

早期的数据中心都是通过直接接入 Internet 进行互联,后来随着业务流量的增加,数据中心之间的数据流量达到了 Tbps 以上,网络的时延、拥塞、安全问题都要求有专门的接口来支持数据中心之间大量的数据交换。现代虚拟化技术的广泛应用使得多个物理上分开的数据中心可以像一个虚拟的数据中心那样工作,大型的互联网厂商可以在多个数据中心和业务之间分担负荷、减少运营成本以及最大化业务性能,这使得 DCI 接口从需求和软件层面的技术上都得到了很好的支撑。对于 DCI 接口来说,其连接需求与数据中心内部之间的互联接口差别很大,主要挑战体现在连接距离、接口带宽、安全性及运营成本上。从连接距离上来说,数据中心内部的互联接口一般是几十到几百米,很少超过 2km。但是,数据中心之间的距离都比较远,一般在十几到几十千米,甚至 100km 以上。在这么远的传输距离上,光纤本身的损耗和色散比起在数据中心内部传输时都要大得多,因此需要考虑光信号的放大和色散补偿。除了物理技术以外,现代 DSP 信号处理技术也广泛应用于远距离传输时的信号补偿。另外,远距离光纤资源的获得和成本也是关键因素之一。由于政策不同,各国光纤资源的获得方法不同,有些是互联网厂商自建或租用电信运营商铺设但未使用的光纤(Dark Fiber),有些要借助电信运营商的传输网络。为了充分利用来之不易的光纤资源,需要在有限的光纤链路上复用更多路的光信号进行传输,所以 DWDM(密集波分复用)技术在 DCI 接口上被广泛使用。采用 DWDM 技术对于光模块的功率、波长精度、线宽都有严格要求,因此其光模块成本比数据中心内部互联用的光模块成本高很多。另外,为了尽可能减少 DCI 接口的时延,需要选择尽可能短的物理路径以及时延尽可能小的网络转发技术,同时从软件层面上进行时延的优化。

目前在传输网上远距离光传输使用比较成熟的是相干(Coherent)光通信技术,即采用类似无线通信的 QPSK 或 16QAM 调制对光信号的幅度和相位同时调制并进行信号的成型滤波以控制带宽,而接收端也有专门的本振激光器和输入信号进行混频以检测幅度和相位变化。相干光通信的调制方式虽然比较复杂和昂贵,但是在相同带宽内传输的有效信息多,而且检测灵敏度高,可以用 DSP 技术进行复杂的色散和通道补偿,所以已经成为远距离高带宽光传输的主流技术,目前单波长 400Gbps 的相干光传输技术已经成熟,单波长 600Gbps 或 800Gbps 的传输技术也已经有设备或芯片厂商进行展示。对于数据中心的 DCI 接口互联来说,其应用需求其实比传输网上要简单一些,主要体现在传输距离不需要那么远(传输网的距离可达几百甚至上千千米,数据中心之间的直接互联大部分在 120km 以内),网络拓扑也比较简单(数据中心大部分 2~3 个站址间点到点连接,传输网是网状网络,需要在各个节点进行光分插复用的 ROADM 设备),可以对传统传输网上使用的相干通信技术降低一些需求以节约成本。但是需要注意的是,相干通信中大量使用 DSP 和 FEC 技术来保证传输误码率,这也会增加一些设备处理和转发的时延。

相干通信技术之前在传输网上应用时一直没有统一的标准,不同厂商设备的数据速率、调制方式、数据包结构、FEC 校验方式等都不完全一样,因此必须收发都使用同一厂商的设备,之间很难互联互通,成本也居高不下。近几年来,ITU、OIF、IEEE 等组织都在制定相干通信的标准,以 OIF 组织的 400-ZR 标准为例,其针对的是 80km 以内距离的低成本相干技术,其波特率为 59.8GBaud,采用 DP-16QAM(即偏振复用的 16QAM 调制)技术,因此其单波长上的理论数据传输速率 = 59.8GBaud × 4bit(16QAM 调制)× 2(偏振复用)≈ 480Gbps,除去 15% 的 FEC 校验开销后约为 400Gbps。如果采用 80 个波长传输的话单根光纤上的有效数据速率 = 400Gbps × 80 波长 = 32Tbps。

另一种低成本的 DCI 接口技术是采用 PAM-4 调制结合 DWDM 技术。比如 Microsoft 和 Inphi 公司联合演示的称为 ColorZ 的传输技术(图 14.7),其中每个波长上都是约 26Gbaud 的 PAM-4 信号,有效数据速率相当于 50Gbps 左右,每两个相邻波长合起来实现 100Gbps 的信号传输,如果采用 80 个波长,单根光纤上的有效数据速率 = (50Gbps × 2 波长) × 40 = 4Tbps。这种传输技术由于采用了在数据中心内部广泛使用的 PAM-4 技术,所以比相干技术更便宜,但由于其检测灵敏度以及 DSP 补偿技术不如相干技术,所以远距离传输时的可靠及稳定性还有待更大规模的商用验证。

从目前的趋势看,在 80km 以上距离的 DCI 连接上,还是主要采用 DWDM 的相干通信技术,或者采用传统的方式把以太网直接承载在现有的传输网上;在 20~80km 距离的 DCI 连接上,采用 DWDM 的相干通信和采用 DWDM 的 PAM-4 技术还会在建设及运营成本、可靠性方面存在一段时间的竞争;在 20km 以下的 DCI 连接上,根据连接带宽和光纤资源的场景不同,基于传统以太网 CWDM 的 PAM-4 技术和 DWDM 的 PAM-4 技术应该都会有应用。以上几种方式,特别是前两种可能都可能涉及 OTN(光传输网)的租用或者运营管理,这与传统数据中心内部的 IP 网络有很大区别,需要慎重考虑相关技术和运营方案。另外,从 DCI 的安全性和运营来说,由于大量的商业及个人信息在数据中心之外的光纤和设备上传输,必须对传输的数据进行可靠的加密,并且有可靠的网络故障发现和定位手段,同时可以根据业务需求灵活扩容和调整。

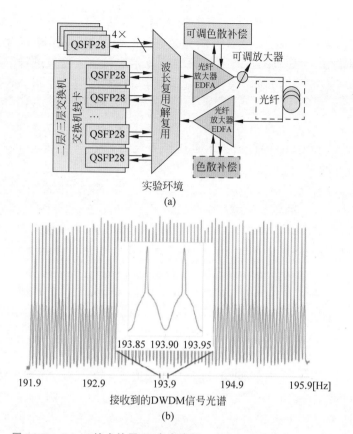

实验环境

(a)

193.85 193.90 193.95

191.9   192.9   193.9   194.9   195.9[Hz]

接收到的DWDM信号光谱

(b)

图 14.7 ColorZ 技术的原理(参考资料: Mark M. Filer,Steven Searcy, Yang Fu,et al. Demonstration and Performance Analysis of 4Tb/s DWDM Metro-DCI System with 100G PAM-4 QSFP28 Modules. OFC,2017)

第15章

100G光模块简介及测试

100G 光模块简介

100G 光模块在数据中心及电信网络上已经得到广泛的应用,其技术也在持续发展和演进,预计在 2025 年前仍然具有旺盛的生命力。第一代 100G 光模块采用 10×10Gbps 的 CAUI 电接口,并通过光模块内部的变速箱芯片(GearBox)将 10×10Gbps 电信号先转换成 4 路 25Gbps 的信号,再驱动后面的激光器变成光信号,变速箱芯片的使用增加了模块的复杂性、成本、体积及功耗。从第二代 100G 模块开始,电口速率提高到 25Gbps,变速箱芯片也被去掉,从而使其具备更低的成本、复杂性和功耗。从中可以看出,电接口速率的提升对于减小模块的体积和成本有重要影响。表 15.1 是不同的 100G 光模块的主要特点。

表 15.1　不同 100G 光模块的特点比较

性能指标	第一代		第二代		
模块名称	CFP	CXP	25Gbps QSFP	CFP2	CFP4
大概尺寸(长×宽)					
前面板密度	4	16	22～44	8	16～32
电接口类型	CAUI	CPPI	CPPI-4	CAUI-4	CPPI-4
电接口速率(Gbps)	10×10	10×10	4×25	4×25	4×25
发布年份	2010	2010	2011(InfiniBand) 2013＋(Ethernet)	2013＋	2014＋

为了推动 100G 光模块标准的普及,OIF(光互联论坛)与电连接器供应商、物理层芯片供应商、主板制造商和模块制造商于 2012 年推出了 CEI 3.0 通用电接口基础规范(后来修订为 3.1 标准),典型数据速率为 25～28Gbps,其中 CEI-28G-VSR 就是针对主机到光模块

的电连接标准,最大传输距离为 4 英寸。后来,IEEE 组织也在其 2014 年制定的 IEEE 802.3bm 中明确指出,其 CAUI-4 接口(芯片-模块接口)规范的参数和测试方法也基本参照 OIF CEI-28G-VSR 规范,很多参数都可以互相借鉴。因此,本章就以 CEI-28G-VSR 规范为例,阐述其电接口的测试参数、测试方法以及针对 CEI 接口测试的解决方案。

CEI-28G-VSR 测试点及测试夹具

CEI-28G-VSR 针对的是主机-光模块之间电接口连接标准,其接口应用环境如图 15.1 所示。

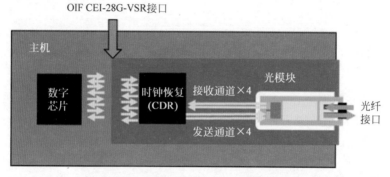

图 15.1　CEI-28G-VSR 接口的应用场景

主机和光模块之间一般采用可插拔的金手指接口。为了便于测试,需要把被测点的信号通过夹具转成同轴接口引出,这样的夹具也称为一致性测试版(Compliance Test Board, CTB)。CTB 分为两种,测试 Host 的称为 HCB(Host Compliance Board),测试 Module 的称为 MCB(Module Compliance Board)。根据 CEI 规范的定义,我们把 HCB 的输出测试点称为 TP1a,MCB 的输入测试点称为 TP1;把 MCB 的输出测试点称为 TP4,HCB 的输入测试点称为 TP4a。图 15.2 为规范中对各测试点的定义。

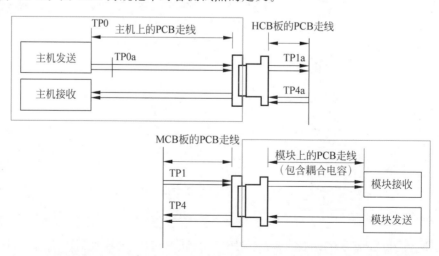

图 15.2　CEI-28G-VSR 接口测试点的定义(参考资料:OIF-CEI-3.1)

由于测试过程中需要用到测试夹具 MCB 和 HCB,为了保证测试的可靠性和重复性,需要选用标准的一致性测试板。CEI 规范中对于一致性测试板 HCB 和 MCB 的特性都有专门的要求。对于 HCB 和 MCB 各自的插入损耗的要求如图 15.4 所示。

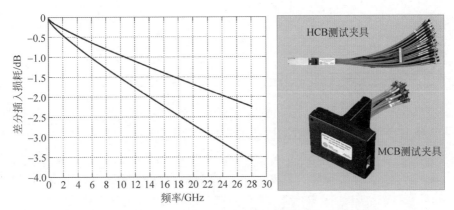

图 15.3 MCB 和 HCB 的插入损耗要求(参考资料:OIF-CEI-3.1)

此外,规范还要求将 HCB 和 MCB 插在一起测试其各个 S 参数,如 Sdd11,Sdd22,Scd21,Scd12,Scd11,Scd22,Sdc11,Sdc22,Sdd21,Sdd12 等。

CEI-28G-VSR 输出端信号质量测试

CEI-28G-VSR 中对于主机输出(Host Output)和模块输出(Module Output)的各测试点参数进行了要求和规范,表 15.2、表 15.3 分别为 Host output (TP1a) 和 Module output (TP4) 的主要电口指标参数(参考资料:OIF-CEI-3.1)。

表 15.2 Host 输出端电口指标

参 数	最 小	最 大	单 位
差分电压(峰-峰值)	—	900	mV
共模噪声(RMS 值)	—	17.5	mV
差分端接电阻失配	—	10	%
上升时间(20%~80%)	10	—	ps
共模电压	−0.3	2.8	V
1E-15 概率下的眼宽(EW15)	0.46	—	UI
1E-15 概率下的眼高(EH15)	95	—	mV

表 15.3 Module 输出端电口指标

参 数	最 小	最 大	单 位
差分电压(峰-峰值)	—	900	mV
共模电压	−350	2850	mV
共模噪声(RMS 值)	—	17.5	mV

续表

参　　　数	最　　小	最　　大	单　　位
差分端接电阻失配	—	10	%
上升时间(20%～80%)	9.5	—	ps
垂直眼闭合度(VEC)	—	5.5	dB
1E-15 概率下的眼宽(EW15)	0.57	—	UI
1E-15 概率下的眼高(EH15)	228	—	mV

　　从中可以看出,无论是 Host 输出还是 Module 输出都有着非常类似的测试参数,它们的测试方法也基本一样。时域参数测试要求示波器的接收机最小带宽为 40GHz,且其频响满足四阶 Bessel-Thomson 响应。

　　与其他 10G 标准规范相比,25Gbps 信号的规范在某些参数定义上有明显的不同,例如:

- 转换时间的定义(Transition Time,20%～80%)。通常我们所说的转换时间(上升/下降时间)的测试是在眼图累积模式下进行的,考虑了所有的上升/下降沿,然而在 CEI-28G-VSR 的标准中却不是这样。为了避免码间干扰的影响,其测试码型主要为 PRBS 9(生成多项式为 x^9+x^5+1),计算上升时间的区域为 5 个连"0"和 4 个连"1",计算下降时间的区域为 9 个连"1"和 5 个连"0"。这无疑给我们的测试带来了麻烦。

- 眼宽和眼高的定义(Eye Width,Eye Height)。与常规的眼宽和眼高定义不同,CEI-28G-VSR 规范的要求更加严格,即眼宽和眼高都是在误码率为 10^{-15} 下计算的,表示为 EW15 和 EH15。其计算过程比较复杂,首先要有足够的采样点(如 400 万 bit)来构造眼图在时间轴和幅度轴上的累积分布函数(CDF)的直方图,然后在 10^{-6} 概率上计算 CDFL 和 CDFR 的差值得到在误码率为 10^{-6} 时的眼宽 EW6,再利用双狄拉克模型估算眼图左右两个边沿处的随机抖动 RJL 和 RJR,并且进一步可以得到眼宽 EW15＝(EW6－3.19(RJL＋RJR))。对于眼高也有类似的计算过程,即 EH15＝(EH6－3.19(RN0＋RN1))。而垂直眼图闭合(VEC)则根据公式 20lg(AV/EH15)计算得到(AV 指均衡后波形的眼幅度),如图 15.4 所示。

　　在上述参数计算过程当中,由于高速信号很容易在传输过程中劣化从而可能得不到张开的眼图,所以要求示波器的参考接收机具有均衡的功能(通常使用连续时间线性均衡 CTLE 功能)。图 15.5 所示分别是对于 Host 和 Module 测试使用的 CTLE 均衡器的定义。需要注意的是,对于 Host 测试有 9 种不同的均衡器强度,对于 Module 测试有 2 种不同的均衡器强度,测试中需要尝试不同的均衡器强度并以眼张开面积最大的那个系数作为参考均衡器的设置参数。

　　对于 100G 接口来说,高速 CEI 接口其实是由 4 个通道组成(如 4×28Gbps),因此相邻通道之间的串扰影响也必须在测试时考虑进去。串扰通道的信号要求采用 900mV 峰峰值、9.5ps 或 10ps 上升时间的 PRBS31 码型。因此,在 Module 和 Host 的输出端口测试中,

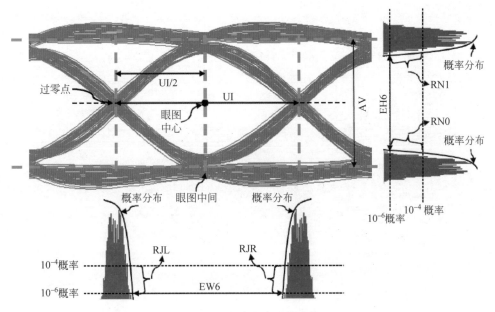

图 15.4　眼高和眼宽的计算

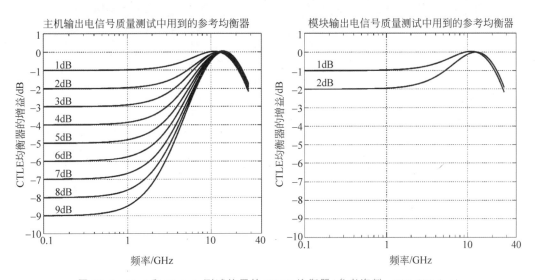

图 15.5　Host 和 Module 测试使用的 CTLE 均衡器(参考资料：OIF-CEI-3.1)

要先进行串扰信号质量校准,然后才进行测试,测试框图如图 15.6 所示。

以 Host output 测试为例说明。首先,把 HCB 和 MCB 插在一起,串扰通道产生串扰信号,在测试点 TP4 处进行串扰信号的校准测试。第二步,取下 MCB,把被测件 Host 插在 HCB 上,保持串扰通道开启的状态,在测试点 TP1a 进行 Host output 各个参数的测试。Module output 和 Host output 测试有着类似的方法,不再赘述。

从以上的测试参数和测试方法的介绍中可以看出,CEI 接口测试给我们带来了不一样的测试要求和挑战：

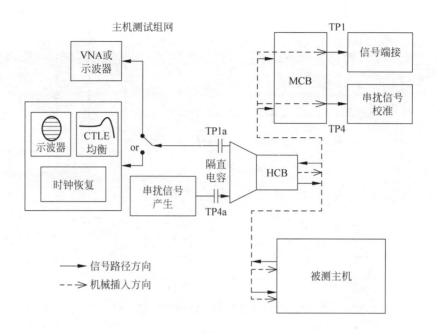

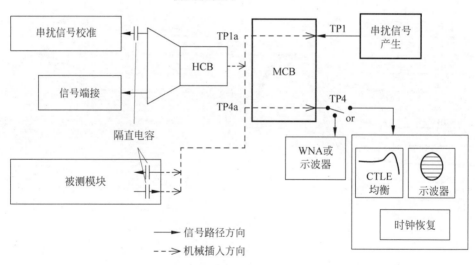

图 15.6　串扰信号的校准(参考资料: OIF-CEI-3.1)

- 要求的测试项目众多。包括 CEI-28G-VSR 在内,有超过 140 项测试参数在 CEI 3.1 中有定义,一些主要参数如表 15.4 所示。
- 很多测试参数并不是直接测量,而是需要软硬件结合,并通过一定的算法获得的。
- 测试需要花费更多的时间,这不仅包括测试本身的耗时,也是指对于测试参数的理解本身就需要更多的时间。
- 对于电接口进行差分测试时,不仅需要时钟恢复,也要求测试仪表具有 CTLE 功能,并能找到最佳的 CTLE 峰值。

表 15.4　CEI 接口的电气参数测试项目

测 试 参 数	CEI-28G-SR	CEI-25G-LR	CEI-28G-VSR HZM	CEI-28G VSR MZH	
Baud rate	10.3.1	11.3.1	1.1	1.1	用示波器测试的参数
Rise times/fall times	10.3.1	11.3.1	1.3.2	1.3.3	
Differential output voltage	10.3.1	11.3.1	1.3.2	1.3.3	
Output common mode voltage	10.3.1	11.3.1	1.3.2	1.3.3	
Transmitter common mode noise	10.3.1	11.3.1	1.3.2	1.3.3	
Eye mask					
Uncorrelated unbounded Gaussian jitter (RJ)	10.3.1	11.3.1			
Uncorrelated bounded high probability jitter(DJ)	10.3.1	11.3.1			
Duty cycle distortion	10.3.1	11.3.1			
Total jitter	10.3.1	11.3.1			
UUGJ-FIR on	12.1	12.1			
UBHPJ-FIR on	12.1	12.1			
DCD-FIR on	12.1	12.1			
Total jitter-FIR on	12.1	12.1			
Eye width(EW15)			1.3.2	1.3.3	
Eye height(EH15)			1.3.2	1.3.3	
Vertical eye closure				1.3.3	
Differential output return loss	10.3.1	11.3.1	1.3.2	1.3.3	用VNA测试的参数
Common mode output return loss	10.3.1	11.3.1			
CM to differential conversion loss			1.3.2	1.3.3	
Differential resistance	10.3.1	11.3.1			用万用表测试的参数
Differential termination mismatch	10.3.1	11.3.1	1.3.2 (1MHz)	1.33 (1MHz)	

　　针对上述测试要求,需要使用不同的仪器进行测试。对于高速电接口的频域测试,使用传统的网络分析仪即可,而对于时域参数测试,可以使用带时钟恢复和信号功能的采样示波器。采样示波器可以选择不同的测试模块,针对不同用户的实际情况,有不同的测试模块方案可供选择。

　　(1)追求最佳测试精度和简单连接的方案。如果追求最佳测试精度并且连接尽量简单,可以使用带内置 CDR 功能的精密波形分析模块。图 15.7 所示是一款集 85GHz 带宽双通道电口、精密时基、CDR 三种功能于一体的精密波形/眼图分析分析模块。这种模块的固有抖动指标仅为 50fs RMS,内置硬件时钟恢复电路且环路带宽可大范围调节,因此无须外接专门的触发时钟

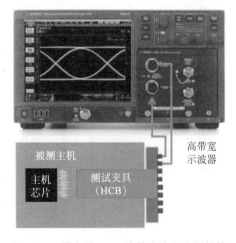

图 15.7　带内置 CDR 的精密波形分析模块

或 CDR 模块就可以分析信号,使用非常方便且测量精度很高。

(2) 追求更多通道数和灵活性的方案。如果希望支持更多的通道数目和灵活的模块选择,可以选择高密度的测量模块,这种模块采用了高密度的设计,在一个机箱里可以最多支持 16 个 100GHz 以上带宽的测量通道,也可以灵活配合其他测量模块使用。需要注意的是,这种模块本身不具备时钟恢复功能,需要配合专门的时钟恢复模块使用,或者能够从被测件提供同步的采样时钟。图 15.8 是一种高密度的多通道电测量模块。

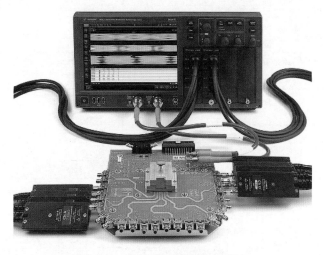

图 15.8　高密度多通道电测量模块

为了提高测试效率,把研发人员从繁复耗时的测试流程中解放出来,可以通过 CEI 一致性应用测试软件,实现参数的自动化测试。测试软件可以把测试时间从数个小时缩短到几分钟,并自动生成测试报告。CEI 一致性测试软件支持多种接口标准测试,选定测试接口后,就会自动出现对应于该接口的所有测试参数,并给出各个参数在 CEI 标准中的说明,如图 15.9 所示。

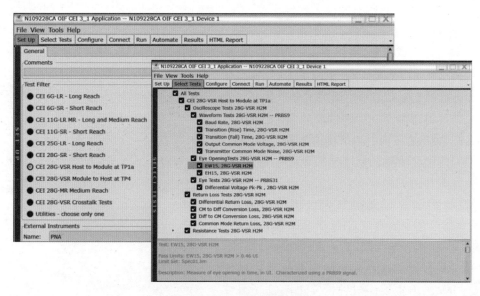

图 15.9　CEI 测试软件界面

选择好测试接口和测试参数设置后，只须按照提示步骤进行仪表硬件连接，测试软件将会提示连接及测试码型发送，并自动完成所有参数测试，然后生成如图 15.10 所示的一致性测试报告。

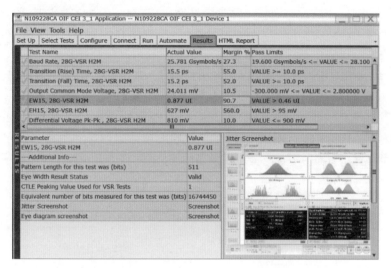

图 15.10　CEI-28G-VSR 一致性测试报告

前面介绍过，在 CEI-28G-VSR 规范中，参考接收机需要开启 CTLE 功能来获得张开的眼图，而 CTLE 值的选取原则是使得 EH15 和 EW15 的乘积最大。对于 Module output 测试，CTLE 值只有 2 个选择；但对于 Host output 测试，CTLE 值则有 9 个选择。如果完全依靠手动尝试计算，工作量是非常巨大的。因此，在进行正式测试之前，可以借助自动测试软件自动扫描并选取最优化的一组 CTLE 值，大大提高了测试效率。图 15.11 是扫描完成的不同 CTLE 值下的眼图参数测试结果。

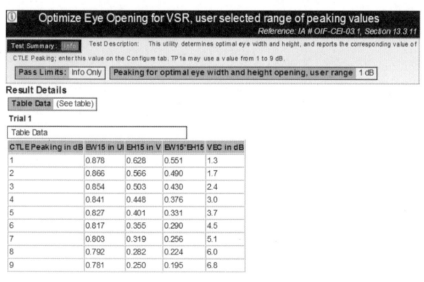

图 15.11　CTLE 值扫描结果

CEI-28G-VSR 输入端压力容限测试

除了发送端的信号质量要满足规范要求以外，接收端对于恶劣信号的容忍能力也非常重要。特别是对于高达 25Gbps 以上的信号来说，接收端在恶劣信号下的时钟恢复和均衡能力对于保证系统误码率指标至关重要。

以 Host 的接收端压力测试来说，其方法如图 15.12 所示。误码仪的码型输出端产生 PRBS9 码型并调制 UUGJ、UBHPJ、SJ 等抖动成分，连接 HCB 和 MCB 夹具在 TP4 端用采样示波器进行校准；校准中通过调整示波器中 CTLE 的设置得到最优的眼高眼宽面积（EW15×EH15）；同时调整 UUGJ 和码型发生器的输出幅度得到最恶劣的眼高和眼宽结果。除了满足眼高、眼宽的要求外，还需要保证眼张开度 VEC（Vertical Eye Closure）在 4.5～5.5dB。

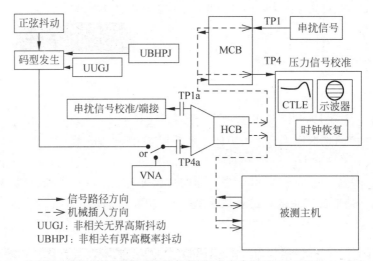

图 15.12　Host 接收容限测试原理（参考资料：OIF-CEI-3.1）

完成校准后连接被测件、切换码型为 PRBS31，然后调整不同的 SJ 的频率和幅度并进行误码率测试，看是否满足 $<10^{-15}$ 的指标要求，误码率的测试可以通过被测件环回把数据送回误码仪进行比较来实现。测试信号和 Crosstalk 的校准都使用 PRBS9 的码型，校准完成后实际测试中都更换为 PRBS31 的码型。

对于 Module 的接收端压力测试来说，其方法如图 15.13 所示，其基本校准和测量方法与 Host 测试类似，只是在信号产生通道上加有产生 ISI 码间干扰的 PCB 通道（Frequency Dependent Attenuator，损耗约 10.25dB@12.5GHz）。因此校准时是先不加 ISI 通道产生近似满足要求的信号，然后再加上 ISI 通道进行类似 Host 的校准和测试。

高性能误码分析仪是进行 CEI-28G-VSR 接收端压力容限测试的关键设备。误码率分析仪（BERT）由码型发生模块和误码检测模块构成，测试时码型发生模块产生一路或多路 PRBS 的测试码型发送到被测系统，经被测系统接收后环回给误码接收模块，误码接收模块可以实时比较并统计误码个数，从而得出误码率结果。接收容限测试中要求误码仪能够产生精确可控的高速数字信号，其固有抖动应尽可能小并可以灵活调整预加重以及进行正弦

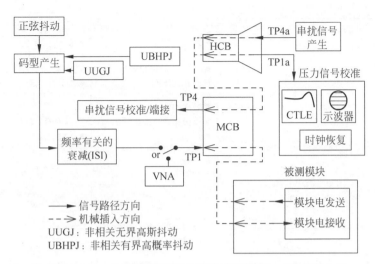

图 15.13 Module 接收容限测试原理(参考资料：OIF-CEI-3.1)

和随机抖动注入,同时其数据速率、输出幅度、电平偏置等应在测试需要的范围内连续可调以满足不同的测试参数需求。图 15.14 是用误码率分析仪做 CEI-28G-VSR 主机的接收容限测试时的典型连接图。在 Module 的接收容限测试中,还需要加入 PCB 走线造成的 ISI 的影响。

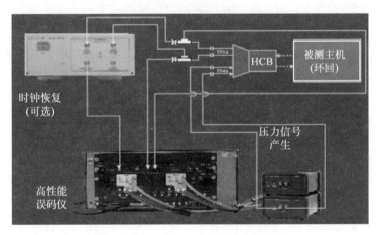

图 15.14 CEI-28G-VSR 接收容限测试

100G 光模块的光信号测试

目前主流的 100GE 光模块,均采用四个通道,每个通道的速率为 25~28Gbps。这些新一代的光收发模块,由于其小型化、高密度、高速率的特点,在其光信号的测试中不可避免地面临新的挑战。

在光模块产品周期的不同阶段,会关注不同的测试项目,图 15.15 列出了 100G 光模块从研发到量产不同阶段关注的测试项目。总体而言,在研发阶段测试项目多而全,在产品的量产阶段,则选择性地测量一些主要的性能参数。

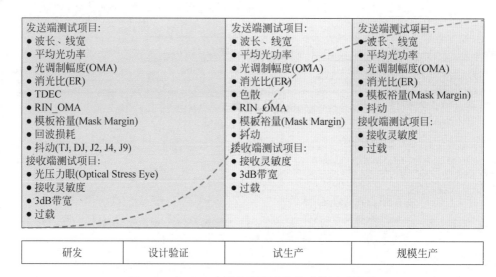

发送端测试项目： ● 波长、线宽 ● 平均光功率 ● 光调制幅度(OMA) ● 消光比(ER) ● TDEC ● RIN_OMA ● 模板裕量(Mask Margin) ● 回波损耗 ● 抖动(TJ, DJ, J2, J4, J9) 接收端测试项目： ● 光压力眼(Optical Stress Eye) ● 接收灵敏度 ● 3dB带宽 ● 过载	发送端测试项目： ● 波长、线宽 ● 平均光功率 ● 光调制幅度(OMA) ● 消光比(ER) ● 色散 ● RIN_OMA ● 模板裕量(Mask Margin) ● 抖动 接收端测试项目： ● 接收灵敏度 ● 3dB带宽 ● 过载	发送端测试项目： ● 波长、线宽 ● 平均光功率 ● 光调制幅度(OMA) ● 消光比(ER) ● 模板裕量(Mask Margin) ● 抖动 接收端测试项目： ● 接收灵敏度 ● 过载
研发	设计验证	试生产	规模生产

图 15.15　100G 光模块不同阶段关注的测试项目

图 15.16 以 100GE-SR4 为例，给出了 IEEE-802.3 针对光接口的测试规范，包括 TX 端和 RX 端。此外，对 25G 接收机的光压力眼测试要求，也做出了详细的规范和测试要求说明。光压力眼的测试除了误码仪的基本功能外，还需要配置抖动注入功能(RJ 和 SJ)、幅度上的正弦干扰以及 ISI。这些因素共同作用使得发射机的眼图产生额外的闭合，最终产生一个符合规范要求的压力眼图。

对于光模块信号质量和光眼图的测试来说，采样示波器是最常用的测量仪器，根据不同的应用需求，其配置的模块会有不同。图 15.17 是用多通道的紧凑的光测量模块，同时进行 4 路 25～28Gbps 光信号眼图和模板测试的例子。目前在一个紧凑模块中可以同时提供 4 个 25～28Gbps 光信号或 4 个电测量通道，如果需要更多通道还可以进行模块的级联。

除了硬件上具备多通道测量能力以外，软件的分析能力也很重要，传统的多通道采样示波器可以同时显示多路信号的波形或眼图，但不具备多通道模板测试能力。但现代的采样示波器软件在此方面已经有了非常大的提升，除了可以同时进行多路信号的眼图、模板测试以外，测量速度也进行了优化(图 15.18)。

由于 100G 的光模块内部普遍采用了 CDR 设计，测试中如果仅仅依靠码型发生器或者其他测量通道提供的时钟，有可能会造成测量结果中的抖动过大或者相位的漂移，最好的方法是直接从信号中恢复提取时钟，这就会需要用到专门的时钟恢复模块。

在光信号的眼图模版测试中，随着捕获样本的累积增加，所观察到的压模板的点绝对数量就会越多，但压模板的点出现的比率理论上会保持不变。正因为此，2004 年以来的新规范对眼图模板测试，特别是眼图裕量(Mask Margin)都按照统计原则用压模板的点的比率来表征。通常要求 Hit Ratio$<5\times10^{-5}$，即每 20k 个采样点中有一个压模板的点。因此，精确的眼图裕量测量需要采样示波器能够支持自动计算模板裕量，并提供模板裕量的精度指标。用户可以根据裕量精度指标来确定测试的样本数或捕获波形数量，从而进一步最大化提升测试效率。如图 15.19 所示，左右两图中模板裕量测试结果是比较一致的；但左图的采样点数是右图的 10 倍，因此模板裕量的测试精度随之有很大提升。

100G-SR4光发射机参数

参数描述	数值	单位
Signaling rate, each lane(range)	25.78125±100ppm	GBd
Center wavelength (range)	840 to 860	nm
RMS spectral width (max)	0.6	nm
Average launch power, each lane(max)	2.4	dBm
Average launch power, each lane(min)	−8.4	dBm
Optical Modulation Amplitude(OMA), each lane(max)	3	dBm
Optical Modulation Amplitude(OMA), each lane(min)	−6.4	dBm
Launch power in OMA minus TDEC(min)	−7.3	dBm
Transmitter and dispersion eye closure(TDEC), each lane(max)	4.3	dB
Average launch power of OFF transmitter, each lane(max)	−30	dBm
Extinction ratio(min)	2	dB
Optical return loss tolerance(max)	12	dB
Encircled flux	≥86% at 19μm ≤30% at 4.5μm	
Transmitter eye mask definition {X1, X2, X3, Y1, Y2, Y3} Hit ratio 1.5×10^{-3} hits per sample	{0.3, 0.38, 0.45, 0.35, 0.41, 0.5}	

100G-SR4光接收机参数

参数描述	数值	单位
Signaling rate, each lane (range)	25.78125±100ppm	GBd
Center wavelength (range)	840 to 860	nm
Damage threshold (min)	3.4	dBm
Average receive power, each lane(max)	2.4	dBm
Average receive power, each lane (min)	−10.3	dBm
Receive power, each lane(OMA)(max)	3	dBm
Receiver reflectance (max)	−12	dB
Stressed receiver sensitivity (OMA), each lane (max)	−5.2	dBm
Conditions of stressedreceiver sensitivity test:		
Stressed eye closure(SEC), lane under test	4.3	dB
Stressed eye J2 Jitter, lane under test	0.39	UI
Stressed eye J4 Jitter, lane under test (max)	0.53	UI
OMA of each aggressor lane	3	dBm
Stressed receiver eye mask definition {X1, X2, X3, Y1, Y2, Y3} Hit ratio 5×10^{-5} hits per sample	{0.28, 0.5, 0.5, 0.33, 0.33, 0.4}	

图 15.16 100GE-SR4 光接口测试指标（参考资料：IEEE Std 802.3bm[TM]—2015）

通常在测试中，会根据实际情况在测试速度和精度两个方面进行折中，即用户可以选择期望的模板裕量测量精度，在达到这个精度的情况下停止采样，以进行测量速度和测量精度的平衡。

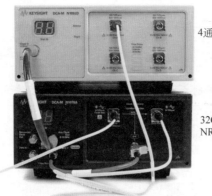

图 15.17 多通道的 25Gbps 光信号测试

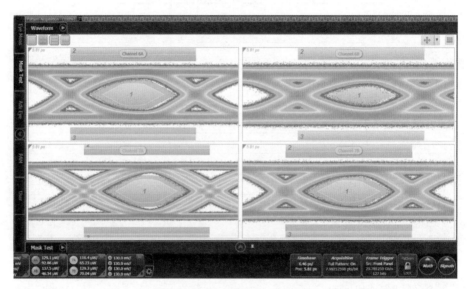

图 15.18 多通道眼图、模板测试

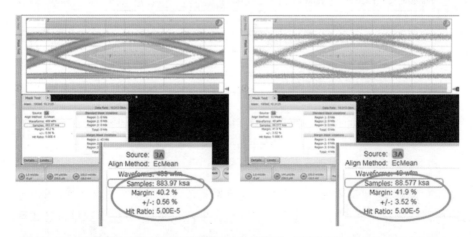

图 15.19 眼图模板裕量测试及测试精度(参考资料：IEEE 802. 3ba，InfiniBand IBA，
Fiber Channel FC-PI-5)

第16章

400G以太网简介及物理层测试

400G 以太网物理层

按照 IEEE 协会 802.3 组织的技术标准,400G 以太网的物理层部分主要分为 PCS 层 (Physical Coding Sublayer)、PMA 层(Physical Medium Attachment Sublayer)、PMD 层 (Physical Medium Dependent Sublayer)。各层之间的关系如图 16.1 所示。

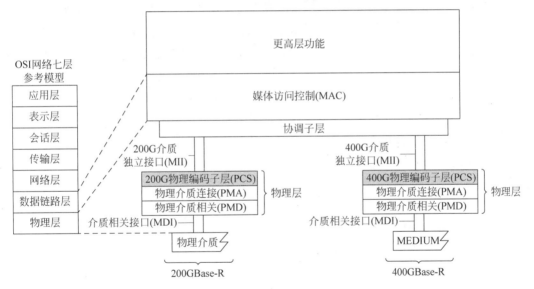

图 16.1　400G 以太网的物理层(来源:IEEE 802.3bs)

400G 接口的物理层中的 PCS 层(图 16.2)主要由交换机或者服务器主机上的物理层芯片来实现,其主要功能如下:

- MAC 层的数据与 PMA 层的数据收发转换。与 MAC 层的接口是 400GMII 接口,由 64 位数据线、8 位控制线、1 位时钟线组成;与 PMA 层的接口是 16 条 26.5625Gbps 的串行通道。
- 64b/66b 数据编码。在 MAC 层方向,完成 64b/66b 的数据编解码。

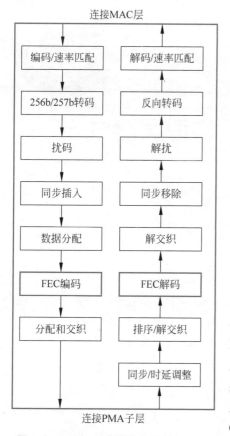

连接MAC层

编码/速率匹配	解码/速率匹配
256b/257b转码	反向转码
扰码	解扰
同步插入	同步移除
数据分配	解交织
FEC编码	FEC解码
分配和交织	排序/解交织
	同步/时延调整

连接PMA子层

图 16.2　400G 以太网物理层的 PCS 层

- 速率匹配。在发送端按一定比例插入 Idle 的控制符号,在接收端把无用的 Idle 符号删掉,用于在时钟不同源的情况下补偿收发端的频率差。
- 256b/257b 数据编码。在 PMA 层方向,每 4 个 66bit 的数据块合成后进行 256b/257b 的编码,映射到 257bit 的数据块。
- 数据扰码。对 257bit 的数据块与一个扰码多项式生成的数据流进行运算,对数据加扰。
- RS-544 FEC 编码与纠错。为了提高对于错误数据的修正能力,需要对数据进行专门的 FEC 编码和校验。RS-544 FEC 数据修正方法又称为 KP4 FEC。

　　PCS 层固定是 16 条 Lane,但是 PMD 层根据不同的应用场景会有不同的 Lane 的数量,比如 400G-SR8/FR8/LR8 都是 8 条 Lane,而 400G-DR4/FR4/LR4 则是 4 条 Lane,因此就需要专门的 PMA 层来实现 16 通道到 8 通道或者 4 通道的数据映射。PMA 层的功能可能由交换机或者服务器主机上的物理层芯片来实现,也可能由光模块内部的 Gearbox 芯片实现,还可能是主机和光模块各实现一部分功能,其主要功能有:

- PCS 层的数据与 PMD 层的数据收发转换。实现 PCS 层数据与 PMD 层数据通道数和速率的转换。比如如果 PMD 层是 4 路的,发送时就需要把 PCS 层的 16 个通道的数据速率提高 4 倍,复用成 4 个通道。
- 时钟恢复与数据复用/解复用。在转换过程中需要进行数据的时钟恢复、多路数据比特的对齐、2 个或者 4 个通道数据的复用与解复用。
- PAM-4 编解码。在 PMA 层要实现 NRZ 到 PAM-4 码型的比特映射和编解码。
- 信号驱动。按照不同的接口如 C2C(Chip to Chip)或者 C2M(Chip to Module)的电气规范产生相应的驱动信号。
- 测试功能。可选的 PMA/PMD 层数据环回功能,或者产生特定的测试码型功能。

　　图 16.3 是几种典型的 200G/400G 光接口的 PMA 层的功能框图。图中,200GAUI-n 或者 400GAUI-n 中的 n 代表 lane 的数量,比如 200GAUI-4 是指用 4 路信号实现 200G 接口,400GAUI-8 是指用 8 路信号实现 400G 信号传输。早期的 400G-SR16 光模块规范的 PMA 层主要采用 400GAUI-16 的接口,其通道数量和速率可以与 PCS 层直接适配,不需要特殊的速率转换,但是由于通道数量太多,体积和密度没有优势,现在已经几乎不再使用。目前的 400G 模块到主机间普遍采用 400GAUI-8 接口,需要在主机的芯片上先把 PCS 层的 16 路信号转换成 400GAUI-8 的 8 路信号。此时,如果光模块的 PMD 层是 8 路的

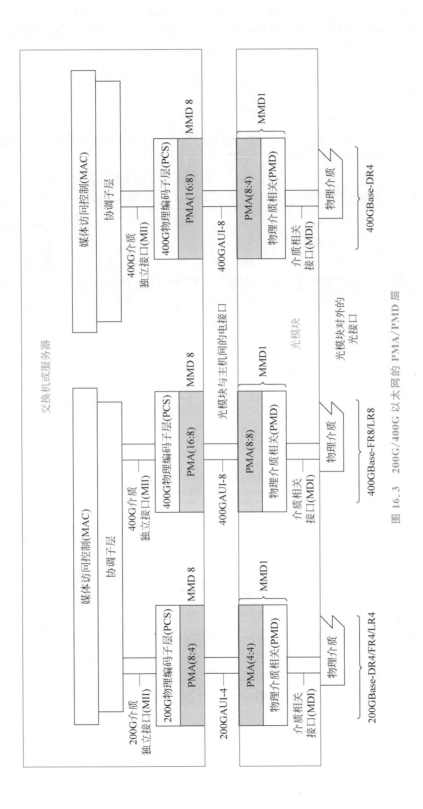

图 16.3 200G/400G 以太网的 PMA/PMD 层

（如 400G-SR8/FR8/LR8），不需要再有额外的 Gearbox 芯片，可以经 CDR 和驱动后直接适配；但如果光模块的 PMD 层是 4 路的（如 400G-DR4/FR4/LR4），则光模块中需要专门的 Gearbox 功能进行速率和通道的适配，这会在光模块上增加额外的功耗和成本。对于 400G 光模块的应用来说，很多 CDR 或 Gearbox 和光模块内部实现数据编码及均衡的 DSP 芯片集成在一起。

　　400G 物理层中的 PMD 层功能主要定义了接口的电气特征，比如具体的传输介质（比如背板、电缆、多模光纤、单模光纤等）、数据波特率、通道数量（比如 16 路、8 路或 4 路等）、调制方式（比如 NRZ、PAM-4 等）、功率、抖动或灵敏度参数要求等。

400G 光模块类型

　　400G 的光模块主要完成 400G 以太网的 PMD 功能（或者包含部分 PMA 层功能），以最终实现电信号在光介质上的传输。目前市面上 400G 光模块的种类众多，其主要区别在于其采用的 PMD 层及封装类型。面向数据中心的 400G 网络接口技术最早由 IEEE 协会的 802.3bs 工作组在 2017 年完成标准化工作，并定义了一部分应用场景下的光、电接口规范。随后，一方面 IEEE 陆续成立了新的工作组来进行持续更新，另一方面也有一些业界公司组成 MSA（Multi-Source Agreement）组织以丰富其场景和技术规范。

　　具体来说，从实现方式上区分，400G 的网络连接部件可以分为多模（MM）、单模（SM）、有源光缆（AOC）等；从信号调制方式上，400G 光模块可分为 NRZ 和 PAM-4 调制（目前以 PAM-4 为主）；从传输距离上区分，400G 光模块可以分为 SR、DR、FR、LR 等。表 16.1 是主流的 400G 光模块和 AOC 的技术分类。

表 16.1　典型 400G 光模块和 AOC 类型

光口	光口速率	传输方式	规范	电口速率	封装
400G-SR16	16×26.5Gbps NRZ	100m MMF	802.3bs	16×26.5Gbps NRZ	CDFP/CFP8
400G-SR8	8×53Gbps PAM4	70m OM3; 100m OM4/5;	802.cm	8×53Gbps PAM4	QSFP DD / OSFP
400G-SR4.2	4×2λ×53Gbps PAM4	70m OM3; 100m OM4/5;	400G-BiDi MSA	8×53Gbps PAM4	QSFP DD / OSFP
400G-AOC	-------------	-------------	802.3bs	8×53Gbps PAM4	QSFP DD / OSFP
400G-FR8	8λ×53Gbps PAM4	2km SMF	802.3bs	8×53Gbps PAM4	QSFP DD / OSFP
400G-LR8	8λ×53Gbps PAM4	10km SMF	802.3bs	8×53Gbps PAM4	QSFP DD / OSFP
400G-DR4	4×106Gbps PAM4	500m SMF	802.3bs	8×53Gbps PAM4	QSFP DD / OSFP
400G-FR4	4λ×106Gbps PAM4	2km SMF	100G/λ MSA	8×53Gbps PAM4	QSFP DD / OSFP
400G-LR4	4λ×106Gbps PAM4	10km SMF	100G/λ MSA	8×53Gbps PAM4	QSFP DD / OSFP

　　早期的 400G 光模块电口采用 16 路 25Gbps NRZ 的实现方式，光口采用 16 路光纤进行信号传输（如 400G-SR16 模块采用 16 路多模光纤发送、16 路多模光纤接收，收发共 32 路），封装采用 CDFP 或 CFP8，其优点是可以借用在 100G 光模块上成熟的 25G NRZ 技术，但缺点是电口和光口需要占用的通道很多，封装功耗和体积都比较大，不太适合数据中心的应

用,已经基本不再使用。目前的 400G 光模块中,在电口侧多使用 8 路 53Gbps 的 PAM-4 电信号(参考 IEEE 400G-AUI8 电接口规范),在光口侧使用 8 路 53Gbps 的 PAM-4 信号(如400G-SR8/FR8/LR8)或者 4 路 106Gbps 的 PAM-4 信号(400G-DR4/FR4/LR4),封装采用OSFP 或 QSFP-DD 的形式。OSFP 和 QSFP-DD 封装都可以提供 8 路电信号接口。相比较来说,QSFP-DD 封装尺寸更小(与传统 100G 光模块的 QSFP28 封装类似),更适合数据中心应用;OSFP 封装尺寸稍大一些,由于可以提供更多的功耗,更适合电信领域应用。

400G-SR8 的光模块(图 16.4)采用收发各 8 根多模光纤进行信号传输,这个技术最早由 Google 等公司发起,后来 IEEE 协会于 2018 年成立了专门的 802.3cm 工作组对其进行标准化工作。这种光模块的优点是结构简单,采用了低成本的 VCSEL 激光器,所以成本便宜。缺点是由于每路光信号的数据速率为 53Gbps(26.5GBaud),在传统的 OM3 光纤上传输距离有限(约 70m),更远的传输距离需要重新铺设高规格的 OM4 光纤(可以到 100m)。另外,400G-SR8 技术收发各采用 8 根光纤,与传统的 100G 使用的收发各 4 路光纤的多模技术不太一样,可能涉及数据中心光纤的改造或重新铺设。

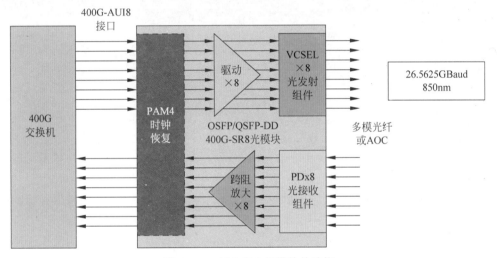

图 16.4　400G-SR8 光模块的结构

为了减少 400G-SR8 的光模块使用的光纤数量,400G-BiDi MSA 组织对其进行了改进工作,后来 IEEE 的 802.3cm 工作组也借鉴了相关技术。BiDi(Bidirectional)即单纤双向,就是在一根光纤芯内实现双向的信号传输。在 400G-BiDi 技术中,在同一根多模光纤内分别用 850nm 波长和 910nm 波长进行双方向的信号传输,其每个波长上的数据速率与 400G-SR8 类似。这种技术的优点是可以节省一半的光纤资源,与传统的 100G-SR4 多模技术一样可以用 8 根光纤实现 400G 的双向数据传输,但缺点是 910nm 波长的 VCSEL 激光器市场供应来源比 850nm 的要少,因而需要考虑货源和价格问题。另外,400G-BiDi 技术中需要在光模块内部增加针对两个波长的分路器件,会增加一些额外的成本和插入损耗,所以需要综合其成本与效益的平衡。

多模的光模块虽然价格便宜,但是对于 400G 应用来说传输距离有限,这大大制约了其应用的场合。特别是对于一些超大规模的数据中心,不同机房甚至同一机房间的连接距离都达到甚至超过几百米,这就需要采用传输距离更远的单模光模块和单模光纤。

　　图 16.5 是 400G-FR8 和 400G-LR8 模块的结构。在发送方向,这种模块把 8 路电信号
分别调制到 1310nm 附近的 8 个不同波长的激光源上,再把 8 路波长合路到 1 根单模光纤
上进行信号传输;在接收方向,通过单模光纤输入的 8 个波长的信号通过波长选择器件分
成 8 路,再分别进行光电转换和放大接收。这种传输方式节省了光纤资源,且可以传输比较
远的距离(2~10km),但是对于激光器的波长精度、稳定性有一定要求,而且需要 8 个激光
器并增加了额外的合波/分波器件,所以综合成本会比较高,适合于较远距离的传输。

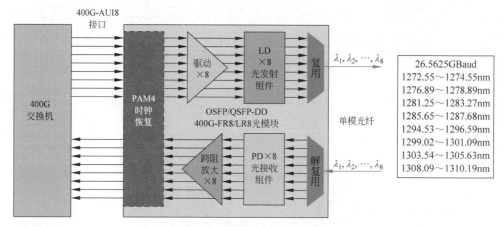

图 16.5　400G-FR8/LR8 光模块的结构

　　如果希望支持比多模光纤更远的传输距离,同时也希望不要使用那么多激光器,400G-
DR4(图 16.6)的光模块是一个比较合适的选择。400G-DR4 采用的是类似 100G-PSM4 的
并行单模技术,用收发各 4 根单模光纤进行 400G 信号传输。由于采用的是单模激光器和单
模光纤,所以传输距离比多模更远(达到 500m,增强版本可以更远)。由于是多根光纤传输,激
光器波长可以都一样(外调制时甚至可以 4 路共用一个激光器),对于波长的精度和稳定性要
求不高,因此成本比采用波分技术的模块要低,适合用中等距离的传输。值得注意的是,对于
400G-DR4 的模块来说,由于电接口是 8 路 50G 信号,而光接口为了减少光纤的使用量使用的
是 4 路 100G 信号,所以模块内部需要有专门的 Gearbox(变速箱)芯片实现速率的转换。

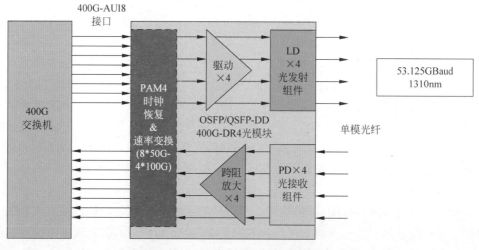

图 16.6　400G-DR4 光模块的结构

在前面介绍的 400G 单模技术中,DR4 模块的综合成本是最低的,但是传输距离一般只有 500m。FR8/LR8 的模块内部由于要放置 8 组波长精确可控的激光源,综合成本和功耗又比较高。随着单波长 100G 的光/电芯片技术的成熟,400G-FR4 技术(图 16.7)也被专门的 100G Lambda MSA 组织提出。在 400G-FR4 技术中,与 DR4 一样通过 Gearbox 芯片把单路光信号的速率提高到了 100Gbps 左右,从而减少了使用的光器件数量,同时又与 FR8/LR8 技术一样采用波分复用方式,节省了远距离传输的光纤成本。400G-FR4 可以满足 2km 的连接需求,由于光器件更少,所以比 400G-FR8 更有技术和成本上的吸引力;同时,100G Lambda MSA 组织也在着手制定 400G-LR4 的规范,以替代 400G-LR8 应用于更远的传输距离(10km)场合。

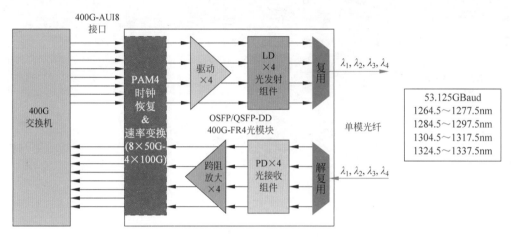

图 16.7　400G-FR4/LR4 光模块的结构

400G 电气测试环境

对于 400G 光模块来说,其主要的高速接口包含电输入接口、光输出接口、光输入接口、电输出接口,以及其他的电源和低速管理接口。对于 400G 光模块的电气性能验证来说,其主要测试项目分为光口发射机指标、光口接收机容限、电口发射机指标、电口接收机容限等。

典型的 400G 光模块的电气特性测试环境如图 16.8 所示(一些 25G、50G、100G、200G 速率的光模块也可以在这个环境下测试)。在这个环境下,可以用误码仪产生电信号激励给被测光模块,并用光采样示波器对其输出的光信号质量进行测试;也可以把光信号环回后进行基本的误码率和简单的功率灵敏度测试,或者对接收机电口输出的质量进行测试。如果被测件可以通过软件配置成电环回,还可以进行电口的接收抖动容限测试。在这个配置基础上,未来通过增加一些额外的设备,更可以扩展光压力眼或电压力眼测试项目。

对于 400G 的主机(如交换机或服务器网卡)来说,主要是电口相关的测试,其典型的电气特性测试环境如图 16.9 所示(一些 25G、50G、100G、200G 速率的交换机也可以在这个环

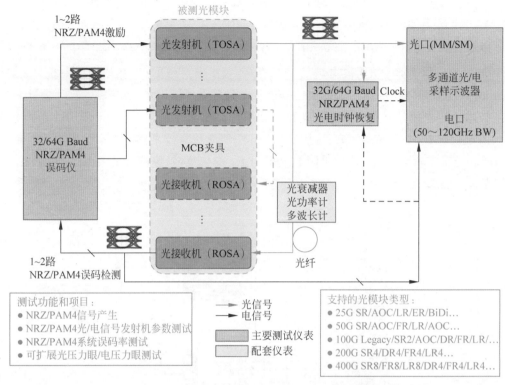

图 16.8　典型 400G 光模块的电气特性测试环境

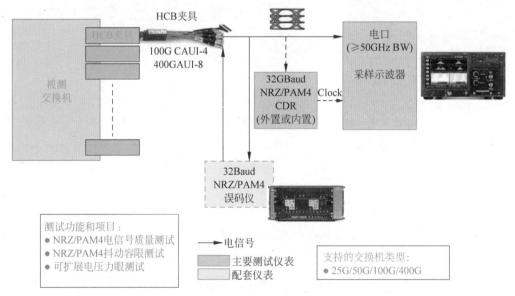

图 16.9　400G 主机的电气特性测试环境

境下测试)。在这个环境下,可以用示波器测量电口输出的信号质量,也可以在误码仪的配合下进行电口接收抖动容限的测试,未来通过一些设备的扩展还可以完成全面的电压力眼测试。

400G 的电口测试

400G 的主机和光模块之间的电连接采用了 PAM-4 的技术,而且电通道的损耗还是比较大的。图 16.10 是 IEEE 802.3bs 规范中对于主机和光模块之间电通道损耗的要求,虽然在传输 50Gbps 以上信号时,由于 PAM-4 调制技术的采用使得信号的符号率只有 26.5GBaud,对于通道损耗的要求会宽松一些,但 10dB 以上的通道损耗还是会使得接收端信号眼图完全闭合。为了补偿这个损耗,电口的发射端和接收端都会采用非常复杂的预加重和均衡技术。虽然理论上收发端应该通过一些链路协商设定出一个最优的组合,但是不同交换机和光模块厂商的预设值和链路协商机制仍然可能不完全一样,这就会造成主机和光模块之间的适配和兼容性问题。为了减少或规避这个问题,就应该进行全面的电口参数测试。

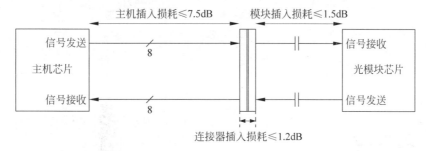

图 16.10 主机和光模块间电通道损耗的要求(参考资料:IEEE 802.3bs)

电发射机测试主要用于验证被测电口输出的质量,其测试可以使用实时示波器,也可以使用采样示波器。对于 IEEE 定义的 26.56GBaud 信号来说,测试建议使用至少 33GHz 带宽的 4 阶 Bessel-Thomson 频响曲线的示波器。对于采样示波器来说,由于其频响曲线接近 4 阶 Bessel-Thomson 形状,所以 33GHz 以上带宽即可;而对于实时示波器来说,通常采用砖墙式频响,为了模拟出测试所需的频响曲线会牺牲一部分带宽,所以建议至少 50GHz 带宽。

对于光模块来说,其电口的测试方法如下:被测光模块插在 MCB 夹具上,上电并配置正常工作;误码仪产生 PRBS13Q 的 PAM-4 电激励信号送给光模块一路电输入端,光模块相邻电通道上输入 PAM-4 的串扰信号;输出光信号环回到光接收机,并测试其电通道输出的 PRBS13Q 信号参数。对于主机设备来说,通常可以配置其主动发出测试需要的 PRBS13Q 码型,通过 HCB 夹具接入示波器进行测试即可,主机设备的典型测试环境如图 16.11 所示。

眼高(Eye Height)和眼宽(Eye Width)是电信号质量测试的重要参数。对于光模块输出端电信号眼图的测试来说,还需要模拟出信号经过主机内部走线损耗的影响,因此要在捕获到的信号上叠加上约 6.4dB 的传输通道损耗再做信号均衡和眼图测试。电眼图的测试原理以及示波器中做电信号一致性测试的软件界面如图 16.12 所示。

除了电口发射的信号质量的测试,其接收容限的测试也同样重要。由于电信号经PCB、连接器传输会产生较大的损耗和发射,所以电接收机测试项目可以验证被测件对于恶劣电信号的容忍能力。在接收容限的测试中,抖动容限的测试相对简单一些,而电压力眼的测试相对复杂一些,两者的区别在于抖动容限只产生抖动的压力,而电压力眼还对压力信号的眼张开度有要求,需要额外注入噪声和码间干扰的影响。

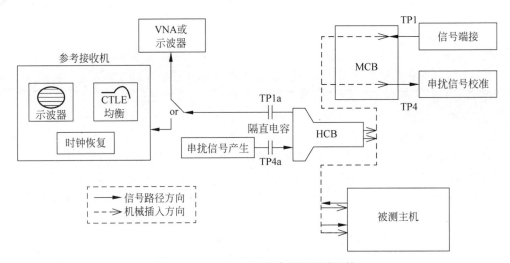

图 16.11　400G 主机的电眼图测试环境

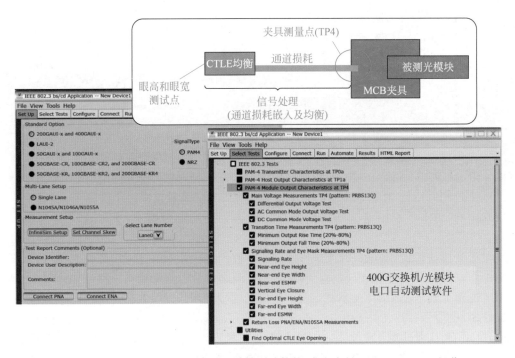

图 16.12　电眼图测试方法及电口一致性测试软件(参考资料：IEEE 802.3bs 规范)

　　IEEE 802.3bs 规范中对于光模块的电压力容限测试方法描述如下：通过参考电发射机(通常是码型发生器)以及抖动注入源、码间干扰源和串扰源(可以用 PCB 走线和宽带噪声源产生)，将压力电信号输入 MCB 夹具。之后将参考接收机(通常是示波器)通过 HCB 夹具与 MCB 夹具连接在一起，对压力电信号进行校准。PAM-4 电压力信号由眼图对称模板宽度 ESMW、眼宽 EW、眼高 EH、正弦抖动 SJ 的频率和幅度等来表征。经过校准的电压力信号接入被测通道，并由模块内的 FEC 误码检测功能进行误码与接收容限测试，或将信号环回输出至外部的误码分析仪进行分析。对于主机来说，其电口接收容限的测试方法基本一样,图16.13是一个典型的主机电压力眼测试的组网。

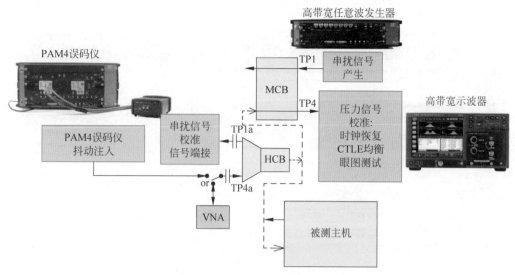

图16.13 主机电压力眼测试环境

400G 的光口测试

光口信号质量是光模块最重要的测试指标。对400G光模块来说,其测试方法如下:被测光模块插在MCB夹具上,上电并配置正常工作;误码仪产生1路或2路电激励信号送给光模块的电输入端,使得被测光模块输出SSPRQ的光信号,模块的相邻电通道上注入PAM-4的串扰信号。输出光信号经时钟恢复进入采样示波器进行光发射机参数测试。PAM-4光信号的主要测试指标是消光比、光调制幅度以及 TDECQ(Transmitter and dispersion eye closure for PAM-4)等。TDECQ即发射机色散代价,是衡量光发射机经过一个典型的光通道后眼图闭合度的指标。关于TDECQ的测试前面章节已经详细介绍过,这里不再赘述。图16.14是对PAM-4光信号进行消光比、光调制幅度以及TDECQ测试的例子。

除了光发射机信号质量的测试以外,光压力眼(Optical Stress Eye)的测试对于接收机的质量验证也非常重要。由于光模块接收到的光信号通常经过很长距离的光纤传输,接收到的光信号上可能叠加了色散以及各种抖动、噪声,所以光压力眼的测试可以用于验证被测光模块对于恶劣光信号的容忍能力。

IEEE 802.3bs规范中对于光接收机的压力容限测试方法描述如下:通过信号发生器产生PAM-4的电信号并注入抖动、噪声、码间干扰等,并经参考的光发射机(电/光转换)以及光衰减器等产生所需的光压力信号。光压力眼信号由其光功率、消光比ER、光调制幅度OOMA、压力眼图闭合代价SECQ等来表征。生成的光压力信号要由一个参考光接收机进行校准,以确保其参数符合规范要求。校准后的光压力信号输入被测接收机的一个通道(其余通道输入正常通信的光信号),由被测光模块接收并转换为电信号,这个电信号再送到误码仪的误码检测端口进行误码率统计。测试中还可以逐渐减小功率或增加抖动来测试被测件的极限能力。图16.15是一个典型的400G光模块的光压力眼测试框图。

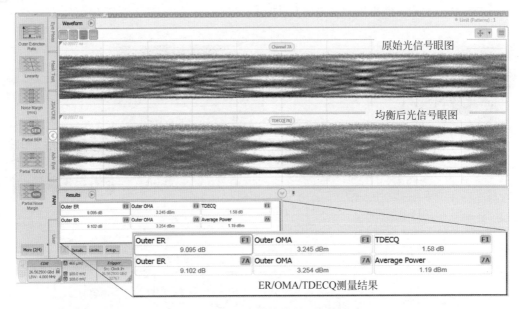

原始光信号眼图

均衡后光信号眼图

Outer ER	F1	Outer OMA	F1	TDECQ	F1
9.095 dB		3.245 dBm		1.58 dB	
Outer ER	7A	Outer OMA	7A	Average Power	7A
9.102 dB		3.254 dBm		1.19 dBm	

ER/OMA/TDECQ测量结果

图 16.14 400G 光模块的光口参数测试

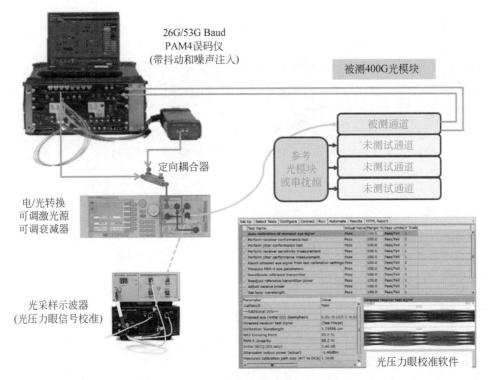

26G/53G Baud
PAM4误码仪
(带抖动和噪声注入)

被测400G光模块

定向耦合器

电/光转换
可调激光源
可调衰减器

被测通道
未测试通道
参考
光模块
或串扰源
未测试通道
未测试通道

光采样示波器
(光压力眼信号校准)

光压力眼校准软件

图 16.15 400G 光模块的光压力眼图测试

由于整个校准和信号调整涉及电信号幅度、电信号预加重、电信号抖动、噪声幅度、激光器功率、调制器偏置点、衰减器衰减值等一系列的调整,而且调整其中一个参数可能会影响到生成的光信号的多个参数,为了保证测试的效率和测试结果的重复性,最好是用专门的光压力眼校准软件来进行相应的参数调整和测试。图 16.16 是通过光压力眼校准软件校准后的一个 400G 光压力眼的相关参数。

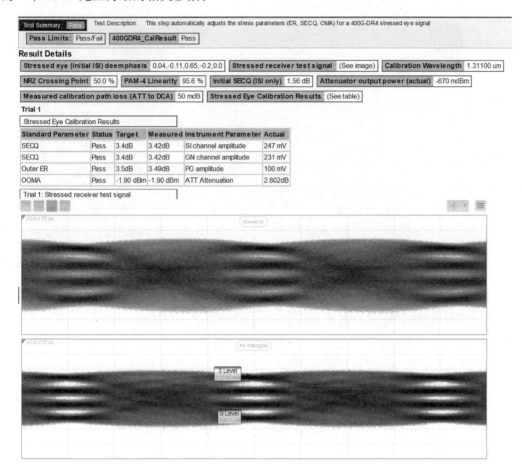

图 16.16　光压力眼校准结果

FEC 下的流量测试

400G 的光模块普遍采用了 PAM-4(4 电平调制)技术,虽然减少了高速信号传输需要的带宽,但由于信噪比的恶化,使得其原始误码率很难达到传统两电平调制时 10^{-12} 以下的水平,所以原始误码率的要求比较宽松一些,比如 IEEE 802.3bs 中对于光口误码率的要求仅为 2.4×10^{-4}。由于很多数据包的传输在这么高的误码率下会造成严重的丢包,所以 FEC(前向纠错)技术被普遍采用。在 400G 以太网中,通过 RS(544,514) 的 FEC 纠错可以保证最终的丢包率在可以接受的范围之内($< 6.2 \times 10^{-11}$)。由于 FEC 能发挥作用的前提是误码的分布是均匀的且小于一定的阈值,因此在系统测试阶段不仅需要对系统间通信的原始误码率进行测试,还需要测试经过 FEC 修正后的丢包率,并验证在出现随机错误符号或者频率偏差时系统性能是否受到影响。典型的系统测试环境如图 16.17 所示。

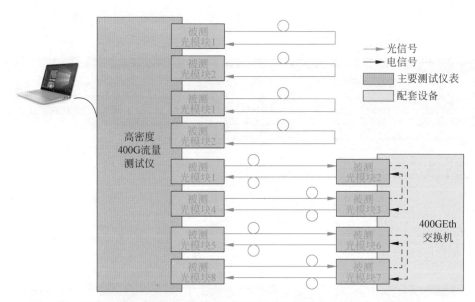

图 16.17　交换机及光模块流量测试

其测试方法如下：在流量测试仪上运行以太网流量测试软件，并发送 64 字节长度、100% 线速率的数据帧，测试 FEC 前的原始误码率（应小于 2.4×10^{-4}）；累积至少 2.0×10^{12} 个数据帧后，读取端口的 Frame Loss Ratio 值应小于 6.2×10^{-11}；在流量测试仪上进行 FEC 后单个或多个误码（每个编码后的数据帧内小于 15 个错误符号）注入，并验证系统丢包率在什么情况下会超出规范要求（验证系统对错误的容忍度）；在流量测试仪上对速率进行 100ppm 的调整，并验证丢包率是否仍然满足规范要求（验证系统对时钟偏差的容忍度）。图 16.18 是进行 FEC 修正前的误码率及 FEC 修正后的丢包率测试的例子。

	Transmit Neighbor Solicitations	0	0
	Transmit Neighbor Advertisements	0	0
	Receive Neighbor Solicitations	0	0
	Receive Neighbor Advertisements	0	0
每个编码字中最大错误数	FEC Total Bit Errors	20,950	19,943
	FEC Max Corrected Symbols	2	2
FEC修正后的丢包率	FEC Corrected Codewords	20,179	16,543
	FEC Total Codewords	4,144,218,376	4,179,800,148
	FEC Frame Loss Ratio	0.00e+000	0.00e+000
FEC之前的原始BER	pre FEC Bit Error Rate	9.29e-010	8.77e-010
	FEC Codeword with 0 error	4,144,198,197	4,179,783,605
	FEC Codeword with 1 error	19,821	15,624
	FEC Codeword with 2 errors	358	919
	FEC Codeword with 3 errors	0	0
	FEC Codeword with 4 errors	0	0

图 16.18　FEC 修正前的误码率及修正后的丢包率

综上可见，数据中心内交换机之间的光互联网络正在从 100G 到 400G 过渡，针对不同应用场景的技术也在彼此竞争。400G 交换机和光模块作为未来数据中心内部光网络互联的关键硬件设备，也面临速率、功耗、体积、成本等方面的挑战。同时，PAM-4 和 FEC 技术的广泛采用也使得 400G 系统的测试和评估方法与传统的 100G 系统有比较大的区别。为了保证其在有限成本和功耗下的性能，需要对其光口/电口的输出信号质量和接收容限及承载真实业务数据下的丢包率等表现进行详细的测试，以保证设备间良好的互联互通及可靠数据传输。

第17章

800G以太网的挑战与测试

800G 光互联技术的发展

随着数据中心和互联网上数据流量的激增,可能很快 400G 的互联技术就不能满足一些大带宽业务的需求,于是 800G 互联的技术研究也被提上了日程。800G 以太网的光互联技术中,有些是从 400G 以太网继承过来的,另有一些是需要全新开发的。2021 年,OIF 和 IEEE 已经开始立项关于 800G 以太网技术的工作组,业内也有一些 MSA(Multi-Source Agreement)的行业联盟在进行一些初步的讨论。图 17.1 展示的是 2019 年由信息通信研究院、华为、海信、腾讯等公司牵头成立的 800G-MSA 标准化组织发布的白皮书中关于 800G 光互联的技术路线图。

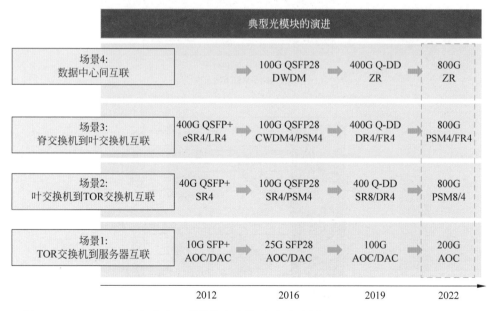

图 17.1 800G-MSA 组织的光互联的技术路线图(参考资料:https://www.800gmsa.com/)

800G 以太网的光口主要有两种技术实现方式:一种是采用 8 路并行单模(800G-PSM8 或 800G-DR8,最终名称还有待统一)光纤用于短距离连接(比如 500m 左右);另一种是采用 4 路并行单模(800G-PSM4 或 800G-DR4)或粗波分单模(800G-FR4)光纤用于中等距离连接(比如 1km 左右)。业界也还在讨论用 8 路多模光纤实现短距离(几十米)800G 连接的可行性,主要受限于可商用的 VCSEL 激光器带宽,其最终产业化的可行性还有待观察。

800G 光互联的具体实现方式如图 17.2 所示。图中左边是一个 8 路光口的 800G-PSM8 或 DR8 光互联方案。从光接口方面,这种实现方式与目前的 400G-DR4 没有特别大的区别,只是通道数量增加了一倍,因此已经有成熟的芯片和产业链支持。从电口方面,之前的 400G 以太网主要采用的是 8 路 50Gbps 的连接,而 800G 以太网的交换机芯片和光模块之间电口的速率要提升到单通道 100Gbps,这样才能用 8 路提供 800Gbps 的能力。800G 以太网的光模块也还可以使用类似 400G 光模块的 QSFP-DD 或者 OSFP 封装,但其性能需要提升以支持更高的电接口速率。从 2020 年底开始,已经有芯片厂商发布支持单通道

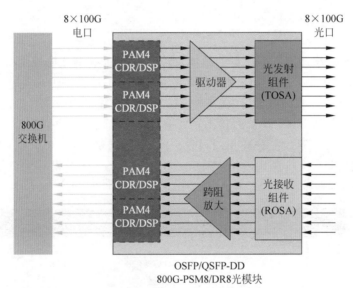

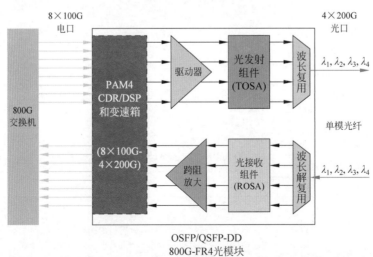

图 17.2 800G 光互联的典型实现方式

100Gbps 的 CDR/DSP 芯片和更高性能的 QSFP-DD 及 OSFP 封装,因此用 8 路 100Gbps 的电口和光口实现 800G 连接的技术方案已经没有太多的技术瓶颈,如果功耗和成本可以控制,可以比较快走向商用。图中右边展示的是 4 路光口的 800G-FR4 光互联方案,这种方案会带来真正全新的挑战。因为在这个技术方案中,光模块内部还需要把 8 路 100Gbps 的电信号复用成 4 路 200Gbps 的电信号,然后再用这 4 路 200Gbps 的电信号去驱动 4 个非常高速度的光调制器。相对于前一种方案,由于光口的速率会提升到 200Gbps,所以需要定义全新的光口标准,还需要更高带宽的器件(比如支持单通道 200Gbps 以上的 DSP、驱动器、调制器、TIA 等)。目前这种技术还处于预研阶段,关于其调制方式、波特率、系统带宽、链路预算、误码率、FEC 方式等还都在探索和讨论中。

2020 年底业界已经有领先的光模块厂商率先发布了基于 8 路 100Gbps 光口技术的 800G 光模块样品,2021 到 2022 年是 800G 技术和标准成熟的关键时间窗口,会有更多标准化组织以及公司参与到 800G 技术的预研以及推出相关产品。

接下来,我们针对 800G 光互联中涉及的电口和光口速率升级带来的挑战做具体介绍。

800G 以太网的电口技术挑战

前面提到,800G 以太网的电口要采用 8 路 100Gbps 的 PAM-4 电口技术,这个速度相对于 400G 以太网来说提高了一倍,因此对于电口芯片、DSP 芯片、封装等都有很大挑战。目前业界已经有一些相应的标准对 100Gbps 的电口进行定义,比如 OIF 组织的 CEI-112G 标准,以及 IEEE 组织的 802.3ck 标准。考虑到 PAM-4 编码以及编码开销,其单路的实际数据速率是 106.25Gbps,对应的信号波特率为 53.125GBaud。OIF 组织制定的标准比较早,在 2019 年已经初步发布了一系列针对不同场景的电口标准(图 17.3),比如说有针对芯片封装内短距离连接的 CEI-112G-MCM/XSR 标准,有针对交换机到光模块互联的 CEI-112G-VSR 标准,还有通过中板或背板这种中长距离连接的 CEI-112G-MR/LR 标准。在后续 IEEE 组织的 802.3ck 标准的 C2C(芯片到芯片:Chip to Chip)和 C2M(芯片到模块:Chip to Module)接口中,也借鉴了 OIF 标准中一些参数的定义。

当要采用光模块进行远距离的光连接时,光模块和交换机芯片之间的电口标准主要参考 OIF 组织的 CEI-112G-VSR 标准(或者类似的 IEEE 组织 802.3ck 规范中定义的 100GAUI-1 C2M 标准)。其最典型的电传输通道的损耗在 Nyquist 频点处(信号波特率的 1/2 处,即 26.5GHz 处)不能超过 12dB,这对于芯片封装、PCB 材料以及连接器性能都提出了很高的要求。为了解决这个问题,业内也已经有些新的光模块封装以及新型的电连接技术。图 17.4 左边是一种新型的 QSFP-DD800 的封装,在与原来的 400G 模块的 QSFP-DD 封装兼容的基础上可以支持 8 路 100Gbps 的电信号传输;另外,也有些新型的 OSFP 连接器也可以支持到 8 路 100Gbps 的电信号传输,OSFP 的封装尺寸更大,在需要放入更多激光器或者需要支持更大功耗的场合会有优势。除了光模块的封装以外,PCB 损耗的影响也非常重要。采用了更高速率的电口以后,相同材质在信号的 Nyquist 频点造成的损耗可能会是原来的 1.5～2 倍,这就制约了从交换芯片到光模块插槽之间能够达到的 PCB 走线距离。为了解决这个问题,业界也采用了一些新的技术手段,其中最有代表性的就是采用 Twinax 电缆(双同轴电缆)替换 PCB 走线实现交换芯片到光模块插槽之间的电连接,如 Samtec 公

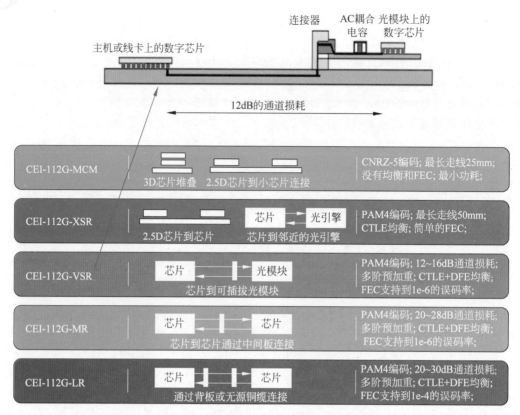

图 17.3　OIF 组织制定的 112G 电口标准

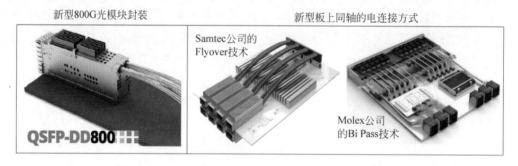

图 17.4　800G 光模块的典型封装及 Twinax 电连接方式

司的 Flyover 技术(参考资料：www.samtec.com)以及 Molex 公司的 BiPass 技术(参考资料：www.molex.com)等。双同轴电缆内部采用一对屏蔽的同轴线,在相同走线长度和频率下的损耗大约可以做到一些典型高频板材(如 Megtron6 板材)的一半左右,因此可以支持较远的电连接距离。为了进一步减小芯片封装或 PCB 的影响,还有些公司也在研究从芯片上直接出同轴电缆的方式,比如 2020 年 Intel 公司展示的在芯片上直接提供同轴线连接的 112G 和 224G 接口 I/O 技术(参考资料：https://www.anandtech.com/show/16020/intels-new-224g-PAM-4-transceivers)。

　　再往未来发展,有可能连电信号都不用再往芯片以外引出,比如近些年关注度很高的光电共封装(Co-package)技术,就是在交换机芯片或计算芯片上直接集成光引擎,从而实现芯片直接提供光连接接口。目前光电共封装技术还有很多技术问题需要解决(如功耗、散热、不同材料的集成等),在其普及之前,新型的800G光模块封装、Twinax电连接技术以及在PCB上增加电中继芯片的方案都可以用于减小电信号损耗造成的影响,使得可插拔光模块在800G时代仍然可以成为主流的技术选择。

决定800G以太网技术在数据中心领域能否普及的另一个关键因素是交换机芯片的能力。2020年底市面上已经有支持100Gbps Serdes接口的25.6T容量交换机芯片发布,随着更大容量的51.2T容量交换机芯片发布,网络架构可以变得更加密集和扁平,800G技术会进入快速发展阶段。

800G以太网的光口技术挑战

对于800G以太网的光口技术来说,单路100Gbps的光口技术在400G以太网标准中已经成熟商用了,除了功耗和体积的制约以外,技术实现上已经没有太多挑战,真正的难点来自于用4路实现800G连接时需要用到的单路200Gbps光口技术,下面将就这个技术的挑战进行展开讨论。

截至2021年上半年,单路200Gbps的光口技术(或者称为单波200G)在整个业内都还没有标准,甚至是否还要采用PAM-4的调制方式都还在讨论。继续沿用PAM-4调制的优点是业界已经对这种技术做过很多研究,有完整的产业链支持,但缺点是对整个链路上器件带宽的要求比较高。如果继续采用PAM-4调制,假设单路的数据速率达到224Gbps,那么波特率就是112GBaud,这样整个的系统的调制器、探测器、ADC/DAC的带宽应该要达60GHz左右甚至更高,需要有一系列更高带宽可以商用的器件来支撑。而如果不希望信号的波特率那么高,也可以选择更复杂的PAM6或PAM7甚至PAM8调制,这样一个符号可以承载更多的比特,信号的波特率为70~80G左右就可以了,器件带宽也不需要那么高。但是,更复杂的调制也带来另一个问题,就是对系统信噪比的要求会更高。目前来看,PAM-4技术在业界多年的努力下刚刚开始进入商用,如果再换一种全新技术,又要做很多新的研究。因此,未来单路200Gbps的光口仍然采用PAM-4调制的概率比较大,但是也不完全排除新的调制方式的可能性,在做技术方向选择和规划时,要考虑足够高的灵活性。

采用更高速率的光口还需要引入新的误码率标准、新的FEC(前向纠错)编码方式以及更复杂的均衡器。在100G以太网的时代,FEC前向纠错并不是强制的,到了400G以太网时代,由于采用PAM-4调制,光口几乎不可能做到零误码率,所以FEC就变成强制的了。在400G以太网中,只要原始误码率不超过2.4×10^{-4},且误码是均匀分布的,通过FEC就可以保证可靠的通信。但对于800G以太网来说,如果光口单路的速率提高到200Gbps,原始的误码率会更高,比如会到10^{-3}左右。为了应对这么大的误码率并能够对其进行纠错,就需要更加强大的FEC算法,比如完全定义一种新的FEC,或者在原来的KP4的FEC编码上面再封装一层新的FEC,这两种方式都会增加一些额外的数据开销。而FEC越复杂,则系统的端到端延时会越大,用来实现FEC功能的芯片功耗也会更大,因此最终的FEC方法选择要在误码率、FEC能力、时延、功耗之间做很好的平衡。

影响系统误码率的另一个很重要的因素是接收端的均衡能力,因为多电平的信号本身眼张开度就很小,经过光纤传输又会受到色散和损耗的影响,到了接收端眼图都很难睁开了。在 IEEE 组织定义的 400G 以太网标准 802.3bs 中,其接收端的参考均衡器是一个 5 抽头的 FIR 滤波器,但实际上很多芯片公司真正用的均衡器都比这个参考均衡器复杂得多,比如滤波器的抽头数量可能会到十多个甚至二十多个。接下来如果往单路 200Gbps 的技术发展的话,肯定会需要一些更复杂的均衡器,这也会增加系统 DSP 芯片的功耗。同时,在真实的光信号测量过程中,测量仪器内部也需要构建一个更复杂的参考均衡器来进行光信号参数的测量,这也增加了测试测量的复杂度和测试时间。

因此,对于用直接调制方式实现单路 200Gbps 的光信号传输来说,截至 2021 年上半年还有很多技术上的不确定性,比如调制方式、信号波特率、器件带宽、信噪比要求以及系统误码率、FEC、均衡器的机制等,这些在 2021—2022 年都是需要突破和确定下来的关键技术。

112Gbps 电口发送/接收测试

首先,我们来看一下 800G 以太网互联中使用的 100Gbps 电接口的测试,重点介绍用于交换机和光模块连接的电口测试。这个电口的标准在 OIF 组织的 OIF-CEI-112G-VSR 中有详细定义,后续 IEEE 组织的 802.3ck 规范中 100GAUI-1 C2M 接口也主要参考了 OIF 组织的定义。

图 17.5 是一个典型的主机输出的信号质量测试连接图。在 IEEE 的标准中,100G 电口的实际速率是 106Gbps,而 OIF 的标准中允许最高数据速率到 112Gbps,由于采用 PAM-4 调制,所以实际它的波特率是 53~56GBaud。对于信号质量测试来说,测试工具可以是高

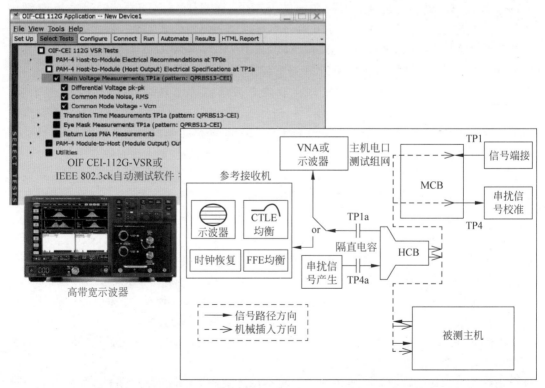

图 17.5　112G 电口信号质量测试(参考资料:**OIF CEI-112G-VSR-PAM-4 Very Short Reach Interface**)

带宽的采样示波器或实时示波器,相关标准对示波器带宽的要求还在不断更新中,在最终标准确定前建议使用不小于 50GHz 带宽的示波器做相关主机或光模块电口的测试,并注意相关规范对于示波器频率响应的要求(比如是 4 阶 Bessel-Thomson 滤波器还是 4 阶 Butterworth 滤波器)。主机或光模块电口的测试通常是通过测试夹具引出信号的,信号的上升时间不会特别陡,但如果是做器件或者芯片的性能研究和评估,建议最好使用 80GHz 以上带宽的示波器。除了对示波器带宽和本底噪声的要求以外,100Gbps 以上 PAM-4 电信号的测试中还涉及很多的分析算法。比如需要按照标准的环路带宽对信号做时钟恢复并以此累积形成眼图,还需要对信号进行 CTLE 的均衡调整(最高增益到 12dB)以及 DFE 的均衡调整(4 阶),并对形成的眼图进行统计和外推参数测试。这部分的算法比较复杂,我们不再详细介绍。为了简化测量,可以使用专门的信号质量一致性测试软件帮助完成自动的参数测量。

对于电口的接收机测试来说,主要是使用误码仪配合相应的示波器、软件、夹具来进行,测试前需要先用电接收的自动测试软件控制示波器对误码仪输出进行校准。图 17.6 是一个典型的 800G 光模块电口接收机压力测试的参考组网,其主要用误码仪的高速信号发生模块产生带抖动和噪声的电压力信号,再通过传输通道和测试夹具注入被测光模块的电口,然后通过被测件环回后进行误码率测试。其主要接收机压力测试步骤如下:

- 对码型发生器的信号参数进行校准,包括幅度、正弦抖动、BUJ 抖动、UUGJ 抖动等,并对串扰信号进行幅度和斜率的校准。
- 根据通道损耗和发射机特性设置最优的发射机参数,特别是预加重参数。
- 用示波器对经过传输通道的压力信号进行参数调整,如信号幅度、随机抖动等。这个过程涉及多个维度的参数调整,需要多次反复进行,直到得到需要的压力信号的眼高、眼宽、眼闭合度等结果,因此最好通过自动测试软件完成。
- 连接被测设备,在电接口注入压力和串扰信号,通过光口或电口内部环回进行误码率测试。

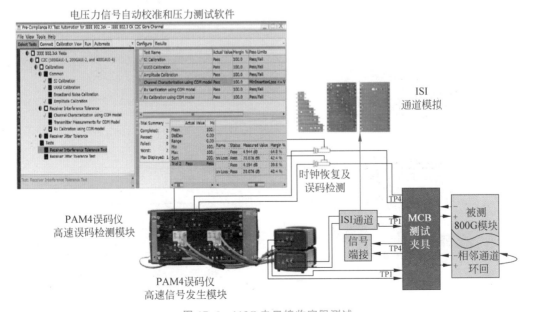

图 17.6 112G 电口接收容限测试

224Gbps 电信号产生

接下来,我们重点关注下第二代 800G 以太网的光模块,特别是其中可能使用的 200Gbps 速率的电信号的产生及光口的测试。需要注意的是,这里所说的 200Gbps 是一个粗略的速率,实际上考虑到编码开销和 FEC 纠错,实际的信号数据速率会超过 200Gbps,目前暂时把目标定在 224Gbps 左右。

首先,新型光口的研究先要进行相关光电器件的性能研究,比如调制器、探测器、驱动器等,这些器件的测试都要先在电域产生高速电信号,并能够进行灵活的参数调整,比如幅度(用于适配不同器件电压要求)、非线性(用于补偿器件的增益压缩)、调制格式(用于研究不同调制格式的性能差异)、预加重(用于补偿封装和传输线带宽)等。要同时满足这些高速和灵活性的要求,预研阶段能够使用的最合适的商用设备就是高带宽的任意波发生器。现在业内最高性能的任意波发生器可以在一个机箱内提供 2~4 个高速通道,每个通道都可以提供 256G/s 的采样率以及 8bit 的分辨率。由于任意波发生器中的核心器件是高速的 DAC 芯片,因此很容易产生多个电平的信号,比如 8bit 的 DAC 理论上可以产生 256 个电平,这样如果希望采用 4 电平、8 电平甚至更多电平调制,都不是太大的问题。另外,由于任意波发生器可以通过下载不同的数字波形生成不同信号,所以可以很灵活地通过数字域的信号处理或预失真技术进行信号频响补偿和参数调整。

图 17.7 是用超高带宽任意波发生器产生的高速电信号的实际测试结果。这里展示了三个典型的电信号测试结果,信号激励用的都是 256G/s 采样率的任意波发生器,信号测试使用了 85GHz 以上带宽的采样示波器。其中,右上角的图是 128G 波特率的 PAM-4 信号,相当于 256Gbps,这个眼图张开得还是很好的;右边中间的图把速率提高到 136G 波特率,相当于 272Gbps,这时的眼图张开就比较小了,但至少还能比较清晰地区分出各个电平;右下角的图是一个 56G 波特率的 PAM16 调制的信号,虽然波特率不高,但由于采用 16 电平

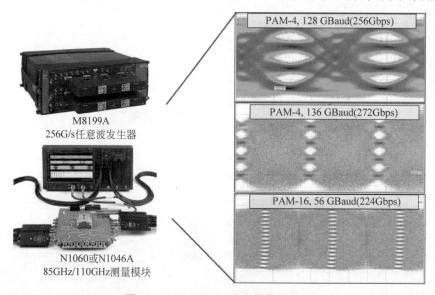

M8199A
256G/s任意波发生器

N1060或N1046A
85GHz/110GHz测量模块

PAM-4, 128 GBaud(256Gbps)

PAM-4, 136 GBaud(272Gbps)

PAM-16, 56 GBaud(224Gbps)

图 17.7   224Gbps 以上电信号的产生

的调制,一个符号可以承载 4bit,所以等效的数据速率也是 224Gbps。可以看到,采用高带宽任意波发生器做高速信号的产生,不管未来下一步是采用 PAM-4、PAM8 或者其他调制技术,都可以有足够多的灵活性去支撑这些技术的预研。当然,采用任意波形发生器的方案也会有一定的局限性,比如要调整波形参数时需要向仪器内重新下载波形文件,抖动注入和产生的码型长度会受到内部波形存储深度的制约等,这些可以等标准进一步完善后,再由专门研发的误码仪来解决。

224Gbps 光电器件测试

在超高速光电器件的研发和评估阶段,电信号产生出来后,会通过调制器把信号调制到光上,再通过探测器进行接收。其中,调制器性能会影响到电转换为光的信号的质量,探测器性能会影响到光转换为电的信号的质量。对于光调制器和探测器的性能评估有两种基本的方法:一种是器件自身频域参数的评估,如带宽、增益、平坦度等;另一种是加上信号激励之后的时域参数的评估,如眼图、TDECQ 等。

频域参数是衡量高速光电器件性能的最基本指标,在器件评估、选型、系统仿真阶段都需要用到其频域参数。当前的学术界已经可以基于薄膜铌酸锂或硅光微环调制器实现超过 60GHz 的调制带宽,而探测器的带宽则可以更高,但是要实现成熟的商用还需要解决很多一致性和稳定性问题。为了对相关器件整个频域(包括带宽之外的频域滚降特性)的特性进行详细验证和评估,需要用到 80GHz 以上的光波元件分析仪(Lightwave Component Analyzer,LCA),有时也俗称光网络仪。

图 17.8 是一款可以覆盖到 110GHz 频率范围的光波元件分析仪。主要由矢量网络分析仪、毫米波频率扩展座、频率扩展头等实现覆盖 110GHz 频率范围的电信号产生和接收,由光电器件测试控制座、光参考发射单元、光参考接收单元实现电/光或光/电信号的转换。

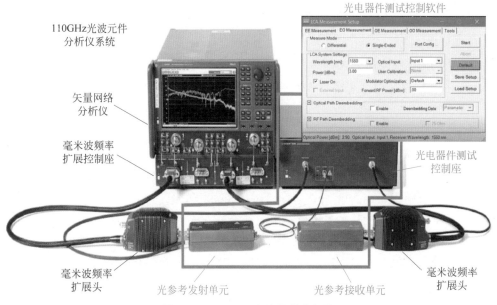

图 17.8　110GHz 光波元件分析仪

整个系统在测试软件的控制下实现电信号校准、光发射/接收单元校准、光电器件性能测试等。根据不同被测件的特点,通过灵活的配置连接,整个系统可以实现光-光器件(如光纤或光放大器等)、电-光器件(如激光器、调制器等)、光-电器件(如探测器等)、电-电器件(如放大器、驱动器等)的频域参数(如带宽、增益、带内平坦度、S 参数)测试。

224Gbps 光口信号测试

频域参数虽然是影响系统性能的根本和关键性因素,但是对于最终时域信号的影响毕竟不是特别直观,所以在后期阶段还会对光器件进行时域性能的参数测试,如光眼图、上升时间、线性度、TDECQ 等。要对高速光信号的时域参数进行测试,也有两种可以采用的方式:一种是使用带光口模块的采样示波器,另一种是用实时示波器加上相应的光电转换探头。这两种测量方式在有些方面可以实现相同或类似的功能(比如简单的光眼图或波形参数测量),在有些方面又不太一样(如频响方式、本底噪声、触发方式等),需要根据使用场景和测量目的来进行选择。图 17.9 展示了两种典型的高带宽光信号测量方案。

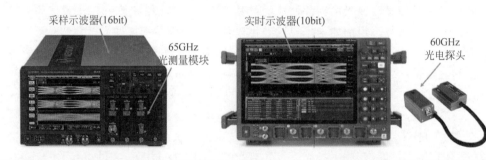

不同带宽下典型本底噪声(RMS)	1310nm	1550nm
53.125 GBaud PAM4 TDECQ(26.6GHz)	18μW	22μW
53.125 GBaud NRZ(39.8GHz)	30μW	35μW
60GHz	35μW	45μW
65GHz	80μW	95μW

65GHz光测量模块的本底噪声

滤波器类型	滤波器带宽	本底噪声(μW rms)@1310nm	本底噪声(μW rms)@1550nm
砖墙频响	60GHz	11.03	12.43
4阶贝塞尔	12.6GHz	4.52	5.08
4阶贝塞尔	29.5GHz	7.2	8.12

60GHz光电探头的本底噪声(20μW/格量程下)

图 17.9　60GHz 以上带宽的光信号测量方案

图中左边是基于采样示波器的测量方案,目前其光测量模块可以提供到 65GHz 的测量带宽。由于采样示波器带宽高、噪声低,而且有非常成熟的光路校准技术,所以一直是光信号测试的标准。224Gbps 光信号如果采用 PAM-4 调制,其波特率大约在 112GBaud,考虑到之前的 PAM-4 光信号标准中对于测量滤波器的要求是信号波特率的 1/2,所以 65GHz 的带宽可以覆盖到 224Gbps 光信号测量的最基本带宽需求。但是要注意的一点是,考虑到噪声和带宽呈正比关系以及光测量模块内部的设计,65GHz 的光测量模块的本底噪声比我们目前广泛应用于 400G 以太网光通信测量中的 30GHz 左右的测量模块噪声要高不少,所以需要输入信号有足够高的功率才能有较好的 TDECQ 测量效果。

图中右边是基于高带宽实时示波器加上光电探头的测量方案。传统上很少会推荐用实时示波器加光探头做光信号的一致性测试,原因是传统上实时示波器带宽低、ADC 位数也低(一般是 8bit),同时一致性测试会涉及很多标准性的问题,比如测量仪器的频率响应曲线、消光比的校准、暗电平的校准等。但随着技术的发展,实时示波器的带宽已经可以做到110GHz,并开始采用更高位数的 ADC 采样(10bit),而且也有高达 60GHz 的光电探头推出,因此可以开始逐渐应用于高速光信号的预研、调试或定性测量。特别是实时示波器强大的触发功能以及连续实时采样的特点,使其对特定领域的研究有其自身优势。实时示波器在采样前端电路中有可调增益的放大器,所以其本底噪声会随着输入量程的减小而减小,当输入信号功率没有那么大时,实时示波器在小量程下有可能比采样示波器有更优异的本底噪声表现。

图中的表格左边是 65GHz 采样示波器模块在不同带宽和波长下的本底噪声指标,基本与量程无关;图中右边的表格则是实时示波器加上光电探头在最小量程下的本底噪声表现,可以看到,在 60GHz 带宽下,实时示波器在最小量程下的噪声可能会比采样示波器小,这一点对于多电平信号的测试也是有利的。

但是,用实时示波器进行高速光信号测试时仍然有很多需要注意的事情。实时示波器的频响特性由于接近平坦的砖墙响应,要模拟出光信号测试常用的 4 阶 Bessel-Thomson 响应需要牺牲一定的带宽,比如 60GHz 的光电探头要模拟出 4 阶 Bessel-Thomson 响应,大概能做到 40GHz 左右带宽,这一点相对于采样示波器方案有一定劣势。而且实时示波器虽然已经提升 ADC 的位数到 10bit,但是相对于采样示波器的 14bit 或 16bit 来说还是差距比较大,所以在大量程下(输入信号功率比较大时)其本底噪声比采样示波器仍然要大。

因此,对于 224Gbps 光信号的测量,需要根据被测信号的功率、带宽需求、噪声、测量目的等综合选择具体的测量方案。随着技术的发展,相信也会有更高带宽、更低噪声的测量方案推向市场。

224Gbps 误码率测试

前面章节介绍的光电接口测试方案已经可以满足绝大部分针对 800G 以太网的光电接口性能测试,但有的用户还会希望进行器件或传输系统的误码率测试。如果是在 112Gbps 的电口进行误码率测试,或者是光口仍然采用 112Gbps 的光口技术,市面上已经有成熟的误码仪可以支持。主要的挑战还是在于 224Gbps 信号的误码率测试。一般来说,对于高速接口要进行误码率测试,主要有 3 种可用的方法:

- 被测的芯片内部有误码计数功能。这时可以用高速的码型发生器或任意波形发生器产生高速信号激励,用被测芯片内部的误码计数功能做误码统计。这种测量方法要求芯片已经做得比较成熟,包括已经把误码统计功能内置进去。在标准成熟前的预研阶段,这种方案一般不太容易实现。
- 用误码仪产生激励信号,被测件接收后再环回给误码仪,由误码仪进行误码率统计。这种方法被误码率测试广泛使用,但是,截至 2021 年市面上还没有能支持到单通道 224Gbps 的商用误码仪。
- 软件解码的方法,即捕获一段信号并通过软件解码计算误码率。这种方法的有效性取决于被测系统的目标误码率。在 NRZ 时代,系统能达到的误码率在 10^{-12} 以下,软件解码需要捕获非常长的数据流才能发现误码,实时性及有效性会非常差,用软件方法计算误码率不太现实。到 56Gbps 和 112Gbps 的 PAM-4 信号时代,由于光口的目标误码率在 10^{-4} 量级,电口的误码率目标在 10^{-6} 量级,已经有人尝试用软件解码的方法做误码率计算。对于224Gbps的光信号来说,由于其目标误码率可能在 10^{-3} 量级左右,也就是说只需要捕获几千个符号就可以进行有效的误码率计算,软件解码的方法变得可行。

因此,在被测芯片支持自己做误码率统计以及商用的误码仪产品推出之前,如果希望对224Gbps的光口或电口做误码率测试,可以考虑先用实时示波器捕获信号并做软件的误码率统计。

现代的高带宽实时示波器已经可以提供110GHz以上的电口测量带宽,以及通过光电探头提供60GHz以上的光口测量带宽,同时示波器内部还可以对信号进行自动的信号均衡、时钟恢复和PAM-4信号误码判决。图17.10是一个用实时示波器进行PAM-4误码率测试的例子。图中表格展示了在不同的目标误码率以及不同的测量时间下,打开5阶的FFE均衡时能够进行误码率计算的比特的数量以及相应测量结果的置信度。比如,在目标误码率为 10^{-5} 时,在1.2s左右的时间内可以实现 5.2×10^5 bit的误码率计算,对应的误码测试的置信度超过99%,还是比较可行的测试方案。当然,随着均衡器复杂度的增加,达到相应的置信度需要的测试时间会增加。受限于示波器自身的内存深度以及数据处理的速度,基于示波器的误码率测试方案可以支持 10^{-6} 以下水平的误码率测试。

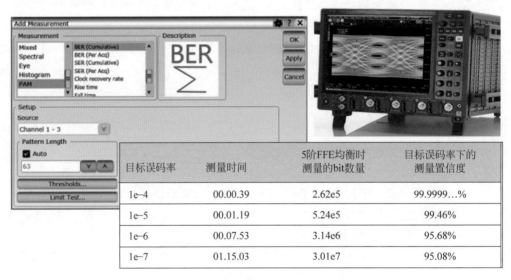

目标误码率	测量时间	5阶FFE均衡时测量的bit数量	目标误码率下的测量置信度
1e–4	00.00.39	2.62e5	99.9999…%
1e–5	00.01.19	5.24e5	99.46%
1e–6	00.07.53	3.14e6	95.68%
1e–7	01.15.03	3.01e7	95.08%

图 17.10　用实时示波器进行 PAM-4 误码率测试

需要注意的是,采用软件解码做误码率计算的方法虽然有可能达到 10^{-6} 以下的误码率测量水平,但是由于这种方法只是重复性地截取一段段数据做计算,而不是像真正的误码仪那样连续不间断地进行误码统计,所以其应用场景是对系统误码率水平进行抽样评估,而不是无遗漏的数据误码测量,这一点使用中要加以注意。

800G 以太网光电接口测试总结

图17.11总结了前面介绍的800G以太网的模块或芯片测试方案。根据被测件的类型不同,测量方案的组合可能是不一样的。

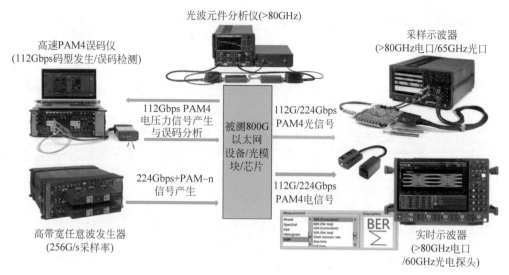

图 17.11　800G 设备/光模块/芯片测试方案

比如,对 112Gbps 的电口来说,其信号的产生和误码率测试使用现有的误码仪早已经可以实现;112Gbps 电信号的信号测试至少应使用 50GHz 带宽的采样或实时示波器,前期预研或芯片测试建议示波器带宽最好在 80GHz 以上。对于 112Gbps 的单模光口的测试,现有的光采样示波器以及时钟恢复模块也早已经可以支持;对于 112Gbps 的多模光口,目前业界还在讨论商用的可能性。

对于 224Gbps 的电信号的产生,可以用高速的任意波发生器产生最多 4 路激励信号;相应电信号的测试目前还没有标准,建议前期至少使用 80GHz 以上测量带宽,未来可根据标准再做调整。对于 224Gbps 的光口,近几年应该还没有采用多模方案的可能性,都是单模的方案,目前可以采用 60GHz 带宽以上的“采样示波器＋光测量模块”的方案或者“实时示波器＋光电探头”的方案,未来不排除有更高带宽测量方案推出的可能性。

对于用于 224Gbps 的关键器件如光调制器、探测器等性能评估,会用到 80GHz 以上频率范围的光波元件分析仪,主要用于器件研发及选型、系统仿真建模等。

如果要进行 112Gbps 电接口的误码率测试,目前市面上已经有商用误码率可以支持。而如果希望在 224Gbps 速率下对电口或光口(主要是针对 TOSA 或 ROSA 里面的关键光电器件)进行误码率测试,前期预研阶段可以采用实时示波器加软件解码的方案。未来,随着 224Gbps 技术逐渐标准化和成熟,相信也会有更高速率的误码仪产品上市推出。

需要注意的是,由于 224G 光口及电口截至 2021 年还没有相关标准,以上关于 224G 光口及电口测试的方案及带宽是针对预研的初步建议方案,随着技术的发展和成熟,以及测试测量技术的发展,相关的测试方案也需要同步进行更新。

第18章

5G承载网光模块测试挑战

5G 承载网络的架构变化

众所周知,5G 无线移动通信技术已经成为推动社会进步的革新技术。5G 的商用化离不开一个成熟稳定的通信网络,因此,5G 网络是商用化过程中非常重要的基础设施。虽然称之为无线移动通信,实际上只有从终端到基站间的无线接入网(Radio Access Network, RAN)部分是传输的无线信号,基站之后的数据传输都是依赖于一个稳定可靠的光承载网络(Optical Transport Network,OTN)。5G 技术需要同时兼顾高带宽(Enhanced Mobile Broadband,eMMB)、高可靠低时延(Ultra Reliable & Low Latency Communication, uRLLC)、大连接(Massive Machine Type Communication,mMTC)等多种应用场景,这对网络建设提出了很多全新的要求。光承载网络的带宽、覆盖能力、时延、可靠性、定时精度、扩展能力等直接影响 5G 网络能够提供的服务质量。图 18.1 是 5G 承载网相对于 4G 时代的架构变化以及不同业务对于时延的要求。

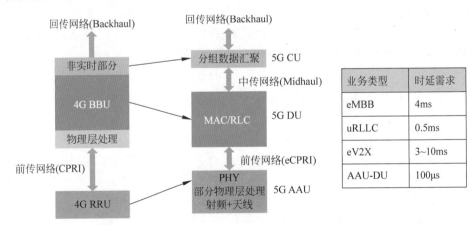

图 18.1 5G 承载网的变化及需求(来源:5G-Oriented OTN Technology,NGOF 组织,2018.3)

5G 的光承载网络相对于 4G 来说有几个比较大的变化。首先,5G 的网络带宽比 4G 高 1～2 个数量级,同时时延可以比 4G 小 1 个数量级,这是网络本身带宽和时延性能的提升。其次,5G 承载网络的架构和 4G 也有一些比较大的区别,比如说 4G 时代,是 BBU(基带单元)和RRU(射频拉远单元)之间用光纤通过CPRI协议来进行射频单元拉远的。在5G时代,会把BBU的一些功能再做一些分配。比如说把一些与波束成型和大规模MIMO有关的底层功能和射频部分及天线放在一起,这在5G中称为AAU(Active Antenna Unit,有源天线单元)。另外,会把一部分对实时性要求比较高的业务(如无线链路控制、物理层高层功能等)放在DU(Distribute Unit,分布单元)中,并把一些对时延不太敏感的业务(比如无线资源控制、分组数据汇聚等)放在CU(Centralized Unit,集中单元)中。

因此,整个5G的光纤承载网络就分为前传(Fronthaul)、中传(Midhaul)和回传(Backhaul)几个部分。根据具体的组网需求,也可能把某些部分合并,比如可以把DU和CU合并在一起,这样就没有中传了;回传部分连接的是核心网,核心网这部分正在慢慢地云化,可能更多地会使用一些类似数据中心的技术。

5G承载网络与4G网络相比一个比较大的变动在前传部分。在4G移动通信时代,普遍采用的前传技术是用6Gbps或10Gbps的光纤承载CPRI(Common Public Radio Interface)协议进行射频前端的拉远。CPRI是直接把射频前端数字化后的I/Q数据映射到数据帧中进行传输,由于有固定的帧结构,时延稳定性和定时特性都比较好。但到了5G时代,由于更高带宽、更复杂调制方式及MIMO(大规模阵列天线)技术的采用,使得射频通道直接映射下来的I/Q数据量可能比4G增加了几十倍,直接采用光纤进行传输的实现成本太高。于是,CPRI组织在2017年发布了eCPRI的标准(CPRI Over Ethernet),这个标准中把原来BBU一部分物理层的底层功能和射频单元放在一起(合称AAU),对射频的I/Q数据流进行一些预处理,把真正的业务数据提取出来再通过以太网协议进行传输,从而大大压缩了对于前传网络的带宽需求。另外,由于以太网技术本身的组网和数据交换更加灵活,更适合大规模组网,网络架构调整的灵活性也更高,所以eCPRI已经成为5G承载网前传网络的主要协议。但同时,这也带来了AAU复杂度和功耗的增加,以及以太网传输需要解决的精确授时和时延抖动问题。

5G承载网的带宽需求

由于5G承载网对于光传输带宽的要求是很高的,所以必然会采用一些更高速率的光连接技术。传统4G承载网的前传网络主要是采用10Gbps及以下的CPRI的拉远技术,而5G的前传对于光接口的带宽需求会以25Gbps的eCPRI为主,甚至会到50Gbps。前传部分除了需要提供更高的带宽和更小的时延以外,还需要考虑到5G由于采用更高频段,覆盖能力较差,所以基站密度会比4G更大。2019年开始,工信部正式发布了4张5G的商用牌照,分别是中国移动(2.6GHz/4.9GHz)、中国联通(3.5G～3.6GHz)、中国电信(3.4G～3.5GHz)、中国广电(700MHz)。未来如果采用毫米波技术,面临的覆盖问题会更加严峻。因此,如何更有效地利用现有的一些光纤技术去传输更高带宽和支持更密集的基站部署,是对5G前传网络比较大的挑战。表18.1是一些典型5G基站对于前传网络端口的需求模型。在大规模商用后,国内宏基站加上小基站的规模会达到千万级别以上,随之而来的是海量光模块和光纤资源的需求。

表 18.1　典型 5G 基站对于前传网络端口的需求

场　　景	建设阶段	4G 频点	5G 站型	端口模型
4G 改造 ＋5G 新建宏站	5G 初期	4 频	2.6GHz 单模	3/6×eCPRI＋12×CPRI
	5G 中期	3 频	2.6GHz 双模	6×eCPRI＋9×CPRI
	5G 后期	3 频	2.6GHz 双模＋4.9GHz 单模	9×eCPRI＋9×CPRI
5G 新建宏站	5G 初期		2.6GHz 单模	3/6×eCPRI
	5G 中期		2.6GHz 双模	6×eCPRI
	5G 后期		2.6GHz 双模＋4.9GHz 单模	9×eCPRI

考虑到前传网络的密集程度,25Gbps 的光模块可能会是 5G 承载网上出货量最大的光模块。在中回传部分,由于流量的汇聚,光接口速率会以 50Gbps 和 100Gbps 为主;在回传或者核心网部分,其光接口速率会到 200Gbps 或 400Gbps 以上。大量高带宽的传输需求会直接增加光纤铺设和光模块购置成本,所以,一方面要有一些技术更有效地利用当前的光纤资源,另一方面也要通过一些技术去降低光模块的成本,以节省整体网络建设的费用。表 18.2 是对于 5G 承载网光模块速率需求的分析。

表 18.2　5G 承载网对光模块速率的需求(参考资料:5G 承载网络架构和技术方案白皮书,
IMT-2020 5G 推进组,2018.9)

5G 承载网网络分层组网架构和接口分析			
网络 分层	城域接入层		城域汇聚层	城域核心层/省内干线
	5G 前传	5G 中回传	5G 回传＋DCI	5G 回传＋DCI
传输 距离	10～20km	<40km	<40～80km	城域核心:<40～80km, 省干:<120km(单跨段)
组网 拓扑	星型为主,环网为辅	环网为主,少量为链型或 星型链路	环网或双上联链路	环网或双上联链路
客户 接口	eCPRI:25GE CPRI:N× 10G/25G 或 1× 100G	5G 初期:10GE/25GE 规模商用:N×25GE/50GE	5G 初期:10GE/25GE 规模商用:N×25GE/50GE 100GE	5G 初期:25GE/50GE/100GE; 规模商用:N×100GE/400GE
线路 接口	10/25/100Gbps 灰 光或 N×25G/50G 彩 光(单纤双向)	5G 初期:50G/100Gbps 灰光或 N×25G/ 50Gbps DWDM 彩光 规模商用:100Gbps 灰光 或 N×100Gbps DWDM 彩	5G 初期:100GE/200GE 灰光或 N×100G 彩光 规模商用: N×100G/200G/400Gbps DWDM 彩光	5G 初期:200G/400Gbps 灰光或 N×100Gbps DWDM 彩光 规模商用:N×100G/200G /400Gbps DWDM

在 5G 网络建设的前期,考虑的主要是网络覆盖的问题;而在建设的后期,业务流量上来之后,需要考虑的是网络带宽的问题。因此,在承载技术的选择上也要考虑未来的扩容及升级能力。

5G 承载网新型前传技术

5G 承载网络要满足大带宽、低延时、广覆盖的要求,同时由于接入基站数量的增加又使得光纤资源和成本的压力非常大,这一点在前传部分体现尤为明显。因此,根据不同的应用场景和不同运营商的网络特点,在 5G 承载网中出现了很多种不同的前传技术。图 18.2 展示了 5G 承载网中几种主要的前传技术。

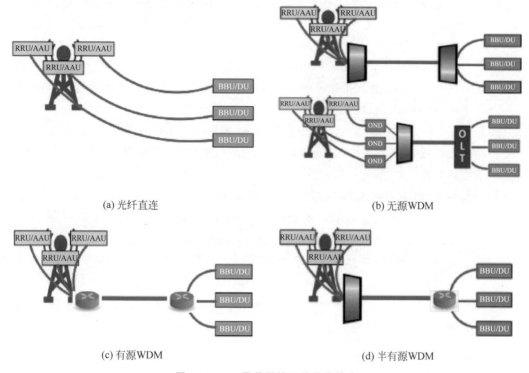

(a) 光纤直连　　　　　　　　　　　(b) 无源WDM

(c) 有源WDM　　　　　　　　　　(d) 半有源WDM

图 18.2　5G 承载网的几种前传技术

- 光纤直连：包括传统的双纤双向技术和新型的 BiDi(Bi-Direction)技术。BiDi 就是单纤双向，即在一根光纤中用两个波长实现信号的双向传输。传统的光模块都是双纤双向，就是两根光纤一根发一根收，采用 BiDi 技术后收发共用一根光纤，就节省了一半的光纤资源，这对于光纤资源稀缺的地方尤其重要。另外，采用 BiDi 技术还有利于使用 eCPRI 协议时提高网络定时精度。eCPRI 协议是用以太网数据包承载数据的，而以太网数据包的长度和时延具有不确定性，不像传统的 CPRI 那样有固定的帧格式和定时信息，所以需要通过特定的网络协议进行授时，而授时协议的时间同步机制要求进行通信的两个设备间的收发路径时延差尽可能小。如果收发分别采用两根光纤，很难从长度上保证精确的等长，但如果收发是用同一根光纤，则时延的一致性就可以做得比较好。目前，市面上已经出现了一些 25G 和 50G 的 BiDi 模块，IEEE 的 802.3cp 工作组也在制定相关规范。

- 无源 WDM：为了提高单根光纤的传输容量，还有一种常用的技术是 WDM (Wavelength Division Multiplexing，波分复用)，就是用多个波长复用同一根光纤。WDM 也有不同的方案，比如一种是无源 WDM，就是多个光模块使用不同的波长，通过无源的波长合路器件直接复用到一根光纤上去。用在无源 WDM 里的光模块有多种可能性，一种是把光模块的波长做成可调的，这样在组网时，每个光模块可以根据网络需要去配置波长，这从运维角度比较方便，但是 25G 速率的可调谐激光器成本比较高；另一种是采购一批不同固定波长的光模块，实际使用中人为做一些组合,这样光模块成本较低,但后续备件管理和维护的工作量比较大。无源波分复用可以是粗波分复用也可以是密集波分复用,常用的是粗波分复用,即用 O 波段的 4 个波长、8 个波长或者稍微再多一些波长的信号去做复用。无源波分的方案在 DU 和 AAU 侧均为无源,只部署无源合波器,部署成本比较低,但一旦某个模块或节点出现故障不太容易定位,运维麻烦。

- 有源 WDM:有源 WDM 就是通过传输网设备来接入基站,并基于传输网技术进行多个波长的复用。传输网的技术已经非常成熟,也有非常成熟的网管信息,维护比较简单。但这种技术需要增加传输网设备,如果用于前传部分组网成本会比较高。相比无源波分方案,有源波分/OTN 方案有更加自由的组网方式,可以支持点对点及组环网等多种场景。

- 半有源 WDM:半有源 WDM 结合了无源 WDM 成本低和有源 WDM 易于维护的优点,在 AAU 侧采用无源合波器减少了成本,而在 DU 侧采用有源设备,并通过光层调顶技术支持远端光模块的检测和控制。目前,半有源 WDM 已经成为国内运营商的主要技术路线,后期部署占比会逐渐提升。但是,在具体的波分复用方式上,不同运营商可能有不同的选择,目前主要有 CWDM(粗波分复用)、MWDM(中等波分复用)、LWDM(细波分复用)、DWDM(密集波分复用)等几种技术路线。图 18.3 比较了各种波分复用方式的主要技术特点。

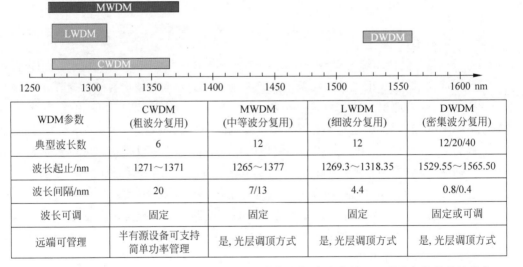

WDM参数	CWDM (粗波分复用)	MWDM (中等波分复用)	LWDM (细波分复用)	DWDM (密集波分复用)
典型波长数	6	12	12	12/20/40
波长起止/nm	1271~1371	1265~1377	1269.3~1318.35	1529.55~1565.50
波长间隔/nm	20	7/13	4.4	0.8/0.4
波长可调	固定	固定	固定	固定或可调
远端可管理	半有源设备可支持 简单功率管理	是,光层调顶方式	是,光层调顶方式	是,光层调顶方式

图 18.3　5G 前传网络各种波分复用方式的主要技术特点(参考资料:5G 前传架构及关键技术,中国信通院)

　　需要注意的一点是,以上介绍的几种技术并不一定是单一使用的。在 5G 网络的不同建设阶段,也可能会采用不同的技术。比如初期、中期、后期的业务量是不一样的,要解决的覆盖问题也是不一样的,可能多种技术在比较长的一段时间内会共存。不同的运营商根据不同的用户接入场景,也会有不同的技术路线的选择。

5G 光模块种类

从接口的速率上来说,5G 承载网中的光模块虽然相比 4G 时代有较大提升,但与已经蓬勃发展的数据中心领域相比,其速率并不算高。比如在数据中心领域,25G 的服务器接入和 100G 的交换机互联技术已经广泛应用,并正在向 100G 接入和 400G 互联技术过渡。所以,5G 承载网中使用的一些器件和设计可以借用成熟技术。但是,电信业务与数据中心相比,在工作温度、可靠性等级、传输距离的要求还是有比较大的区别。另外,由于前述的接入技术的不同,使得 5G 承载网中新出现很多特有的光模块,需要重新设计和验证。下面,我们来看一下 5G 承载网中会出现的一些主要的光模块类型。

- 25G 光模块:前面提到,5G 前传网络的连接会以 25Gbps 速率为主(至少初期和中期是这样),考虑到前传网络的节点和连接数量是最大的,25Gbps 光模块的市场需求巨大。按照中国的 5G 网络未来基站的数量估算,整个网络建设对于 25Gbps 光模块的需求数量会在千万支以上。其典型的传输距离以 10km 以内为主,部分组网场景会有 20km 或以上的需求。25Gbps 的光模块相对于 10Gbps 的模块来说,对电芯片和光芯片的带宽要求更高,能够提供相应芯片的厂家有限。另外,由于更严格的时间参数要求,其内部需要增加 CDR(时钟数据恢复)芯片,因此模块的整体成本较高。25Gbps 的技术其实在数据中心的 100Gbps 的光模块(通过 4 路 25Gbps 实现)上已经有广泛应用,但是由于前传网络的模块很多工作在室外,工作环境比较恶劣,对于工作温度范围(典型为 −40∼85℃)要求比数据中心环境(典型为 0∼70℃)要宽很多。因此,宽温度范围、高带宽、低成本的电芯片和光芯片是实现 25G 光模块大批量应用的关键技术。图 18.4 是 25G 光模块和传统 10G 光模块内部结构的简单对比。

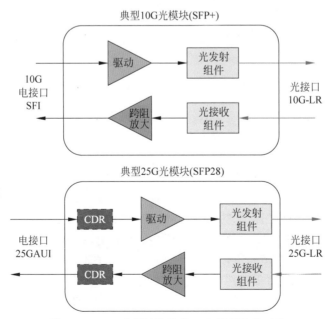

图 18.4　25G 光模块和传统 10G 光模块的对比

- 50GPAM-4 光模块：如果未来 5G 基站广泛采用毫米波技术，或者业务流量上来以后，可能 25G 速率的接口对于前传也是不够的，需要更高速率的前传和中传接口。IEEE 的 802.3cd 工作组进行了 50G 以太网技术的标准化工作，相关标准中引入了在 400G 以太网规范中广泛使用 PAM-4 技术。PAM-4 技术采用 4 电平调制，可以在相同的波特率情况下提供 2 倍的有效数据传输速率，降低了对于光电器件带宽的要求，如果能够批量生产，具有一定的成本优势。但是，4 电平调制带来了信噪比的恶化以及误码率的增加，需要更复杂的 DSP 和数据纠错技术，这给其设计和测试带来巨大的挑战。50G PAM-4 光模块的具体实现，目前也有两种不同的方式（图 18.5）：一种方式是电接口这侧是两路 25G 的 NRZ 信号，然后模块中有一个 Gearbox 芯片（变速箱芯片，有时也通称为 DSP 芯片），把两路 25G 信号合路变成 1 路 50G 的 PAM-4 信号，然后再调制到光上去；另一种是电口输入直接就是 50G 速率 PAM-4 电信号，然后通过模块中的 CDR 芯片做时钟恢复后调到光上去。目前来看，前一种技术在电信领域已经开始使用，而后一种技术在数据中心领域也已经有厂家提供。

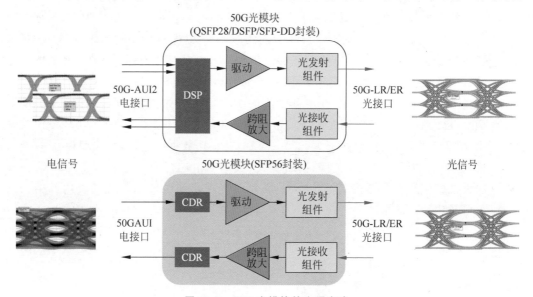

图 18.5　50G 光模块的实现方式

- 低成本 25G 光模块：由于 5G 承载网上会大量使用 25G 速率的光模块，因此其国产化程度和价格对于网络建设成本至关重要。目前，国内还不具备全面 25G 光/电芯片的量产能力，所以有些厂家提出了一些用现有的 10G 的光器件实现 25G 光模块的方案。比如可以把数据速率提高到 12.5GBaud 并采用 PAM-4 调制，这样有效的数据速率就提高到了 25G。这种方案的缺点在于传统的 10G 光器件可能不是为 PAM-4 信号传输专门设计的，其线性度、噪声等是否满足 PAM-4 信号的可靠传输要求还有待进一步的实验数据，是否可以走向商用也还有待验证和讨论。还有一种是所谓的超频技术，就是直接用现有的 10G 速率的光器件进行 25G 速率 NRZ 信号的调制。这种方式由于器件带宽的限制，光信号的质量会恶化较多，但如果通过参数调整，能够支持一些短距离的应用，也是一种不错的节省成本的手段。不管使用哪种方案实现低成本，更加仔细和严格的测试验证是必不可少的。图 18.6 分别是两种用 10G 的器件实现低成本 25G 光模块的技术方案。

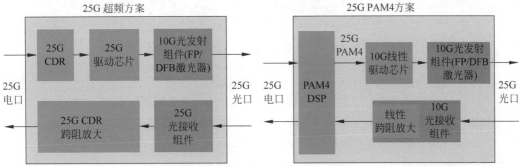

图 18.6　用 10G 的器件实现低成本 25G 光模块的技术方案(参考资料：5G 承载光模块白皮书，IMT-2020(5G)推进组，2019.1)

- BiDi 光模块：如前所述，由于收发时延对称和节省一半光纤资源的优势，BiDi 是一种很好的光纤直连接入技术(对于光纤资源不太紧张的场合)。BiDi 的具体技术实现有两种，一种是用环形器把收发两个方向分开，还有一种是用波长选择器件把两个波长分开，从目前市面上的光模块来看大部分采用第二种方式。采用 BiDi 技术涉及收发波长的选择：两个波长间隔越近，则波长选择器件的成本越高；而波长间隔越远，则由于色散造成的时延不一致就越严重；同时还要考虑到选择的波长是否有成熟的激光器产业链支持。图 18.7 是 25G 的 BiDi 光模块的波长对选择，10km 的模块波长间隔 60nm，是重复利用了 CWDM 技术中 4 个波长中的 2 个；而 40km 的模块由于传输距离更远，光纤色散造成的时延不一致会更加严重，所以波长间隔只有约 14nm，是重复利用了 LanWDM 技术中 8 个波长中的 2 个。

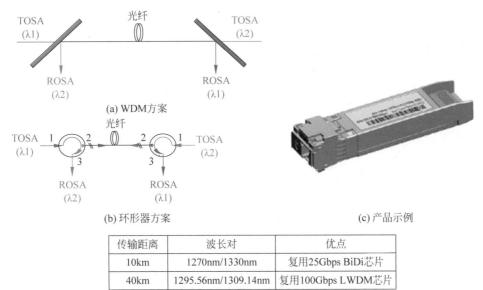

传输距离	波长对	优点
10km	1270nm/1330nm	复用25Gbps BiDi芯片
40km	1295.56nm/1309.14nm	复用100Gbps LWDM芯片

图 18.7　25G BiDi 光模块的实现及波长选择(参考资料：5G 承载光模块白皮书，IMT-2020(5G)推进组，2019.1)

- 波长可调谐光模块：针对无源或半无源的 WDM 应用场景，需要多个光模块工作在不同的波长来复用一根光纤。要实现这一点有两种方式，一种是做一批不同的固定波长的光模块，另一种是采用波长可调谐的光模块。固定波长的模块由于选择的都是已经在 CWDM(4 波长)或者 LanWDM(8 波长)甚至 DWDM(几十个波长)等 100G/200G/400G 以太网中有成熟应用的波长，所以器件来源和产业链都不是太大问题，但缺点是备件管理和运维成本较高，比如需要备多种不同波长的物料，另外失效器件更换、网络扩容时可能都需要考虑器件的选择问题。而如果光模块的波长是可调谐的，则可以通过网络进行波长的分配和灵活调度，从物料备货和器件更换上也会更加方便。图 18.8 是 25G 速率的可调谐光模块原理，以及 Finisar 公司展示的可调谐光模块典型应用场景。

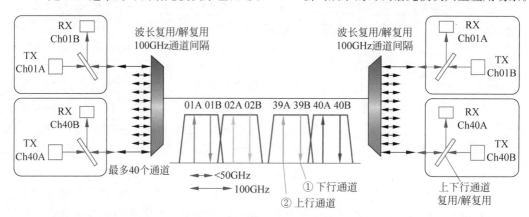

图 18.8 25G 速率可调谐光模块原理及应用场景(参考资料：25G Tunable Technologies，NGOF 会议，2018.6)

- 100G/200G/400G 光模块：5G 网络建设前期主要是前传和中传网络建设解决覆盖问题，真正的业务流量还没有上来，所以回传和核心网可稍后根据业务流量需要再进行扩容和升级。随着核心网逐渐云化以及 NFV 的趋势，未来回传及核心网的设备直接借用数据中心和传输网的成熟技术及产业链是个很好的选择。在数据中心领域，国际上有些互联网巨头 2018 年已经开始在其数据中心尝试 400G 技术，国内的互联网公司也在 2021 年开始 200G/400G 技术的小规模应用。目前，在数据中心领域已经有很多光模块厂商可以提供样品进行测试，而在电信的应用领域，由于对工作温度、可靠性及传输距离的要求会不太一样，因此还需要重新通过一系列验证测试。

前面谈到了很多 5G 承载网的光模块技术，可以看到其技术方向是非常多的。比如说有 10G、25G、50G、100G、200G、400G 等不同速率，同时还有很多种的光纤复用方式，如无源 WDM、有源 WDM、半有源 WDM、BiDi 以及不同的组合等。因此，针对 5G 光模块的相关的标准也非常多，这就造成很多厂家在做设计或者测试验证时，涉及怎么去找到合适的参考标准的问题，这一点必须引起注意。

表 18.3 列出了目前一些典型的可用于 5G 承载网的光模块，但实际上在用的种类，特别是前传的光模块远远不止这些。可以看到它们有不同的传输距离、不同的复用方式、不同的光口速率、不同的电口速率、不同的调制方式、不同的封装方式等。众多标准和种类，给设计和测试验证都带来很多难题。到底需要考虑哪些标准和参数，用哪些平台去做验证，未来能否扩展，这些都是一些非常大的挑战。

表 18.3 典型的可用于 5G 承载网的光模块

光口	光口速率	传输距离	规范	电口速率	封装	应用场景
25G LR/ER	1×25Gbps NRZ	10km/40km	802.3cc	1×25Gbps NRZ	SFP28	前传
25G Bidi	25Gbps NRZ	10km/20km/40km	802.3cp~/CCSA	1×25Gbps NRZ	SFP28	前传
50G-FR/LR	1×53Gbps PAM4	2km/10km	802.3cd~	2×26.5Gbps NRZ 1×53Gbps PAM4	QSFP28/DSFP/SFP-DD SFP56	前传、中传
50G-ER	1×53Gbps PAM4	40km	802.3cn~	2×26.5Gbps NRZ 1×53Gbps PAM4	QSFP28/DSFP/SFP-DD SFP56	前传、中传
50G BiDi	53Gbps PAM4	10km/20km /40km	802.3cp~ /CCSA	2×26.5Gbps NRZ 1×53Gbps PAM4	QSFP28/DSFP/SFP-DD SFP56	前传、中传
100G-CWDM4 4WDM	4λ×25Gbps NRZ	2km/10km/ 20km/40km	CWDM4 4WDM MSA	4×25Gbps NRZ	QSFP28	前传、中回传
200G-FR4/LR4	4λ×53Gbps PAM4	2km/10km	802.3bs	4×53Gbps PAM4	QSFP56 /QSFP-DD	中回传
200G-ER4	4λ×53Gbps PAM4	40km	802.3cn~	4×53Gbps PAM4	QSFP56 QSFP-DD	中回传
400G-ER8	8λ×53Gbps PAM4	40km SMF	802.3cn~	8×53Gbps PAM4	QSFP-DD/OSFP	回传、数据中心
400G-FR4/LR4	4λ×106Gbps PAM4	2km/10km SMF	100G/λ MSA？	8×53Gbps PAM4	QSFP-DD/OSFP	回传、数据中心
Coherent	DWDM+DP-16QAM	>80km DWDM	OIF 400-ZR 802.3ct~	—	CFP2/OSFP/QSFP-DD	回传、数据中心

* 本列表仅做举例，未包括市面上所有 5G 光模块。

5G 光模块测试方案

由于 5G 的光模块类型很多,针对每一种类型单独设计测试方案是不现实的,也有很大的技术风险,这个测试必须尽可能多覆盖一些共性的要求,同时兼顾灵活性和扩展性。

表 18.4 是 5G 光模块测试中一些主要的光或者电的相关的测试项目,包括光发射机及接收机测试、电发射机及接收机测试以及系统测试等。首先强调的是,这里列出的不是全部测试项目。因为如果看相关的规范,其实每一个规范都可能有一二十条要求甚至更多,我们只是列举了一些有共性且对性能和互通性影响比较大的项目。根据被测件的信号类型,主要的测试项目会有不同。针对的是光信号还是电信号测试,针对 NRZ 调制还是 PAM-4 调制的,其主要的电气测试参数其实是不太一样的。

表 18.4　5G 光模块主要电气特性测试项目

	光功率计/多波长计	误码仪+示波器+时钟恢复			
光发射机 (NRZ)	光功率/波长 (dBm/nm)	OMA (dBm)	眼图模板 Mask	ER (dB) min	RIN (dB/Hz) max
光发射机 (PAM4)	光功率/波长 (dBm/nm)	OMAouter (dBm)	TDECQ (dB)max	ER (dB) min	RIN (dB/Hz) max
光接收机	接收灵敏度 (dBm)	光压力眼			
电发射机 (NRZ)	上升时间 (ps) min	眼高 (UI) min	眼宽 (mV) min	共模噪声 (mv) max	眼闭合度VEC (dB)max
电发射机 (PAM4)	上升时间 (ps) min	近端ESMW (UI) min	近端眼高 (mV) min	远端ESMW (UI) min	远端眼高 (mV) min
电发射机 (NRZ)	正弦抖动容限	电压力眼			
系统测试	误码率 (短纤/长纤)	速率容限 (ppm)	Post FEC 错误注入	丢包率 (短纤/长纤)	管理信息

误码仪+示波器+时钟恢复(电发射机)

误码仪+时钟恢复　流量测试仪

■ 常用测试项目　　■ 与DUT有关,有条件可测试　　■ 需专门搭建测试环境

表中有些是大家经常会测的一些项目。比如光发射机测试中,除了功率、波长以外,还有一些眼图模板的测试。但对 PAM-4 的调制方式,就没有模板的测试了,它变成了 TDECQ 的参数测试。所以,不同信号类型涉及的测试方法就不太一样。还有一些项目,其实也是比较关键的参数,只不过测试起来会复杂一些。比如像光压力眼或者电压力眼的测试,很多 IEEE 或 MSA 的规范中都有,但是之前大家很少去做,因为毕竟在 10G 以下速率的时代,对于芯片接收端的均衡能力要求没有那么高,不测问题可能也不大。但是数据速率高了以后,特别是信号变成 PAM-4 调制以后,信噪比变得比较差,接收端芯片中的信号均衡和时钟恢复能力对于系统可靠性的影响非常大,如果还不按规范方法做严格的接收机测试就会有巨大的风险。另外,传统光模块的销售模式大多是和设备厂商捆绑销售,设备厂商已经做过大量的电口方面的兼容性测试,只要光口能互通就好了。但是,随着光网络密集程度和建设成本的提升,越来越多的电信运营商开始像互联网巨头那样进行光模块的自行集中采购,以通过价格竞争压低购置价格。集中自行采购的光模块有可能会用于不同厂商的设备上,这就有可能面临更多互通性问题,包括电口参数的匹配和互通,所以电口参数的测

试也变得非常重要。

图 18.9 是一个针对 25G、50G、100G、200G、400G 等不同速率和调制方式的光模块的通用的测试平台,基本方法是用误码仪去产生电信号激励,然后用光或者电的采样示波器去做一些信号的测试,同时配合光功率计、衰减器、波长计去做一些基本的功率、波长甚至灵敏度的测试。为什么要强调通用呢? 因为大家可以看到前面有非常多的标准,不能一个平台只测其中的几种,否则如果未来换个技术方向,而测试平台又不支持了,这可怎么办? 另外,还需要有比较灵活的升级能力,比如能否支持 NRZ、PAM-4、光口、电口等多种参数? 能否支持 25G、50G、100G、400G 不同的速率? 在这套系统中,可以完成刚才列举的大部分光、电发射机的测试项目,以及长光纤、短光纤下环回误码率测试。未来如果想做得更全,比如说要扩展光压力眼或者电压力眼测试,在这套系统上也都是可以再进行设备和软件扩展。

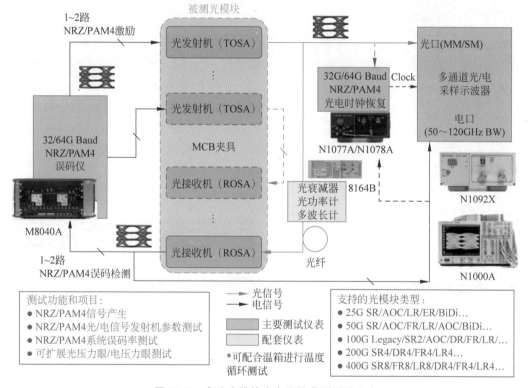

图 18.9　高速光模块光电特性典型测试平台

图 18.10 展示了几个 5G 承载网光模块的典型测试案例。

- 25G NRZ 的电眼图测试:图 18.10 左上角的图是 25G NRZ(实际速率是 25.78Gbps)的电信号眼图测试的例子,这个测试简单说就是叠加形成眼图并测一个结果,但其实比较复杂。因为按照 IEEE 的规范,电眼图是要经过 CTLE 均衡的,所以示波器捕获到信号之后还要经过均衡器进行数学运算。另外,其中眼高和眼宽的测试也是要通过一些抖动分解算法进行随机抖动和确定性抖动的分解,再推算到 10^{-15} 的误码率情况下的眼高和眼宽,中间有复杂的计算。

- 25G NRZ 的光眼图测试:图 18.10 左下角的图是一个 25G NRZ(实际速率是 25.78Gbps)

的光信号眼图测试例子。在这个测试中,可以看到对信号叠加形成了光眼图,并在眼图的中心和上下区域按照规范定义了一个 25G 信号的模板(图中深色阴影区域)。除此以外,深色的阴影区域外还有扩展出来的浅色阴影区域,这个就是模板裕量(Margin),能在几乎不碰触眼图的情况下能够扩展出来的区域越大,表示信号质量越好,信号的裕量也越大。

- 50GPAM-4 的电眼图测试:图 18.10 右上角的图是一个 50G PAM-4(实际速率是 53Gbps)的电信号眼图测试例子,这个测试就比左边 NRZ 的更复杂一点。因为对于 PAM-4 的电信号,规范要求既要测近端的眼图,也要测远端的眼图。近端的眼图只需要做个 CTLE 的均衡就可以了,但远端眼图还要去模拟一段主机上的 PCB 走线影响,并经过 CTLE 均衡后再做一些眼高、眼宽参数的测试,测试过程明显复杂多了。

- 50G PAM-4 的光眼图测试:图 18.10 右下角的图是一个 50G PAM-4(实际速率是 53Gbps)的光信号测试例子,这是所有测试里算法中最复杂的,涉及全新的参数定义和计算。对于 25G 的 NRZ 的光信号,我们还可以套用一个模板进行测试,但是对于 PAM-4 信号来说,规范定义了一个非常复杂的计算参数,即 TDECQ(Transmitter Dispersion and Eye Closure Quaternary,PAM-4 信号色散眼闭合度)。其基本方法是通过专门的 TDECQ 的均衡器对信号进行均衡,同时通过比较实际信号和理想信号的噪声裕量的大小来进行定义的,这里也是一套更加复杂的计算方法。要得出准确的结果,需要测量硬件的带宽、频率响应、时钟恢复、均衡器、相关计算方法都与规范要求完全一致。

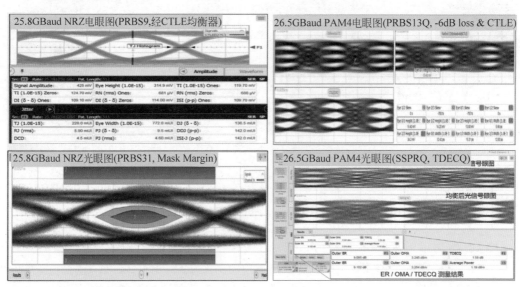

图 18.10   5G 承载光模块的典型测试案例

在进行不同项目的测试时,要用到不同的测试码型,这些在图中也都有标出。比如 25G NRZ 的电信号测试主要用 PRBS9 码型,而光眼图测试主要用 PRBS31 码型;对于 50G PAM 的电信号来说,测试主要用 PRBS13Q 码型,但光信号的 TDECQ 测试会用到 SSPRQ 码型。如果测试中用的码型不对,测试结果可能会偏好或者偏坏。

　　由于5G前传中会越来越多采用半有源的方式,远端AAU的光模块管理需要通过在正常的光信号上做一个低频(几十千赫)的调顶(相当于调幅)来传输网管信息,这也会影响到光信号的眼图质量。经过调顶后的光信号上由于有低频调幅信号,所以光眼图质量会变差。按照ITU的G.698.4规范,对这种光信号的眼图模板测试应该经过一个高通滤波器滤除低频的调顶信号后再进行测试。图18.11左边是ITU中对于调顶信号光眼图测试的建议方法,右边上图是直接测试带调顶信号的光眼图,右边下图是用带特殊高通滤波器选件的光采样示波器滤除调顶信号后的光眼图。可以看出,对于带调顶的光信号,只有经过特定的高通滤波器后才能得到比较干净的光眼图。

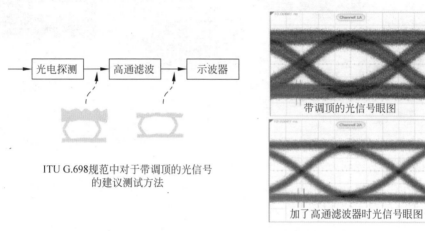

图18.11　调顶技术对光眼图测试的影响

　　上述的例子是关于光发射机或电发射机的信号质量的测试。随着信号速率的提高,大量的信号的处理、均衡工作是在接收端进行的,比如25G速率以上的光接收机或者电接收机芯片中都有很强大的CDR及均衡。这时仅验证发射机的信号质量是不够的,还需要仔细评估接收机的能力(不仅仅是灵敏度),而接收机能力评估采用的就是光压力眼或电压力眼的测试系统。这套压力眼测试系统要能按照规范要求产生一个包含特定大小的抖动、特定大小的噪声、特定的眼张开度甚至特定的TDECQ参数的信号,并把这个信号注入被测的光接收机或电接收机中,再去做误码率测试,所以这套压力测试系统是非常复杂的。另外,不管是25G的信号还是50G的PAM-4信号,对于接收机参数的定义与传统的10G信号已经有比较大的变化了。对于10G速率的光模块,可能简单测测功率或者OMA灵敏度就差不多了;但对于25G速率及以上的光模块来说,不带压力(指抖动、噪声等)的灵敏度测试已经不是官方要求的接收机测试项目,真正需要的是带压力情况下的灵敏度测试。如果只是找个普通的光模块作为参考,或者被测光模块自己做光环回时进行灵敏度测试,那么在25G或者以上速率的接收机测试中已经无法得出准确的灵敏度结果了。

　　接收机的测试除了光压力眼,还涉及电压力眼的测试。前面提到过,光模块集中采购的趋势正在形成,这样实际工作时越来越多的设备厂商提供的设备中插的可能是不同厂家的光模块,并要能够根据场合灵活更换,这对于设备和光模块之间的电口的兼容性要求更高。电信号的速率达到25Gbps以上后,对于PCB的损耗、电路板金手指设计、串扰的控制等都有很高要求。在25G的电口链路上,发送端有预加重、接收端有时钟恢复和均衡,还有一些链路的训练和自协商,能否保证良好的适配性是巨大的挑战。所以和光口一样,除了发射机信号质量测试,也需要做电接收机方面的抖动容限和电压力眼测试,这些都是保证兼容性很重要的一环。图 18.12 是按照 IEEE 的规范,进行 PAM-4 电口的压力眼测试典型环境。无论是光压力眼还是电压力眼的测试,都可以在之前介绍过的误码仪、示波器、时钟恢复等发射机测试的设备上进行扩展,这样可以有效保护投资,并具有足够的灵活性。

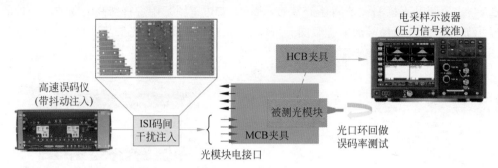

图 18.12   PAM-4 电口的压力眼测试环境

接下来看下 PON 的光模块的测试。由于成本低、节省光纤资源,传统上用于光纤到户的 PON 的技术也会用到 5G 承载网中。PON 本身是一种时分复用技术,多个 ONU 在不同的时隙产生信号,并复用 1 根光纤和 OLT 设备通信。图 18.13 展示的是 25G PON 的 ONU 光模块测试和调试环境,这个测试与传统光模块测试的最大区别就是测试用的信号可能不是连续的,它是一个 Burst 的信号,而且还涉及多个信号的时间同步,以保证在正确的时间窗口内进行信号发送。在这个测试中,会使用误码仪的两个通道,产生不同时隙的 Burst 的数据及同步信号,再通过 OLT 合路后进行误码率测试,

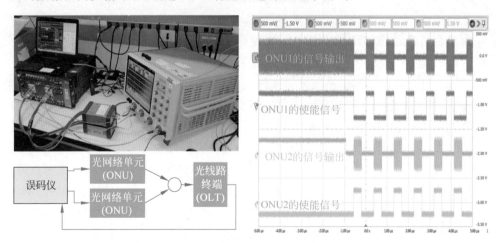

图 18.13   25G PON 的 ONU 光模块测试和调试环境

在中回传的应用中,为了提升容量和传输距离,并复用宝贵的光纤资源,越来越多会采用 DWDM 密集波分复用和相干通信技术。相干通信与传统的直接调制有比较大的区别,直接调制是用两电平或者四电平直接调制光信号的幅度,而相干通信则是通过 I/Q 调制技术同时调制光的相位和幅度,并通过偏振复用进一步提升通道带宽。对于相干光模块的测试,主要使用的是多通道的任意波形发生器和高速的数字化仪,配合相干光通信的调制或解

调器。如图 18.14 所示是在 2019 年的 OFC 上展示的 400ZR 相干光模块的测试环境。

图 18.14　400-ZR 光模块的测试环境

除了电气参数的测试以外,很多客户还会关心被测件在实际业务下的表现,比如 7×24 小时工作时,在不同的温度环境、不同的光纤环境下的丢包率的情况,这就需要借助于专门的流量测试仪。流量测试仪可以帮助在不同的速率及业务场景下进行长时间的丢包率和时延测试,给出系统级的评估结果,因此也是非常重要的。

常见问题与建议

由于 5G 光模块的技术标准和方向非常多,这就不可避免地出现一些互通性问题。接下来,我们分析一下在 5G 光模块测试中碰到的一些常见问题。表 18.5 列出了一些 5G 光模块测试中发现的有代表性的问题及建议。

表 18.5　5G 光模块测试常见问题及建议

常见问题	可能原因	建议
标准众多	5G 光模块相关标准在逐渐制定和完善中	重视标准化工作跟踪(技术路线)
电口兼容性	25G 以上电信号损耗更大,芯片都有 CDR 和 EQ	重视电口指标测试(电眼图与抖动容限),PCS 链路映射
光口兼容性	PAM4 信号受信噪比影响大	重视 TDECQ 和光压力眼测试
眼图测试结果不一致	测试码型、长链路、环路带宽、DSP 时延	使用标准码型、使用 CDR 恢复时钟并正确设置均衡器
灵敏度测试结果不一致	灵敏度测试结果与发射机 Jitter、ER、SECQ 等参数有关	光压力眼测试
丢包率突增	链路裕量、外界干扰,FEC 造成丢包率与链路质量的非线性关系	重视不同环境下原始误码率测试

首先,目前 5G 的光模块标准很多,比如 IEEE 组织及一些 MSA 协会,包括国内的 CCSA 都在制定很多相关标准,建议关注其技术标准发展。除此以外,各大运营商也有不同的技术路线,需要及时跟踪。

　　其次,之前测试中也发现比较多的兼容性问题。比如设备上可能插上一家的光模块能正常通信,但换另一家就有问题,或者说几家之间的模块互通也会有一些问题。这些问题的原因可能很多,不能一概而论。如果是电口的兼容性问题,其主要原因是 25G 速率的电芯片中做了很多信号补偿的工作,不能说配合一家调通了就可以了。之前很多光模块厂商都是比较关注光口质量测试的,但可能没有太重视电口测试,所以建议多关注电口的测试,特别是需要配合不同厂家的设备工作时。还有就是链路映射的问题。比如,50G PAM-4 模块的电口侧可能是两路 NRZ 信号进行合路的,这两路信号的顺序要有统一的定义,但实际上有些客户的定义是不一致的,这也会造成互通问题。光口方面也可能有兼容性问题。如果采用了 PAM-4 技术,误码率不可能做到 10^{-12},甚至很难做到 10^{-9},需要复杂的参数配合。这时候自家模块环回正常不意味着能与别家互通,需要用正确的方法进行 TDECQ 参数的测试,或者进行光压力眼的测试。

　　我们还碰到过一些测试结果不一致的情况,就是在不同场景、不同情况下,不同的人测的结果不一样。这里面的问题原因也很多,比如 25G 及以上速率的模块中都有 CDR,有的可能还有 DSP,在测试时最好按照规范先使用 CDR 进行时钟恢复,再进行测试。也有可能是测试码型的问题,不同的参数要在不同的码型下进行测试,要确保使用了正确码型。比如在 TDECQ 的参数测试中,按规范要用 SSPRQ 码型,这种码型的压力是比较大的,有的用户为了设置简单一点,会用 PRBS15 的码型进行测试,这样测的结果就会偏好一点。

　　还有就是灵敏度测试结果不一致的问题。前面也提到了,对于 25G 及以上的模块,其要求的是带压力情况下的灵敏度。如果是用一个普通光模块作参考激励并进行功率衰减的话,测试结果可能与这个光模块的发射机质量有关,重复性不会太好,最好是能够做一个完整的光压力眼的测试。

　　最后,再谈一下 FEC(前向纠错)和丢包率的问题。对于 PAM-4 的信号,FEC 的使用是强制性的,不像使用 NRZ 信号时是可选的。有些客户在把光模块插在设备上做长时间的丢包率测试时,特别是当采用 PAM-4 技术的光模块时,有时会出现这样的现象:正常情况下丢包率非常低或者几乎没有,但有时外界环境或者光纤稍有变化,丢包率就急剧增加。这种情况非常难应对,因为如果丢包率随着外界环境恶化是缓慢变化的,系统软件还来得及产生告警或者链路切换,但突发的情况就会造成问题。这种情况除了与一些突发的外界干扰有关以外,与 FEC(前向纠错算法)的应用也有关系。在不使用 FEC 时,通常链路的丢包率与链路质量有比较好的相关性,当链路质量逐渐恶化时,丢包率也是逐渐增加的;但使用 FEC 之后,这个关系就不是线性的了。FEC 的优点是当系统的原始误码率在一个阈值之下并且均匀分布时,这个算法能够很好地进行纠错,使得丢包率很低甚至为 0。如果链路本身的裕量不够,原始误码率比较接近阈值了,但由于 FEC 的作用,表现出来的丢包率仍然可能非常低,维护人员会误以为链路质量很好;但当外界环境稍有恶化,一旦原始误码率超过阈值,就会突然出现大量的丢包。所以,在进行系统测试时,仅仅把光模块插在设备上做丢包率测试是远远不够的,它会掩盖很多真实的链路裕量问题,建议还是要做充分的 FEC 之前的原始误码率测试,以对器件和系统的性能有一个真实的把握。

第19章

高速光电器件与硅光测试

高速光电器件的发展

高速光电器件是实现高速、远距离光通信的关键芯片和技术。近些年,随着电信(Telecom)与数据通信(Data-com)技术的发展,对于高端光电器件的需求也呈现出快速增长的趋势。下面从电信网络、数据中心网络以及新兴的硅光技术几个角度探讨高速光电器件的需求和市场前景。

传统 4G 承载网的前传网络主要是采用 10Gbps 及以下的 CPRI 的拉远技术,而 5G 的前传对于带宽的需求会以 25Gbps 的 eCPRI 为主,甚至会到 50Gbps。在中传部分,考虑到流量的汇聚,光口速率会以 50Gbps 和 100Gbps 为主;在回传或者核心网部分,其带宽的需求可能会到 200Gbps 或 400Gbps 以上。2020 年中国的 5G 基站规模已经达到 60 万个以上;在未来 5 年大规模商用后,宏基站加上小基站的规模会达到千万级别,随之而来的是海量光模块和光纤资源的需求。图 19.1 是 Light Counting 公司统计的用于前传的光模块的现有和未来市场容量估计。

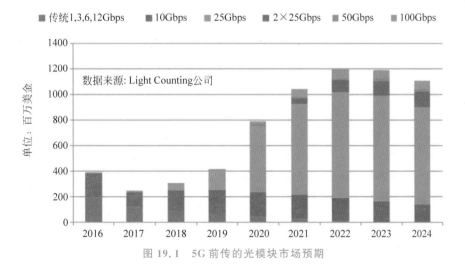

图 19.1　5G 前传的光模块市场预期

随着云计算的兴起,互联网上的数据流量呈现爆发式增长,而物联网和 5G 移动通信网络的普遍商用会进一步增加互联网数据的流量,互联网上的数据流量近些年的年平均复合增长率达到 25％以上。为了应对数据流量的增长,以 Amazon、Microsoft、Google、Facebook 为代表的互联网公司掀起了数据中心建设的浪潮,同时数据中心内部的网络架构和数据带宽也发生了很大的变化。基于以上原因,针对数据中心应用的以太网光模块的市场需求也在快速增长,图 19.2 是 Light Counting 公司预计的以太网光模块市场的增长情况。

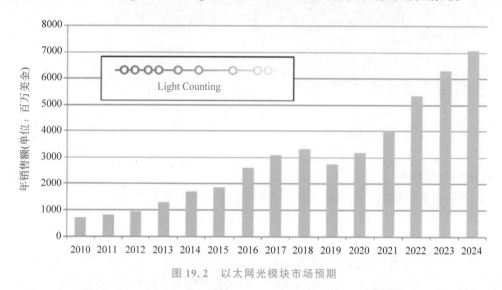

图 19.2　以太网光模块市场预期

另外,随着智能手机与 AI 技术的发展,3D 的物体或运动识别技术逐渐在中高端手机中普及。目前应用在智能手机上的 3D 识别技术主要有结构光(Structured Light)技术和 ToF(Time of Flight)技术。无论是使用哪种 3D 传感技术,其核心的光源都是 VCSEL(垂直腔面发射激光器)。传统上 VCSEL 主要用于光通信领域的多模通信,波长以 850nm 为主,而在 3D 传感和识别领域,主要使用的是 940nm 波长。相比于其他类型激光器,VCSEL 具有体积小、圆形输出光斑、可单纵模输出、阈值电流小、价格低廉、易集成为大面积阵列等优点。图 19.3 是第三方市调机构 Yole 的预测数据,预计到 2024 年移动和消费类 VCSEL 应用的市场增长将达到 30 多亿美元,复合年增长率超过 30％。

为了支持前面所述的 5G 光网络、数据中心光网络、3D 传感器等的应用,需要用到很多不同种类的高速光电器件。这些器件从功能上分有激光器、探测器、调制器、PIN、TIA、驱动器、放大器等,从支持的调制方式有脉冲调制、NRZ、PAM-4、相干调制等,从端口类型分为平衡器件、非平衡器件等。图 19.4 是一些典型的高频光电器件。

另外,传统的光模块内部是由众多光、电芯片组成的复杂系统,可能包括了 SerDes、CDR、驱动器、激光器、调制器、探测器、跨阻放大器等电芯片或光芯片,以及透镜、阵列光栅、合/分波器等一系列无源器件。光模块的生产过程中需要把这些有源或无源的器件组装在一起,并对其光路耦合、功率控制、偏置点、温度补偿等特性进行测试和调试,很多调试工作需要借助手工。这些限制了光模块的大规模生产,同时封装成本居高不下,在体积和功耗方面也很难有进一步降低的空间。因此,从 100G 时代开始,越来越多的光模块开始采用硅光技术,这使得很多基于硅光技术的光电器件不再是封装后再进行测试,而是需要在晶圆阶

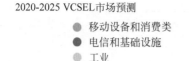

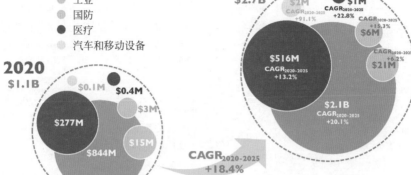

图 19.3　VCSEL 的市场预期

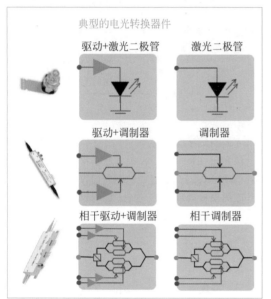

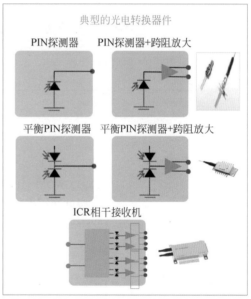

图 19.4　典型的高频光电器件

段就用探针台进行测试和筛选,合格以后再进行与其他芯片的集成。因此,高频光电器件从测试方面来说,主要分为以下几个层级的测试:

- 无源器件/直流参数测试;
- 光电器件高频参数测试;
- 硅光晶圆测试(对于采用硅光技术的器件);
- 封装后系统性能测试等。

表 19.1 列出了根据不同的器件和模块类型,需要进行的典型测试参数以及可能会涉及的测试仪器种类。

表 19.1 典型光电器件/模块测试参数

测试阶段	典型被测件种类	典型被测件类型	典型测试参数	典型测试仪器
芯片级 或晶圆级 测试	无源器件	光波导 波长复用/解复用器 光分路/合路器 阵列波导(AWG) 偏振合路/分路器(PBC/ PBS)	波长相关损耗(IL) 偏振相关损耗(PDL) 中心波长 隔离度	可调谐激光源 偏振控制器 光功率计 探针台(晶圆级测试)
	有源发送器件	激光器(LD) 调制器(Modulator) 放大器(Driver) 光发送组件(TOSA)	光功率 中心波长/线宽 波长相关损耗(IL) 偏振相关损耗(PDL) S 参数(电-光/电-电)	可调谐激光源 偏振控制器 光功率计 光谱仪/多波长计 光网络分析仪 探针台(晶圆级测试)
	有源接收器件	探测器(PD) 跨阻放大器(TIA) 光接收组件(ROSA)	接收灵敏度 波长/功率响应 S 参数(光-电/电-电)	可调谐激光源 偏振控制器 光功率计 光衰减器 源表 光网络分析仪 探针台(晶圆级测试)
模块级 测试	直接调制	100G PSM4 光模块 100G CWDM 光模块 200G/400G-DR4 光模块 200G/400G-FR4 光模块	光功率 中心波长 光调制幅度(OMA) 消光比(ER) 抖动(Jitter) 眼图模板(Mask) TDECQ 接收灵敏度 压力眼(Stress Eye) 误码率 抖动容限	光功率计 光谱仪/多波长计 误码仪 光采样示波器 压力眼系统
	相干调制	400G-ZR 光模块 ICR 接收机模块	光功率 中心波长 星座图(Constellation Diagram) 矢量调制误差(EVM) I/Q 眼图 误码率 偏振消光比(PER) I/Q 增益/时延 X/Y 增益/时延	光功率计 光谱仪/多波长计 任意波发生器 光参考发射机 光调制分析仪

接下来将具体介绍各种典型光电器件的测试参数要求以及测试方法。

无源光器件测试

无源光器件是实现光传输和波长选择的最基本器件,典型的无源光器件有光纤、光耦合器、光波导、光开关、光衰减器、波分复用器/解复用器、偏振合路器/分路器等。典型需要测试的参数包括波长相关插入损耗(Insertion Loss,IL)、偏振相关损耗(Polarization Dependent Loss,PDL)、回波损耗(Return Loss,RL)、通道隔离度(Channel Isolation)等。由于很多测试项目都是与波长相关的,所以需要测试被测件在不同波长下的响应特征。传统上,业内有两种不同的波长扫描和测试方法,分别是"宽带光源+光谱仪"的方法和"窄线宽激光器+光功率计"的方法。图19.5是两种光无源器件测试方法的比较。

测试方法	宽带光源(BBS)+光谱仪(OSA)	窄线宽可调谐光源(TLS)+光功率计(PM)
可测试波长范围	600~1700nm(与宽带光源光谱范围相关)	1250~1650nm(与激光源扫描范围相关)
波长扫描方式	通过OSA扫描	通过TLS扫描
典型波长精度	>5pm	<2pm
最小扫描步进	>20pm	~0.1pm
测试动态范围	<50dB	>70dB
功率精度	>1dB	<0.5dB
PDL精度	>0.1dB	<0.02dB
单端口IL扫描时间	慢	快
多端口器件测试速度	慢(通过光开关选择,端口越多越慢)	快(多个光功率计同时测试多端口器件)
回波损耗测试	不支持	支持

图 19.5　两种光无源器件测试方法的比较

- 宽带光源+光谱仪测试方法:这种方法是用宽带光源产生全波段的光信号,利用光谱仪对不同波长的信号进行扫描和测试。宽带光源的选择可以有很多种,最简单的是白光光源,这种光源的光谱覆盖范围很宽,但具体分配到某个波长的能量很小。另一种是宽带LED光源,单个LED光源可以提供约100nm的光谱覆盖范围,多个不同波长的LED也可以组合使用。白光光源和宽带LED光源分配到每0.1nm波长范围内的能量都在−20dBm甚至−40dBm以下,所以动态范围较差,不能用于大插入损耗或隔离度器件的测试。还有一种宽带光源是带掺铒光纤放大器的ASE(放大自发辐射)光源,可以覆盖约40nm的波长范围,功率也有一定提升,但是由于掺铒光纤主要工作在1520~1570nm,波长范围有一定限制。另外,这种方法在进行波长相关的测试时,是通过光谱仪来进行波长扫描,如果要减小光谱仪的本底噪声和波长分辨率,光谱仪的分辨率带宽要设置很小,这会使得在进行宽波长范围扫描时的速度大大降低。因此,这种测试方法主要用于一些对于测试速度、动态范围、波长精度和覆盖要求不太严格的场合。

- 窄线宽激光器＋光功率计的方法:这种方法与前一种方法相反,接收设备是宽带的功率计,而光源是窄线宽的光源进行波长扫描。目前的可调谐激光源可以在 1pm 的线宽范围内提供超过 10dBm 的功率输出,同时功率计又可以进行 −80dBm 以下的功率测量并具有优异的线性度,所以测试系统可以有非常大的动态范围,能够测试大的插入损耗和隔离度。可调谐激光源还可以在 10s 左右的时间内以 10pm 左右的分辨率快速扫描 100nm 的波长范围,同时保持着 0.01dB 以下的功率稳定性,因此可以实现快速的高精度波长扫描和参数测试。可调谐激光源一般可调谐的输出波长范围在 100 多纳米,可以覆盖典型 O 波段或 C/L 波段的测试需要,当需要覆盖更宽波长范围时,需要组合多台不同范围的可调谐激光源。

由于"可调谐激光源＋多端口功率计"的测试方法动态范围大、测试精度高、测试速度快,所以是高性能无源光器件测试的主流方法。如果需要测试器件的偏振相关损耗,还会在激光源和被测件的输入端之间增加偏振控制器,通过改变不同的偏振态来测试被测件插入损耗的变化。图 19.6 是一个典型的光无源器件 IL/PDL 测试系统,该系统依靠高速扫描的可调激光源、可编程的偏振控制器以及多端口光功率计实现快速精确的多端口光无源器件测试。

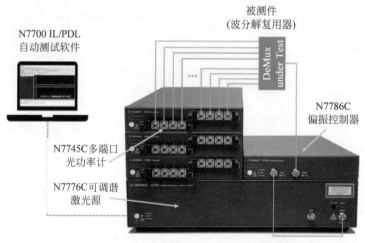

用可调谐激光源配合多端口光功率计做光无源器件测试

图 19.6　典型的光无源器件 IL/PDL 测试系统

由于测试的波长和偏振态组合非常多,所以这个测试通常会在软件的控制下自动快速进行。同时,测试软件还可以对来自 IL/PDL 测量引擎的数据进行处理和分析,典型分析参数包括通道带宽、峰值波长、中心波长、ITU 栅格波长偏差、在 ITU 波长和中心波长上的 IL、邻近通道和非邻近通道的通道隔离度等。图 19.7 为一个 CWDM 解复用器件的 IL/PDL 测试结果界面。

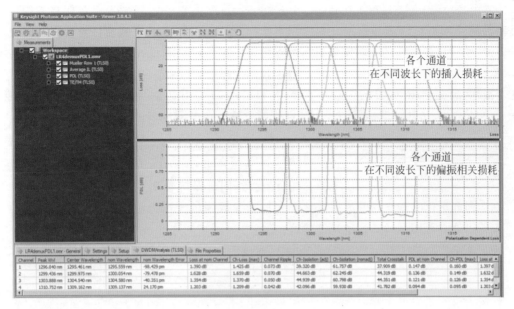

图 19.7　CWDM 解复用器件的 IL/PDL 测试结果

有源器件直流参数测试

对于有源芯片如激光器、探测器、TOSA、ROSA 等，在初选阶段，都要先进行直流特性的测试。

对于探测器或者 ROSA 来说，主要功能是把光信号转换成电信号，需要测试的典型直流特性参数包括光电转换效率、暗电流等。这个测试可以使用可调谐激光源、偏振控制器、SMU 源表、光功率计等进行测试。图 19.8 是一个 100G-LR4 的 ROSA 器件直流特性测试的典型组网。

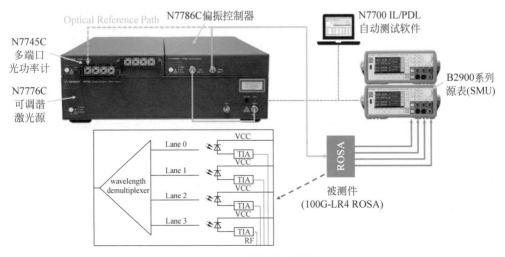

图 19.8　ROSA 器件直流特性测试

其中,可调谐激光源用于快速扫描并产生不同波长的光信号,光功率计用于对其输出到被测件的功率进行检测和修正,SMU用于给探测器提供直流电压偏置并测量探测器输出的电流,通过比较输入的光功率和输出的电流可以测量出被测件在不同波长下的光电转换效率。同时,光路中的偏振控制器可以快速扫描偏振态,并测量不同偏振态下的最大和最小插入损耗,通过计算不同偏振态下的最大和最小插入损耗就可以得到偏振相关损耗。图19.9是一个100G-LR4的ROSA器件直流特性的典型测量结果。

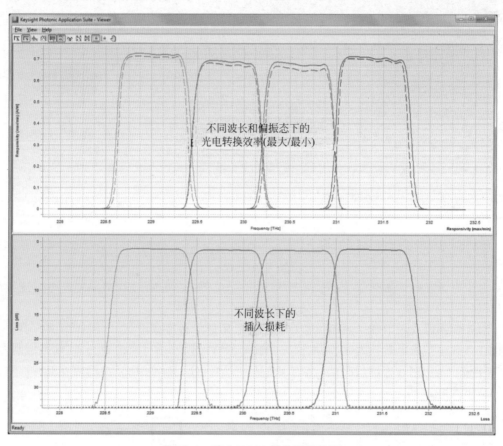

图 19.9　波分 ROSA 器件测量结果

对于激光器或 TOSA 器件来说,主要功能是把电信号转换成光信号,需要测试的典型直流特性参数如下:输出光功率、电光转换效率、L-I-V 曲线、阈值电流(I_{th})、正向电压(V_f)、线性度、峰值波长(Peak Wavelength)、中心波长(Center Wavelength)、边模抑制比(SMRR)等。这个测试可以使用 SMU 源表、光功率计以及光波长计等来进行。图 19.10 是一个典型的激光器直流特性测试环境。以 L-I-V(Light-Current-Voltage,光-电流-电压)测试项目为例,这个测试是激光器芯片的基本测试参数。测试中会用 SMU 源表给被测的激光器芯片逐渐增加电流(I),并同时测量其两端电压的变化(V),同时通过积分球收集激光器输出光信号并用经过标定的光电二极管检测其光功率输出(L)。基于 LIV 测量,可以确定发光功率与电流的关系、电压与电流的关系、阈值电流、串联电阻等参数。

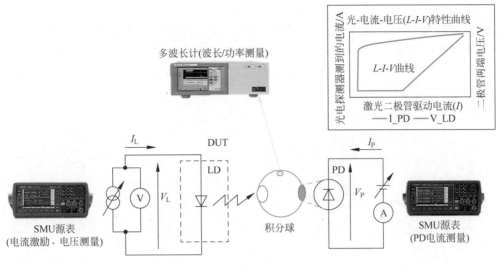

图 19.10　激光器直流特性测试方法

有源器件高频参数测试

高频参数是很多高速有源光电器件的重要的性能参数,会影响到器件能够支持的调制速率以及调制类型。典型的高频参数测试主要分为小信号参数测试和大信号参数测试。

小信号测试主要是指幅频/相频响应等频域参数的测试,如截止频率/调制带宽、弛豫振荡频率、群时延(Group Delay)、时滞(Skew)、反射/阻抗匹配等,其最主要的测量工具是LCA(光波元件分析仪)。LCA 系统由高性能矢量网络分析仪、光电测试座等组成,以专有的计量校准技术为核心,能提供各种光电器件(E/O,O/E,O/O,E/E)完整频域参数测试能力。在测试中,由矢量网络分析仪产生和接收不同频率的电信号,并根据被测件种类的不同,选择把电信号调制到光上或者从光信号上进行接收。图 19.11 是典型 LCA 的结构及测量原理。

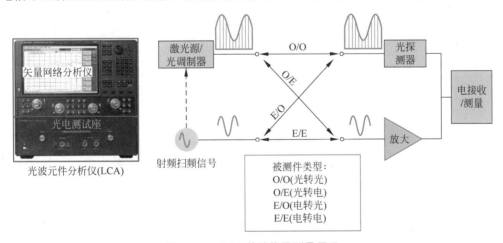

图 19.11　LCA 的结构及测量原理

比如,在激光器的测试中,被测件属于 E/O 设备(即接收电信号,输出光信号),此时 LCA 配置成发射通道直接从矢量网络分析仪电口输出送给被测件,而接收到的光信号通过光探测器转换为电信号后再接入矢量网络分析仪。通过矢量网络分析仪的传输特性测量功能,并对光测试底座的特性进行修正后,就可以得到被测激光器的频域传输特性,如频响、带宽、群时延等。图19.12是用 LCA 进行的 DFB 激光器在不同输出功率下的 S_{21} 增益参数测试结果。

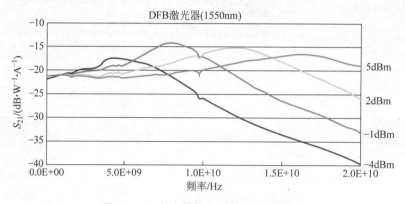

图 19.12   激光器的 S_{21} 参数测试结果

类似地,在光电探测器的测试中,被测件属于 O/E 设备(即接收光信号,输出电信号),此时 LCA 配置成从矢量网络分析仪电口经光调制器转换成光信号输出给被测件,而接收到的电信号通过矢量网络分析仪电通道直接接收。图19.13是对光电二极管(PD)和跨阻放大器(TIA)组成的 ROSA 系统进行带宽、增益等高频参数测试的例子。

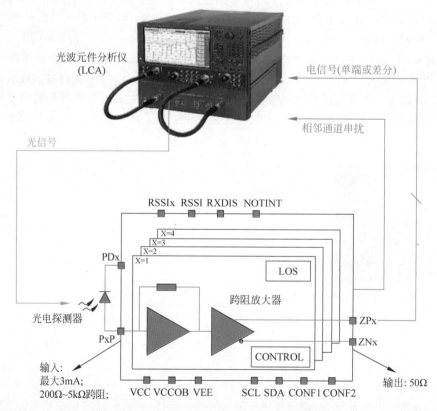

图 19.13   用 LCA 进行 ROSA 系统高频参数测试

频域 S 参数的测试中,通常激励信号的功率不会太大,所以也称为小信号测试。这个测试完成后,通常还需要根据器件的具体应用进行更加完整的性能评估测试,因为这时信号的幅度和功率可能就是正常工作的条件,所以也把这种测试称为大信号测试。目前主流的光通信应用的调制格式分为 NRZ 调制和 PAM-4 调制,对于 NRZ 信号,其主要测试参数包括功率、消光比(Extinction Ratio)、抖动(Jitter RMS/Jitter p-p)、交叉点（crossing point）、光功率、眼图模板裕量(Eye Mask Margin)等,研发中可能还需要进行更多的抖动和幅度分量测试,如 TJ、DJ、RJ、J2、J9、RIN_OMA 等。对于 PAM-4 信号,其主要测试参数有功率、消光比、Outer OMA、TDECQ 等。对于采用直接调制技术的器件,通常会采用高速误码仪产生高速的电激励信号,并用高带宽的示波器平台进行高速光/电信号的分析和测试。图 19.14 是用误码仪/示波器等设备对放大器、CDR 电路进行测试的一些例子。

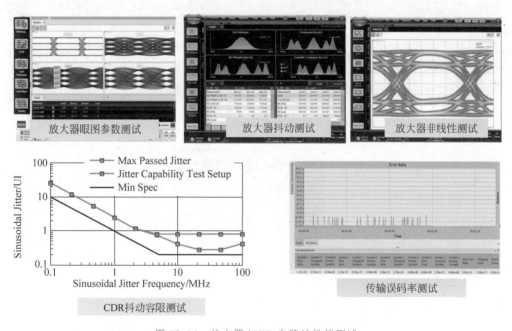

图 19.14　放大器/CDR 电路的性能测试

硅光芯片的晶圆测试

对于采用硅光技术的芯片来说,由于需要进一步与其他芯片进行集成,所以在晶圆阶段就需要借助于探针台对晶圆上各个裸片单元或子单元进行测试和筛选。非硅光器件可以切割封装成分立器件后再进行测试,而硅光器件通常需要在晶圆上用探针台进行测试、筛选后再进行封装。由于硅光器件的特殊性,其中的光耦合及偏振对准对于测试精度和测试效率至关重要。对于硅光无源器件来说,要测试的主要是与波长、偏振相关的损耗特性;而对于有源器件的测试,除了与波长相关的测试,还需要考虑与高频性能有关的截止频率、调制带宽等频域特性,其中光电转换中的校准和探针修正也会很大程度影响测量精度,必须慎重加以考虑。

具体来说,在晶圆/芯片级别进行光学参数测试时,需要使用光纤探针将光信号耦合进晶圆/芯片中,或者反之从晶圆/芯片中耦合到光纤探针中,这需要解决一系列的技术难题。

比如,标准单模光纤(SMF)的标称纤芯直径为 $9\mu m$,而典型 C 波段硅光矩形波导尺寸为 450nm×220nm,比光纤的尺寸小得多;另外,一般光探针使用中是近似垂直于晶圆表面,而波导是平行于晶圆表面的,两者光路传播方向也不一致。要把不同光斑尺寸和传播方向的光信号耦合在一起,常用的方法是在晶圆表面制造出一种特殊的表面耦合光栅来实现,但是这种光栅有着较大的耦合损耗(1 进 1 出可能会有 3~6dB 的损耗)。要解决这个问题,需要使用更高功率的可调激光源;也可以采用其他低损耗的新型耦合技术(比如边缘耦合技术,需要在晶圆上开槽)。另外,由于光波导是矩形结构,不同偏振态的损耗差异比较大,所以耦合效率极大依赖于光信号的偏振对准。为了实现偏振对准,一种实用的方法是在注入光信号的光探针之前加入偏振控制器,并调整激光源的偏振态以实现偏振对准。如果要测试的波长范围比较宽,就需要在每个波长点不断重复前面的优化步骤,这当然是十分烦琐的。图 19.15 是一套硅光晶圆的 IL/PDL 测试系统。该系统使用了专门的 IL/PDL 测试软件,通过专利的算法在每个波长点扫描 6 个偏振态就可以得到稳定的 IL/PDL 测试结果(传统方法需要遍历所有偏振态)。该测试软件通过控制基于可调谐光源的波长扫描系统来获取波长相关的数据,并通过快速的偏振扫描来测量完整的偏振相关特性,从而大大缩短测量时间(例如 40 通道,C 波段测试可以在 20s 内完成)。它既能很好地抵抗环境干扰(例如光纤移动和温度漂移),又能维持极高的 IL 动态范围和波长精度。当配合多端口的光功率计时,对于多端口器件的测试效率还可以进一步提升。

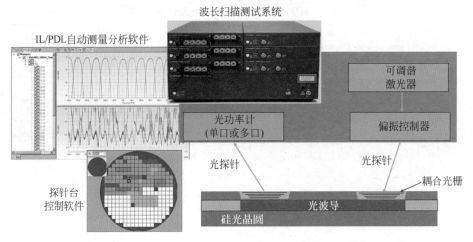

图 19.15　硅光晶圆 IL/PDL 测试

除了和波长或偏振相关的参数,对于一些有源器件,如激光器、调制器、探测器等,在研发或者 QA 阶段,还需要对其频域参数如截止频率、调制带宽、弛豫振荡频率、群时延(Group Delay)、时滞(Skew)、反射/阻抗匹配等进行测试。这些器件可能是光进/电出,或者电进/光出,或者光进/光出的。如果希望在各种不同场景下都能够进行上述高频参数测试,就需要用到前面介绍过的光波元件分析仪(LCA)。对于晶圆上芯片的测试,由于要用到探针台以及探针来进行频域的测试,为了准确得到被测件的真实性能,在测量之前需要通过校准步骤把探针的影响去除掉。以图 19.16 左边的 O/E 器件(如探测器)测量为例,被测件为晶圆上的光探测器,其测试需要用到光探针和射频 RF 探针。LCA 的光学测试座在出厂时已经过了严格的系统校准,测试时会自动去掉仪表 E/O 部分的影响。这时如果能够通过校准测到 RF 探针的频率响应,就可以把探针都修正到和被测晶圆接触的平面(即参考校准平面),以得到被测件的真实响应。这些复杂的校准和测量工作,都可以通过 LCA 内部集成的软件一步步根据向导完成,从而提高了测试的精度和重复性。

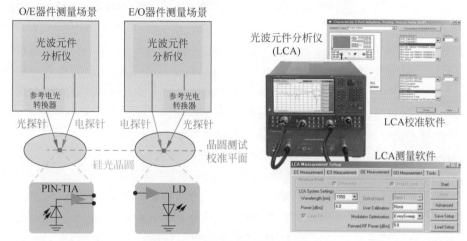

图 19.16　硅光晶圆高频参数测试

图 19.17 是一个包括了偏振耦合、波长扫描、直流参数测试、高频 S 参数测试、电探针、光探针、自动测试软件的典型硅光晶圆测试系统。这套系统可以完全自动化地进行光探针耦合对准以及所需各种光学参数的自动化测试,能够极大提高测试效率、测试精度及测试可靠性。

图 19.17　硅光晶圆测试系统

器件封装后的系统测试

当单个的光电芯片验证完成后,会与其他器件封装在一起,成为一个完整功能的组件。比如激光器会和驱动器、调制器封装成光发射组件(TOSA),探测器会与 TIA、放大器等封装成光接收组件(ROSA),甚至进一步与 CDR、DSP 等封装成一个完整的光模块。无论其中使用的是传统分立器件还是硅光器件,由于封装后的器件已经成为一个完整功能的子模块,其封装后的测试方法基本差不多。封装后的器件通常需要满足一定的具体的应用场景要求,比如25G 或者 400G 以太网的标准,这就需要验证其是否满足相关特定应用场景的电气标准要求。

对于典型的针对电信网络或者数据中心网络的光模块或组件,其主要的高速接口包含电输入接口、光输出接口、光输入接口、电输出接口,以及其他的电源和低速管理接口。因此,对于封装后器件的电气性能验证来说,其主要测试项目分为光口发射机指标、光口接收机容限、电口发射机指标、电口接收机容限等。

对于采用直接调制技术的光模块或者器件来说,其典型的测试环境如图 19.18 所示。发射机的测量项目分为光发射机的测量项目和电发射机的测量项目,主要用于验证光口及电口输出信号的质量。光发射机测试中,被测件在误码仪控制下产生特定码型的光信号,然后经过测试光纤进行传输。被测信号经光纤传输后进入测量用的采样示波器,采样示波器一方面通过符合规范的 CDR(Clock Data Recovery)电路进行时钟恢复,另一方面把被测光信号经过参考滤波器后进行信号采样和信号均衡,然后以时钟为基准形成信号眼图,再进行信号的眼高、眼宽、模板、裕量、消光比(ER)、光调制幅度(OMA)、TDECQ 值等参数测量。在电发射机测试中,误码仪产生电激励信号送给光模块一路电输入端,输出的光信号环回到光接收机,并测试光接收机的电通道输出的电信号参数。

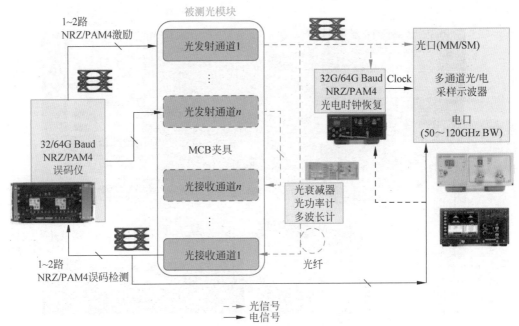

图 19.18　光/电发射机电气特性测试环境

除了发射机测试,接收机测试也很重要。光模块接收到的光信号通常经过很长距离的光纤传输,接收到的光信号上可能叠加了各种抖动和噪声,所以光接收机测试可以用于验证被测光模块对于恶劣光信号的容忍能力。这部分内容可以参考前面章节关于光压力眼的介绍。

对于采用了相干通信技术的模块来说,可以使用基于高带宽实时示波器的相干光参考接收机平台和基于高带宽任意波形发生器的参考发射机平台,对高速相干通信模块进行测试。其典型测试框图如图 19.19 所示。

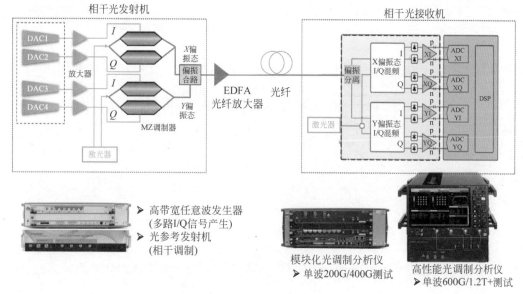

图 19.19　相干通信模块的测试环境

高速光电测试平台总结

　　针对 5G 光网络、数据中心网络、3D 激光传感等领域,其光电器件的典型测试平台主要由无源器件及直流参数测试平台、光电器件高频参数测试平台、硅光晶圆测试平台、封装系统测试平台组成(图 19.20)。各个平台可以单独组建,也可以根据规划分期搭建。各个平台中的一些主要仪器设备可以在不同平台间共享以节省资金,也可以分别购置以提高测试效率。

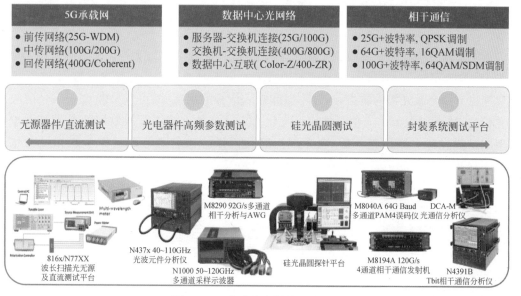

图 19.20　高速光电器件测试平台

第20章

相干光通信简介及测试

相干光通信简介

光通信系统的研究始于 20 世纪 70 年代,最早的光通信系统采用 IMDD 的通信机制,即在发射端采用强度调制(Intensity Modulation)把要传输的电信号承载在激光器的光强度变化上,而在接收端用光电探测器直接检测(Direct Detection)接收到的光强度变化信息。IMDD 的通信机制类似于无线电中的调幅(AM)通信,实现比较简单,因此在光通信系统中得到了非常广泛的应用,目前也仍然是中短距离(<40km)通信中最广泛使用的通信方式。但是,当希望传输的数据速率和传输距离进一步提高时,IMDD 的通信机制会面临很多的挑战。比如,远距离传输时一般都会采用损耗比较小的 C 波段(1530~1565nm)或 L 波段(1565~1625nm)结合 DWDM 的密集波分复用技术,IMDD 的机制中没有对信号的频谱进行控制,占用的频谱带宽比较宽,不利于波特率和系统容量的进一步提高。另外,当传输距离比较远时(比如上百千米或上千千米),光纤的色散和损耗都会比较大,而接收端的功率灵敏度是有限的,就需要在光纤链路上增加很多信号中继/放大和色散补偿的设备。

为了实现远距离的光纤通信并且提升系统容量,从 20 世纪 80 年代开始研究相干通信(Coherent Communication)。相干通信中采用类似无线通信的超外差接收检测方式,即在接收端也有一个激光源的本振,通过本振和输入信号的混频,既可以检测出光信号的幅度变化信息,也可以检测出光信号的相位变化信息。这种方式要求接收端的激光源本振和发射端的激光源本振是相干的(至少在短时间内保持比较稳定的频率差和相位变化关系),因此称为相干通信。在相干通信中,可以通过提高接收机本振的功率来提高接收机检测的灵敏度,而不是像 IMDD 中那样简单受限于接收机的本底噪声。相干通信中接收到的信号中既有幅度信息,又有相位信息,因此发射端既可以做幅度调制(AM),也可以做相位调制(PM),还可以通过 I/Q 调制器实现幅度调制与相位调制结合(QPSK 或者 QAM),这样相同波特率和带宽下就可以调制更多的信息。图 20.1 展示了典型相干通信系统的结构。

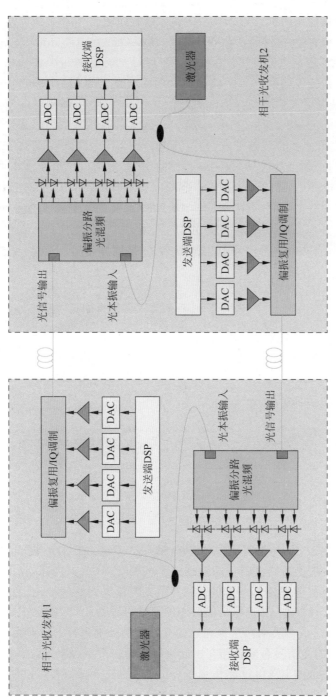

图 20.1　典型相干通信系统的结构（参考资料：Comparison of Coherent and IMDD Transceivers for Intra Datacenter

Optical Interconnects, Jingchi Cheng 等 , 2019 OFC)

相干发射机与接收机

接下来,我们以目前使用最普遍的 100Gbps 为例,介绍相干光通信的基本原理。在远距离的传输网上,一般都会采用损耗比较小的 C 波段(1530~1565nm)或 L 波段(1565~1625nm)结合 DWDM 密集波分复用技术,并按照 ITU 的标准对每个波长以及对应的窗口栅格宽度做了定义,传统传输网上每个波长典型的栅格宽度为 50GHz(0.4nm)或 100GHz(0.8nm)。这个波长栅格在单波长 10Gbps 甚至 40Gbps 的时代都是可以使用的,但是,在把单波长速率向 100Gbps 升级的过程中,就遇到了很大的技术挑战。因为简单把数据波特率提高到 100G 会占用过多的频谱带宽(超过 100GHz),且对器件性能和带宽要求也比较高。因此,在传输网技术向单波长 100Gbps 过渡时,普遍采用了相干通信技术,最典型的信号调制方式是 DP-QPSK(Dual Polarization Quadrature Phase Shift Keying)调制或者 DP-DQPSK(DQPSK 即差分的 QPSK 技术,会在传输前对数据进行差分编码以减小相位模糊)。这些调制方式借鉴了无线通信里的 QPSK 调制方式,并利用了光信号中两个互相正交的偏振态(Polarization)来进行信号复用。图 20.2 是同样传输 100Gbps 情况下,不同调制方式对于频谱带宽的占用情况。

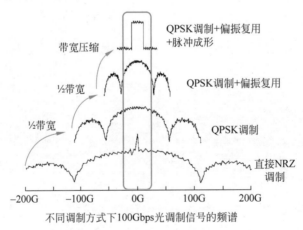

不同调制方式下100Gbps光调制信号的频谱

图 20.2　调制方式对于频谱带宽的影响

具体来说,在 DP-QPSK 的发射机中,共有 4 路(X/I,X/Q,Y/I,Y/Q)电信号输入(对于 100Gbps 的通信来说,理论每路电信号的数据速率约为 25Gbps,但实际应用中为了对数据进行编码和纠错,实际波特率为 27~30GBaud),激光源输出的光信号先经过偏振分离装置分为 X 和 Y 两个正交偏振态,对于每个偏振态的信号再分为相位差为 90°的 I 支路和 Q 支路,4 路电信号通过 MZ 调制器对两个偏振态的光信号的分别进行 I/Q 调制,最后再把调制后的两个正交偏振态的光信号重新合路在一起进行传输。由于两个偏振态在极化方向上是正交的,而每个偏置态上的 I 路和 Q 路信息在相位上也是正交的,所以可以实现 4 路信号复用在一个波长上传输,在有限的带宽内大大提高了传输效率。图 20.3 是相干发射机的典型结构。

对于相干接收机来说,其内部主要由 ICR(Integrated Coherent Receiver,集成相干接收机)、高速 ADC 采样以及 DSP 算法模块组成。图 20.4 是相干接收机的典型结构。

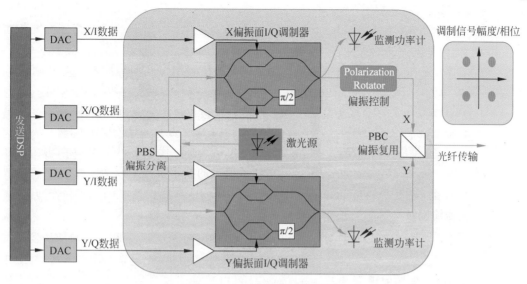

图 20.3 相干发射机的典型结构

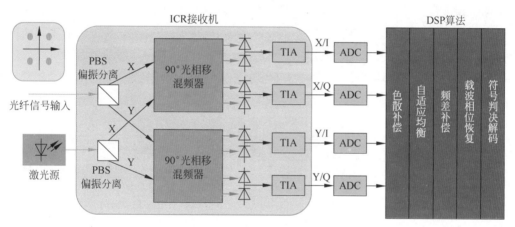

图 20.4 相干接收机的典型结构

相干接收机中各部分的主要功能如下。

- ICR 接收机：ICR 接收机接收输入的相干信号，通过偏振分离单元把两个正交偏振态分开，并分别与本振光源的 X/Y 两个偏振态的信号进行光域的混频，然后对每个偏振态下混频后输出的 I/Q 信号进行探测和放大，最后输出 X/I、X/Q、Y/I、Y/Q 共四路电信号。需要注意的一点是，由于光信号在传输过程中会产生偏振态的旋转，所以接收机本振光源的偏振态与接收到的光信号的偏振态不一定是一致的，另外发射机和接收机的本振光源还会有频差的存在，所以这里 ICR 直接输出的 X/I、X/Q、Y/I、Y/Q 这四路电信号并不能直接用于数据判决，还需要进行 ADC 采样和复杂的 DSP 数学处理才能恢复出原始数据。ICR 接收机中 X/Y 偏振态的正交性、每个 I/Q 调制器的正交性、各个支路增益和偏置的一致性、整个系统的带宽和频率响应对于系统性能都有比较大的影响。
- 高速 ADC 采样：对于采用直接调制的光通信系统来说，接收端只需要进行简单的

0/1 判决(有些采用 PAM-4 技术的接收机也会采用低位数的 ADC 采样)。而对于相干接收机来说,由于接收的调制信号可能是多个幅度,并且除了幅度还需要相位信息,因此必须通过高速 ADC 采样来获得 ICR 输出的波形并进行后续数学处理。一般用于相干接收的 ADC 分辨率在 6~8bit,采样率与信号波特率相当或者更高一些。

- DSP 算法模块:DSP 算法模块是相干接收机中很重要的单元,也是影响相干光通信性能很关键的因素,其主要实现光域损伤的补偿、信号均衡和信号的解调。光域损伤的补偿包括色度色散补偿、偏振色散补偿、偏振态旋转补偿等。信号均衡用于补偿链路上有源器件的幅频响应和相频响应不理想造成的信号失真。信号的解调算法用于补偿收发端的频差以及相位不一致造成的矢量旋转,并根据具体的调制方式从星座图中恢复判决出最终的数据码流。

以上是以单波长 100Gbps 的 DP-QPSK 相干通信为例简单介绍了相干光通信的发射机和接收机工作原理。实际情况下也可以采用更高的波特率,以及更复杂的调制方式,其工作原理基本类似。如果采用更复杂的调制方式,就可以进一步提升系统容量,比如采用 DP-16QAM 调制时每个偏振态有 16 个离散的幅度和相位状态,每个符号可以承载 4bit,再加上偏振复用就可以承载 8bit;相应地,采用 DP-64QAM 调制时每个符号可以承载 12bit。但是,调制格式越复杂,对于系统信噪比的要求越高,会减小传输距离,所以针对不同的传输距离、信噪比、系统容量要求,会综合考虑调制格式和波特率的选择,有些设备也可以通过软件配置选择最优的通信速率和调制方式。表 20.1 是 2021 年初一些典型的 200~800Gbps 相干通信技术及可以具备商用条件的传输距离。

表 20.1　典型相干技术及传输距离

单载波速率	200Gbps			400Gbps		600Gbps	800Gbps
调制格式	16QAM	16QAM	8QAM	16QAM	32QAM	64QAM	64QAM
bits/符号	4×2	4×2	3×2	4×2	5×2	6×2	6×2
波特率	~30GBaud	~30GBaud	~40GBaud	~60GBaud	~48GBaud	~60GBaud	~80GBaud
载波间隔	50GHz	37.5GHz	50GHz	75GHz	75GHz	100GHz	100GHz
载波数量	96	128	96	64	64	48	48
单纤容量	19.2T	25.6T	19.2T	25.6T	25.6T	28.8T	38.4T
传输距离 (EDFA+ G.652 光纤)	500~600km	500~600km	1000~1200km	300~400km	200~300km	80~120km	80~120km

相干通信发展初期没有统一的模块标准,比如早期相干通信的实现是基于专门的线卡(Line Card)实现,即在传输设备的背板上插入一个专门实现相干通信的插卡,在插卡上有窄线宽可调谐激光器、相干调制器、相干接收机、DSP 等核心器件。后来随着技术的发展出现了可插拔的 CFP 相干模块,但整体尺寸和功耗都比较大。2016 年,OIF 组织发布了基于 CFP2 尺寸的 ACO 模块(Analog Coherent Optical module)和 DCO 模块(Digital Coherent Optical module)标准,两者的主要区别在于 ACO 模块内部只包含了可调谐激光器、相干调制器、相干接收机等模拟器件,而 DCO 模块内部还包含了 DSP 功能。图 20.5 展示了 ACO 模块和 DCO 模块的区别。

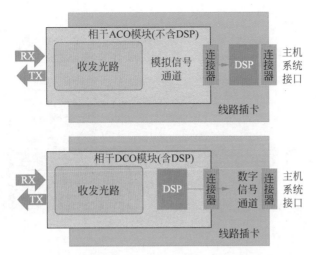

图 20.5 ACO 模块和 DCO 模块(资料来源：https://www.neophotonics.com/)

ACO 模块和主机或插卡之间的互联是模拟信号。由于早期 DSP 功耗和热密度都很高，为了防止光学器件和 DSP 器件过热，因此采用了将光学器件和 DSP 器件进行物理隔离的方式。ACO 模块内部都是模拟电路，发射机和接收机部分可以单独测试。发射机部分用于实现 I/Q 调制和偏振复用，各项模拟指标包括激光器的线宽、相位噪声、带宽、IQ 增益平衡、IQ 正交误差、通道 skew、EVM 等；其接收部分又称为 ICR 接收机(集成式相干接收机)，用于实现偏振分离和 I/Q 混频，其各项模拟指标包括光无源混频器的直流特性、PD 的响应度、接收机带宽、IQ 和 XY 增益平衡、通道 skew 等。

后来，随着 DSP 和光电成技术的发展，DSP 和模拟光学的联合封装成为可能，从而产生了 DCO 模块。由于 DCO 模块和插卡之间的互联是数字的，所以不同模块和主机的兼容性较好，使用也比较方便，已经成为相干光模块的主流技术方向。DCO 模块自身就是一个针对长途光传输应用的完整工作单元，其内部算法要能够补偿光域和电域造成的信号失真，所以测试方法也和完整的发射机或接收机测试类似。

相干调制器及 ICR 测试

相干调制器和 ICR 分别是实现相干调制和相干探测的最重要的模拟器件，其频响、带宽、增益、时延等特性对于系统性能至关重要，虽然通过 DSP 算法也可以补偿一部分模拟器件的特性，但是更复杂的算法补偿可能会牺牲信噪比或者增加系统功耗，所以通常在与 DSP 集成前会需要对其模拟特性进行详细的测试和评估。

图 20.6 是一个相干调制器的测试组网。相干光调制器由四路调制器组成，因此其测试需要用四通道的任意波形发生器来模拟产生 QPSK 或 16QAM 的调制信号，并驱动光调制器产生出光信号，然后将该光信号连入光调制分析仪(OMA)测试。为了提高测试的准确性，可以通过专门的校准软件，提前将 AWG 到被测试调制器之间整个连接通道(包括 cable 和夹具)的频响和时延校准掉。典型的测试项目包括星座图(如 EVM、幅度误差、相位误

差、频率误差、正交误差、增益失衡等）、传输带宽 S21、IQ skew、XY skew、线宽、BER 等。

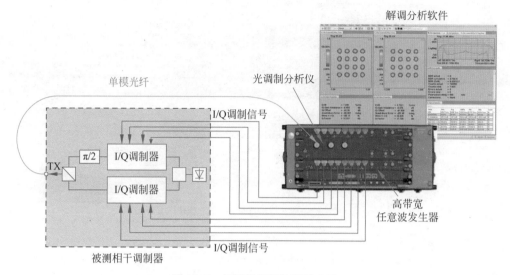

图 20.6　相干调制器的测试方法

对于 ICR 的测试来说，其测试项目包括直流特性以及交流特性。比如在 OIF 的相关规范中，ICR 的直流特性测试项目包括：波长相关插入损耗和偏振相关损耗、TE/TM 波长偏移（PD-Lambda 或 PD-frequency）、通过干涉谱线计算的 FSR（Free Space Range）、PD 光电直流响应和暗电流噪声、PBS 的偏振消光比 PER、直流共模抑制比 CMRR 等。通过可调谐激光源、偏振控制器、光功率计、SMU 源表等可实现 ICR 直流特性的测试，其测试方法大部分与上一章介绍过的无源器件或有源器件直流参数测试类似。ICR 的交流特性主要是测试各个通道的带宽 S_{21} 参数、通道间的 skew 等指标，其典型测试方法可以分为多音法和拍频法。

多音法即用宽带的任意波形发生器产生覆盖整个带宽的多音信号并通过光参考发射机调制到光上送给被测的 ICR 器件，然后用高速采集卡或宽带实时示波器对 ICR 的输出进行采集和分析。系统中高带宽的多通道 AWG 可以产生从低频到高频的多音电信号，并利用线性的 E/O 调制器（光参考发射机）转换成光信号，该光信号通过偏振控制器（用户实现偏振相关损耗测量和偏振对准）进入被测的 ICR 器件。输入光信号和本振光源发生混频后在 ICR 的平衡接收端输出，对其波形进行高速采样并测试输出信号不同频率成分的幅相参数，就可以得到 ICR 通道的带宽以及 S_{21} 参数等。同时，利用多音信号中不同频率成分相位关系的变化，可以得到 ICR 通道的时延信息。多音法相当于搭建了一整套的参考发射机系统，可以方便扩展光压力测试，但是高速的任意波形发生器和光参考发射机的搭建成本比较昂贵。图 20.7 是用多音法测 ICR 性能的典型组网。

而拍频法是利用可调谐激光源产生两路有一定波长（或频率）差异的光信号分别送给 ICR 作本振和测试输入，由于频差的存在，两路光信号在 ICR 内部混频后会产生与频差对应的拍频信号，表现为 ICR 会输出与拍频信号频率一样的正弦波信号。利用偏振控制器可以实现光信号进入 ICR 的偏振分离器后的偏振对准，以确保输入光和 X 或 Y 偏振面上的偏振方向一致。通过高速数据采集卡或宽带实时示波器接收并测试不同频率下拍频正弦波的

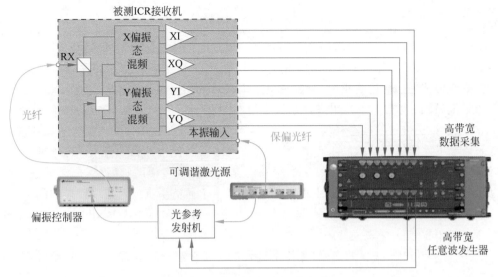

图 20.7 ICR 性能测试（多音法）

幅度和相位变化，就可以测试出各个电通道的幅频特性和相频特性。拍频法的测试系统中，除了宽带采集设备以外，用于产生光信号的系统成本较低（主要是可调谐光源和偏振控制器），所以在 ICR 测试中应用较广泛。图 20.8 是用拍频法进行 ICR 接收机的测试例子。

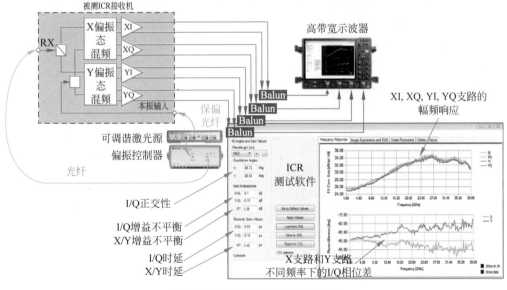

图 20.8 ICR 性能测试（拍频法）

相干发射机系统测试

对于采用了相干技术的发射机系统测试，相对调制器来说要测试更多系统级的指标，比如在 DSP 的作用下其发射的信号质量等，这就需要用一个标准的参考接收机对其信号接收、解调。由于采用了相干技术,不能再使用传统的光采样示波器进行测试。原因是相位信号的检测需要采用光混频技术,而传统的光信号的测量方式是测量光强度的变化,光采样示波器或者传统的光/电探头内部都是采用光电二极管进行功率探测,只能进行幅度调制信号的测量,并不能反映光信号的相位变化信息。另外,光采样示波器采用顺序等效采样原理,不能保留原始信号里的连续相位信息,必须采用连续的实时采样技术。虽然在相干光通信发展的早期阶段,也有人尝试用采样示波器进行过相干信号的测试,但由于采样机理的限制,无法通过算法进行偏振态补偿和频差补偿等,因此只能在收发端共本振且手动对准好偏振态的情况下才能进行基本的 I/Q 眼图测量。这些限制使得测试只能在实验室环境下进行,而且调整非常麻烦,对于相干算法的研究也提供不了太多帮助。因此,采样示波器仅仅可以用于相干光通信器件基本特性的研究,但对于相干通信系统或者模块性能的测试来说,通常会需要用到另外的测量设备,这就是光调制分析仪(Optical Modulation Analyzer,OMA)。图 20.9 是一款高达 110GHz 带宽光调制分析仪。

　　OMA 主要由相干接收的光座(光相干接收机)、高带宽采集卡或实时示波器、相干光解调分析软件三部分构成。

- 相干接收的光座可以实现偏振分离、本振混频、I/Q 分离和光电转换,其激光本振可以内置或者通过外部输入。对于接收光座来说,接收机的带宽和频响平坦度、本振的波长稳定性和相位噪声、X/Y 两个偏振态以及每个偏振态下 I/Q 两个支路的正交性、各个支路增益的一致性等都会影响到接收机的性能,需要做很好的选择以及校准修正。

- 高带宽采集卡或实时示波器的功能是对经过光座接收的 4 路 I/Q 信号进行高速的 A/D 采集。由于相干通信中使用的信号波特率非常高且采用高阶调制,所以对采集系统的要求是其带宽尽可能高、频响尽可能平坦、噪声尽可能低、4 通道间的同步性尽可能好。实时示波器的带宽、采样率以及 ADC 的位数近些年来发展很快,因此广泛应用于相干通信的测试中。目前业内最高水平的实时示波器可以同时提供 4 路 110GHz 的带宽,每通道能够以 10bit 的分辨率实现 256Gbps 的采样。

- 相干光解调分析软件可以实现偏振同步、色散补偿、时钟恢复、通道均衡、数据解调以及 EVM 测量、性能分析、误码率测量等。相干解调软件通常可以支持多种调制方式,比如 BPSK、QPSK、QAM、OFDM 等。对相干光解调分析软件来说,内置的均衡、补偿和解调算法对于最后的系统性能和误码率也会有非常大的影响。传统上不同的系统设备厂商或相干模块厂商都会有自己专门的解调算法,因此也很难实现互通和标准化的评估。为了解决标准化和互通的问题,也有一些标准化组织在对相关算法进行标准化,比如 OIF 组织定义的 400-ZR 标准里就定义了很多关于帧格式、FEC 纠错以及信号补偿的要求。相干光解调分析软件中有一部分内置好的标准算法,有些也可以开放并插入用户自己定义的信号补偿和解调算法,以适应不同评估目的的需要。图 20.10 是对一个 64G 波特率、64QAM 的单波 600G 相干发射机输出的信号做解调分析和参数测试的结果。

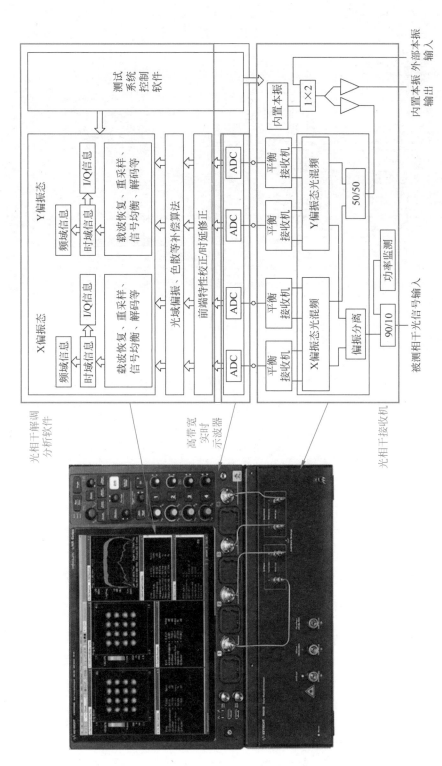

图 20.9 一款 110GHz 带宽的光调制分析仪

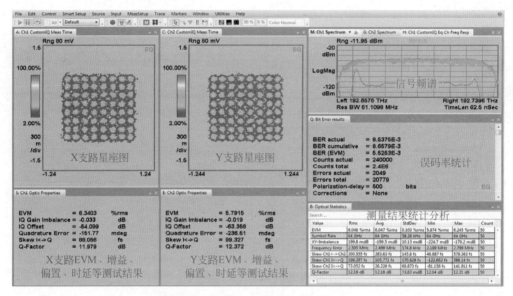

图 20.10   相干发射机的测试结果

相干接收机系统测试

对于相干通信的接收机系统性能评测来说,除了要关注 ICR 器件的影响以外,其 DSP 算法对于接收机性能也有非常大的影响。因此,在相干接收机系统的测试中,需要验证其在不同的压力环境下的表现,比如发射机相位噪声恶化、系统带宽不足、各支路增益不平衡、传输造成的色散等造成的影响。通常来说,使用标准的发射机模块结合实际光纤链路去做这些模拟是非常复杂的工作,比如正常模块的发射机相位噪声、发射机带宽和各个支路的时延或增益等很难进行灵活的调整。传输链路的色散和损耗等虽然可以通过实际光纤进行模拟,但想要在实验室环境下进行灵活的调整以验证 DSP 算法,也会是个非常大的挑战,特别是想模拟色散和相位噪声的变化时。因此,对于相干光通信接收机性能的评估,最灵活方便的方法就是先在电域产生并模拟出各种光信号上可能的损伤,再调制到光上进行接收机性能测试,这也是我们下面要介绍的接收机测试方法。图 20.11 对比了两种相干光接收机测试方法的区别。

图 20.12 是一个典型的相干光接收机测试系统组成。其中,相干信号损伤生成软件主要用于产生失真可控的相干信号波形,主要功能包括:用于产生各种不同波特率的 QPSK/QAM 等调制信号生成模块(也可以导入用户自己定义波形数据文件);用于对信号进行滤波和频谱控制的脉冲成型模块,可以设置对信号进行矩形滤波、sinc 滤波、升余弦/根升余弦滤波、高斯滤波等,也可以设置滤波器的滚降系数;用于控制两个偏振态间变化关系的偏振模色散模拟模块,可以按照用户定义好的方式或者随机的方式以不同幅度和变化速度产生偏振态的时延变化,也可以模拟出色散对于信号的展宽,用于验证接收机 DSP 算法的偏振跟踪和色散补偿能力;用于模拟激光器频差、线宽、相位噪声的相位噪声生成模块,可以生成不同频率和幅度的相位噪声变化并模拟 I/Q 分量在星座图上的旋转,以验证接收机解调

传统相干光接收机测试方法(基于光域硬件模拟)

电域损伤软件模拟+任意波发生器生成的光接收机测试方法

图 20.11 两种相干光接收机测试方法

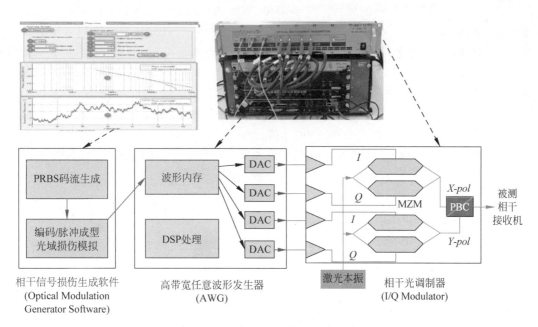

图 20.12 相干光接收机测试系统

算法的频率及相位跟踪能力;用于模拟极化旋转的极化控制模块,可以模拟两个偏振态的正交状态以不同幅度、速度和方式进行变化,用于验证接收机 DSP 算法对于偏振态旋转的跟踪能力;用于模拟发射机器件不理想的非线性生成模块,可以加载用户提供的传输函数文件或者事先定义好的(如正弦或反正弦)特征文件,以模拟放大器非线性特性对于信号产生的失真;用于模拟各个支路时延、增益以及频响不理想的模块,可以模拟 X/Y 两个偏振态或 I/Q 两个支路的时延或增益变化。在进行测试之前,为了减少这套测试系统本身频响或者器件时延不理想等特性造成的影响,也可以先用光调制分析仪对这个测试系统进行校准和特性修正。

相干信号损伤生成软件通过软件生成经过失真模拟的波形数据后,可以下载到高带宽的任意波形发生器中,通过任意波发生器中的 DAC 模块转换为 4 路真实的电信号(X/I,X/

Q，Y/I，Y/Q)，并通过高带宽的相干调制器生成真实的带有损伤的光信号用于相干接收机的测试。目前，业内最高速度的任意波形发生器可以在高达 256GSps 的采样率下提供 8bit 的分辨率，并且可以提供至少 4 个同步的信号产生通道，因此可以支持到 130GBaud 以上，以及 QPSK、16QAM、32QAM、64QAM、256QAM、OFDM 等非常复杂的调制信号产生。在这种基于电域软件模拟结合高带宽任意波发生器进行光损伤信号生成的测试方法中，由于所有的信号损伤都是软件生成的，所以具有非常大的灵活性，并且可以产生可控的、快速变化的损伤信号，非常适合在实验室阶段进行系统性能和 DSP 算法有效性的验证。

相干通信的发展方向

相干通信的大规模商用得益于 DSP 技术和光电集成技术的发展。从 2010 年左右开始，相干通信技术在传输网上开始广泛应用，目前已经成为远距离(超过 80km)传输的主流光通信技术。随着器件成本的降低以及小型化，相干通信也正在向 80km 以下的城域汇聚或数据中心互联(DCI)领域扩展。在远距离的相干光通信中，每根光缆可以包含很多根光纤(比如 48 芯或 96 芯等)，每根光纤又会通过 DWDM 技术上将 40 个、80 个甚至更多波长的信号进行复用，每个波长上传输的又是 100Gbps、200Gbps、400Gbps、600Gbps 甚至更高速率的信号，因此一根光缆可以实现上千 Tbps 的通信容量。在 2017 年之前，相干技术主要致力于提高单波长上的数据速率。2017 年之后，一方面业界在继续提高单波长的数据速率(如 OIF 组织于 2020 年底成立的 800G Coherent/Co-packaging 项目组)，另一方面则致力于用更低的成本、功耗和体积实现相干技术的下沉(把相干技术应用于 80km 以下的场景，如 OIF 组织的 400-ZR 工作组)。图 20.13 展示了相干技术的发展方向。

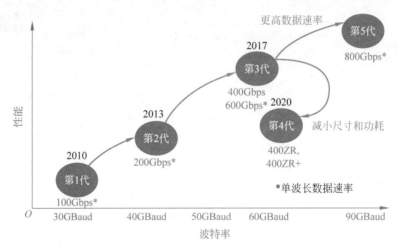

图 20.13 相干技术的发展方向

传统上，相干技术由于发射和接收的实现比较复杂，并不是一个很大众的技术。而随着光子集成、硅光以及半导体工艺的发展，相干技术的成本、体积和功耗都有了很大的下降。比如早期的 100G 长距离相干光模块普遍采用 CFP 封装，面积超过 $100cm^2$，而现在一些支持 400G 速率和 80km 传输距离的相干光模块已经可以采用 QSFP-DD 的可插拔封装，面积只有 $15cm^2$ 左右。因此，在一些不需要特别远传输距离的场合，典型如 20～80km 的数据中心互联(DCI)或者城域网络的接入/汇聚应用中,已经开始逐渐采用相干传输技术。由于这些场景下传输距离不需要达到那么远,网络拓扑也比较简单,因此模块的成本、功耗和体积也可以进一步降低,这也给相干技术带来了更广阔的应用前景。图20.14展示了相干光模块的发展趋势。

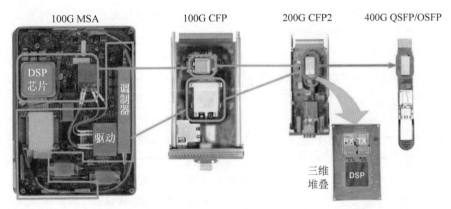

图 20.14 相干光模块的发展趋势(资料来源:Acacia 公司)

相干光通信技术自商用以来,由于一开始主要用于电信的传输网上,仅有少数通信设备厂商可以提供相关技术,因此其技术体系基本是封闭的。也就是说,不同厂家的传输网设备虽然都是采用相干技术,但是其波特率、编码方式、帧格式、FEC 纠错开销、DSP 算法、网络管理系统等可能完全不一样,所以也没法实现互联互通。随着相干技术逐渐下沉应用到 80km 以下的点对点传输应用,相干技术的门槛降低了不少,也有更多厂商有能力提供相干技术的模块。为了降低设备采购和网络维护的成本,很多运营商和互联网公司也在定义和构建自己的开放光传输和网管系统。通过统一的波长分配、接口标准、线路监控等,使得其线路侧设备尽可能简单,从而可以在市面上大规模批量采购满足要求的 IP 设备和相干光模块,大大节省了设备购置和维护成本。图 20.15 展示了传统光传输系统和基于 IP 的开放光传输系统的区别。

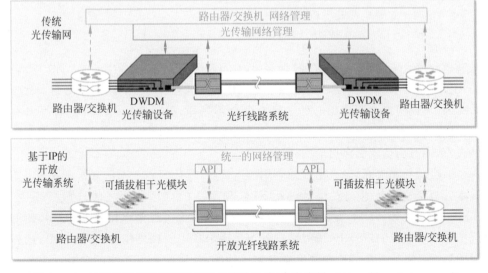

图 20.15 封闭的光传输系统和开放光传输系统(参考资料:https://acacia-inc.com/)

要实现开放的网络光传输系统还需要有统一的光接口标准,近几年各个标准化组织也在积极制定相关标准。比较典型的有 ITU-T(国际电信联盟)于 2018 年发布的针对 100G 相干技术的 G.698.2 标准,OIF(光互联论坛)于 2019 年发布的针对 400G 相干技术的 400-ZR 标准。除此以外,IEEE(电气和电子工程师协会)也在制定 100G/400G 的相干技术标准,还有一些企业自发组织的 MSA 联盟如 Open ROADM 和 Open ZR+也都针对特定场景定义了相应的速率、纠错方式、传输距离等。

除了标准的统一,相干通信中也在越来越多引入新的技术,比如通过概率整形技术(Probabilistic Constellation Shaping,PCS)进一步提高信道容量。在香农理论中已经提到,在特定的信噪比环境下,只有当信号的功率分布是接近白噪声的高斯分布时,通过合适的信号编码才能逼近信道容量的极限。但在传统的相干光通信系统中,如果要传输的数据码流内容是随机的,则 QAM 编码后各个星座点上信号出现的概率基本是一样的。这种编码技术虽然简单,但是其信道容量和功率效率并不是最优的。图 20.16 展示了在相同的光纤性能下,不同调制方式能够达到的传输距离的关系以及与理论信道容量的差距。比如在图中的实际使用距离下,由于信噪比和误码率的制约不能使用 16-QAM 调制,但使用 8-QAM 调制时又不能达到最大的信道容量,这就需要采用一些更有效的技术来进一步提高信道容量。

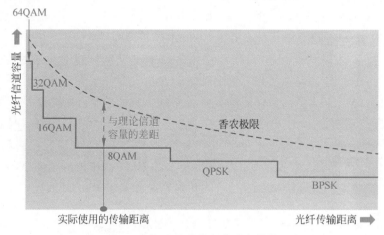

图 20.16　相干通信的调制方式与传输距离

从功率的角度来说,当采用 QPSK 调制时,在星座图上 4 个星座点距离中心的矢量距离是一样的,也就是说不同符号的功率幅度几乎是一样的;但当采用更高阶的调制如 16-QAM 或 32-QAM 时,不同星座点距离中心的矢量距离会不一样,也就意味着不同的符号具有不同的功率幅度。一般来说,偏离星座图越远位置的符号需要消耗更多的能量,也会造成更多的非线性失真,同时会造成更多可能的误码。

为了减少功耗和失真,以及更好地利用信道资源,现代的相干通信开始研究和采用概率整形技术。概率整形技术在对信号进行 FEC 和 I/Q 的符号映射之前,通过概率适配器(Distribution Matcher,DM)变成非均匀分布的符号,并把出现概率比较高的符号映射到比较接近星座图中心点的符号上(最好幅度分布呈现出从中心到外围的高斯分布),这样就使得大量的数据是以比较小的调制幅度发射和传输的,从而减小了系统的功耗和失真。同时由于在有一定信噪比裕量的情况下可以采用更高阶的调制技术,系统的通信容量也有提升。

比如在上图的例子中,如果采用带概率整形技术的 16-QAM 技术,则有可能提供比 8-QAM 更大的系统容量。图 20.17 是对一个采用了概率整形技术的 16-QAM 信号进行星座图解调和符号概率分布分析的结果。从星座图的颜色可以看出中心的星座点有更大的概率承载传输的符号,右侧的统计分析则定量分析了各个星座点上数据出现的概率。

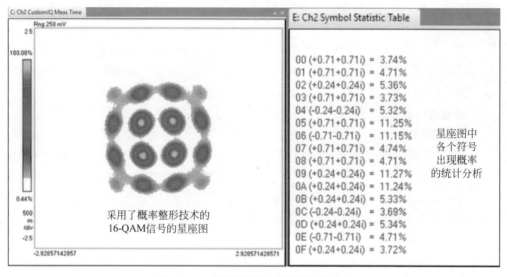

图 20.17　概率整形技术的星座图分布